在线视频

技术精要

晓成◉著

Online Video Service Technology Essentials

人民邮电出版社
北京

图书在版编目（CIP）数据

在线视频技术精要 / 晓成著. -- 北京 : 人民邮电出版社, 2020.1（2022.6重印）
ISBN 978-7-115-52307-5

Ⅰ. ①在… Ⅱ. ①晓… Ⅲ. ①视频系统 Ⅳ. ①TN94

中国版本图书馆CIP数据核字(2019)第225777号

内 容 提 要

本书旨在给出在线视频的技术路径、问题背景、认知脉络以及各种技术之间的联系，构建包含音视频技术和各类通用技术在内的较为完整的技术图景，而非描述每一个技术的细节。

本书前半部分着重介绍在线视频行业的基础——音视频技术，从行业的历史、文件格式和标准组织开始，依次介绍了音视频技术的框架、编码、流媒体、播放等知识，并讨论了最近几年一流视频公司所关注的许多前沿技术。后半部分逐一谈及技术体系中的其他重要环节和它们在视频服务中的应用，包括服务与数据、算法、推荐与广告、整体架构，乃至技术团队建设等话题。

本书适合已具备基本研发技能的大学生、工程师、项目经理等读者阅读。希望通过本书，读者可以快速建立在线视频领域内所需的知识体系，进一步拓展眼界。

◆ 著　　　晓　成
责任编辑　任芮池
责任印制　马振武

◆ 人民邮电出版社出版发行　　北京市丰台区成寿寺路 11 号
邮编　100164　　电子邮件　315@ptpress.com.cn
网址　http://www.ptpress.com.cn
北京七彩京通数码快印有限公司印刷

◆ 开本：800×1000　1/16
印张：24.25　　　　2020 年 1 月第 1 版
字数：515 千字　　　2022 年 6 月北京第 6 次印刷

定价：99.00 元

读者服务热线：(010)81055410　印装质量热线：(010)81055316
反盗版热线：(010)81055315
广告经营许可证：京东市监广登字20170147号

推荐序

春节长假我读了晓成《在线视频技术精要》的书稿，受益匪浅。虽然我在线视频领域工作了4年，但是平时接触的只是本公司的技术，我原本不是这方面的专家。晓成这本书从音视频技术框架，到编码标准，到流媒体传输与播放，到视频技术的前沿发展和AI的结合，到视频公司的技术体系和方案，给了我一个在线视频技术的全景图。

在线视频，包括长视频和短视频行业、点播和直播，也包括视频方式的游戏、广告、监控等，是近几年来在互联网行业当中发展最快的领域。仅在国内，自2013年以来，每年视频市场的收入同比增长都超过50%，已经成为数百亿元的大产业。2018年国内用户数目超过6亿，在视频上所花的时间，也成为仅次于即时通信的第二大行业。全世界的互联网带宽，有百分之八十以上用于视频传输，可以说，在线视频的发展带动了近几年整个互联网技术的发展。

晓成是Hulu北京的资深软件架构师。他从2005年左右就开始从事视频领域相关工作。来Hulu之前，晓成曾经服务于多个跨国企业，也服务过国内创业型公司。他在以上公司的工作重心全部是视频相关技术。这些年他一直同时关注着国内和国外的视频行业，对国内外视频行业的共同趋势以及差异化发展有着深刻的见解。

来Hulu之后，同事们对晓成的评价是“什么技术都懂”，还有“这么用功”！虽然晓成已经有多年管理经验，但是他在我们这里仍选择做架构师，这样他能花更多的时间钻研最新的音视频技术，也能从技术方案层面影响更多的团队。晓成平时常常做技术分享，大多是关于视频前沿技术的解读。所以当他说想把这些年在这个行业的积累写成书时，我觉得这是水到渠成的事。

Hulu 北京是“业界大牛”集中之地，这几年已经出版了关于大数据架构、人工智能、机器学习、应用编程框架等多本技术书籍。非常高兴晓成会加入这个行列，成为我们这个小小团体的另一位技术作者。来自一个业界领先的视频公司，本书旁求博考，能让入门者了解这个行业技术之广博，也能让深入的同行思考复杂技术选型的来由和去向。希望这本书会有很大的影响力，帮助推动视频技术的进一步普及和发展！

诸葛越

Hulu公司全球副总裁，北京研发中心总经理

前 言

大约在 1995 年，个人电脑还是较少数人的稀罕玩物，笔者有幸获得一台奔腾电脑，吸引同学少年的，除了游戏，还有可以用电脑来看 VCD 影碟。当时电脑的计算力尚不足以应付解码任务，需要加装所谓的“解霸卡”才能流畅播放影碟。而在一众碟片中，个人最爱的是施瓦辛格所演的电影《终结者 2》，每每遇到朋友小聚，或略有闲暇，总要找出来播放，我们沉浸在电影构造的世界中许久。数年后，碟片损坏，让人颇为不舍。

二十余年过去了，在线视频行业的发展日臻成熟，在网上看电影、电视早已成为人们日常的娱乐选择，不但各种大片、综艺、体育、动漫应有尽有，而且对于偏爱的旧日经典，无论是《终结者》《真实的谎言》这样的电影，还是周星驰的喜剧、成龙的武打，抑或《西游记》《红楼梦》《射雕英雄传》等剧集，都能很容易地找到。回顾往昔，很令人感叹技术进步对生活的馈赠。在这许多年当中，笔者投身软件与互联网行业，机缘巧合下，工作过的多家公司均在视频领域占一席之位，与不同公司的朋友也多有交流，建立友谊，长年的思、见、行，逐渐积累了个人对在线视频相关技术的一些理解和观点，以是不揣浅陋，编汇于此，大约也可算作对自身知识体系的一种总结和梳理。譬如软件开发最终发布，即使最初版本不能尽如人意，反复迭代提升之下，或者得有提高，两相比照，笔者将这本书也看作“初版本发布”，希望以此为基准，未来再有进益。

这本书从在线视频行业着眼，以列举音视频技术为主，辅以数据、推荐、广告、人工智能等多方面相关技术的概述，目标读者既可以是新进入行业、急需获取行业知识的朋友，他们希望快速了解各项技术的基础概念和不同技术之间如何相互影响，发挥作用；还可以是已在行业内耕耘多年、掌握了某一领域知识、意图对行业全貌有所了解的工程师，他们希望构建完整的图景；也可以是已经带队攻坚、掌控公司或部门研发方向的负责人，希望他们提出意见，相互学习。技术之道浩如烟海，笔者逞强着墨，难免错讹，唯有预先祈请读者原谅，若肯与笔者联系，费心指正，则当感激不尽。

本书从构思、落笔到完本共计 12 个月，后又经数次修订，其间艰难困苦不足为外人道。千言万语唯有化为感谢，感谢越姐帮助联系出版并作序推荐，感谢俞彬和任芮池两位老师的编辑和推广，感谢德良对音视频章节的审阅和意见，感谢在 Hulu 公司结识并给予启发的小伙伴们，感谢家人的支持和理解。

晓成

2019.3

目　　录

第1章 在线视频行业

什么是在线视频行业？视频技术的历史是什么样子？什么是文件格式和编码格式？何为标准组织？本章试图以列举或纵览的方式，给出个人视角中以上问题的答案，以此作为开篇。

1.1 概述

什么是在线视频？概而言之，就是通过互联网，让使用者可以有选择地观看视频内容的服务。

通常服务提供商会依据自身商业模式的不同，提供不同种类的服务，例如点播或者直播。顾名思义，点播就是根据用户请求播放视频内容，用户知道自己想看什么并选择观看；直播则是节目制作方以实时的方式播出，用户有收看权而难有选择权。

在美国，点播领域的重要公司包括 YouTube、Netflix、Hulu、Amazon Prime、HBO 等；直播领域则涵盖 Sling TV、DirecTV Now、Hulu、YouTube 在内的大小公司。

在中国，是否拥有对应业务的牌照决定了服务提供商是否能在特定载体和设备上提供服务，较重要的证照包含互联网视听许可证、IPTV 牌照、互联网电视牌照等。故而包括爱奇艺、腾讯视频、优酷土豆、小米、暴风、迅雷、乐视、Bilibili、文广、华数、百视通等在内的大量在线视频公司以其战略取向不同、拥有的牌照或牌照合作方不同，在不同领域提供不同形态的视频服务。

根据收入模式的不同，在线视频还可以分为倚仗收费服务的 Netflix 模式、兼顾收费服务和贴片广告的 Hulu 模式、专注广告而对用户免费的 YouTube 模式（YouTube 虽然也提供收费视频或频道服务但用户寥寥）等。

对于纯粹的收费会员模式而言，用户注册后每月付给视频网站一定的费用（如 Netflix 是每月 9.99 美元、13.99 美元和 17.99 美元），从而自由播放网站任何内容，不需要再观看广告。对于广告与收费兼备的模式，用户在按月缴纳会费后，仍会在观看视频时看到视频开头、中间、结尾插入的视频或交互式广告，这为视频网站带来另一部分收入，但通常为了竞争需要，同等质量服务所需缴纳的会费较无广告收费模式低。针对免费模式，用户不需付费，即可选择网站任意内容观看，但通常需要忍受较长的广告时间。

若根据视频内容划分，则在服务提供商中，既有以用户上传内容为主的 YouTube，又有以授权电影电视内容以及自制剧为主的 Netflix、Hulu、爱奇艺，以及由于历史原因二者兼备的优酷等公司。YouTube 或早期优酷类型网站的成功，仰仗于收集海量用户上传他们制作的视频，而 Netflix、Hulu、爱奇艺等公司所依赖的，则是获取数量众多、质量出色的电影电视节目的授权，以及自己投资拍摄的独家内容。此外，还有另外一些公司自身并不提供内容，但通过和其他公司的合作，将多家提供商的内容聚合到一起，供用户搜索和播放，以此按照类似渠道商的方式分成。

在线视频已经极大地影响了用户消费视频内容的方式，很多用户一提到 Netflix 就想起《纸牌屋》，提到爱奇艺或优酷就想到综艺《中国有嘻哈》或自制网剧《白夜追凶》等，提到腾讯视频就想到 NBA，上 Hulu 看棒球系列赛或世界杯。根据 2018 年的统计数据，中国网络视频用户的数量已经从 2008 年的 2 亿左右提升到现在的 6 亿左右，这种改变在可预见的未来还将持续下去。

为什么在线视频能够这样迅猛地改变我们的生活呢？

首先，显然是得益于互联网的普及与用户习惯的建立。在美国家庭中，宽带网络的普及非常早，在 2005 年就已达到 6000 万人，近年普及率更是达到 87%以上。同期，中国互联网用户也从 2005 年的 1.1 亿增长至 2017 年的 7.5 亿，超过全国总人口的一半。而互联网用户中，使用视频服务的用户比例也在逐年增加，中国的数据是从 2008 年的 68%提升至 2017 年的 77%。互联网浪潮带来的各种便利，在线视频服务均能比较好地享受到，例如联网服务随时随地可以获取，多数内容不论从手机、机顶盒或网页都可以很好地访问，并且不像录像带、VCD、DVD 或蓝光等过往的技术那样需要实物载体，服务按照流媒体的方式提供，成本很低。

进一步来说，相比传统的广播电视或碟片租赁，在线视频服务可以灵活地变更服务形式，比如提供不同清晰度的视频、给予不同组合的用户套餐、替换视频内部的广告等；可以让每个用户在不同位置、不同设备上获得无缝衔接的体验；甚至可以根据每个用户的需求、行为习惯提供不同的服务、推荐不同的视频、投放不同的广告。所以，和以往所有人只能选择很少的内容、选择有限的观看方式相比较，在线视频服务的送达率和满意度都有巨大的改善。

此外，在线视频服务借助开发和运营效率的优势，可以根据数据信息的反馈，定制或选购更受用户喜爱的内容，可以更好地构建和使用内容的组合，也可以根据数据的指导，进行细致优化的各环节服务，提升用户观看体验，还可以与其他服务（如社交）、硬件容易地交换数据和结合，形成生态体系，保证用户的黏性。没有形成在线看视频的习惯的人，会尝试接受在线视频；已经形成习惯的人，很少会退到以往的使用习惯上去。所以，在线视频服务的市场如滚雪球一般越滚越大，在不到一代人的时间里，世界就已完全不同。

一份视频在其生命周期内，会历经采集、编码、编辑、存储、转码、传输、播放等不同过程，也是在线视频需要提供的基本能力。在整个过程中，在线视频服务提供商需要获取视频内容，或提供用户自主上传内容的平台，或主动从媒体集团、内容发行商、电影电视工作室乃至自制剧部门等处导入内容，建立内部统一的存储和转码能力，并通过内容分发网络，传送到用户使用的不同浏览器、移动设备或机顶盒设备上播放。

一份视频在其生命周期内，如何引起用户的注意，如何从网站的视频库中发现，如何在播放流程中嵌入合适的、不引起用户过分反感的广告，如何人性化、贴心地提供特殊的功能等，可以算作进阶的问题，在线视频服务需要持续引入和使用较新的技术或渠道解决问题，帮助视频服务提升效率，构建竞争优势。

在以上过程中，较大型的公司可能在所有重要环节都自主开发符合自身需求的软件，包括工具、服务、移动端 APP 与网站等，也有一些公司会在其中特定环节使用专业技术提供商所开发的工具、服务或 SDK。故而在线视频伴生或衍生的产品与服务可以扩展到编码器、服务器厂商、后期制作工作室、在线广告供应商、CDN 公司、云计算提供商等多个领域，其中也有各个层面的开源或商用技术。

从 Nginx 到 Wowza Media Server，从 Hadoop 到 AWS，从 Freewheel 到 Nielsen，从数据交换到 BI 分析，无数的公司、开源社区、高校和标准组织，共同构成了在线视频庞大技术体系的方方面面。本书将力图涉及上述的主要技术领域，给出个人视野中所见的主要知识、各个技术领域之间的联系、一些可行的方案以及关于技术演进的看法。

行业中有另外一些商业形态，例如 Spotify、网易云音乐、虾米等类型的在线音乐服务提供商，Snapshot、快手、抖音等类型的短视频服务提供商，虎牙、斗鱼等类型的直播服务提供商，阿里云、Brightcove、七牛等视频云类型的服务提供商等，因为商业模式、服务内容上有相似之处，其技术栈许多环节颇有相似之处，本书应该也可提供一定的参考。

1.2 视频技术：历史

写下本节标题时，颇觉得有些过于宏大，因为视频行业开辟有年，方向众多，源流错综复杂，明星公司各逞一时之豪，关键技术几经换代，时而席卷包举，时而割据偏安，短短数十年，有如朝代兴衰，远非在此短短数页所能尽述。然而目力所及，总觉得有不可磨灭之处，不应完全遮蔽于时间长廊之中，下面或按公司，或按产品，列出个人对当前行业格局仍影响深远的一些内容进行介绍，星星点点，挂一漏万，只期望构建出一幅相对立体的画面，可以起到温故而知新的作用。

1.2.1　技术与产品驱动

在行业生态、产品形态尚未完善的时候，技术是世界变化的主要驱动者，下面谈到的几家公司，都以其技术和相应的产品闻名。

（1）Microsoft

今天的人们虽然仍将微软公司视作行业巨头，但环视四周，Google、Apple、Facebook、Amazon 等公司也绝不逊色，甚至还有超出。可若回溯至 20 世纪 90 年代的某些时段，微软几乎可以算作唯一的霸主，甚至是整个软件行业的代名词。

从编程语言到操作系统，从公共服务到消费硬件，当时微软公司的野心是将触手涉及软件领域的方方面面。他们意识到多媒体娱乐在人们生活中的地位，从很早就开始全面支持以音视频为核心的多媒体技术。自支持 DirectX 编程接口的 Windows 95 开始，微软的思想和产品在视频行业占据了重要的版图。

微软在 1996 年 3 月发布了开发者中非常著名的 DirectShow（见图 1-1），可以看作世界上第一个被广泛应用的音视频框架，它被置入 DirectX 5 中，并在之后成为 Windows 98 的标准组成部分，直至现在，仍有大量的多媒体应用程序基于 DirectShow 编写。在 Windows Vista 之后的版本，微软另行提供了一套较新的多媒体框架 Media Foundation，也赢得了许多用户。从 Windows Vista 到 Windows 8.1，微软还在操作系统内嵌了专为大屏设计的 Media Center 功能（见图 1-2），为用户提供了解决方案。

图1-1　DirectShow的软件封面

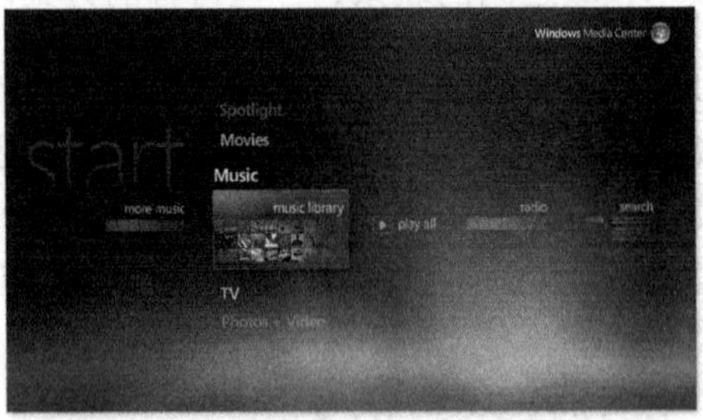

图1-2　Media Center的界面

在近年微软大力发展的云服务 Azure 中，有非常全面的视频服务解决方案，适合没有太多技术研发能力的在线视频服务提供商集成使用。由于公司过大，并非所有产品或项目都能取得成功，例如其 MP3 播放器 Zune 较之苹果的 iPod，Sliverlight 技术较之 Adobe 公司的 Flash，市场地位都较为边缘化，甚至已经完全消失。

除了以上内容，微软还是 DRM 方案 PlayReady 的提供商，提供颇有市场声誉的内容保护方案。

（2）Apple

乔布斯在离开苹果的那些年里，曾经用卖出苹果股份得到的钱收购卢卡斯的电脑动画部，成立了皮克斯（Pixar）动画工作室。在多年艰苦积累后，随着多部动画长片（如 *Toy Story*）的成功，皮克斯动画工作室终以高价被迪士尼收购，这或许能够部分体现他对影音行业发展的向往和远见。

当 20 世纪 90 年代后期，乔布斯重新执掌苹果，首先稳定了军心，通过具有透明外壳的 iMac 扭转了财务报表的亏损，随后带来真正的革命，于 2001 年发布了划时代的产品 iPod。配合 2003 年上线的 iTunes 音乐商店（见图 1-3），iPod 在短短数年之内就重塑了整个音乐产业的业态，最终控制了 MP3 播放器 90%以上的市场，并于后续开启了由 iPhone 引领的智能手机时代。

图1-3　iPod和iTunes

实际上，苹果公司在图像和影音处理上的口碑由来已久，即使在“Wintel”联盟风光的时候，也有固定的支持者为了多媒体功能而选择苹果的麦金托什系列电脑。公司早在 1991 年底就发布了著名的 QuickTime 第一个版本，支持许多沿用至今的功能，包括专有编码器、多轨道（Track）、可开放扩充的文件格式等，其文件格式后被接受成为 MPEG4 标准的一部分，即现今最为流行的视频文件格式 MP4。

在 2007 年，苹果发布了移动时代最重要的产品之一——iPhone，让手机成为用户拍照、摄像和音视频观看的一大中心。随着 iPhone 3.0 在 2009 年发布，苹果开始推广 HLS 流媒体协议，利用 M3U8 格式作为索引、将整个流分成一系列很小的文件供客户端选择下载。凭借协议内容的简单有效、对 CDN 的友好，以及苹果用户的疯长，HLS 协议很快在同时代的流媒体协议中独占鳌头，并直接影响了后来 DASH 联盟及协议的产生，开启了新的时代。

由于苹果在消费领域举足轻重的地位，在 2017 年的 WWDC 开发者大会上，公司宣称将全面支持 HEVC 和其衍生的图片格式 HEIF，很可能将影响未来几年编码和图片格式的格局。除此之外，苹果还是视频流媒体服务潜在的重量级玩家。

（3）RealNetworks

1995 年，微软高管 Rob Glaser 离开公司，创办了 Real 公司，后改名 RealNetworks。它开发了骨灰级网虫耳熟能详的一系列音视频工具（见图 1-4），主要包括能播放多种格式文件的播放器 RealPlayer、流媒体服务器 Real Media Server（其商业版是 Helix Server）、编码工具 Real Producer（商业版为 Helix Producer）等。

图1-4　Real公司的音视频产品：Realplayer、Helix

与之配套，早期最流行的流媒体控制协议 RTSP 也是由 RealNetworks 和哥伦比亚大学合作开发的，公司还借鉴正在标准化过程中的先进编码技术，开发了专有的视频和音频编码格式（RV、RA）与文件容器（RM、RMVB），较当时流行的其他格式有巨大优势。

因为 Real 的编码技术能有效节约带宽和存储空间，又特别针对网络条件波动的情况进行了许多优化处理，不论在线观看还是下载播放的情况都能给予用户很好的体验，在世纪之交刚刚起步的互联网环境中如鱼得水，赢取了大量用户。

这一弄潮于时代浪尖的公司，巅峰时市值曾达到接近微软市值的一半，掀起了流媒体音乐和视频的风暴。但时势易变，自微软在操作系统中捆绑嵌入 Windows Media Player 后，需要付费的 Real Player 等产品的市场占有率就节节败退。虽然 Real 试图转型为服务类公司，也做了诸多尝试，例如建立起 Rhapsody 这样的互联网音乐品牌、发起对微软的诉讼（在多年旷日持久的交锋后获胜并获得了可观赔款）、售卖公司在多媒体领域的几百项核心专利和编码器团队换取再投资资金，即使到近年，公司也还有类似 Helix Broadcaster 这样令人眼前一亮的产品出现，但因整体战略、商业模式和市场策略上表现不佳，都未能挽救颓势。

（4）Adobe

Photoshop 曾经是 PC 时代最为著名的明星软件产品之一，被视为 Adobe 公司的代表作品，但让它成为消费市场明星的还是其 Flash 技术。Flash 原是 Macromedia 公司设计的一种二维动画软件，后于 2005 年公司被 Adobe 收购，改称 Adobe Flash。初始的 Flash 技术主要用于互联网网页的矢量动画，并使用向量运算的方式产生较小的、采用自己特殊格式 SWF 的文件，后支持 FLV 和 F4V 格式的视频，并设计了广泛使用的流媒体协议 RTMP。

为支持整个多媒体生态，Adobe 还另有流媒体服务器 Adobe Media Server 以及编码工具 Adobe Flash Encoder，在业界颇有一定的影响力。对标苹果大获成功的 HLS 协议，Adobe 公司还推出了基于 HTTP 的流媒体协议 HDS，即 HTTP Dynamic Streaming。在专业图像、视频和音频领域，Adobe 也颇有建树，例如提供包含多种音视频工具的 Adobe Creative Suite 软件集、专业音频编辑和混合软件 Adobe Audition、非线性编辑软件 Adobe Premiere 等。

1.2.2 服务构建生活

互联网服务以其便捷的用户体验，独特的商业模式逐渐成为人们生活的重要组成部分，完善的网络环境和用户规模不仅惠及面向消费者的在线视频服务，还让云服务逐渐代替传统的授权软件，涌现出大量不一样的技术服务提供商，以下列出最为著名和有代表性的一些服务提供商。

（1）YouTube

在 2005 年，Chad Hurley、陈士骏和 Jawed Karim 等几个 PayPal 早期工程师一起建立了 YouTube，允许使用者上传、观看、分享和评论。到 2006 年 11 月，Google 以 16.5 亿美元收购了 YouTube 并持续投入，直至其成长为世界上最大的在线视频网站（见图 1-5）。截至 2017 年，YouTube 的每月登录用户数达到 15 亿之多。

图1-5 2005年的YouTube网站

YouTube 的商业模式，是鼓励人们上传他们的视频，展示给其他人，藉由各式各样上传者制作的视频内容，包括剪辑、短片、预告、音乐电视、业余拍摄的视频、宣传片等，吸引用户观看，其广告产生的收入将与制作者分成。在绝大多数情况下，包括没有 Google 账号的所有用户都可以直接观看网站上的视频并不需付费，如果内容不够吸引人，制作者就无法获得足够的收入，以此激励制作者提供更好的视频内容。

由于 Google 带来的极客风格，也因为 YouTube 本身巨大的用户量，YouTube 在多项视频技术上都走在业界前列，YouTube 较早地使用了 VP9 等独立开发的编码技术，节省了巨大的带宽和加载时间，也较早地拓展全球化业务，提供数十种语言的版本供不同国家的用户使用。在 2015 年，YouTube 全面切换到 HTML5 播放，取代已经落后的 Flash 技术，同年，YouTube 也开始支持 360 度影片的上传和观看。此外，在视频网站中，YouTube 也在精准全面的内容推荐、广告投放和售卖以及编码和流媒体优化等方面有着极高的口碑。

（2）Netflix

在建立在线视频付费收看的盈利模式的服务提供商中，Netflix 是当之无愧的先驱。公司早年的商业模式是提供在线 DVD 租赁，创始人 Reed Hastings 声称，他的动机源自某一次租的录像带过期被罚了 40 美元，就此他开始思考如何为用户提供更人性化的电影租赁服务。

Netflix 首先推出的就是在线光碟租赁生意（见图 1-6），相比之前称霸线下租赁的霸主 Blockbuster，Netflix 的轻资产、网上运营、邮寄到户让它可以用每次租赁 0.5 美元对 5 美元的价格大胜对手，随后，Netflix 在 1999 年推出了无到期日、无逾期费、无邮费的会员制。

图1-6　2002年的Netflix网站

2007 年，Netflix 终于推出了在线点播服务，相对租赁业务，在价格、随时随地服务获取、个性化设置等方面大幅提升用户体验，2010 年 Netflix 开始打入国际市场，2011 年展开自制影视作品（如《纸牌屋》）的制作，2017 年 4 月，Netflix 还宣布与爱奇艺合作，将一些影视作品授权在中国播放，当前他们拥有的美国及海外付费会员用户合计已达到 1 亿。

公司早期使用微软的编码等技术，在之后的年份里，逐渐建立起卓有声名的工程师团队，改善其与众不同的技术栈，例如 H.264、Dolby Digital、VP9、OGG、HLS 和 DASH 等。在编码方面，近年 Netflix 已经走在业界前列，一方面很早就建立了精细化的编码优化体系；另一方面，Netflix 将机器学习、深度学习和主观评测结合，建立起远超侪辈的编码效能。Netflix 较早地使用云计算技术，将大部分服务放在 AWS 上，从 2012 年到 2015 年，公司还逐步建设起自己的 CDN 能力，服务国际用户，并给予外界许多启发。

从其他方面看，自 2000 年开始，Netflix 就已经推出了个性化的电影推荐系统，用户可以为电影打分，网站根据用户的观看和评论历史，以及有类似兴趣的用户观看记录，向用户推荐内容。由 Netflix 发起的“百万美元推荐竞赛”，既帮助工程团队广取众长，也极为吸引眼球，让内容推荐成为行业内的“显学”。

（3）Hulu

2007 年，NBC 和新闻集团一同出资，组建了 Hulu 公司，为用户提供在线观看电影及电视剧服务，当前的主要股东包括迪士尼、NBC、21 世纪福克斯和时代华纳。前期的 Hulu 与 Netflix 不一样，向用户提供免费的视频观看服务，但同时需要观看较长的贴片广告，后期则改变为类似会员制收费模式，与 Netflix 不同之处是，用户可以选择较便宜又没有额外观看限制的套餐，代价是仍需观看一定时长的广告（见图 1-7）。

图1-7　机顶盒上的Hulu

2013 年，公司的主要股东曾想出售公司，但经过深入评估后发现在线视频的发展是业界趋势，不应错失，所以反而大额出资，重塑公司的技术、服务和品牌。历经几年的二次发展，现在 Hulu 在美国已有数千万按月付费用户，此外，通过 Yahoo 等第三方渠道，每月也有数千万的观看量。Hulu 还曾在日本投资，对当地用户提供在线视频服务，但运营不算成功，现已基本中止。当前 Hulu 于 2017 年最新发布的直播服务，将与有线电视台签约获取的上千个电视台以在线视频的方式，推送到千家万户，极受用户欢迎，有望成为公司的另一大倚靠。

公司很早就在北京设立研发中心，从清华、北大等顶尖高校招揽毕业生，为国内业界培养了许多高质量人才。Hulu 是 DASH 协议的大力推动者和身体力行的使用者，在编码、流媒体、数据中心、大数据、推荐以及广告等方面都走在业界前列。

（4）Amazon

Prime Video 是亚马逊旗下的在线视频服务，Prime 服务可谓大名鼎鼎，用户只要加入会员，就可享受在线购物 2 日内免费送达，此外还提供许多绑定的服务，包括免费电子书等，Prime Music 和 Prime Video 也赫然在列。借助亚马逊的强势地位，Prime Video 在用户数上不逊 Hulu，设备支持方面甚至颇有优势。配合公司的全球战略，Prime Video 的国家覆盖范围甚至还要大过 Netflix。但是，由于缺乏独立运营，Prime Video 的内容和服务吸引力上和以媒体集团关系著称的 Hulu 相比尚有欠缺，也无法在自制剧上和天价投入的 Netflix 相比。公司虽然于此特别注重，但是暂时还不能与其他家抗衡。

亚马逊的 AWS 是世界最大，可能也是最佳的云服务提供者，其中就包括云上的视频编转码、数据存储、分发服务、CDN 等，Prime Video 近水楼台，也享有相应的技术优势。作为巨头公司，亚马逊还拥有 Fire TV 和 Alexa 音箱等与视频服务具有协同效应的产品，它还在 2015 年收购了视频公司 Elemental，Elemental 在业界以其基于 GPU 的高速、高质量编码技术知名，这也增强了其视频服务的整体实力。

（5）Sling TV

这是一项兴起不久的直播服务，由美国卫星广播巨头 Dish Network 推出，自 2012 年开始提供 50 个以上频道的直播节目，开始是通过 Roku 机顶盒提供服务，后来扩展到包括 Fire TV、Android TV、Apple TV、XBox One、LG smart TV 等在内的多种设备。公司的套餐设置（如“蓝色”或“橙色”等）颇为知名，到 2017 年中为止，共拥有 200 万付费用户。与此类似，**DirecTV Now**（属于 AT&T）和 **PS Vue**（来自 Sony）也向用户提供多个频道打包的观看服务，以上公司大多还提供云录像（DVR）功能。

（6）Brightcove

Brightcove（见图 1-8）是知名的老牌视频云服务提供商，2004 年，Jeremy Allaire 创办了公司并担任首席执行官，他也曾是 Macromedia 公司 Flash 平台的开发主导者。Brightcove 的视频云可以被理解为 SaaS 类型的服务，支持用户上传视频、在线编转码、内容管理、DRM 保护、定制播放器、跨平台传输、视频分销和广告等。Brightcove 对规模不大的中小公司提供有吸引力的，有足够内容保护机制的方案，也帮助较大的公司建立市场，交易视频内容。

图1-8 Brightcove的Logo

（7）Bitmovin

Bitmovin（见图 1-9）是成立不久的视频服务新秀，与 Brightcove 提供相似的视频云服务，包括视频上传、转码、定制播放器、广告插入、数据分析等，因为没有技术负累，它专注于较新的技术栈（如动态码率技术、分段转码技术等），短短数年间已经建立起了较好的口碑。

图1-9 Bitmovin的Logo

（8）Conviva

Conviva 是致力于在线视频优化和分析的公司代表之一，总部在硅谷，它通过接入在线视频公司的数据，帮助进行流媒体服务的分析，给出体验报告，并给予及时的预测和报警服务。即使较大规模的视频公司，也时常使用他们的服务，以替代自主构建数据存储和分析的设施。

1.2.3 中国引领创新

以往，互联网的技术和模式，大都发源于美国市场，随后才能在中国的市场上见到模仿者，近年来却产生了一种新的趋势，即中国市场的领先公司开始依据市场特点和自身能力，首创出大量前所未见的应用方法、商业模式和技术方案，引领创新潮流，故而，中国的视频服务尤有值得记叙的一笔。

（1）优酷、土豆

作为 YouTube 在中国的模仿者，优酷于 2006 底年上线，到 2007 年，其日视频播放量就

达到 1 亿，初始致力于成为短视频分享平台，后转型为授权影视作品的点播服务，并涉足电影电视制作领域。土豆网与优酷类似，也在 2005 年成立，在很长一段时间内，优酷和土豆是中国数一数二的视频网站，二者分别于纽交所和纳斯达克上市，并于 2012 年 3 月通过 100%换股方式合并，成为优酷土豆集团公司，后续公司延续双品牌运营，于 2015 年 10 月被阿里巴巴宣布收购，现已成为阿里文化娱乐集团的一部分（见图 1-10）。

优酷在技术上早期依赖 Flash 文件格式和相应流媒体协议，较晚才转向 HTML5，由于国内网络基础设施的限制和昂贵的费用，优酷很早就开始自行建立 CDN，又有提供视频平台服务、直播、游戏等业务，对各项现代技术都有涉猎。在阿里巴巴接手后，许多平台直接采用阿里的成熟技术，架构体系发生了很大改变。

图1-10 优酷网站的视频上传页面

（2）搜狐视频

搜狐于 2004 年成立了搜狐宽频，即搜狐视频的前身，此后在多年的发展中，搜狐曾多次站在时代前沿，在 2008 年搜狐成为北京奥运会互联网内容服务赞助商，2009 年搜狐独家首播大量正版影视剧，2013 年搜狐成为美剧资源最多的视频网站，2014 年 56 网并入搜狐视频。由于搜狐本身在近年的互联网竞争中处于弱势，与新浪视频类似，当前的搜狐视频已经无法在行业内引领潮流，但仍试图从 VR 技术等方面突围。

技术上，搜狐视频令人印象深刻的是其传统与 P2P 方式结合的点播与直播实现。由于国内基础设施和带宽价格的问题，在很长时间内，P2P 都被视作一剂良方，多家在线视频公司均借此成名，如被苏宁控股的聚力视频，被爱奇艺收购的 PPS，被百视通收购的风行网，以及暴风影音、迅雷等。

（3）乐视

今日的乐视深陷资金链风波，然而过去的年份中，公司也曾在视频领域有所成就。2004年，乐视成立，初期颇为挣扎，后在其他人没有意识到版权重要性的时候低价获取了大量优质 IP，通过分销积累到第一桶金，到 2010 年以后，互联网影视渐成风尚，乐视也因此脱胎换骨，最高时曾十分接近在线视频服务的第一梯队。乐视在 CDN 建设、编解码技术等领域都有过独到之处，乐视电视提供较现代的界面设计和用户体验，也可供后来者借鉴。

（4）爱奇艺

2010 年，百度经过认真考量，上线了视频服务奇艺，后更名为爱奇艺，从最开始，爱奇艺就全面跟随 Netflix 和 Hulu 模式，致力于正版影视领域，力求覆盖全面，塑造和竞争对手相比较高的品牌形象。2013 年，百度收购了 PPS 视频业务，并将其与爱奇艺整合，一举超过多家竞争对手，在随后几年中成为中国主流的在线视频网站，在综艺、电影、动画、自制剧等方面尤有优势。

技术上，爱奇艺在 2013 年、2014 年后上线了多项亮点技术。例如“绿镜”功能根据大数据帮用户精简视频观看片段，基于 Docker 的分布式转码服务，视频广告投放平台、个性化首页等，近年在将视频、数据与人工智能算法的连接上，爱奇艺也有出色表现，并于 2018 年在纳斯达克成功上市（见图 1-11）。

图1-11　爱奇艺在纳斯达克上市

（5）腾讯视频

腾讯视频在几大视频巨头中入局较晚，2011 年才上线运营独立域名，与爱奇艺类似，它也定位在正版点播及电视直播上，其特色内容包括 2013 年上线的中国最大的英剧频道、2015 年获取的 NBA 付费直播频道等。在技术布局上，腾讯视频不若爱奇艺全面开花，但胜在扎实推进，在存储、分发、编码、多终端支持、搜索、CDN、错误处理等方面均有可靠积累。近年来，腾讯建立了音视频实验室，与微信、QQ 等部门的音视频技术团队相互砥砺，在服务质量上口碑颇佳。

（6）暴风影音

最早这是一款由暴风科技设计的播放器，原本以单一软件覆盖多种解码方式为卖点，逐渐发展成依托 P2P 技术提供视频聚合服务的公司，近年来，暴风公司将布局重点转向 VR，发布了暴风魔镜等产品。暴风曾在 2007 年收购了早年由精英程序员梁肇新开发的知名播放器豪杰超级解霸，在播放上有“左眼”等亮点技术。

（7）Bilibili

与其他在线视频的巨头不同，Bilibili 初始模仿日本流行的视频网站 NICONICO，以极具特色的弹幕技术为吸引，构建了以二次元文化为核心、版权动漫和二次创作内容分享模式并重、社区氛围的在线视频观看网站，收入模式上很大程度依赖于游戏联运。Bilibili 的弹幕技术和运营融合较好，亦在基于 HTML5 的播放体验上表现良好。

（8）金山云

自张宏江博士从微软工程院离开来到金山，金山在云服务尤其是视频云上投入了大量的资源，其中在视频领域的 H.265 编码器可谓一大亮点。金山云的编码团队采用从最小工具集开始重新编写、结对编程、极限编程等方法达到令人惊讶的编码性能，2016 年其编码器 KSC265 在视频编码器大赛上获得软件编码器第一名。

1.2.4　形形色色的玩家

或许不如上述公司广为人知，但行业中活跃着的玩家形态多种多样，各不相同，有的公司以软件知名，也有公司以硬件设备著称，切入点既可以是复用器、编码器，也包含客户端设备，但凡有一技之长，又能把握市场脉搏，都能够在市场中发挥影响，博取利润。

（1）DivX

DivX 既是公司名称又是产品名称，软件产品包括播放器、网页播放器、转码器和编解码包，其编码器最广为人知的版本 DivX3.x 实际是微软的 MPEG-4v3 编码器的 Hack 版本，其次是 DivX4。2007 年，DivX 收购了专业的编码技术提供商 MainConcept。

DivX 在欧洲有最多的用户，在美国得到了许多好莱坞电影公司的认可，亚洲也曾有很多地区流行过相应的格式。与 RealNetworks 相似，纯粹的软件提供商今天已不是行业的中心，仍然让人铭记的是其在世纪初对产业发展的推动作用。

（2）Harmonic

哈雷公司是广播电视行业的巨头，关注的市场包括地面广播、有线接入、卫星直播、电信运营商、OTT 内容分发和内容编制等，其在编转码、播出、存储、采集、分发、云视频等技术上均有深厚积累，尤其在硬件编码器上一向具备顶尖的实力（当然也有不菲的价格），包括 **Harmonic**、**Harvision**、**Harris**、**RGB**、**Teradek**、**BoxCast** 在内各厂商的硬件编码器常常被用于满足有线电视服务商和在线视频服务商的后台需求。

（3）Roku

Roku 是一系列以播放音视频多媒体内容为主的机顶盒产品（见图 1-12），通过有线或 WI-FI 连接互联网，Roku 机顶盒从不同内容提供商（如 Netflix、Hulu、HBO、DirecTV Now、Sling TV 等）那里获取内容并提供给用户。机顶盒采用定制的操作系统 Roku OS，以其低廉的价格和出色的内容整合能力，在 2017 年的统计中，占据美国 37%以上家庭的客厅。

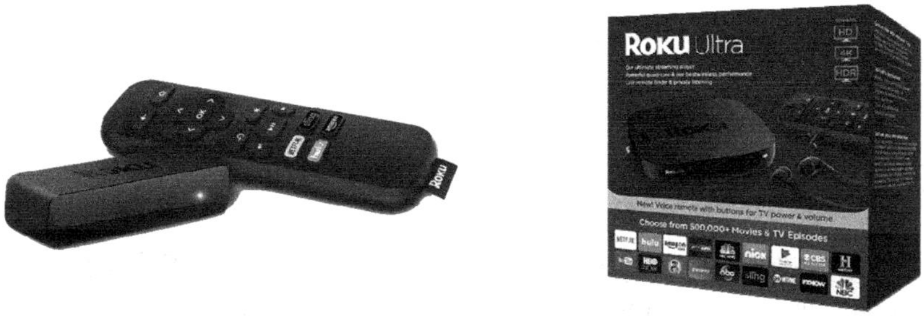

图1-12 Roku机顶盒

与之对应，中国的互联网机顶盒因有牌照限制，是和 IPTV 隔离的不同市场，只有 CNTV（中国网络电视台）、上海文广、华数、南方传媒、湖南广播电视台、CRI（中国国际广播电台）、中央人民广播电台七家实体具备提供服务的资格，其他服务提供商必须与牌照方进行合作才能合法运营。当前多方混战之下，小米盒子、天猫魔盒等各擅胜场，创维、海信、爱奇艺、华为、海美迪等也不甘落后，较之美国市场更为混乱。

（4）Wowza

公司自 2005 年建立，在那个 Adobe 的 Flash 流行、RTMP 协议广泛应用的年代，Wowza 较早地打破 Adobe Media Server 的垄断，提供了基于 RTMP 的流媒体服务器，随后快速扩展到支持各种编码格式和流媒体协议，提供 DRM 支持，编码支持以及云服务。由于低价扩张、在线认证的商业模式和快速添加的功能集，Wowza 很快对流媒体服务器的前霸主 Helix Server 和 Adobe Media Server 形成威胁并快速超越。

Wowza 近年来较为知名的举措是开发了硬件编码器 ClearCaster（见图 1-13）用于 Facebook 上直播的支持。

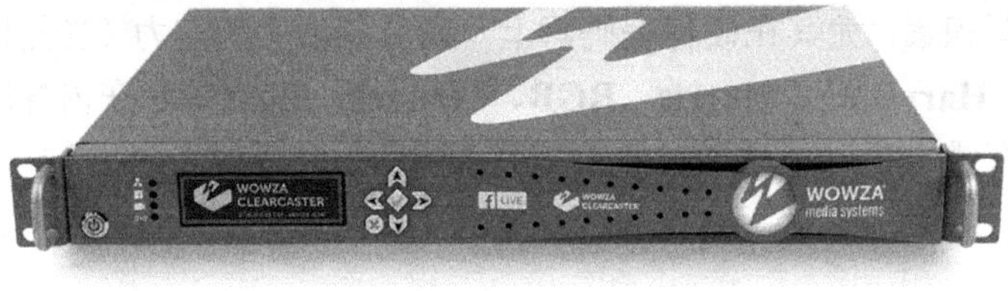

图1-13　Wowza 的 ClearCaster

（5）Beamr

这是一家业内人士才会关注的技术公司，成立于 2009 年，总部在以色列。他们专注于编码技术的优化，从 H.264 时代到现今的 H.265，在符合标准并保证主观观看质量的前提下，将视频压缩得更多。由于视频编码技术的门槛，较小的在线视频公司常常使用它的服务以优化存储空间和带宽的使用。

1.3　常见文件与编码格式

音视频内容在多数时候都是以文件形式存储，互联网用户泰半都有下载视频或音频文件播放的经历，此外手机、数码相机、摄像头等数字设备也大量地生成各种各样的音视频文件。在市场上由于技术的发展和不同公司的竞争，产生出许多流行的文件格式，较著名的有 WAV、MP3、RM、MPG、WMV、WMA、AVI、MOV、MP4、3GP、FLV、MKV、AC3、AMR、OGG、AAC、APE 等。习惯上，因为视频相较音频占据主要地位，既包含视频内容也包含音频内容的文件被称作视频文件，而音频文件常常指仅有音频内容的文件。

音视频编码技术是视频行业存在的前提，视频信号数字化后占用大量的存储空间和数据带宽，高清视频的码率往往可以达到约 200Mbit/s，以此推算 120 分钟的电影将占到 180GB 以上，无论从存储还是传输角度，都是一个难以接受的数字，而通常可以下载的高清电影视频，也不过是 2～8GB 大小，这其中依靠的就是音视频编码技术了。

所谓编码技术，实质是一种针对特定音视频格式内容压缩成另一种视频格式的方式。随着技术的发展，市场上常见的视频压缩技术有 RV、VC-1、MPEG2、H.263、H.264、H.265、VP8、VP9 等，音频压缩技术包含 MP3、RA、AMR、AAC、Vorbis、AC3、APE 等，而上述的文件格式，则定义了作为一个容器如何将视频和音频编码完成的内容封装在内的方法。

举例而言，一个 MP4 文件内，可能包含通过 H.264 技术编码的视频内容以及通过 AAC 技术编码的音频内容，而 MP4 文件如何规范视频、音频及其他信息在这单一文件内的存储方式，则被称作打包技术或封装技术。不同编码技术的出发点大体一致，都是为了让音视频内容的质量可以损失更小，压缩率更高，不同的文件封装技术则略有不同，有些是为了支持特定的编码技术，有些则希望通过支持多种不同的编码技术，成为较为通用的容器。下文将分门别类地介绍一些常见、典型的文件和编码格式。

1.3.1 上古时代

(1) WAV

很多人应该会对 Windows3.X 或 Windows 95/98 中的系统声音印象深刻，彼时如果查看系统目录，可以找到对应的声音文件都是 WAV 格式。WAV 是微软开发的一种声音文件格式，它实际是采用 RIFF[①]文件规范存储的，WAV 是文件的扩展名，内中音频的格式通常是 PCM，也可以存储一些压缩过的数据。常见的 WAV 文件和 CD 格式一样，具有 44.1K 的采样率[②]，

① RIFF 系 Resource Interchange File Format 的缩写，每个 WAVE 文件的初始四个字节即为'RIFF'，并由多个 Chunk 组成，其格式大致如下。

```
'WAVE'
<fmt-ck> // format
[<fact-ck>] // fact chunk
[<cue-ck>] // cue points
[<playlist-ck>] // playlist
[<assoc-data-list>] // associated data list
<wave-data> // wave data
```

更详细的格式描述可见参考文章。

② 采样率，也叫采样速度，定义的是每秒从连续信号（模拟信号）中提取并组成离散信号的采样个数，单位是赫兹（Hz），一些常用的采样频率包括：8kHz，电话的采样频率；22.05kHz，适于无线广播使用；44.1kHz，CD、VCD 的常用频率；48kHz，DVD、数字电视的默认频率；96kHz，蓝光音轨的采样率。通常情况下，采样率较高，说明音质可以得到较好的还原，根据采样定理，如果采样频率高于信号中最高频率的两倍，则连续信号可以无失真地从采样样本中完全重建。

16 位采样位数①，并支持单声道或立体声②，即 WAV 文件的大小可以通过采样率×采样位数×声道×时间计算得出（需除以 8，因为 1 字节=8Bit）。

(2) MP3

以 WAV 为代表的音频文件因为未经压缩，所以较少用来存储较长的声音内容，在 20 世纪末，大量音频文件使用 MP3 格式进行存储，下载和交换，提供较好的音质和压缩比率，甚至催生了以此为名的硬件设备，虽然市场上早有压缩率更好的格式诞生，但 MP3 格式一直流行到现在。MP3 的准确名称应为 MPEG-1 或 MPEG-2 Audio Layer 3，它的发明和标准化是由德国的研究组织 Fraunhofer-Gesellschaft 完成的，而它的普及，则对整个世界的音乐生态影响深远。

MP3 实质是对 PCM 数据中涉及的人类听觉不重要的部分进行舍弃，从而压缩得到较小的文件，它提供多种不同的 bitrate（每秒所需数据）的选择，常见速率有 128kbit/s、192kbit/s、320kbit/s 等。

(3) RM、RMVB、RV、RA

RM 即 RealMedia，是 RealNetworks 公司创建的专用多媒体容器格式，文件扩展名多用“.rm”，通常用于 RealVideo 和 RealAudio 的结合，一般是 CBR（固定码率）编码，RMVB 则是 RM 的换代格式，支持可变码率。RM 格式的主要特征在于不需要下载完整文件即可播出，并可以根据不同的网络传输速率制定不同的压缩比率，可见它一开始就定位在流媒体应用方面。

每个 RM 文件内部，是由一系列的 Chunk 组成，每一个 Chunk 的格式如下。

```
Dword chunk type (FOURCC③)
Dword chunk size, including 8-byte preamble
Word chunk version
Byte[] chunk payload
```

RM 文件支持的 Chunk 类型包括.RMF（文件头）、PROP（文件属性）、MDPR（流属性）、CONT（内容描述）、DATA 和 INDX（文件索引），更多文件格式信息可见参考文章。

① 采样位数，指的是在每次采样时，转换后的信号所被记录的位数，如单声道文件，常用 8 比特的短整数记录，而双声道立体声，每次采样数据为 16 位整数，高 8 位为左声道，低 8 位为右声道。

② 声道有单声道和双声道（立体声，英文为 Stereo）之分，较特别的如杜比环绕立体声（见后文 AC3 部分）则有 6 个甚至 8 个声道，立体声因为音箱分处不同位置，可以一定程度地还原声音原有的空间感和层次感。

③ FOURCC 是一个 4 个字节 32 位的标识符，通常用来标示视频数据流的格式，播放软件可以通过查询 FOURCC 代码并寻找对于解码器来播放特定视频流，取值通常由各个格式标准自行定义，如 DIV3、DIVX 等。

RV 是 RealNetworks 独有的视频编码格式，由于采用了诸多领先的技术，在低码率情况下有非常出色的压缩比，相对应的，RA 格式是公司专有的音频编码格式。普通 RM 文件中使用 RV8.0 版本，而 RMVB 文件中则通常是 RV9.0 或 10.0 版本，实际 RM 与 RMVB 格式可以支持另外一些编码器版本，但并不常见。

（4）MPG

MPG 文件后缀名可以是“.mpg”或“.mpeg”，内含两种文件格式，即 PS（Program Stream，节目流）和 TS（Transport Stream，传输流），分别用于不同的场合，根据格式不同，后缀名也可能是“m2p”“.ps”或“.ts”。

PS 格式来自于标准 MPEG-1 Part1（ISO/IEC 11172-1）和 MPEG-2 Part1（ISO/IEC 13818-1/ITU-T H.222.0），PS 格式由一个或多个 PES 组成（Packetized Elementary Streams，封装的基本流），其中每个流具有一个时间基准，用来在磁盘上进行存储。该格式里面还可以包含多种格式。

TS 格式则更适合网络传播，同样来自 ISO/IEC 13818-1 标准。在逻辑上，一个 TS 文件（或传输流）包含一组 SubStream（即 PES），可以是视频、音频、MJPEG 或 JPEG2000 的图片、字幕或 EPG（见图 1-14）①。每个流都被分解组装到 188 字节大小的包中，由于每个包都较小，可以容易部分地传输，各个流之间可以交错排布。

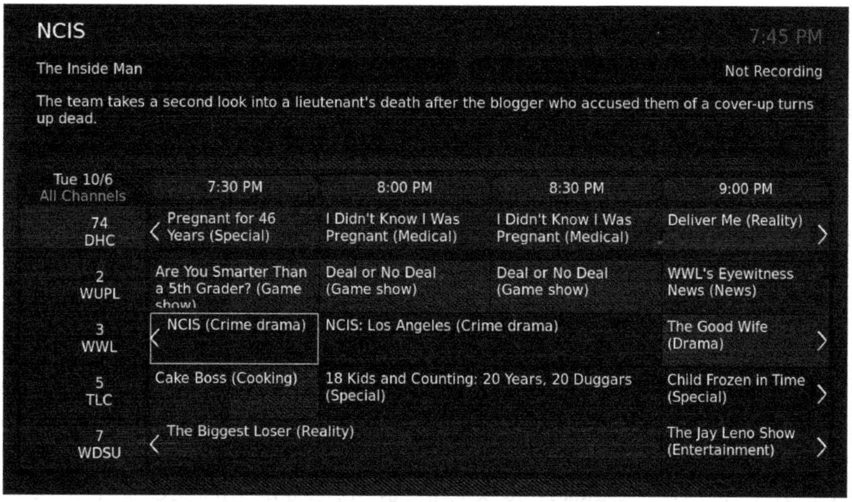

图1-14 EPG信息展示

① EPG（Electrionic Program Guide）是广播电视领域中常用的概念，是指提供的电视节目表信息，也可以称作 TV Guide。另外实际上，虽然不太常见，TS 包是有可能突破 188 字节限制的，根据情况可能达到 192 字节或者 204 字节。

每个 TS 包都包含有一个 4 字节大小的包头，其中包含同步字节和 PID（Packet Identifier，包标识）等信息，每个 PID 值都描述了 TS 中的一个流，例如，当 PID 为 0×0 时，表示当前流为 PAT，描述了整个 TS 包含的信息。而 PAT 流中另行描述了 PMT 流的 PID，据此可以找到其他各个音视频流的信息。PAT 和 PMT 可以被统称作 PSI（即 Program Specific Information，节目专用信息，实际这个概念下还包含 CAT 和 NIT 两种流），也是解析 TS 文件的关键。更详细的信息可参考标准文档或维基百科。

（5）WMV、WMA、ASF、MMS、AVI

WMV 是一系列由微软开发的视频编码格式和文件格式，其中 WMV version 9 因为被许多地方选用而以 VC-1 编码格式之名为人熟知，微软为此专门开发了一种名为 ASF 的文件格式来存储，但后缀名既可能为“.asf”，也可能为“.wmv”。与之相伴，名为 WMA 的音频编码格式，能够以较 MP3 少 1/3～1/2 的码率存储相似音质的音频，通常后缀名为“.wma”。微软在同时代还曾开发过名为 MMS 的流媒体协议，基于 UDP 或 TCP 进行传输，后升级为 MS-WMSP 协议（又称 WMT，即 Windows Media HTTP Streaming Protocol），可以使用 HTTP 传输。

AVI 全称 Audio Video Interleaved，是微软在很早便推出的多媒体文件格式，但因其良好的适应性，仍然被广泛使用。AVI 可以支持非常广泛的音视频编码格式，包括较新的 H.264、HE-AAC 等。AVI 由 RIFF 格式衍生，它的文件结构分为头部、主题和索引三部分，描述信息通常放在 INFO chunk 里，视频和音频数据在主体中依照时间信息交互存放，从存在尾部的索引可以任意跳到视频流的中段。因为索引的尾部设计，AVI 不太适用于流媒体传输的场景，更详细的文件格式描述可以参考 MSDN。

1.3.2 “现代”格式

（1）MOV、MP4、3GP

MOV 文件是苹果公司对多媒体行业的一大贡献，它又被称作 QuickTime File Format，可以包含一个或多个 Track，每个 Track 存储：视频、音频或字幕中的一种类型的数据，每个 Track 又由一个层次分明的 Object 结构组成（每个 Object 又叫 Atom）。一个 Atom 可以包含其他 Atom，也可以包含多媒体数据，但不能兼得。

MP4 文件几乎完全基于 QuickTime 文件格式，它由标准 ISO/IEC 14496-12 规定，并且添加了 extension，形成 MPEG-4 Part14（见图 1-15）。MP4 文件还常有另外一些文件名后缀，如“.mpa”，“.m4v”等。详细的文件格式定义可参见标准文档。

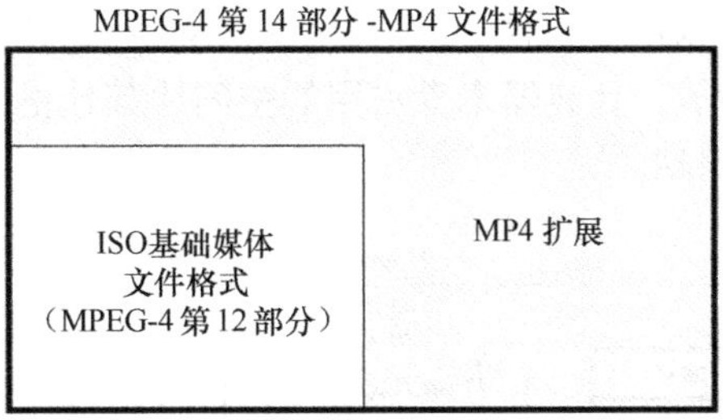

图1-15 MP4文件格式关系（图片来自Wikipedia）

MP4 文件用于下载播放时，moov 对象应写在 mdat 对象前面，以便在访问数据前收到所有的 metadata 信息。用于流媒体播放时，则文件内应有特殊的 Track（Hint Track），每条 Hint Track 将与一条多媒体 Track 连接，用于描述流式传输所需的信息。

3GP 常被称作 3GPP 文件，是由 3GPP 组织定义的文件格式，设计目的是用于 3G 移动网络中，其定义和 MP4 非常像，也是基于 MPEG-4 Part12 发展出来的。另外又有 3G2 或称作 3GPP2 的文件格式，其和 3GP 文件的区别是，一个用于 GSM 网络，另一个用于 CDMA 网络。

一个典型 QTFF 文件的 Atom 层次示例如图 1-16 所示。

（2）FLV、F4V

这是一种随着 Flash 发展而发布的，适用于流媒体传输的视频格式，内部初始基于 Sorenson 公司的编码算法，也支持 H.263 及 VP6 等格式。由于 YouTube、Hulu、优酷、土豆等网站早期均大量使用 Flash 技术，FLV 文件也变得非常流行。与之配合，FLV 文件的传输多使用 RTMP 协议，Adobe 还提供免费的 Flash Media Encoder（Flash 媒体编码器）帮助生成 FLV 格式的文件。

在 Flash Player 9 的 Update3 中，Adobe 推出了 F4V 格式，主要为支持 H.264 和 AAC 编码，文件格式完全基于 ISO Base Media File Format（即 ISO/IEC 14496-12）的标准，与 MP4、3GP 文件格式等高度相似。详细的 FLV/F4V 文件格式可见 Adobe 网站的 Spec 说明。

（3）MKV

随着互联网视频的流行，一种兼容多种媒体类型的容器格式（文件格式）流行开来，这就是 Matroska，MKV 即是 Matroska 系列中的一种格式，其后缀名多为“.mkv”，另有适用于单一音频的“.mka”文件和独立的字幕文件“.mks”。

从概念上讲，MKV 容器和 MP4、AVI、ASF 等处于同一层次，吸引开发者和用户注意之处是其免费和开源，它的最大特点就是支持多种不同类型编码的视频、音频、字幕，甚至包括章节、标签信息，还可以加上附件。此外，MKV 支持 EDC 错误检测代码，意味着没有下载完成的 MKV 也可以播放，且容器本身占用的空间比其他格式还要略小。具体文件格式细节可见 Matroska 的社区网站。

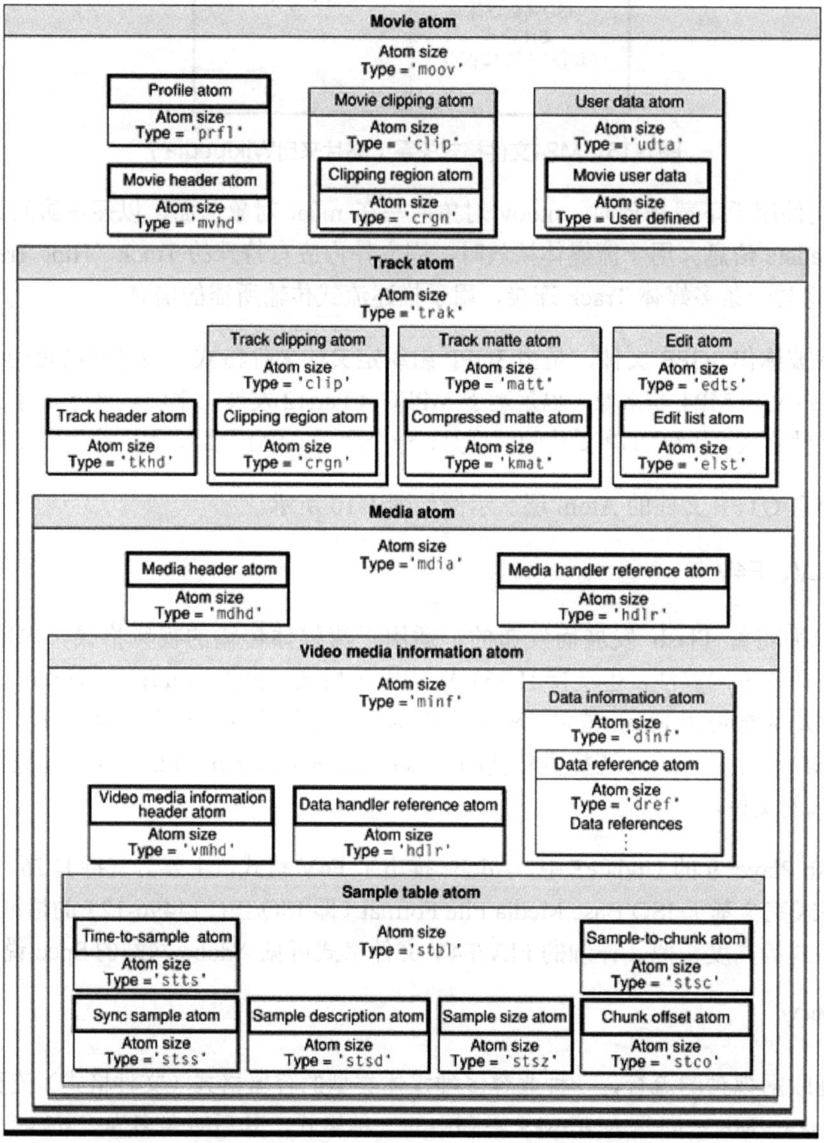

图1-16　QuickTime文件格式（图片来自苹果网站）

（4）AC3

Dolby Digital 格式，又称作 AC3，是 Dolby（杜比）公司开发的一系列有损或无损音频格式中的一种，其规格标准的名称为 ATSC A/52，俗称 5.1，因为音频内容包含 5 个不同的基础声道［即右前（RF）、中（C）、左前（LF）、右后（RR）、左后（LR）］以及一个低频声道。与之相关的还有 Dolby Digital EX（杜比数字扩展）、Dolby Digital Live（杜比数字直播）等，其中 Dolby Digital Plus 应用较为广泛，支持多达 14 声道，别名为 **EAC3**。在广播电视领域中，AC3 或 EAC3 常常用作原始文件的格式，也可通过 TS 流形式传输，常见的码率有 384kbit/s，448kbit/s 等。关于 AC3 和 EAC3 的详细描述，可参考 ATSC 的标准文档。

近年来，杜比又开发了全景声技术（Dolby Atmos），继续其在高质量影音播放效果方面的布局，但它和 AC3/EAC3 技术不能兼容。

（5）H.263、MPEG4

MPEG 标准组织曾定义 MPEG1、MPEG2、MPEG3 和 MPEG4 格式，希望适应不同带宽和视频质量的要求，微软在 1998 年开发了第一个 MPEG-4 编码器，包括 MS MPEG4v1、MS MPEG4v2 和 MS MPEG4v3 系列，其中 V3 的画质有显著进步，曾经颇为流行的 DivX 即是盗版 MS MPEG4v3 并加入了一些特性得到的编码器。

H.263 是 ITU-T 为视频会议设计的低码率视频编码标准，之后还有增加了新功能的 H.263v2 和 H.263v3。H.263 和 MPEG4 两种编码格式的设计存在很多相似之处，二者曾在世纪初满足了很多领域视频编码的需求，虽然现在被认为已经过时，在各个环节都被 H.264 和 HEVC 取代，然而还有一些仍在服役的设备和软件使用它们，还有被转码成较新格式或播放的需求。

（6）H.264

标准 MPEG4 Part10, Advanced Video Coding 中规定的编码格式，缩写为 MPEG-4 AVC，又称作 H.264，是当前应用最为广泛的视频编码格式。编码格式基于较新的运动补偿的方式设计，第一个版本于 2003 年完成，陆续增加了多个新特性，其 MPEG4 AVC 的名称来自于 MPEG 组织，而 H.264 的命名则延续了 ITU-T 社区的约定。关于 H.264 技术的详细内容，后文将给予专门的介绍。

H.264 之所以可以得到或许是历史上最广泛的应用，除了它代表近年来比较先进的视频压缩技术，很重要的因素在于其专利许可政策标准（价格）较低并具备很强的操作性。首先，AVC 许可政策每台设备仅收取 0.2 美元的费用，远低于前一代 MPEG-2 格式的每终端约 5 美元的价格（2002 年降价后也需要 2.5 美元），相比 MPEG4，取消了按编解码时间收费。

H.264 的许可政策对较小规模的使用完全免费，收费仅针对较大的设备出货量且存在封顶，这让商业模式变得非常灵活，例如思科可以开放其 H.264 视频编解码器的源代码，所有人都可以免费使用，就因为思科已经缴足了封顶的专利费用。对于点播服务，专利收费政策也十分友好，按次付费则仅对 12 分钟以上的内容收取终端用户付费的 2%，如按月付费的会员制则在超过 100 万用户 / 年的情况下仅封顶收取 10 万美元。

编码格式详细描述可见 ISO 标准文档。

（7）H.265

High Efficiency Video Coding 简称 HEVC，又称作 H.265。与 H.264 相似，两个不同名称分别来自于 ISO/IEC MPEG 工作组和 ITU-T，目标是替代 H.264 成为新一代视频编码标准。HEVC 在编码效率上较 H.264 有接近 50%的提升，可以支持最高 8K 分辨率，当然作为代价，在编码方法上也更为复杂。与 H.264 类似，HEVC 也采用 Hybrid（混合）编码架构（见图 1-17），但加入了许多新的工具集。此外，该标准也拓展到 360 度视频、3D 视频等。

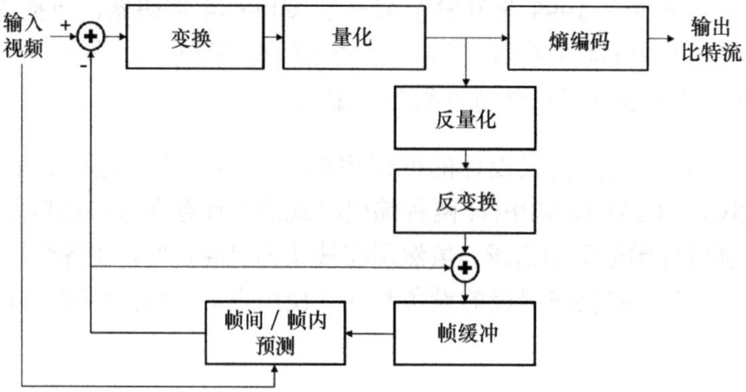

图1-17　Hybrid编码架构（图片来自Wikipedia）

虽然 HEVC 的标准已经开发完成数年并且相比 H.264 有很大的压缩效率优势，但并没有得到很好的普及，究其原因是专利费的问题未能很好地解决。当前一共有几个主要的专利组织和公司声称握有部分 HEVC 的专利，要求收费，包括 MPEG-LA、HEVC-Advance 专利池等，Velos Media 和 Technicolor 公司等也都有独立发起的专利池或专利收取意向，且在费用需求上非常巨大，让硬件和服务商望而却步（图 1-18）。另一方面，由于 HEVC 推广步履维艰，与之竞争的编码标准格式近年吸引了大量关注，除 YouTube 外，Netflix 等很多其他公司也大量采用 VP9 格式编码视频，以及持续关注号称完全开源和免费的 AV1。

最新的 HEVC 编码方式可详见标准文档 ISO/IEC 23008-2。

（8）AAC

德国的 Fraunhofer-Gesellschaft 协会下设 80 多个研究所，曾发明 MP3 等格式，为了比

MP3 得到更好的压缩性能，研究所和 AT&T、杜比公司、索尼和诺基亚一起，设计了 AAC 格式。在后续章节中，我们会对 AAC 格式进行详细的介绍。因为 AAC 的优异特征，早先在 MPEG2 中就被标准化，见于 ISO/IEC 13818-7，在加入 SBR 和 PS 技术后，又被作为 MPEG4 标准的一部分，称为 MPEG-4 AAC，以 ISO/IEC 14496-3 为人所知。

硬件设备类别	示例	主配置专利费（地区 1/地区 2）	任一配置扩展（地区 1/地区 2）	全部三个配置扩展（地区 1/地区 2）	年度类别上限
移动设备	手机、平板、笔记本电脑	0.4/0.2美元	+0.1/0.05美元	+0.25/0.125美元	3000万美元 2000万美元（若企业不销售手机）
家庭联网设备及其他	机顶盒、游戏主机、蓝光播放器、台式机、非4K超高清电视、软件	0.8/0.4美元	+0.2/0.1美元	+0.5/0.25美元	2000万美元
4K 超高清电视	4K超高清电视	1.2/0.6美元	+0.3/0.15美元	+0.75/0.375美元	2000万美元

（a）

内容分发类别	示例	主配置专利费（地区 1/地区 2）	任一配置扩展（地区 1/地区 2）	全部三个配置扩展（地区 1/地区 2）	年度类别上限
终端用户免费	公共电视，100%基于广告的广播电视和互联网内容分发	搁置（免费）	搁置（免费）	搁置（免费）	N/A
用户订阅	OTT订阅，有线电视，卫星电视	按月均订阅数 2016-17: 0.5/0.25美分 2018-19: 1.5/0.75美分 2020+: 2.5/1.25美分	包含于主配置中	包含于主配置中	250万美元
按部付费	点击付费，OTT流媒体租借，下载即拥有	按部 2.5/1.25美分	包含于主配置中	包含于主配置中	250万美元
数字媒体存储	蓝光盘，其他存储设备	按媒体文件/部 2.5/1.25美分	包含于主配置中	包含于主配置中	250万美元

（b）

图1-18 HEVC的专利收费（图片来自参考文章）

1.3.3 独树一帜

（1）WEBM、VP9、OGG、Vorbis

WEBM 项目受 Google 资助，采用 Matroska 格式为基础进行封装，内部采用 On2 Technologies 开发的 VP8 和后续版本 VP9 视频编码器以及 Vorbis、Opus 音频编码器。On2 公司曾开发颇为流行的 VP 系列编码器，尤以 VP6 知名，被 Flash 8 采用作为视频编码格式，后为 Google 收购。

2010 年，在 Google I/O 上，VP8 被以 BSD License 授权开源并允许所有人免费使用，Google 从 MPEG-LA 取得了 VP8 可能受影响的专利，再次授权给 VP8 的使用者，解除使用者的后顾之忧。VP9 作为 VP8 的后续版本，被 Google 期望与 HEVC 竞争。以 WEBM 格式、VP9、Vorbis 为核心，Google 的野心在于统一 HTML5 的视频编解码支持，Chrome、Mozilla 都在浏览器内嵌支持 VP9。

与 VP8/VP9 相伴，Vorbis 是一种有损音频编码格式，由 Xiph.Org 基金会领导开发，通常以 Ogg 作为容器格式，所以也常被称作 OGG 音频，同时 Vorbis 可以被封装于 Matroska 格式中，也可用于作为 Matroska 子集的 WebM。

（2）APE

无损音频编码格式 APE，又称作 Monkey's Audio，与前面介绍的 MP3、AC3/EAC3、AAC、Vorbis 不同，这种编码格式可以保证解码出来的音频和原文件听起来完全一样。这是一种免费的编码格式，与之相似的还有 **FLAC** 等格式，在需要提供高品质音频下载服务时常被用到。

在工业界几十年的发展过程中，曾经广泛使用的文件格式和编码技术远不止上述种类，还有如 ALACDV、DivX、G.719、G.722、G.723、MOD、Sorenson、VOB 等，国内一些标准（如 AVS、AVS2 等）也取得了一定的用户。但由于多媒体工业已经发展到一定的阶段，占优势的格式会形成马太效应，除通用播放器，编码器需要比较注意完整的格式支持以外，大多数在线服务仅需要选取少量可以跨平台支持的编码和文件格式。

1.4　“幕后黑手”：标准组织

在计算机行业各相关领域的技术发展史上，标准委员会和合作组织都起到了非同寻常的作用，例如大家熟知的 W3C 组织，在推动 CSS、DOM、HTML 等技术的广泛运用上就建树颇多，多媒体领域也不例外，在前文中，已经提到了一些标准组织，这里再作择要介绍。

1.4.1　ISO/IEC MPEG

MPEG 是 Moving Picture Experts Group（动态图像专家组）的简称，组织成立于 1988 年，致力于开发视频、音频的编解码技术，MPEG-1、MPEG-2、MPEG-3、MPEG-4、MPEG-7、MPEG-21 等标准均由其制定。MPEG 工作组由 ISO 和 IEC 建立，下设需求、系统、视频、音频、3D、测试、交流等小组。在每次会议上，委员会将审查不同意见，将工作分配给下次会议的成员，MPEG 所产生的 ISO 标准由 5 位数字表述（例如 13818、14496），从小组内部的新工作建议开始，工作建议（NP、即新提案）先在小组级别，其次在整个委员会级别批准。

当新标准的范围已经被充分讨论和划分，MPEG 通常会发布 CfP（即 Calls for Proposals，提案征集），根据标准的性质可能会产生不同的文件，例如测试模型，用编程语言描述的编码器和编码器的行为。如果 MPEG 已经对开发中的标准稳定性有信心，就发布 WD（Working Draft，工作草案），其形式已经贴近标准文档，但同时仍在持续修订，直到变成 CD（即 Committee Draft，草案），随后经由投票，成为 FCD（Final Committee Draft，最终委员会草案），如果通过了二次投票，则成为 IS（International Standard，国际标准）。

近期 MPEG 工作的焦点在于 H.266 标准、MPEG-I 项目（VR 视频的压缩、存储和分发）、CMAF 文件格式（针对 HTTP Streaming 的方案）、MPEG-NDVC 小组（标准化互联网视频服务）等，5 年路线如图 1-19 所示。

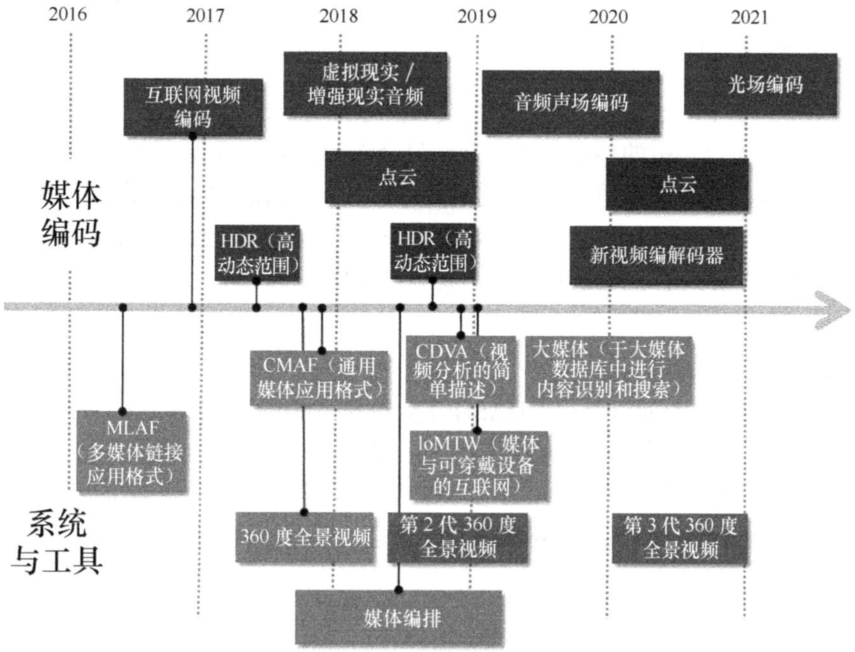

图1-19　MPEG的5年路线图（图片来自MPEG网站）

1.4.2 ITU-T VCEG

国际电信联盟电信标准化部门，即 ITU Telecommunication Standardization Sector，缩写为 ITU-T，是国际电信联盟下属的专门制定远程通信相关国际标准的组织，总部在瑞士日内瓦。其中的 VCEG（Video Coding Experts Group 或称 Visual Coding Experts Group，视频编码专家组或视觉编码专家组）包含了第 16 工作组（Multimedia coding、Systems and Applications，多

媒体编码、系统和应用）以及第 3 工作组（Media Coding，媒体编码），组织开发了 JPEG、JPEG2000、H.261、H.262、H.263、H.264、H.265 等一系列标准，极具影响。

VCEG 小组和 MPEG 工作组在共同工作的过程中，形成了 JVT（Joint Video Team，联合视频工作组），推动和管理 H.26X 的标准化开发，实际运行时，JVT 经常和 VCEG 以及 MPEG 同时召开会议，产生的结果两边共享。

1.4.3 IETF 和 RFC

IETF（the Internet Engineering Task Force，互联网工程任务组）成立于 1985 年，主要工作于互联网相关技术标准的制定，内部有各种工作组，凡由研究人员通过专题研究有所进展后，即可向 IETF 申请成立 BOF（Birds of a Feathre）小组，开展筹备工作，当筹备完成后，如通过 IETF 认可，则正式成立工作组，在 IETF 框架下展开专项研究，如路由、传输、安全等专项工作组。根据不同的领域，工作组由 Area Director 协调管理，整体则由 IAB（Internet Architecture Board）监督。

RFC（Request For Comments）是 IETF 发布的系列备忘录，最开始是非正式文档，最终演变为记录互联网协议规范的标准文件。RFC 只会新增序号，不会取消或撤回，但对于一个明确的主题，后续的 RFC 很可能替代旧的 RFC 成为人们遵循的标准。很多常见的协议都是以 RFC 格式发布，如记录 IP 协议的 RFC791，描述 TCP 协议的 RFC793、DHCP 协议的 RTP2131、HTTP1.1 协议的 RFC2616、RTP 协议的 RFC3550 等。

1.4.4 DASH-IF

DASH-IF（DASH Industry Forum，DASH 工业论坛）是一个由 Microsoft、Netflix、Google、Ericsson、Samsung、Adobe 等 60 多个公司组成的组织，以推广 DASH 流媒体协议为己任。2012 年，国际标准化组织批准了 MPEG-DASH 协议的初版本，至今已演进了多个版本（见图 1-20），他们的愿景是用单一行业定义的开放标准取代多个公司私有控制的协议和解决方案。

1.4.5 小结

上面介绍了一些行业聚焦的标准组织，那么，在线视频公司为什么要加入或追随标准组织的进展？

当前的互联网世界里，个人软件英雄已越来越少，标准的形成降低了技术壁垒，很容易带来马太效应，即使一时某些公司凭借灵光一现或数年积累做出优于侪众的产品性能，暂时领先，也可能因为用户的疑虑而无人问津，因为标准的更新而土崩瓦解。复杂的技术如 H.264，内含数十个大的编码工具、几百份专利，还需要兼顾未来的扩展和发展，取得软硬件开发商的共识，并非一家小公司可以完成。虽然与之对标竞争的 VP8 编码格式由 Google 一手缔造，但也仅在 YouTube 天量的服务用户下才得以应用，偏占一隅。

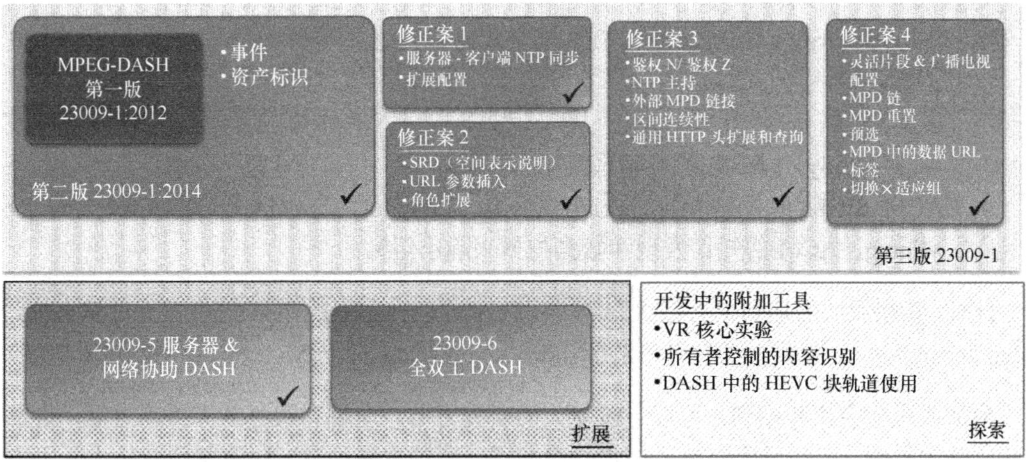

图1-20 MPEG-DASH状态（图片来自MPEG会议纪要）

各个公司根据自己的业务需求，可以选择关注和跟随不同的标准组织，除上述介绍之外，还应考虑关注 ITU-T VQEG（Video Quality Expert Group，视频质量专家组）、W3C（World Wide Web Consortium，万维网联盟）、AOM（Alliance for Open Media，开放媒体联盟）、UHD Alliance、SCTE（Society of Cable Telecommunications Engineers，有线电信工程师协会）、CTA（Consumer Technology Association，消费技术协会）、SMPTE（Society of Motion Picture & Television Engineers，电影和电视工程师协会）、VSF（Video Service Forum，视频服务论坛）等组织。

此外，由于链接研究与工程的需求越来越大，强烈建议大家关注一些学术界的会议，例如多媒体领域的：

- ICIP（International Conference on Image Processing，图像处理国际会议）。
- DCC（Data Compression Conference，数据压缩会议）。
- ACM MM（Association for Computing Machinery on Multimedia，计算机械协会的多媒体年会）。

计算机视觉领域的：

- CVPR（Conference on Computer Vision and Pattern Recognition，计算机视觉与模式识别会议）。
- ICCV（International Conference on Computer Vision，计算机视觉国际会议）。

- ECCV（European Conference on Computer Vision，欧洲计算机视觉会议）。

聚焦安全的：

- IEEE Security and Privacy（IEEE 安全和隐私）。

关注推荐的：

- ACM RecSys（ACM 的推荐系统年会）。
- ACM SIGKDD（ACM Sepecial Interest Group on Knowledge Discovery and Data Mining，ACM 的知识发现和数据挖掘兴趣小组）。

此外，某些领域的期刊也有很大影响，如 TCSVT（Transactions on Circuits and Systems for Video Technology，视频技术电路和系统学报）、Transcations on Multimedia（多媒体学报）。

参加或跟随会议和期刊，可以了解他人的研究方向，理解和跟进业界最新进展，迸发个人和团队的灵感，有助于确定整体技术路线和下一步的聚焦内容。快速判别新技术的影响并抢先实现关键部分，足以帮助公司和产品先行一步，获取竞争优势。更进一步来说，公司可以提出标准提案、注册专利、扩大技术影响力，为公司提供护城河，丰富收入类型（专利授权），吸引人才和加强公司品牌形象。

近年来，国内的公司开始越来越多地参与标准组织的工作，包括华为、阿里、腾讯在内的巨头公司，分别加大了相应的投入，更多地出现在标准会议中并发声，提升各自乃至整体中国公司的影响力。

第 2 章

音视频技术：框架

“不以规矩，不成方圆”，软件开发的精髓在于复用，只有日积跬步，才能远致千里。音视频作为最先走近用户的软件应用方向之一，其工程复杂度也曾走在软件开发的前沿。通用的音视频框架在赋能开发上起到了不可替代的作用，一来简化开发，二来构筑生态，让不同公司、不同程序员的工作可以形成合力，服务千家万户。这一章将介绍一些著名的音视频框架，希望它们的抽象方式、产品能力、精炼设计以及简明适用等特点，能够给现今的开发以启示。

2.1 太祖长拳和岳家散手：DirectShow 和 Media Foundation

随着软件开发的日渐复杂，框架逐渐成为常用的名词，通常它指实现了某种类型规范的软件，利于他人遵循使用。框架通常以组件化、规范化的形态出现，本身既可作为完整的软件，又可借此开发更加复杂的产品，供人使用。音视频领域以其专业性和复杂性，在很早就产生了多种框架，通常包含多达几百种的组件，开发者基于框架可以构造出无数不同类型的软件，帮助整个音视频开发组件化、标准化，令其容易传播，大大促进行业的进步。

DirectShow 是最早的也是非常著名的音视频框架之一，简称 DShow，由微软公司开发。它的早期名称为 ActiveMovie，当时被视为对苹果公司 QuickTime 软件做出的回应。直到 1998 年，它被包含在 DirectMedia SDK 之内发布，并改名为 DirectShow，之后随着 Windows 系统流行于世。

据统计，曾真正服务或影响十亿级用户的音视频框架，只有 DirectShow、Media Foundation、Helix、FFMpeg、Android Media、AVFoundation 等寥寥几种。DirectShow 框架的流行，除 Windows 助力之外，其优异的模块化设计功不可没，即使以 20 年后的眼光评估，它也可算作设计精巧，容易上手，便于添加和分享新的功能组件的框架，国内大量的音视频开发启蒙都来自 DirectShow。

如果用武侠小说中的武功来比喻，DirectShow 因其招式简洁、威力巨大、上限极高，可以被称作太祖长拳。

DirectShow 的设计理念是，开发者创建一个 Graph（也可称 Pipeline）[①]，将所有用到的组件（称作 Filter）加入 Graph 当中，当应用运行时，Graph 找到了注册的 Filter 并为之连接，Filter 之间形成一个 DAG（有向无环图，见图 2-1）[②]，开始播放环节。Filter 常用于对音视频流的某一步的处理，包括文件读取、渲染等。

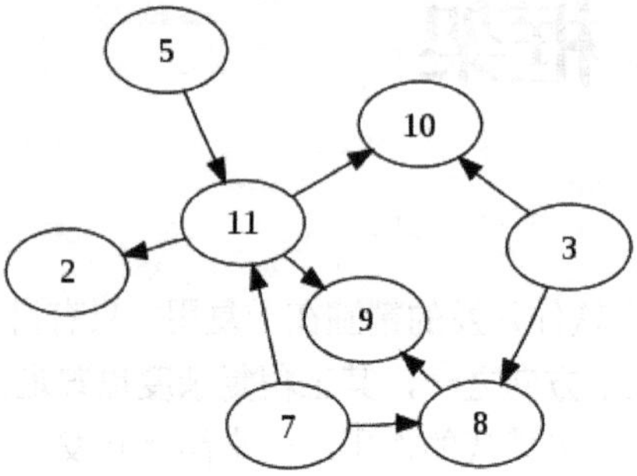

图2-1　有向无环图DAG（图片来自Wikipedia）

2.1.1　GraphEdit，DirectShow 架构和常见应用的流程

当开发者接触 DirectShow 时，首先会关注到它的一个工具 GraphEdit，这是一个用于建立和测试 Graph（图）的可视化工具。在 GraphEdit 中，可以加入所需的 Filter（过滤器），将 Input Pin（输入探针）和 Output Pin（输出探针）连接起来，如果连接正常，就可以执行播放操作。图 2-2 描述了播放一个 MP3 文件时，在 GraphEdit 中看到的 Graph 结构，包括读取 MP3 文件、解封装、解码、默认声卡设备以及它们之间的连接。

图2-2　MP3的播放（图片来自Wikipedia）

① Graph 和 Pipeline，直译可称作图和管道（或流水线）。在一系列的处理过程中，每个节点或元素的输出是下一项的输入，数据流动可以是单向或双向的。在多媒体领域中，因为视频或音频数据的流动有固定的方向，很适合用 Graph 或 Pipeline 来描述软件处理的顺序和环节，如 DirectShow 是基于 Graph 的多媒体框架，后面要介绍的 GStreamer 基于 Pipeline，二者非常类似。即使在没有明确 Graph/Pipeline 设计的情况下，有经验的多媒体工程师也常常用这一概念来描述系统中音视频数据的处理过程。

② DAG 即 Directed Acyclic Graph，如果一个有向图从任意节点出发无法回到该点，就可以称作有向无环图。因为所有节点是否可达的判断构成了局部的顺序关系，经常用来表示任务的依赖关系，在多媒体领域里也常常用作 Pipeline 的结构表示。

DirectShow 基于微软的 COM 技术（Component Object Model）[①]，以 C++开发，但用户不必自己开发 COM 对象，只需要使用或继承框架提供的组件即可。默认提供的组件支持 ASF、MPEG、AVI、MP3、WAV 等多种文件格式或编解码格式。

总而言之，DirectShow 提供的 Filter 类型包括文件读取、视频采摄（Capture）、解码（Decompressor）、渲染（Renderer）等。仍以播放 MP3 文件为例，其中文件读取 Filter 负责从硬盘读取文件，并作为 bitstream 送到后续 Filter 处理，随后 MPEG-I Stream Splitter 是一个支持 MPEG-I Stream 文件格式的 Splitter 类型 Filter，它负责解析 MP3 的文件格式，将其中的音频以 Frame[②]的形式分离出来并交给后续的解码 Filter，MPEG Layer-3 解码 Filter 负责将输入的（压缩过的）音频 Frame 解码为可以直接播放的 Raw Data[③]，最后的 Filter 是在音频设备（通常为声卡）之上的封装，可以将 Raw Data 直接播放到音箱等设备。在 Filter 上，定义了输入或输出的 Pin，用于连接彼此，Filter 可以仅有输入 Pin 或输出 Pin，也可以二者兼具。

这里另外给出一个 DirectShow 播放 AVI 文件的范例（见图 2-3），从硬盘上读出文件后，数据将被送到名为 AVI Splitter 的 Filter 中，这个 Filter 负责解析 AVI 文件格式，并将视频和音频流分开，分别送到不同的 Filter，其中视频由 AVI Decompressor Filter 解码，音频由 MPEG Layer-3 Decoder Filter 解码，视频流解码得到的 Raw Data 在经过一次转换后，被送到 Video Renderer Filter（内部封装了显卡驱动），音频流解码的 Raw Data 被送到 Default DirectSound Device（内部调用了声卡）。

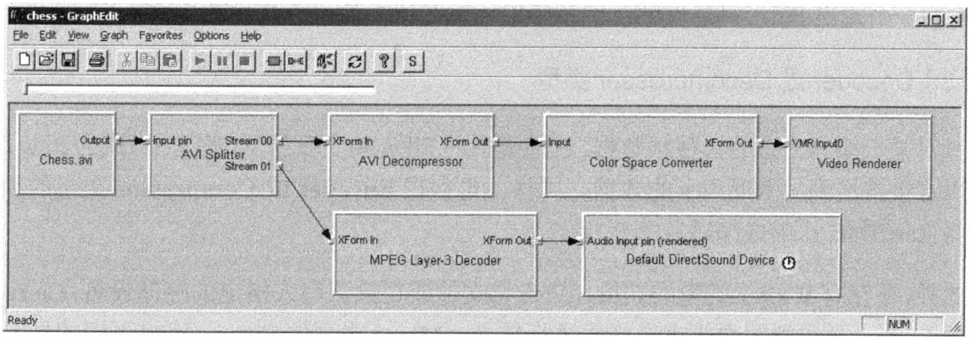

图2-3 GraphEdit截图：AVI的播放Graph（图片来自Wikipedia）

① COM 是微软设立的软件的接口标准，允许不同语言开发的组件在同一操作系统中相互调用，其主要思想是让软件开发者提供组件化的软件，在其上实现符合标准的接口并公开，使用者可以通过 QueryInterface 方法找到组件所支持的接口并调用，与其相似的技术包括 CORBA、JAVA Bean 等，COM 技术在世纪之交的 Windows 系统和应用软件中被大量运用，后续在实践中.net 技术部分地承担了 COM 的职责。

② Frame 或翻译为帧，众所周知，视频的原理是由一系列静止的图像快速播放，一帧即是指其中的一幅图像，对音频而言，一个音频帧意味着一段固定时间内包含的多个采样及相关数据。

③ Raw Data，即原始数据或 Primary Data（主要数据），指从源收集的或未经处理的数据，在多媒体领域，通常指未经压缩的音频或视频数据，如 PCM 格式的音频帧或 YUV/RGB 格式的视频帧（图片）。

可以看到，每个 Filter 组件负责对数据的特定处理，音视频的采集设备（如摄像机、摄像头、录音笔等）获取到 Raw Data 后，需要有编码压缩的环节获得编码后的音视频数据，编码后的音视频数据需要封装的步骤才可以形成文件或 Stream。在播放端，文件或 Stream 需要解封装的步骤才能从文件中解析出音视频流，再经过解码的步骤，发送到硬件设备中进行显示和播放。由于这些处理数据的步骤在不同的应用中非常相似，所以被抽象成不同类型的 Filter，以下分类与官方分类有所不同，但或许更容易与 Gstreamer 等其他框架对比。

（1）Src 类型

不论任何音视频应用，都需要有输入的音视频数据，既可以是从网络来的视频流，也可以是硬盘上存储的文件，Src 类型的 Filter 将负责将其读入并按顺序传给后续的 Filter，因为数据源已知，这一类型的 Filter 只有输出 Pin。

（2）Splitter 或 Demultiplexer 类型

这一步骤又被称作 Demux（即解复用），组件也被称作 Demuxer，主要用于文件格式的解析，前面我们曾介绍了多种不同的文件格式，音视频数据被按照文件格式的定义存储，这一类型的 Filter 将解析并将不同的视频或音频数据分离开来，因此这一类型的 Filter 通常会有一个输入 Pin 和多个输出 Pin，除音视频可能存在多路以外，字幕或 EPG 信息也可能需要被解析分离。**Mux** 或 **Muxer** 类型（即复用的 Filter）可以看作 Splitter 的反面，常有多个输入 Pin 和一个输出 Pin，将音视频及字幕等输入封装成文件或流媒体的格式。

（3）Decoder 或 Decompressor 类型

针对某一编码格式的音视频数据，这种类型的 Filter 将负责解码（解压缩）成为 Raw Data，即可以直接被送到显卡或声卡的数据，同样，也存在 **Encoder 或 Compressor** 类型的 Filter，负责将 Raw Data 压缩成编码后的格式。

此外，还存有 **Writer** 类型的 Filter，负责将文件或视频流写入指定的存储设备，**Convertor** 类型的 Filter，负责将图像或声音格式进行转换，**Mixer** 类型的 Filter，可将不同的显示层叠加等。

2.1.2　应用和组件开发

基于 DirectShow 的应用（见图 2-4）需要管理整个 Graph，但并不必须管理所有的 Filter 之间的连接，例如应用可以设置 Graph 的状态为“PLAY”或“STOP”，其效果是将 Graph 中的所有 Filter 的状态设为“PLAY”或“STOP”，当然，通过访问 Filter 上的 COM 接口，应用也可以对 Filter 作精细的控制。通常而言，应用需要负责以下方面。

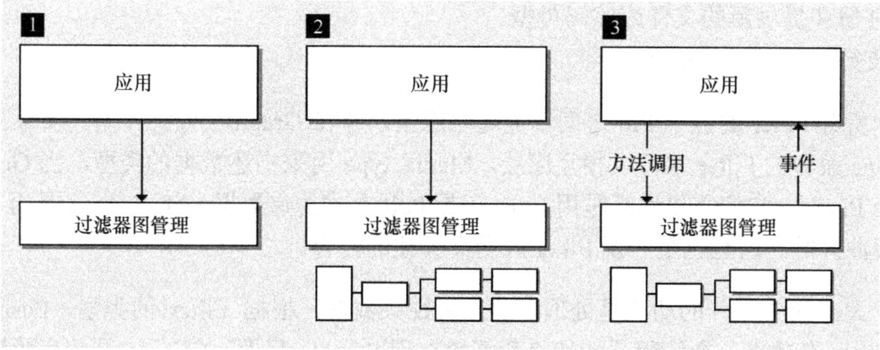

图2-4 基于DShow开发应用（图片来自MSDN）

- 创建 Filter Graph Manager（过滤器图管理器）。
- 通过 Filter Graph Manager 建立一个 Filter Graph，放入所需的 Filter 到应用之中。
- 应用通过 Filter Graph Manager 去控制 Filter Graph 和数据流动，并响应 Filter 运行过程中产生的事件。

以写一个播放程序为例，核心代码如下。

```
CoCreateInstance(CLSID_FilterGraph, NULL, CLSCTX_INPROC_SERVER,
   IID_IGraphBiulder, (voide**)&pGraph); //取得Graph实例
pGraph->QueryInterface(IID_IMediaControl, (void**)&pControl); //获取Control实例
pGraph->QueryInterface(IID_IMediaEvent, (void**)&pEvent); //获取Event实例
pGraph->RenderFile(L"c:\\test.avi", NULL); //设置源文件
pControl->Run(); //启动Graph
pEvent->WaitForCompletion(INFINITE, &evCode); //等待播放结束事件
```

为在 Windows 系统下实现一个完整的播放器，通常需要考虑得更多一些，例如实现各个功能，如 OpenFile（打开文件）、Play（播放）、Pause（暂停）、Stop（停止）、Seek（跳播）以及管理视频输出的目标设备的接口等，在 MSDN 上有详细的示范代码。

DirectShow 的成功依赖于 Graph 和 Filter 的设计概念，对专门的多媒体开发者而言，写出自己的 Filter 并让其被更多人与程序使用，是扩大影响的理想方式。默认情况下，DirectShow 包含了一组基础的 Filter 类。对于新开发的 Filter，应继承某一个基础类（如 CTransformFilter）。开发者需要关注以下问题。

- 实现 Filter 所需的各项接口。
- 定义 Pin 上的 MediaType 和内存分配，实现相应接口。
- 定义线程模型，区分在不同线程内的工作以及它们的同步问题。
- 实现不同状态变化下对数据的处理，如 Pause、Delivery、Receive、Flush 等。
- 调整和控制数据流动的速率。

- 注册和提供新的文件或编码类型。
- 支持 Filter 的属性查询。

并非所有 Filter 的各个 Pin 之间都能随意连接，并在 Graph 中发挥作用，实际上，只有 Media type 兼容的 Filter 才可以相互连接，Media type 用来描述数据的类型，当 Graph 试着连接两个 Pin 时，它们需要协商是用 Push 还是 Pull 方式传递数据、Media type 是否一致、谁来分配缓冲区等。这些也是开发 Filter 时所需关注的内容。

由于大部分 Filter 的功能是处理和传送音视频数据，根据 Filter 的类型，Push 类型的 Source Filter 会建立一个线程，持续将数据填充到 Sample 里面（Sample 是一片数据，可能是一个音视频帧或是一个数据包），送到下游，Pull 类型的 Filter 则会等待下游来请求下一个 Sample，下游的 Filter 会创建线程来驱动整个流程的运转。

更完整详细的 DirectShow 文档可参考 MSDN。

2.1.3 Media Foundation

在 Windows Vista 之后，微软推出了新的 Media Foundation 框架（见图 2-5）用于多媒体应用的开发，意图替代 DirectShow，在每个版本的 Windows 中都增加了大量的新组件、新功能，如 DRM 支持，H.264、H.265 编码支持等。Media Foundation 既支持与 DirectShow 相似的以 Media Session 为主的 Pipeline 模型（可类比于 DirectShow 中的 Graph），又支持另一种简单的编程模型，仅含有 Source Reader、Sink Writer 以及 Transcode API 三部分，以简化使用难度。

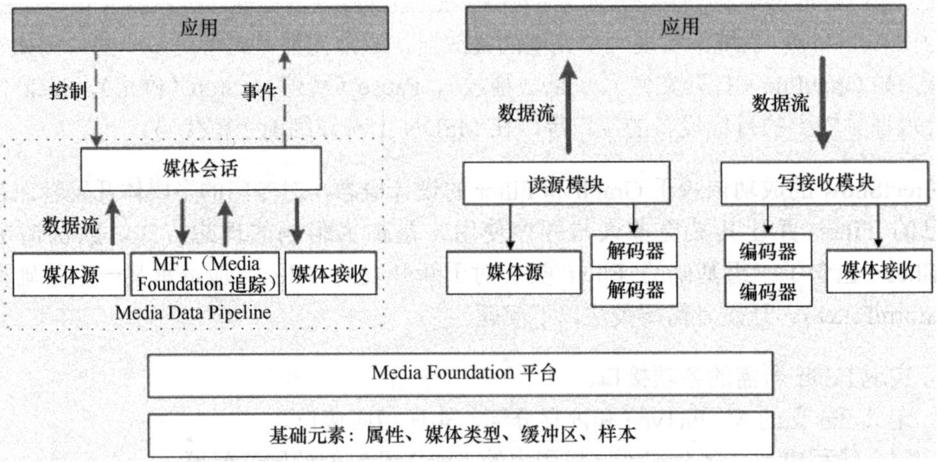

图2-5 Media Foundation架构（图片来自MSDN）

在 Media Foundation 中，微软定义了三个层次，即 Control layer（控制层）、Core layer（核心层）与 Platform layer（平台层）。其中应用通过 Control layer 来控制，框架提供的功能大部分暴露在 Core layer。Platform layer 则提供一些用于 Pipeline 的核心功能，如异步调用、工作队列等，少数程序可能需要直接访问。

如同其他现代框架，Media Foundation 提供命令行工具 MFTrace 和可视化工具［如 TopoEdit（见图 2-6）等］给开发者使用，更多详细内容仍可参考 MSDN 中的介绍。

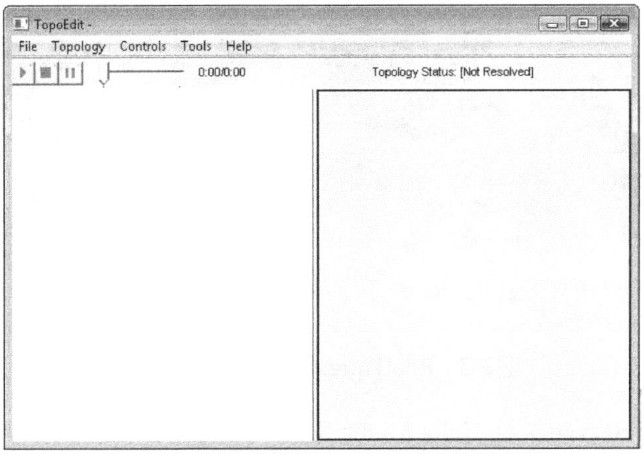

图2-6 TopoEdit界面（图片来自MSDN）

Media Foundation 名声很大，在软件数量、开发环境等方面也属流行，却未吸引太多聚光灯的关注。若按武学招式而论，很像历史地位重要，且军中人人习练，却很少成为主角技能的岳家散手。

2.2 全真武功：Helix

为同 DirectShow 分庭抗礼，支持自家不同产品线的开发，Real 公司在 20 世纪 90 年代重金投入，打造出一个别有特色的多媒体框架 Helix。使用 Helix 框架打造的包括许多业内耳熟能详的产品，如 RealPlayer、Helix Server（即 Real Media Server）、Helix Producer、Helix Broadcaster 等，虽然市场地位早已今非昔比，但直至笔者离开 Real 公司的 2015 年，基于 Helix 技术打造的部分产品仍保有一定的技术先进性。

2.2.1 产品系列

稍有几年网龄的朋友应该都对 RealPlayer 并不陌生，作为早年大为流行的播放器，它初始以优良的播放质量闻名，后又不断添加各种功能，如应用内的转码工具、视频点播、广播电台、网络视频下载插件等。2013 年，Real 公司曾推出与 RealPlayer 整合的 RealTimes 功能（见图 2-7），支持将用户的所有私人图片与视频进行云端存储并自动生成剪辑，希望切入社交领域，但未能成功，同时商业模式不明确，又没有深度学习加持的视频剪辑功能也很快被 Google Photos 等各家竞品轻松超过。

图2-7　RealTimes集成了RealPlayer

Helix Universal Server 又称 Helix Media Server，是以高性能、跨平台著称的流媒体服务器，主打直播和点播流的传输，开发了许多适合 CDN 服务的功能，早年在 Akamai 等公司的 CDN 网络中被广泛运用，并启发了许多现代高性能 HTTP 服务器的架构设计，其主要技术后续将在流媒体服务器章节进行专门介绍。

Helix Producer 是基于 Windows 平台的专业转码工具，其免费版即 Real Producer（见图 2-8），很多国内的字幕组都将此工具作为日常使用，压缩出添加字幕、经过剪辑的 RM 或 RMVB 视频文件。Helix Producer 与免费版相比较，除支持更多的格式外，主要增加了对专业视频采集卡的支持，各种滤镜、音视频编辑、台标嵌入等功能，以及与其他 Helix 产品的整合。

Helix Broadcaster 是 2013 年 RealNetworks 推出的集多路编码和分发功能于一体的硬件设备（见图 2-9），借助 Helix 框架在编码与流媒体服务的优异特性，Helix Broadcaster 目标是打造成编码器领域的 Wowza，提供当时业界最为丰富的功能集和超高的性价比，十分适合在线视频，可谓 Helix 框架最后的荣光。

2.2.2　设计架构

Helix 框架与 DirectShow 既有许多相似，又有大量不同。在 2006 年，Helix 框架被部分地开源，整体代码分为 Public（公开）、Private（私有）和 RN（公司自有）三部分，其中 Public

部分包括所有免费产品使用的代码，任何人均可下载、修改和使用，Private 部分则提供了较多的功能，为公司的合作方提供服务，根据不同合作方又有不同的分支及功能，RN 部分则完全保留了 Real 公司的私有技术，所有商业版软件均包含以上三部分内容。

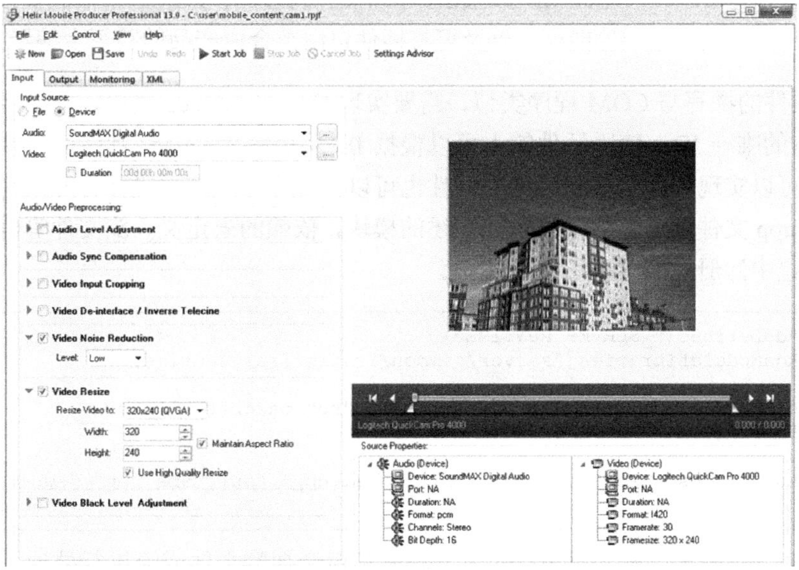

图2-8 Helix Producer界面

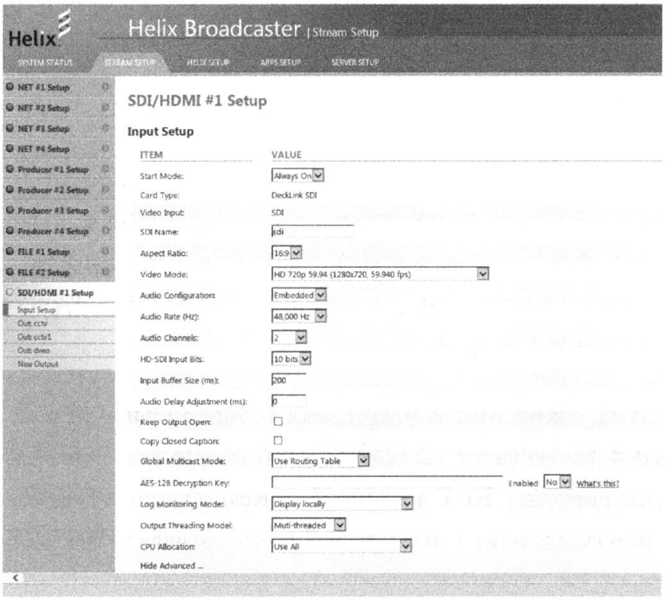

图2-9 Helix Broadcaster管理界面

Helix 使用 C++语言，创造了类似 COM 的组件技术，除了应用的核心模块和底层支持库外，组件通常以插件形式存在。由于框架定位不同，任何功能均被写作为插件形式，Helix 的插件类型远远多于 DirectShow，其中包括一个类似 WPF[①]功能的 UI 引擎，拥有类似 XAML 的标记语言以创建 UI，一个包含常用数据结构、内存分配、异步 I/O、加解密、线程池、汇编加速函数集在内的完整基础功能库，以及可将插件自由组合成产品的跨平台编译和链接系统。

Helix 插件的撰写与 COM 程序类似，需要实现 QueryInterface 接口，每个接口存在一个 REFIID 类型的唯一 ID，使用插件的人可以根据 ID 从插件上 Query 到所需的接口并调用，不同的插件可以实现相同的接口，每个插件也可以实现多个接口。当插件开发完成后，只需要定义一个.upp 文件，其中描述了形如下述的模块，依赖的宏定义、头文件等信息，并在产品的完整设置中注册，即可被编入应用中。

```
project.AddDefines("_SERVER_RUNTIME")
project.AddModuleLibraries("server/common/runtime[servruntime]")
........................
project.AddModuleIncludes("common/include", "common/dbgtool/pub",
"common/log/logutil/pub")

project.AddSources("aacparser.cpp","bitstream.cpp","hufftabs.cpp","swb_tab.cpp")
........................
```

和其他多媒体框架一样，Helix 的主要功能是对音视频文件或流进行处理，在命名上与其他框架有所不同，其中解析文件和封装，命名为 De-Packetize 和 Packetize。较为彰显特色的是，Helix 对于文件和包格式也进行了组件化，即 File Format 插件和 Payload 插件，而不仅仅是针对处理过程进行抽象。此外，对于基于 Session 的流媒体协议有较复杂的，由多个插件协同工作的机制设计。

2.2.3　特色技术

不同于 DirectShow 和后面要介绍的 FFMpeg、GStreamer 等框架，Helix 框架的名气并非来自开发者，而是完全依赖几款重量级产品在产业历史上占据一席之地，支撑这些产品的，除了前文已有描述的 RM、RMVB、RV、RA 等文件与编码格式，尚有许多曾经走在时代前沿的特色技术，以下将择要进行介绍。

Sure Stream、RDT、RBS Real 公司首先实践了 Sure Stream（确定流）技术，即在一个文件或直播流内包含多种不同码率的音视频流，并在流媒体协议中探测播放器的带宽情况，选择不同的码率发送给播放器。RDT 和 RBS 都是 Real 公司的私有协议，RDT 还有公有的替代方案（即 RTP 和 RTCP），但由于 RDT 允许在一个流上同时传输音频和视频等不同信息，

① WPF（Windows Presentation Foundation）是微软推出的基于 Windows 的界面框架，属于.NET Framework 3 的一部分。XAML 是 WPF 所依赖的 UI 描述语言。

因而它有着比 RTP/RTCP 更好的性能。RBS 则完全用于在 Real 公司的产品之间发送直播流，它是基于 UDP 的轻量级协议，几乎没有冗余的信息。例如，解码器所需的参数信息在编码器、服务器和播放器之间均以二进制传递，除带宽节省外，还可以避免序列化和反序列化的时间，有着极高的性能。

RSD（即 Reduce Startup Delay，降低启动延迟）是一项针对 RTSP 或 RTMP 协议流媒体传输时优化启动时间的技术，因为播放器在开始播放前需要得到足够的缓冲数据，且播放需要从关键帧开始。由于在服务器中直播流存在一定长度的缓冲，当客户端发起请求时，服务端首先将保证从关键帧开始发送，而非简单地发送所持有的时间戳最早的包；其次，服务器会在发送初期按照 3 倍速率发送，以帮助播放器尽快填满缓冲区，开始播放。点播场景中的思路相似，服务端将在指定播放位置附近找到最近关键帧再行发送。

另一项与之相关的技术称作 **Fast Channel Switching**，即快速频道切换，当播放器意图切换点播节目或直播频道时，其与服务端之间建立的连接并不销毁重建，而是复用已存在的 Session，服务端从新节目的关键帧开始加速发送，可以避免重建播放会话带来的屏幕中断，并达到最快的节目切换。

Live Low Latency 译为直播低延迟，对于直播服务而言，一项重要的直播是它的时延。例如体育直播，人们不希望在地球彼端的球赛进球已经许久的情况下本地才看到对应的信号，早在 2004 年的纳斯卡赛车直播中，Real 公司就已经在互联网上部署了端到端延时仅为 4s 的流媒体服务，而 Live Low Latency 技术则可以进一步压榨延时性能。

Live Low Latency 的技术原理并不复杂，Helix 服务器支持多级级联，原本从每一级的服务器到终端的 RealPlayer，各个环节上默认都有 1～3s 不等的缓冲。使用 LLL 技术时，服务器和播放器都会取消缓冲，并丢弃超时到达的音视频帧，保证时间线与原始时间线尽量接近，这项技术和 RSD 技术存在冲突。

Rate Control 译为码率控制，这是一项专利技术，其目的是调整服务器向客户端发送数据的速度，以保证播放器播放的连续和保持合理大小的缓冲，服务器利用 RTCP，通过评估客户端的请求到达时间和包丢失率来建立模型，推断网络状况。算法灵感来自于 MIT 在 2001 年的论文 *Binomial Congestion Control Algorithms* 和 2003 年的 RFC3448 *TCP Friendly Rate Control*。

Server Side Playlist 即服务端播放列表，这项技术主要用于广告插入，允许在服务端通过编辑播放列表的方式对点播和直播流插入广告，因为支持通过 API 动态加入和删除播放列表，广告插入的决定可以无限接近实时。

此外，Helix 框架还曾提供服务端码率切换、Cloaked RTSP（隐匿的 RTSP，用于防火墙穿越）、HTTP 连接统计等诸多特有功能，或比市场上的竞争对手提前多年，或性能大幅超出。让人想起在金庸的武侠小说中，王重阳曾号称天下第一，建立玄门正宗的全真派，不论内力、剑法还是阵法，均有出彩之处，但习练之人功夫不到，每况愈下，Helix 框架如同全真武功一样，其影响力的衰落令人惋惜，只能活在传说之中。

2.3　九阴真经：FFMpeg

《九阴真经》在金庸武学中的定位，是包罗万象的天下武学总纲，拿来对比音视频框架，能当得起的应该只有 FFMpeg。

FFMpeg（见图 2-10）是由传奇程序员 Fabrice Bellard①发起的一个开源项目，“FF”的含义是“Fast Forward”，后项目由 Michael Niedermayer 主持维护，项目主要使用 C 语言，其授权协议是 LGPL，但其中部分代码的授权是 GPL。由于数百名贡献者多年持续不断的努力，使当前 FFMpeg 项目拥有几乎全部常用的图像、视频、音频编解码和文件解析、封装库，以及流媒体协议支持。

图2-10　FFMpeg的Logo

与模块化、组件化设计的其他多媒体框架略有不同的是， FFMpeg 更常见的使用方式是直接运行编译完全的命令行工具 ffprobe、ffplay、ffmpeg、ffserver 等，以及作为功能库整体，被包含到其他软件甚至多媒体框架中。

2.3.1　编译与安装

编译好的 FFMpeg 程序可从其官网进行下载安装，同时官方也提供源代码的 github 下载。对于开发者来说，不论是为了使用最新的代码。定制化功能还是选择特定的版本，自己编译源码再安装都是必由之路，而这也十分简单，只需如下 3 步即可。

1. ./configure，进行编译选项的设置，可以定义的内容包括安装前缀和希望使用的组件。

① Fabrice Bellard 是近 20 年世界上最著名的程序员之一，在 QEMU（一个速度极快、质量极高的，基于 Linux Kernel 的 CPU 模拟器）和 FFMpeg 项目上的贡献惠及世界众多程序员和软件公司，Fabrice 曾参考 HEVC 标准做出压缩率出众的 BPG 文件格式，并发布过许多令人目瞪口呆的软件作品，如用 Javascript 写的完整虚拟机系统、可在 PC 上运行的 4G 基站、打破世界记录的圆周率算法等。他的更多成就可见其个人网站。

2. make，用 GNU Make 工具，编译生成各种程序和 Library。
3. make install，安装所有编译好的程序和 Library 到预先设置的目录。

在默认情况下，许多库虽然有源代码，却是没有被选择编译的，需要在第一步设置的时候打开对应选项，例如，假设想使用 x264 来作 H.264 编码，则第一步是保证在系统内存有相应的 Library，在 configure 时选择--enable-libx264。更进一步，很多情况下，你还需要这些 Library 的开发包，如果想打开--enable-libmp3lame，需要安装 libmp3lame-dev。

安装完成的 FFMpeg 将包含/bin 目录，存放编译好的程序（工具）；/include 目录，存放.h 头文件，供其他程序引用；/lib 目录，放置编译生成的 Library；/share 目录，用于独立系统的内容，例如文档和示范程序。

Library 是指一系列程序的集合，与可执行程序的区别在于它不能独立运行。在现代软件开发中它又区分为静态链接和动态链接两种。静态链接库在链接时会将所有内容放到可执行程序里面，而动态链接库可以在可执行文件运行过程中再次载入内存，并且同一动态链接库可以被不同的运行程序同时使用，更多内容可于网上搜索 elf 或 pm 文件格式。

2.3.2 FFMpeg 工具使用

FFMpeg 提供了一系列强大的命令行工具，对许多常规任务调用命令行即可简单完成，能够单独使用，也可以嵌入商业需求的工作流中去，这一节里将简要介绍。

ffprobe 是用于检测文件或视频流的信息，并用尽量可读的方式打印出来的工具，当用户只想了解音视频文件的信息而不想真正播放或转码时，ffprobe 就可以发挥作用，其语法和示例如下。

- 语法

```
ffprobe [options][input_url]
```

- 示例

```
$ffprobe test.mp4 //探测和显示test.mp4的文件格式和音视频流的信息(下面输出信息可见文件是MP42格式，包含449kbit/s码率的H.264编码视频，分辨率为480像素×640像素，以及47kbit/s的HE-AAC立体声音频)
ffprobe version 3.2.2 Copyright (c) 2007-2016 the FFmpeg developers
  built with Apple LLVM version 8.0.0 (clang-800.0.42.1)

……此处省略若干行……

Input #0, mov,mp4,m4a,3gp,3g2,mj2, from 'test.mp4':
  Metadata:
    major_brand     : mp42
    minor_version   : 0
    compatible_brands: isomavc1mp42
```

```
      creation_time   : 2017-05-29T02:05:31.000000Z
    Duration: 00:00:17.55, start: 0.000000, bitrate: 496 kb/s
      Stream #0:0(und): Video: h264 (High) (avc1 / 0x31637661), yuv420p, 480x640 [SAR
1:1 DAR 3:4], 449 kb/s, 20 fps, 20 tbr, 20k tbn, 40 tbc (default)
      Metadata:
        creation_time   : 2017-05-29T02:05:31.000000Z
        handler_name    : TrackHandler
      Stream #0:1(und): Audio: aac (HE-AAC) (mp4a / 0x6134706D), 44100 Hz, stereo, fltp,
47 kb/s (default)
      Metadata:
        creation_time   : 2017-05-29T02:05:27.000000Z
        handler_name    : Sound Media Handler
```

ffmpeg 是用于转码的工具，即将一种格式的文件转成另外一种格式（见图 2-11），通过支持 filter 机制（和 DirectShow 的 Filter 概念颇有几分类似，但更多是一种虚拟概念）和搭建 Filtergraph，不论使用命令行还是代码，都可以建立复杂的工作流，其语法示例如下。

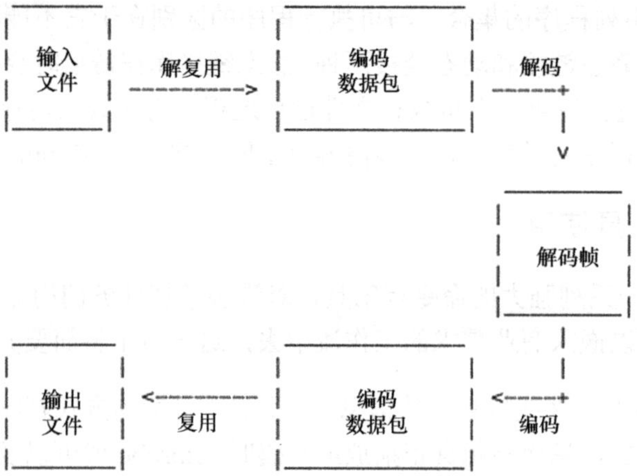

图2-11　FFMpeg的转码流程（图片来自FFMpeg官网）

● 语法

```
    ffmpeg [global_options] {[input_file_options] -i input_url} … {[output_file_options]
output_url} ...
```

● 示例 1

```
    $ffmpeg -i test.mp4 -r 24 output.mp4 //命令将test.mp4转码为output.mp4，其中output.mp4
的帧率被设置为24帧/秒
    ffmpeg version 3.2.2 Copyright (c) 2000-2016 the FFmpeg developers
      built with Apple LLVM version 8.0.0 (clang-800.0.42.1)

    ……此处省略若干行……

    frame=  114 fps=0.0 q=28.0 size=     387kB time=00:00:04.73 bitrate= 669.2kbits/s
dup=19 drop=0 speed=9.47
    frame=  210 fps=207 q=28.0 size=    1008kB time=00:00:08.82 bitrate= 936.2kbits/s
dup=35 drop=0 speed=8.71
```

```
    frame=  303 fps=200 q=28.0 size=    1618kB time=00:00:12.72 bitrate=1041.5kbits/s
dup=50 drop=0 speed= 8.4
    frame=  404 fps=200 q=28.0 size=    2307kB time=00:00:16.71 bitrate=1130.3kbits/s
dup=67 drop=0 speed=8.28
    frame=  417 fps=178 q=-1.0 Lsize=    2788kB time=00:00:17.55 bitrate=1301.2kbits/s
dup=69 drop=0 speed=7.51x

    ……此处省略若干行……
```

- 示例 2

```
    $./ffmpeg -i hd.mp4 -an -y -f image2 -pix_fmt yuvj420p -ss 0 -filter_complex
'[0:v]split=2[m0][m1];[m0]scale=w=1920:h=1080:sws_flags=lanczos+print_info+accurate
_rnd+full_chroma_int+full_chroma_inp[main0];[m1]scale=w=480:h=270:sws_flags=lanczos
+print_info+accurate_rnd+full_chroma_int+full_chroma_inp[main1];[main0]split=2[v0][
v1];[v0]fps=1[s0];[v1]fps=1[s1];[main1]split=2[v2][v3];[v2]fps=1[s2];[v3]fps=1 [s3]'
-map '[s0]' -qscale 88 thumb%04d_hd.webp -map '[s1]' -qscale 2 thumb%04d_hd.jpg -map
'[s2]' -qscale 88 thumb%04d_sd.webp -map '[s3]' -qscale 2 thumb%04d_sd.jpg
    //该命令建立了一个filter graph，将hd.mp4视频的第一帧提取出来，生成1920像素×1080像素和480
像素×270像素两种分辨率，指定图片质量，并存成webp格式和jpg格式，最终获取到4张图片
```

ffserver 提供了简易的流媒体服务器功能，仅需将打算发布的视频文件准备好，在配置文件中进行几行设置，再行启动 ffserver，就可以供人访问。通过 ffmpeg 创建的音视频流可以被 ffserver 监听并发布出去，在 Linux 系统中，默认 config 文件的位置是/etc/ffserver.conf。官网上给出了一些示范，其中发布一个本地的 ASF 文件所需的设置如下：

```
<Stream files.asf>
File "/usr/local/httpd/htdocs/test.asf"
NoAudio
Metadata author "Me"
Metadata copyright "Super MegaCorp"
Metadata title "Test stream from disk"
Metadata comment "Test comment"
</Stream>
```

2.3.3 运用 FFMpeg 进行开发

编译完成的 FFMpeg 主要有以下几个库：libavutil、libavfilter、libavformat、libavcodec、libswscale、libswresample 和 libavdevice。其中 libavformat 提供了对文件及音视频流的格式解析与封装（multiplexing & demultiplexing），libavcodec 提供了各种音频、视频、字幕等编码和解码功能，可谓 FFMpeg 框架的核心。

使用 libavformat 和 libavcodec 时，处理一个视频文件的步骤大致如下。

首先是引入头文件。

```
#include <libavutil/avutil.h>
#include <libavcodec/avcodec.h>
#include <libavformat/avformat.h>
```

随后开始处理视频文件：

```
av_register_all(); //注册所有可用的文件格式和编解码器
av_open_input_file(&pFormatContext, filename, NULL, 0, NULL); //打开文件
av_find_stream_info(pFormatContext); //取出文件内Stream的信息
if(pFormatContext>streams->codec.codec_type==CODEC_TYPE_VIDEO) //找到第一个视频流
pCodecContext=&pFormatContext>streams[videoStream]->codec; //得到视频流的指针
pCodecContext=avcodec_find_decoder(pCodecContext>codec_id); //寻找视频流的解码器
avcodec_open(pCodecContext, pCodec)<0); //打开解码器
pFrame=avcodec_alloc_frame(); //分配视频帧所需的空间
while(){
    //调用av_read_frame读取每一帧
    //调用avcode_decode_video()解码
    ......
}
```

开发者既可以单独部署 FFMpeg，让上层的软件或服务可以随时安排启动它进行编解码或文件格式转换等工作，也可以按上述流程所展示的，调用其提供的函数，对工作流程进行帧级或毫秒级别的细微控制。FFMpeg 在 PC 上可以很好地完成工作，在嵌入式设备上也能一展身手，无论软件编解码，还是对 Intel、Nvidia 硬件的支持，都有全面的支持。除此以外，它还被裁剪编译，嵌入包括 DirectShow、Helix 以及后文将介绍的 GStreamer、VideoLAN 在内的其他多媒体框架，发挥巨大作用。但开发者需要注意的是，使用 FFMpeg 时，应避免违反其授权协议①。

最后，无论 ffprobe、ffmpeg，还是 ffserver，又或是各类命令行参数、模块说明等，均可在官方文档中找到。

2.4 小无相功：Gstreamer

Gstreamer 和 DirectShow 很相似，是基于 Pipeline 的流行多媒体框架，2005 年发布的 0.10 版是 Gstreamer 早期的知名版本，随后逐渐受到硬件平台开发商的青睐，诺基亚、摩托罗拉、Intel、德州仪器等公司都纷纷采用。虽然 Gstreamer 是一个提供跨平台支持的多媒体框架，可以在 Linux、Windows、macOS X、Android 和 iOS 上运行，但应用最广的还是在 Linux 的一些发行版，以及嵌入式设备中。GStreamer 的代码完全开源，授权模式是 LGPL，对开发

① 当前经过 OSI 批准的开源协议约有 80 多种，其中常见的有 Apache、BSD、MIT、LGP、GPL 等，Apache、BSD 和 MIT 比较相似，使用者可以自由使用，修改源代码，也可以将修改后的代码再开源或作商业发布，主要的限制是不能移除原来代码中的协议，都可视为对商业应用非常友好的协议。LGPL 则较为严格，仅允许在商业软件通过 Library 链接的方式使用时，不必开源，而所有修改的代码或衍生代码都必须采用 LGPL 开源。GPL 则更进一步，要求在一个软件产品中只要使用了 GPL 协议的代码，则该软件产品也必须采用 GPL 协议，即开源和免费。LGPL 和 GPL 都具备或弱或强的“传染性”，在商业运用时需要非常小心，仔细评估。

者比较友好。

Gstreamer 的设计借鉴了 DirectShow 的思想，非常强调模块化，体系结构非常适合插件的开发，框架中所有的功能模块都可以被实现成组件，这一体系造就了大量的共享库，同时框架本身因为良好的抽象，也并不限定于必须处理音频和视频信息，可以用于构造非常复杂的应用程序。在 2012 年和 2013 年，Gstreamer 发布了 1.0 和 1.1 版，很多硬件设备至今仍在使用，近年来，1.8、1.10 和 1.11 版也颇为流行。

2.4.1 Gstreamer 架构体系

作为多媒体框架，Gstreamer 的设计颇具典型性，很容易令人理解。整体而言，框架分为核心组件部分，包括各种类定义、消息总线、插件系统、同步机制等；命令行工具部分，包括后文将介绍的 gst-inspect、gst-launch 等；以及数量众多的插件群体，包括文件格式分析、编码格式、协议、驱动等都被以 DAG 的形式连接（见图 2-12）。Gstreamer 的使用者，可以直接利用命令行完成许多简单工作，也可以开发自己特需使用的插件和现有插件一起，如同搭乐高积木一般将多种插件组合在一起，融合到自己的应用中。

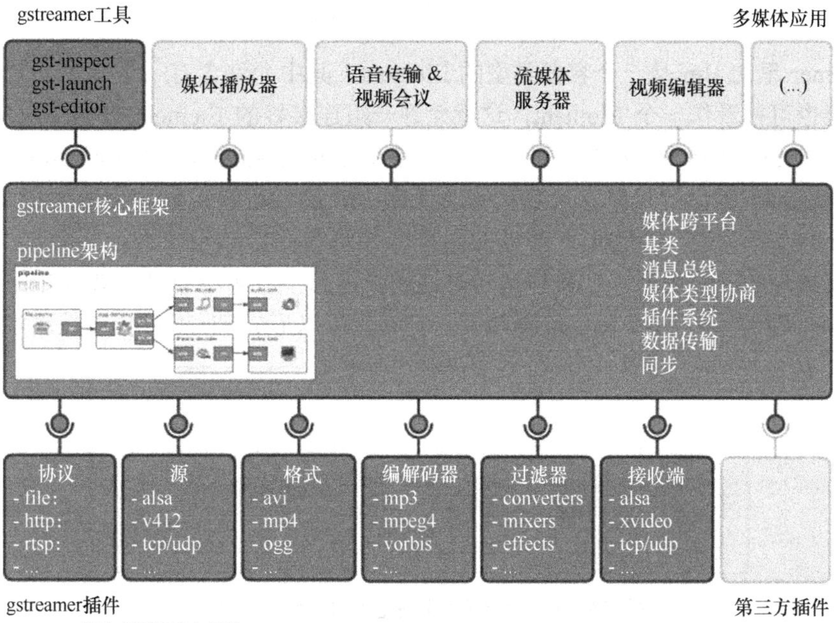

图2-12 Gstreamer框架（图片来自Gstreamer官网）

由于 Gstreamer 定位在通用的多媒体框架，因此很注意与其他软件和框架建立联系，例如，视觉框架 OpenCV、OpenGL，多媒体框架 FFMpeg 等，允许简单地进行重用和互操作。

同时考虑到开发者的实际需求，Gstreamer 也允许人们方便地进行裁剪，仅仅选取符合自己需要的模块嵌入应用中。

若用金庸武学比喻，Gstreamer 可能有些小无相功的味道，通过简明的框架驱使多种插件，一法通则百法通。

Gstreamer 中主要的概念包括 Element、Pad、Bin、Bus 和 Pipeline 等。Element 是 Gstreamer 中组件的名称，类似于 DirectShow 中的 Filter，可以被看作一个黑盒，主要包含 Source、Muxer、Demuxer、Convertor、Codecs、Sink 等种类（见图 2-13）。Pad 是 Element 之间或对外的 Interface（类似于 DirectShow 中的 Pin），数据从一个 Src Pad 向下一个 Element 的 Sink Pad 流动，一个 Element 可以有多个 Sink Pad 或 Src Pad，只有 Capability（可视为 Media Type，数据结构为 GstCap）相通的 Pad 才可以相互连接，也即多个 Element 才可以相互连接。

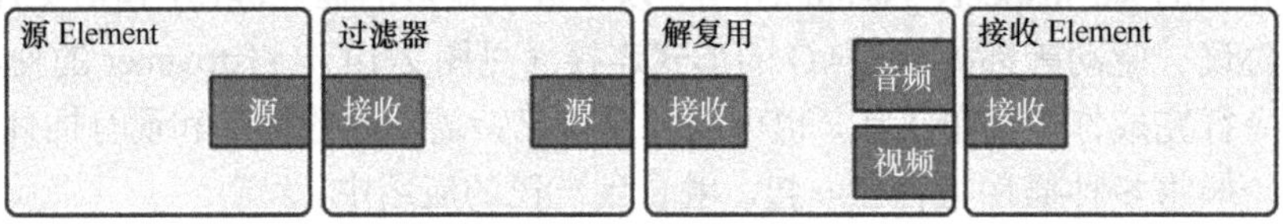

图2-13　典型Element（图片来自Gstreamer官网）

Gstreamer 里的 Bin 是一个容器类型的 Element，其中允许含有一个或多个 Element，实际上它自己也可被看作一个 Element，这就允许一组连接好的 Element 被简单地使用，最上游和最下游的 Sink Pad 和 Src Pad 可以被看作整个 Bin 的 Sink Pad 和 Src Pad（见图 2-14）。Bus 是 GStreamer 提供的机制，可将消息从 Element 的线程转发到应用的线程中，默认因为每个 Pipeline 都含有一个 Bus，所以应用程序并不需要自己创建它，只需要在 Bus 上设置一个消息处理的回调函数，在程序运转时遇到新消息予以响应即可。借由 Element、Pad、Bin 和 Bus 的支持，不同的 Element 连接在一起，就可以形成 Pipeline 自动处理多媒体数据。

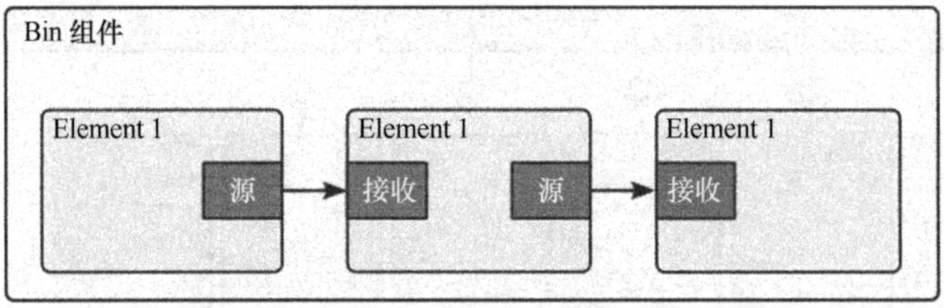

图2-14　Bin组件（图片来自Gstreamer官网）

2.4.2　Gstreamer 的安装与工具使用

前文提到，Gstreamer 支持多操作系统，包括 Windows、Linux、macOS X、Android 和 iOS 等。当使用嵌入式设备时，由于其开发套件内通常已含有 Gstreamer，在 Linux 的发行版

（如 Ubuntu）上也允许用 apt-get 方式安装软件和开发包，其他系统上则可以下载安装，并可以选择欲安装的组件，详细步骤可参考官方文档。

以 macOS X 为例，安装后，可在/Library/Frameworks/Gstreamer.framework/Commands 目录下找到 Gstreamer 的组件，其中包含有自带的工具集，下面稍作展开。

gst-inspect-1.0 可以帮助打印所有可用的（已安装的）Gstreamer 插件或 Element 的列表及其具体介绍，其语法和示例如下。

- 语法

```
gst-inspect-1.0 [OPTION…] [PLUGIN|ELEMENT]
```

- 示例 1

```
$./gst-inspect-1.0  //列出所有可用的Gstreamer插件
y4menc:  y4menc: YUV4MPEG video encoder
y4mdec:  y4mdec: YUV4MPEG demuxer/decoder
xingmux:  xingmux: MP3 Xing muxer
x264:  x264enc: x264enc

……此处省略若干行……

adder:  adder: Adder
a52dec:  a52dec: ATSC A/52 audio decoder
staticelements:  bin: Generic bin
staticelements:  pipeline: Pipeline object

Total count: 119 plugins, 1127 features
```

- 示例 2

```
$./gst-inspect-1.0 x264  //列出x264插件的基本信息
Plugin Details:
Name                x264
Description              libx264-based H264 plugins
Filename
  /Library/Frameworks/GStreamer.framework/Versions/1.0/lib/gstreamer-1.0/libgstx
264.so
Version                  1.12.3
License                  GPL
Source module            gst-plugins-ugly
Source release date 2017-09-18
Binary package           GStreamer Ugly Plug-ins source release
Origin URL               Unknown package origin

x264enc: x264enc

1 features:
+-- 1 elements
```

gst-launch-1.0 是一个很强大的建立和运行 Pipeline 的工具，尤其在开发新的插件和 Pipeline 时，开发者将频繁地运用它进行调试和测试，下面是语法和示例。

- 语法

```
gst-launch-1.0 [OPTION…] PIPELINE-DESCRIPTION
```

- 示例 1

```
$gst-launch-1.0 playbin uri=file:///test.mp4  //自动选择Pipeline播放指定文件
Setting pipeline to PAUSED ...
Pipeline is PREROLLING ...
Got context from element 'sink': gst.gl.GLDisplay=context,
gst.gl.GLDisplay=(GstGLDisplay)"\(GstGLDisplayCocoa\)\ gldisplaycocoa0";
Redistribute latency…

……此处省略若干行……

Pipeline is PREROLLED ...
Setting pipeline to PLAYING ...
New clock: GstAudioSinkClock

……此处应有弹出窗口播放视频……

Got EOS from element "playbin0".
Execution ended after 0:00:17.569703000
Setting pipeline to PAUSED ...
Setting pipeline to READY ...
Setting pipeline to NULL ...
Freeing pipeline …
```

- 示例 2

```
$./gst-launch-1.0 -m filesrc location=/test.mp4 ! qtdemux name=demuxer demuxer. !
queue ! h264parse ! vtdec_hw ! glupload ! glcolorconvert ! glcolorbalance ! glimagesink
demuxer. ! queue ! aacparse ! avdec_aac ! osxaudiosink
//用指定Element搭建Pipeline播放文件，运行效果与示例1基本等同
```

由于流行于 Linux 或类 Unix 系统，所以 Gstreamer 大力发展命令行形式的工具，除上述介绍外，还有 ges-launch-1.0（时间线工具）、gst-discoverer-1.0（打印文件的具体信息）、gst-typefind（通过分析文件查找可用的插件）等。

2.4.3　应用开发

当我们熟悉 Gstreamer 的架构和主要概念后，应用开发变得十分容易。以官网的代码为例，开发的目标是建立一个简单、可以播放 Ogg 音频文件的程序，**首先初始化并创建一个 main loop 作为驱动整个 Pipeline 的主循环。**

```
gst_init(&argc, &argv);
```

```
loop = g_main_loop_new(NULL, FALSE);
```

其次创建所有准备用到的 **Element**，包括文件读取、**Ogg** 格式 **Demux**、**Vorbis** 格式解码、音频格式转换和音频输出等。

```
pipeline = gst_pipeline_new("audio-player");
source = gst_element_factory_make("filesrc", "file-source");
demuxer = gst_element_factory_make("oggdemux", "ogg-demuxer");
decoder = gst_element_factory_make("vorbisdec", "vorbis-decoder");
conv = gst_element_factory_make("audioconvert", "converter");
sink = gst_element_factory_make("autoaudiosink", "audio-output");
```

将所有 Element 加入 Pipeline 中，并连接它们。

```
gst_bin_add_many(GST_BIN (pipeline), source, demuxer, decoder, conv, sink, NULL);
gst_element_link(source, demuxer);
gst_element_link_many(decoder, conv, sink, NULL);
```

设置好回调函数后（略），再设置 **Pipeline** 状态并启动主循环，就可以播放音乐了。

```
gst_element_set_state(pipeline, GST_STATE_PLAYING);
g_main_loop_run(loop);
```

图 2-15 描述了连接完成的 Pipeline，完整代码系从 Gstreamer 的官方 HelloWorld 文档中摘取。

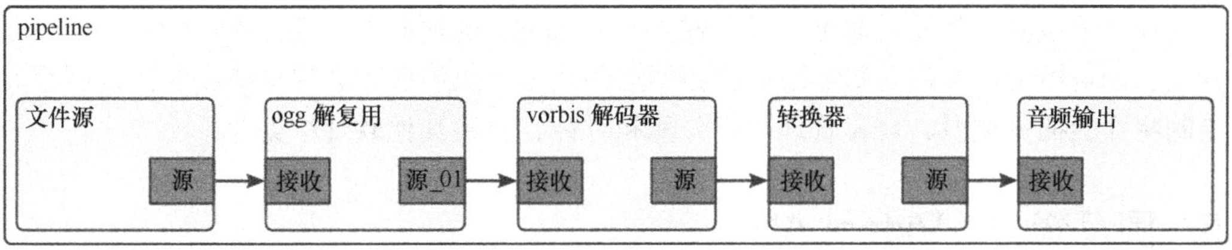

图2-15 Ogg播放Pipeline（图片来自Gstreamer官网）

当使用者有复杂的需求时，上述过程中几乎每个环节都可以定制，以达到所需要的 Pipeline 结构，在 Element 或 Pad 上也常常允许注册回调函数以在数据流动过程中作定制化的修改或事件响应。

2.4.4 插件开发

Gstreamer 上第一方及第三方插件众多，根据许可证的不同，被分作 Base、Good、Ugly 和 Bad 等类型。其中 Base 插件涵盖了一些常用的、种类覆盖全面的、其他插件非常依赖的部分，可以被安全地在任何情况下使用，Good 插件通常意味着基于 LGPL 的、可以较自由地使用的插件，Ugly 类型的插件可能使用或依赖不安全或不常用的库，也可能遇到专利授权问题。所有其他类型的插件都被归类于 Bad 类型，它们更进一步，除依赖、授权和专利问题以外，还不太保证代码质量，例如存在标准缺失或较明显的设计漏洞等，尤其是对于后两类插件，强烈建议开发者详细甄别后再行使用。

此外，作为嵌入式设备上流行的多媒体框架，很多硬件提供商也会为设备独立地提供专门开发的插件（通常是适配了该设备上的各种硬件）和经过筛选的插件集，这些和官方版本并不一定相同，需要开发者注意。

与应用开发相似，在 GStreamer 中开发插件并不是一件复杂的事，基本流程如下。

1. 获取插件模版。
2. 制定新 Element 的细节，如名称、作者、版本号等。
3. 在_class_init()中注册插件。
4. 定义 Element 所需的 Pad 及其细节、类型或其支持类型的列表。
5. 写一个 plugin_init 函数，其在插件加载后立即被调用。
6. 需要实现 gst_my_filter_init 和 gst_my_filter_chain 函数，当插件被使用时，函数会负责实际的数据处理。
7. 设置并实现所需监听和处理的事件。
8. 实现插件对 Pipeline 状态变化的响应（插件总会被加入某个 Pipeline 中）。
9. 实现 gst_my_filter_src_query 函数，让调用者可以得到插件本身的信息。

完成上述步骤的开发，即可将插件嵌入 GStreamer 的框架中一起工作。GStreamer 的插件开发，既可以萧规曹随，仿照现有的相似插件编写，也为应用者提供了很大的定制空间，如定制特殊的插件类型、自我管理内存分配和时钟、封装其他软件框架等。

2.5 圆月弯刀：VideoLAN

VideoLAN（见图 2-16）是一个开源的、完整的视频流媒体和播放软件的解决方案，最初由 Ecole Centrale Paris（巴黎中央理工学院）的学生建立，目的是在高带宽网络上传输 MPEG 视频。

图2-16 VideoLAN的Logo（图片来自VideoLAN官网）

在开发者中，VideoLAN 更以 VLC Media Player（VLC 媒体播放器，界面见图 2-17）为人所熟知（VLC 是 VideoLAN Client 的缩写），现在 VLC Media Player 已经变成了一个全功能、跨平台的播放解决方案，其服务器方案 VLS 已停止单独开发，并入了 VLC Player。

VideoLAN 基于 GPL 协议开源，因此轻易地决定在商业产品中基于其定制开发或许是一个不智的方案，但不妨碍 VLC 作为可靠的独立工具被广泛使用，好比古龙小说中的圆月弯刀，一招制敌，无往不利，然而却不可轻学。

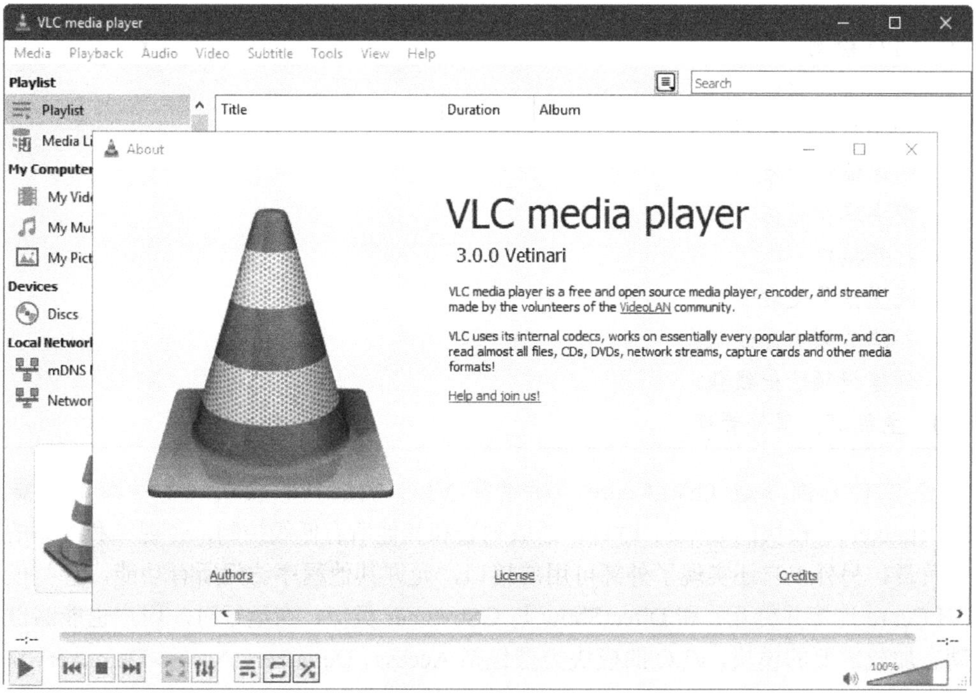

图2-17　VLC Media Player

除了播放器以外，VideoLAN还提供多种组件或项目，例如VLMC（VideoLAN Movie Creator）是基于 VLC 开发的视频编辑软件，Codecs 项目包括 libdvdcss、libdca、x264、x265 等。

VLC Media Player 的设计高度模块化，意味着可以随意选择和组合它们，完成复杂的特定功能。另一个有用的特性是，VLC 允许被作为浏览器的 Plugin 安装并使用，这大大方便了许多需要在网页中完成多媒体功能的需求。

基于 VLC 开发并不繁杂，与 FFMpeg 相似，编译前可以通过./configure 打开或禁用部分模块，如果想将 VLC 嵌入自己的应用，既可以直接调用 VLC 进程，也可调用 Library 形式的 LibVLC（提示：需要注意许可协议问题）。

使用 LibVLC 开发一个播放器的简单步骤如下（此例中 VLC 将自动探测文件和编码格式）：

```
libvlc_new(0, NULL);  //载入VLC
m = libvlc_media_new_location(inst, "http://localhost/test.mp4");  //欲播放的媒体的位置
mp = libvlc_media_player_new_from_media(m);  //创建播放器
libvlc_media_player_play(mp);  //播放
```

当 VLC 启动时，典型步骤如下。

1. CPU 检测。
2. 消息接口初始化。
3. 命令行选项分析。
4. 创建播放列表。
5. 模块库初始化。
6. 打开接口。
7. 设置信号处理函数。
8. 创建音频输出线程。
9. 创建视频输出线程。
10. 主循环：事件管理。

VLC 的核心部分是 libVLCcore，管理着 VLC 的线程、模块（各种编解码器，如 Muxer/Demuxer）、模块的 Layer、时钟、播放列表和其他所有低级控制，音视频和字幕的同步也由它负责。另外，它还实现了外部可用的接口，允许其他程序访问所有功能，各类模块则与 libVLCcore 连接并交互。和 DirectShow 与 GStreamer 类似，在运行时，用户也能够自由选用和动态加载需要的模块，VLC 的模块类型包括 Access、Demuxer、Access-Demuxer、Stream Filters、Decoder、Audio Filters、Audio Output、Video Filters、Video Output、Interfaces、Visualization、Packetizers、Encoder、Mux、Stream Output、Access Output 等。

其中较有特色的是接口模块，它提供了与 GUI 交互的功能。

附：x264 和 x265

x264（见图 2-18）是 VideoLAN 旗下，按照 GPL 协议开源的 H.264/AVC 视频编码器，并接受商业授权给谈判付费的使用者。它以清晰的代码结构、较全面的标准支持和优异的性能著称，与标准的参考代码相比，主要舍弃了一些对编码性能贡献极小但计算复杂度又很高的特性。x264 针对多种硬件平台都进行了汇编优化，既能按照命令行方式使用，也提供 API，供多个多媒体框架（如 FFMpeg 和 VideoLAN）引用。

图2-18　x264的Logo（图片来自x264官网）

初始，x264 由 Laurent Aimar 建立，在 2004 年 Loren Merritt 接手项目，2005 年的第二届 MSU 编码器大赛上，x264 获得第二名，建立了最初的名气，到了 2010 年，x264 在多个项目上均获得第一（见图 2-19），并大幅领先其他参赛者，被认为是最好的 H.264/AVC 编码器，Dark Shikari（真名 Jason Garrett-Glaser）加入 x264 的开发被很多人认为是它脱颖而出的重大因素。

x265 是一个近年较新的项目，目标是实现一个高效率的 H.265/HEVC 编码器，同样按照 GPL 协议开源，它支持大部分 x264 的特性（重用了许多代码），与 x264 不同的是，它在最初由多家公司赞助开发，这些公司得以在产品中使用 x265 并不需要按 GPL 授权发布其特有代码。

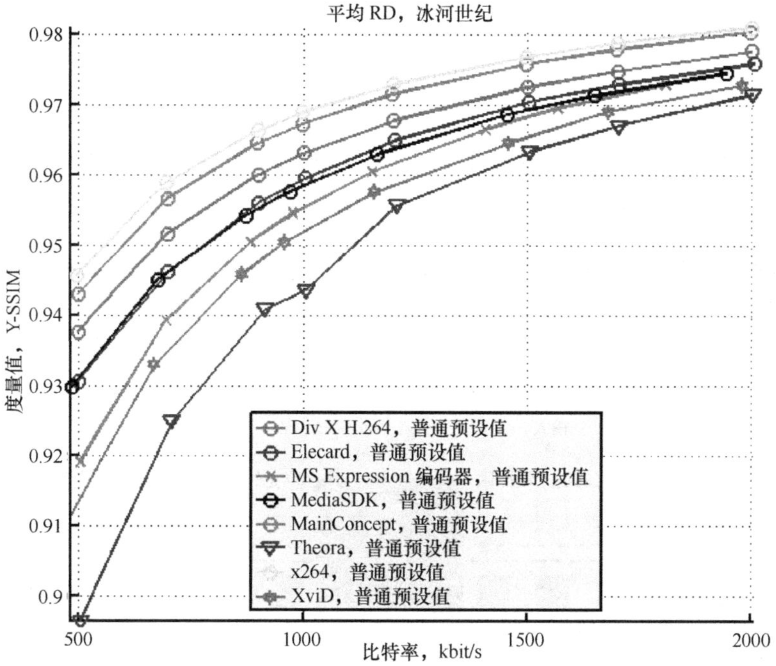

图2-19　x264的RD曲线测试结果（图片来自参考文章）

2.6　倚天剑、屠龙刀：Android Media 和 AVFoundation

Android 和 iOS 系统随着多年发展已然统治了移动端，与 Windows 提供 Media Foundation 相似，Google 和 Apple 也向其操作系统上的开发者提供了默认的多媒体框架，帮助他们开发播放器、滤镜、秀场直播等多种多媒体程序。

与前面描述的各个框架不同，在 Android 与 iOS 系统上，如果意欲开发音视频应用，硬件在很大程度上限定了框架初始支持的格式，手机制造商或应用开发者往往通过内置一些软件版本的组件来扩展能力，例如 FFMpeg，这有点像《倚天屠龙记》中的倚天剑、屠龙刀，内中还藏有《九阴真经》和《武穆遗书》的速成版本。

2.6.1　Android Media

在 Android 平台上，开发者接触的首先是一系列 Media 接口，包括 MediaPlayer、MediaCodec、MediaDRM、MediaFormat、MediaExtractor、AudioManager 等，如同其他框架，Android 允许开发者通过简单的代码构建播放器。

```
String url = "http://........"
MediaPlayer mediaPlayer = new MediaPlayer();
mediaPlayer.setAudioStreamType(AudioManager.STREAM_MUSIC);
mediaPlayer.setDataSource(url);
mediaPlayer.prepare();
mediaPlayer.start();
```

同时开发者也可以通过 MediaExtractor（用于提取音视频中一帧帧的数据）和 MediaCodec（编解码器）、GLSurfaceView（展示 OpenGL 渲染的 View）等组件开发自己的定制播放器。

MediaCodec 是 Android Media 中最核心的类，用于访问底层编解码器，它通过使用一组 Buffer，处理输入数据来产生输出数据（见图 2-20），MediaCodec 可以处理压缩数据或原始的音视频数据，并使用 Surface 显示视频，这时 Surface 可直接使用本地视频数据 Buffer，避

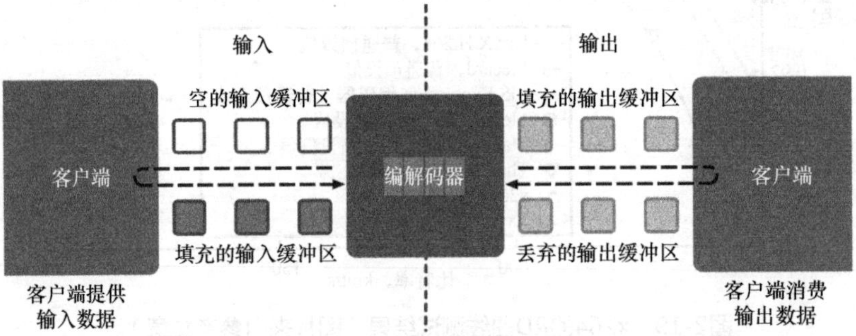

图2-20　MediaCodec原理（图片来自Android开发者网站）

免了映射或是复制操作。

在 Android 的多媒体架构（见图 2-21）中，Java 层的 API 通过 Binder，于 Native 层作为代理的 Media Player Service 获得服务，Media Player Service 负责为每一个上层应用创立 Session，调用更底层的组件，此时底层响应服务的可以是默认的 StageFright Player，也可以是芯片或手机厂商自己的 Player，例如 Mst Player、Mtk Player、Amlogic Player、Helix Player 等。StageFright Player 本身是使用 Awesome Player 一个较薄的封装，早期的版本中预设的多媒体模块是 OpenCore，此处 Android 定义了 StageFright 层以及 OMX 层进行了封装。

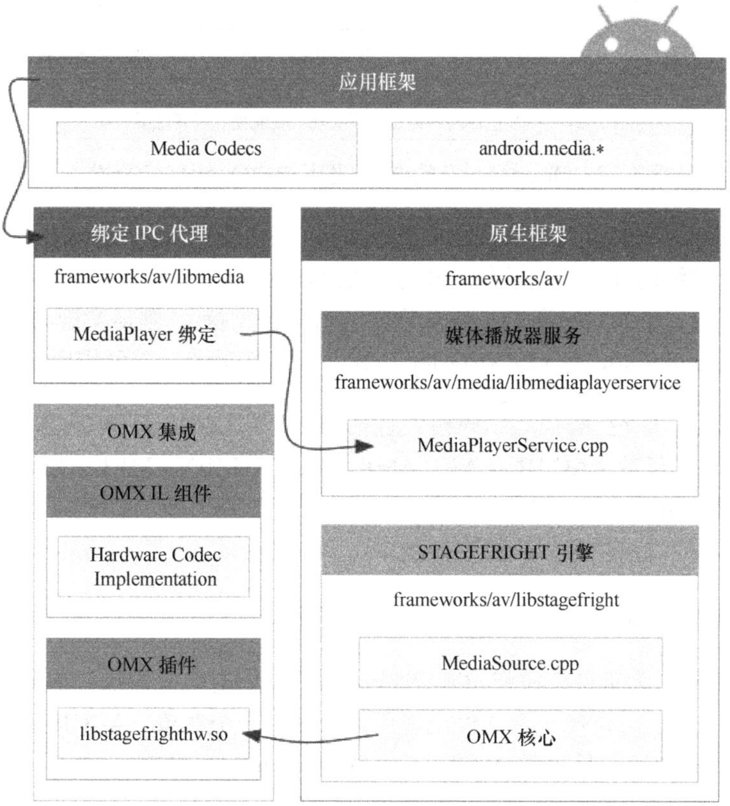

图2-21　Android多媒体架构（图片来自Android网站）

OMX 又称 OpenMax，是由 NVIDIA 提出的多媒体应用的框架标准，定义了跨平台的应用程序接口 API，帮助不同组件在不同操作系统和处理器硬件平台之间移植。OpenMax 从下至上分为三层，包括 OpenMax DL（开发层）、OpenMax IL（集成层）以及 OpenMax AL（应用层），如图 2-22 所示。实际使用中，OpenMax IL 多被用到，只要符合接口定义，不论是原生组件，还是软硬件厂商自行开发的组件，均可被集成使用。

图2-22　OpenMax IL的应用（图片来自OpenMAX标准）

Awesome Player 实质是调用底层符合 OMX 接口标准的 Codec 模块进行编解码，Android 原生提供一些软件编码和解码的组件，由继承自 OMXPluginBase 的 SoftOMXPlugin 管理，若厂商需要实现自己的组件（通常是添加硬件编解码器支持），则需实现 OMXPluginBase 并编译为 libstagefrighthw.so，令 OMXMaster 加载并获取其指针，方可作后续使用。

Android 平台默认支持的视频编码格式包括 H.263、H.264、HEVC、MPEG4 SP、VP8、VP9，音频编码格式包括 AAC/HE-AAC、AMR、FLAC、MIDI、MP3、Opus、PCM 和 Vorbis 等，还包括 BMP、GIF、JPEG、PNG、WebP 和 HEIF 等，默认支持的流媒体协议包括 RTSP、HTTP、HLS 等，但均需注意相应的系统版本。

2.6.2　AVFoundation

AVFoundation 作为苹果公司在 iOS 和 macOS X 上对多媒体操作的库，其核心载体是 AVAsset，一个 Asset 可指代一个文件或者用户库内的一个对象，AVURLAsset 则实现通过 URL 定位的多媒体资源，另提供 AVPlayer、AVPlayerItem、AVPlayerLayer 等类。上层提供 AVKit 用于简化视频应用的创建过程，如果没有过多定制化需求，则可以直接使用，否则需要直接运用 AVFoundation 提供的功能，如 Core Audio（处理所有音频事件）、CoreMedia（提供音视频帧处理的数据类型和接口）、CoreAnimation（动画相关框架，封装了 OpenGL 和 OpenGL ES 功能）等。

AVFoundation 的架构可参考图 2-23。

使用 AVFoundation 构造播放器时，可以使用 AVPlayer，由 AVPlayerItem 实例管理 Asset

状态，用 AVPlayerItemTrack 管理具体 Track 的播放状态，并使用 AVPlayerLayer 对象显示。一个播放 HLS 流的示例如下：

```
NSURL *url = [NSURL URLWithString:@"<http://example.com/sample.m3u8>"];
self.playerItem = [AVPlayerItem playerItemWithURL:url];
[playerItem addObserver:self forKeyPath:@"status" options:0
context:&ItemStatusContext];
self.player = [AVPlayer playerWithPlayerItem:playerItem];
```

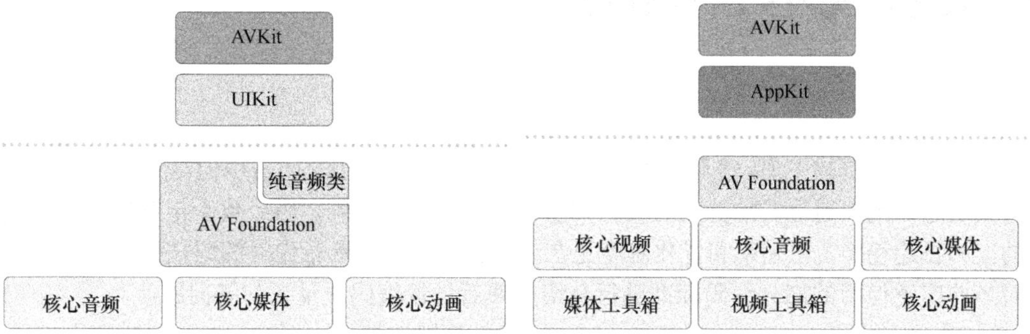

图2-23　AVFoundation在iOS和macOS X上的架构（图片来自Apple开发者网站）

由于 iOS 和 macOS X 的封闭特性，围绕 AVFoundation 定制的环节和必要性相对较少，更多情况下，应用开发者会选择符合标准的 HLS 流媒体分发，在播放时使用自带播放器。

第3章

音视频技术：编码

世上没有免费的午餐，视频编解码技术将视频内容以减小空间占用但尽力保持观看质量的方式表达，代价则是非常复杂的编码算法和较长的计算时间。历经数十年发展，视频编解码的架构日趋稳定，压缩率和优化难度正在逐步接近瓶颈，本章先对编码技术作一概述，然后对当前广泛使用的部分编码标准进行介绍，最后讨论编码质量评估等问题。

3.1 编码技术概述

在信号处理的领域，经常需要使用更少的数据来表达更多的信息，也就是我们常说的压缩，也被称作 Source Coding，即用一种形式的表达来替代原始表达。压缩可以分为无损压缩和有损压缩，无损压缩表示压缩过程中不丢失任何信息；有损压缩则通过删除不必要或者不重要的内容来减少数据量。经过压缩的数据文件变小，在很多情况下能大幅减少存储和传输的占用，当然作为代价，需要计算资源来编码和解码，有时还要动用特殊硬件，如 GPU 或特制的芯片。ZIP 文件就是一个常见的通过压缩减小文件大小的范例。

3.1.1 视频编码面临的问题

香农信息论原理中曾给出了“信息熵”的概念，熵度量了消息中所含信息量的多少，其中去掉了由消息固有结构决定的部分，意味着越随机的消息含有的熵越大，其理论论证了数据压缩的可能性和极限到底有多少，以及在允许一定失真的情况下，可能的压缩极限在哪里，这也是整个压缩的理论基础。

$$H(X) = -\sum_{i=1}^{n} p(x_i)\log p(x_i) \qquad (3\text{-}1)$$

式中，关于随机变量 X 的熵值，可定义为对有限样本求概率质量函数（即 $p(x)$，离散随机变量在各个特定取值上的概率），函数结果与其对数乘积的和，其中对数以 2 为底的话，熵的单位为比特（Bit），举例而言，如果需要表达 64 个概率相等的物品，最少需要 6Bit。

对于无损压缩，主要有简单的行程长度编码、字典编码，以及 PPM（通过部分匹配进行预测）、熵编码等思路；对有损压缩，可考虑的方向有离散余弦变换、分形、小波变换、向量化、特征编码等。

数据压缩的理论与统计学科密不可分，可以被看作找到数据的特殊差异，再针对差异进行不同处理，针对较大份数据找到最佳压缩方式不是件容易的事，不同压缩方法可视作对最优解不同的逼近，机器学习或深度学习不论在寻找差异还是预测序列的概率上都可以扮演重要角色。

具体到音视频，针对性编码的必要性显而易见，前文曾予以计算，对于高清视频，我们至少需要百倍以上的压缩率（在监控视频等场合，有时期待得到万倍以上的压缩率）才能满足需求，这就需要某一种或一系列有损压缩方法。具体到什么样的损失可以接受，什么样的信息应尽量保留，可以利用接受方（对于音视频而言，接受方就是人本身）感知能力的特性进行抉择，针对信号中接受方感知不敏锐的部分进行舍弃。由于场景不同，即使同在音视频编码领域中，也可被细分地使用不同的专业技术，例如语音通话编码、视频会议专用编码等。

对原始图像或视频数据而言，分辨率可以代表清晰程度，越高的分辨率，越可能表现出越多的细节，但相应地需要的数据也就越多。通常我们所说的显示器或电视的分辨率为 VGA、SVGA，指的是屏幕的分辨率，也就是可以显示多少像素[①]。

早年间，VGA（640 像素×480 像素）作为 IBM 定义的显示标准为大多数显示器制造商所遵守，因此 VGA 就成了 640 像素×480 像素的同义词。随后常见的分辨率还包括 800 像素×600 像素（又被称作 SVGA）、1024 像素×768 像素（XGA）等。视频中常用的 720p、1080p、QHD、4K 分别指 1280 像素×720 像素、1920 像素×1080 像素、2560 像素×1440 像素、3840 像素×2160 像素分辨率，更多常见分辨率见图 3-1。

以往，最常见屏幕宽与高的比例是 4∶3，这来自于早期的电视标准，在近代宽屏兴起后，模仿电影的 16∶9 比例变得常见，视频的图像比例总是被设计成能满足尽可能多的预期受众，因此也以 4∶3 或 16∶9 的比例居多，但是就电脑显示器而言，16∶10 也是常见的比例，因此 1280 像素×800 像素、1440 像素×900 像素等分辨率也属常见。

除了分辨率不同，视频的颜色通道、帧率、场和传输内容也有很大的不同。

① 像素是图像显示的基本单位，英文为 Pixel，将一个像素用多少 Bit 表示，通常说明了图像的表现力，如常见 8Bit、16Bit、24Bit、32Bit、48Bit 等，电脑常用的“真彩色”即是 24Bit 显示，“全彩色”则通常指代 32Bit。此外，由于显示的机理不同，还存在子像素的概念，例如每个子像素只对应一个色彩通道。除了像素数目，还可以有其他参数帮助定义分辨率，如像素密度，我们经常看到某某手机宣传其分辨率达到 500DPI，含义是每平方英寸有 500×500 个像素。

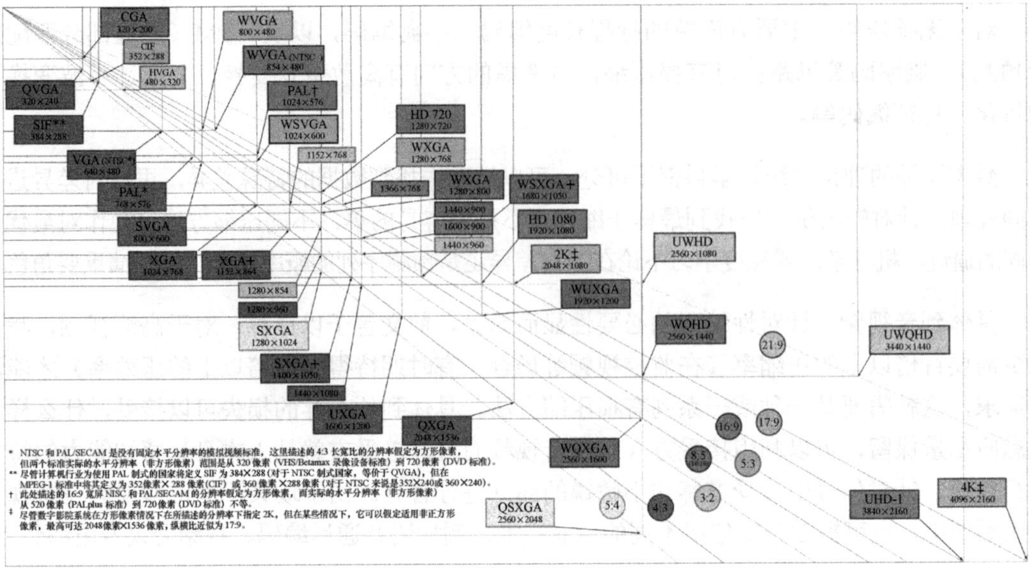

图3-1　不同的分辨率标准（图片来自Wikipedia）

首先，像素的颜色通道依据占据的比特数可以分为 8Bit、10Bit、12Bit、20Bit 等。其次，帧率[①]（Frame Rate，单位为帧/秒）也有 24 帧/秒、25 帧/秒、30 帧/秒、60 帧/秒、120 帧/秒等区别。此外，视频帧的场依据隔行[②]和逐行不同，需要不同的编码模式；最后，视频传输也可能同时存储和传输多路相互关联的内容，例如双目摄像头录制的视频，还有光场、点云视频等（光场、点云等概念将在后续章节内涉及）。

3.1.2　视频编码的思路

视频的压缩方法主要包括去除空间上、时间上、统计上以及感知上的冗余信息等几个主要努力方向。视频由一系列连续的图像组成，在某一幅图像之中就存有大量的冗余，例如某一个像素点与周围的许多像素点就存在相似或连续的关系，在连续的一系列图像中也存在相关性。绝大多数现代视频编码器结合了空间域和时间域上的压缩，考虑到编解码器所需要的计算复杂度、对延迟的要求（有的编码器需要分析较长的一段内容才可以进行编码，有的编

① 帧率即每秒显示的图像数量，帧率越高，则在视频运动较剧烈的场景下，人眼将感觉较为舒适。NTSC（美国的彩色广播电视标准）制式规定帧率为 30 帧/秒，PAL（欧洲和中国采用的电视标准）制式则规定帧率为 25 帧/秒，传统的电影工业常使用 24 帧/秒作为电影帧率，实践中还常常可见 23.98（24000/1001）帧/秒和 29.97（30000/1001）帧/秒，是由于一些早期的技术限制和格式转换需求出现的。

② 分辨在传统的广播电视和视频显示领域存在名为隔行视频（Interlaced Video）的技术，其思路是使用两个场生成一帧，其一包含所有奇数行，另一个包含所有偶数行，从而不消耗额外带宽以得到两倍的帧率。隔行技术容易产生伪影等问题，而基于渐进式扫描的现代显示器如果需要显示隔行视频，将需要额外的去隔行技术，通常还会降低显示器分辨率，现已基本被逐行显示技术完全取代，在较新的编解码标准中不再予以关注。

码器可能达到几乎没有滞后）、对质量是否存在特殊要求（如移动镜头时的图像细节）等做出折中的设计。

对于空间域上的压缩，其常用的技术和图片压缩技术十分相似，后续将详细介绍。而视频压缩独有的内容很大程度上集中在时间域上的压缩，也称帧间压缩，其主要思想是用一个或多个周围的帧来协助压缩当前帧，如果帧上没有移动的区域，就意味着冗余部分天然存在，数据只需编码或存储一次，即可在解码时重建多个帧。

现代的视频编码器里存在 GOP（Group of Pictures）的概念，代表了一组连续的图像帧，通常而言，GOP 中的第 1 帧编码为 I 帧，此外还有 P 帧和 B 帧的概念。I 帧表示关键帧（Key Frame），其解码时不需要引用来自其他帧的信息即可完成（与图片编解码较为相像）；P 帧表示前向参考帧（Predictive Frame），体现了当前帧与前面参考帧的区别，需要依赖前面的 I 帧或 P 帧才可以解码；B 帧通常又叫作双向参考帧（Bi-directional Interpolated Prediction Frame），记录了当前帧与前后帧的不同，需要依赖其前后两个方向的 I 帧或 P 帧才可以完成解码。

可想而知，解码时依赖其他帧的信息越多，说明当前帧的冗余越少，压缩率越高，一个简单的估算可以认为 I 帧、P 帧、B 帧的大小比例可达到 9：3：1。

图 3-2 描述了一个 GOP 的例子，展示了典型的帧序列和它们之间的参考关系，这里将引申出来 DTS 和 PTS 的概念，即 Decode Timestamp（解码时间戳）和 Presentation Timestamp（显示时间戳）。因为 B 帧需要参考后面的 P 帧才能正确解码，因此在解码的顺序上，后面的 P 帧将被先行解码并缓存，但在显示时，该 B 帧仍然应该先被显示出来。假设帧的原始序列为 I、B1、B2、P1、B3、B4、P2……，这与显示的顺序完全一致，每一帧的 PTS 与实际视频录制的相对时间一致，而解码的顺序将是 I、P1、B1、B2、P2、B3、B4……，DTS 也将予以体现，以告知解码器每一帧应该被解码的时间。

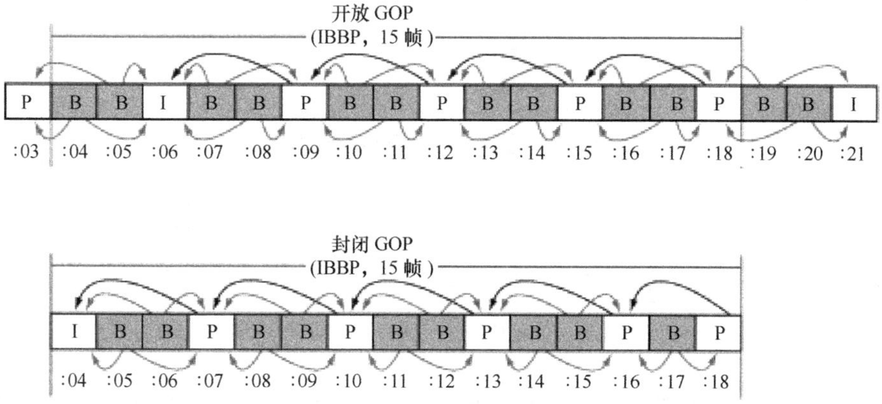

图3-2 开放和封闭的GOP（图片来自Apple网站）

在 H.264 和 HEVC 中，还定义了一种 IDR 帧，其含义是，从 IDR 帧开始，所有后面的帧都不会参考该 IDR 帧之前的帧，而普通的 I 帧可以被其前后两个方向的其他帧所引用。

在介绍了 GOP 的概念之后，让我们以 MPEG-2 为例看一下现代视频编码器涉及的主要技术。

历史上流行过许多种视频编解码算法，如 MPEG-1 Part 2（即用于 VCD 视频压缩的算法标准）、MPEG-2 Part 2（即 H.262，用于 DVD 的压缩算法标准）、RV（见前文编码格式介绍）、VC1（亦见前文编码格式介绍）、H.263（在视频会议领域曾广泛应用）、MPEG-4 Part 2（即 DivX、Xvid 所用的格式）等。当前流行的编码器格式数量已大为减少，只有 H.264/AVC、VP8/9、H.265/HEVC 等寥寥几种，多家公司组成联盟，或在标准组织的框架下推动编解码技术的提升，期待格式可以得到最广泛的支持和运用已成为业界常态。其中，MPEG-2 编码器由于已经具备了现代编码器的诸多特征，比较适合作为示例。

具体来说，MPEG-2 编码器使用了 DCT（Discrete Cosine Transform，离散余弦变换）①、运动补偿和霍夫曼编码，对数据从大到小定义了 Sequence、GOP、Picture、Slice、宏块（MacroBlock）、Block 等多个层次。GOP 的概念上面已予介绍，在 MPEG-2 中宏块定义了 4：2：0、4：2：2、4：4：4 不同结构，Block 则代表了 8×8 个采样值。

在帧内编码时，MPEG-2 只应用 DCT 变换和量化②步骤，而帧间编码时，首先将原图和预存的预测图进行比较，计算出运动矢量，和参考帧一并生成原图的预测图。然后由原图和预测图的差值得到差分图像，进行 DCT 变换和量化步骤。最后经历无损编码阶段得到最终的结果（见图 3-3）。

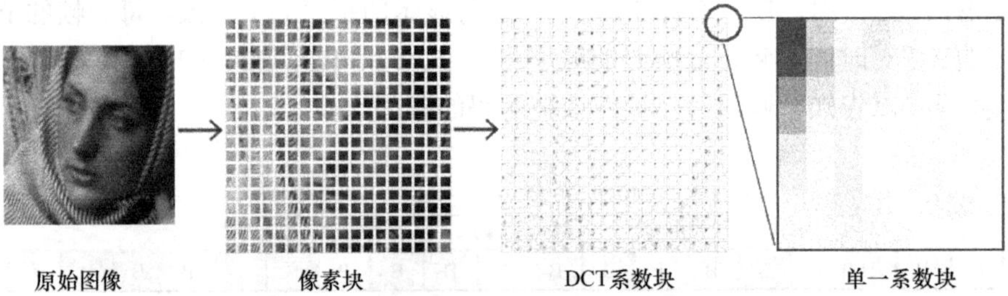

图3-3　DCT示例（图片来自XIPH网站）

① DCT 类似于只使用实数且长度为两倍的离散傅里叶变换，常在信号和图像处理或对数据进行有损压缩时候使用，其常用形式为 $f_m=\sum_{k=0}^{n-1}x_k\cos\left[\frac{\pi}{n}\left(k+\frac{1}{2}\right)\right]$，DCT 变换本身是可逆的，它最大的特点是“能量集中”，由于大多数声音或图像信号的能量集中在变换后的低频部分，以此对高频部分进行舍弃，可以达到压损率大而损失较少，保留信息更多的目的。

② 量化指将信号的连续取值近似为多个离散值，在 MPEG-2 编码中，量化过程就是以某个量化步长除以 DCT 系数，量化步长越小就保留了更多的信息，但数据量就越大，因为不同的 DCT 系数对人的感知重要性并不相同，所以对 DCT 变换中的不同系数需要采取不同的量化精度。

MPEG-2 编码器应用到的值得一提的详细技术点还包括：Z 字扫描（见图 3-4）[①]、游程编码[②]和熵编码[③]、运动估计[④]（见图 3-5）和码率控制[⑤]。

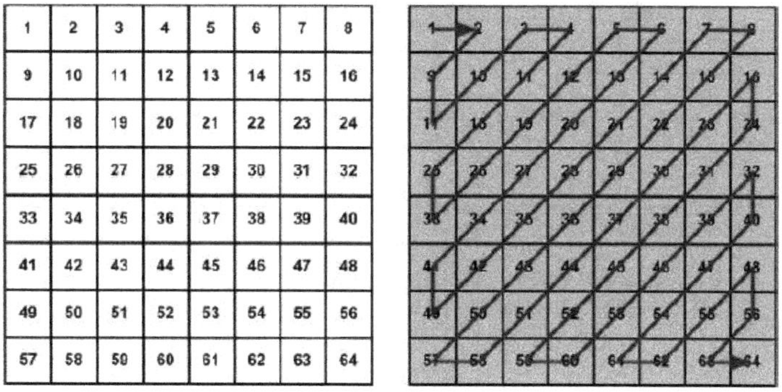

图3-4 Z字扫描（图片来自Wikipedia）

虽然 MPEG-2 编码器已经具备了视频编码器的基本特征，但从 MPEG-4 等编码格式开始，才开始从基于像素的编码转为基于对象和内容的编码。譬如 MPEG-4 编码器引入了 VOP（Video Object Plane）作为核心概念，包含对象提取、编码可分级、半像素搜索、重叠运动补偿、重复填充等技术。H.264 编码器加入了更小的变换块、可变块大小运动补偿、1/4 采样精度的运动补偿、加权预测、多参考帧运动补偿、循环去块效应滤波器、基于上下文的熵编码等数十项较大的新编码工具或改进，后续将对 H.264 和 HEVC 作更详细的介绍。

① Z 字扫描（Zigzag Scan），由于量化过程。如果数据可以被期待在某一个区域中的相似特征出现频率较高而非沿着直线行进，则采用 Z 字扫描可以有效提高压缩效率，因为聚集在一起的特征只需要保存其差异即可，而非保存所有特征的所有信息。

② 游程编码（RLE，Run Length Encoding）来源于一种简单的思想，用变长的编码来取代连续出现的重复信息，譬如"AAABBBBCCDEEEEE"，即可被压缩成"A3B4C2D1E5"，应用于音视频领域时，它需要输入的是经过变换，连续重复数据较多的情况。

③ 熵编码（Entropy Encoding）与游程编码均是无损压缩方法，主要类型的熵编码方式对每一个符号创建并分配唯一的前缀码，并替换成可变长度前缀无关的输出，霍夫曼编码即是熵编码的一种，算术编码也属于熵编码，为得到好的压缩效果，需要尽可能精确地知道每个输入单元出现的概率，而对概率的估计越准确，压缩效率就越高，此时既可以在压缩前进行全文统计，亦可以动态计算，如按照已经编码的概率计算，还可以计算未编码部分的概率等。

④ 运动估计，主要用于描述编码关系上相邻的两帧差别，即前一帧每个块如何移动到后面一帧，设法搜索到它们之间的相对偏移，即所谓运动矢量，利用运动矢量，将参考帧的宏块移动到对应位置，即可生成被压缩图像的预测，因为在自然情况下，通常运动存在一定规律，故预测图像和被压缩图像之间差分值较低，可以帮助去除帧间冗余度。

⑤ 码率控制，视频的码率越高，往往质量越高，但为了减少传输和存储的成本，人们希望压缩得到的视频越小越好，故而设置合适的码率，取得质量和大小的平衡就非常重要，好的编码器可以让编出的视频尽可能符合预先设置的码率。不同的编码器会采取不同策略来控制所编视频的码率，不仅控制其中某一视频片段的码率，也包括整体输出的文件大小。

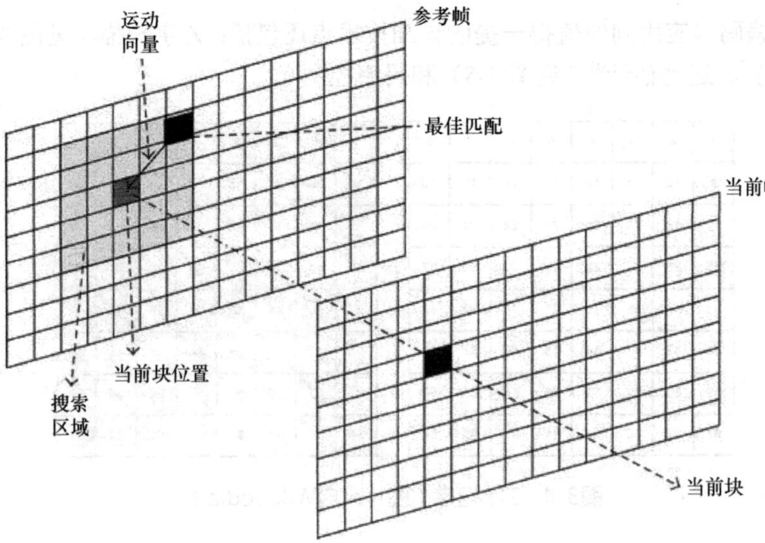

图3-5　运动估计（图片来自参考文章）

3.1.3　视频编码的发展

如果纵览上述视频编码器思路，主要使用的技术都在变换编码、预测编码和熵编码的范畴内，不论 MPEG-2 还是 H.264，HEVC 还是 VP9，都大致相似，即使在较新的 AV1 以及规划中的 H.266 内，也没有大的变化。

编码器的发展过程中，通常每一代编码器的设计目标是比之前的编码器压缩效率提升一倍。广播电视级 SD（Standard Definition，即标清，448 像素×336 像素或 512 像素×288 像素等分辨率 ）质量的视频，以往常使用 MPEG2 编码方式，其码率约等于 3.75Mbit/s，高清视频则需要 15Mbit/s 以上。而作为领先两代的 H.264，则可以在 3~6Mbit/s 的码率范围得到很好的 1080p 视频压缩质量，再进一步，VP9 和 HEVC 在同等质量下码率还可以再节约 30%～50%。

由于编码技术开发需要非常专业的人员，对编解码技术的普遍使用也伴随着巨大的投资，每一代解码器流行的时间常常在 5 年以上，整个生命周期更是长达十几年。是否获取广泛的硬件支持在早年是编码器成功与否的必要条件，由于常见的硬件开发周期在一年半到两年，软件开发和部署的规划往往依赖于此，而硬件支持的范围和比例也同样与格式的流行程度互为因果。

每一时代的编解码器在设计时，都曾充分估计其技术生命周期内，计算资源是否足以支撑算法的复杂度，与软件编解码对应，对于常见的视频编码格式，都有许多公司试图以硬件方式提供。在对服务器或桌面计算机而言，较知名的视频编解码技术方案有 Intel 的 QuickSync

技术，其在不同型号的 CPU 中集成支持了 H.264、VP8、HEVC、JPEG、VP9 等格式的编解码器，还包括 Nvidia 的显卡，其对不同格式的编解码器亦多有支持（见图 3-6）。

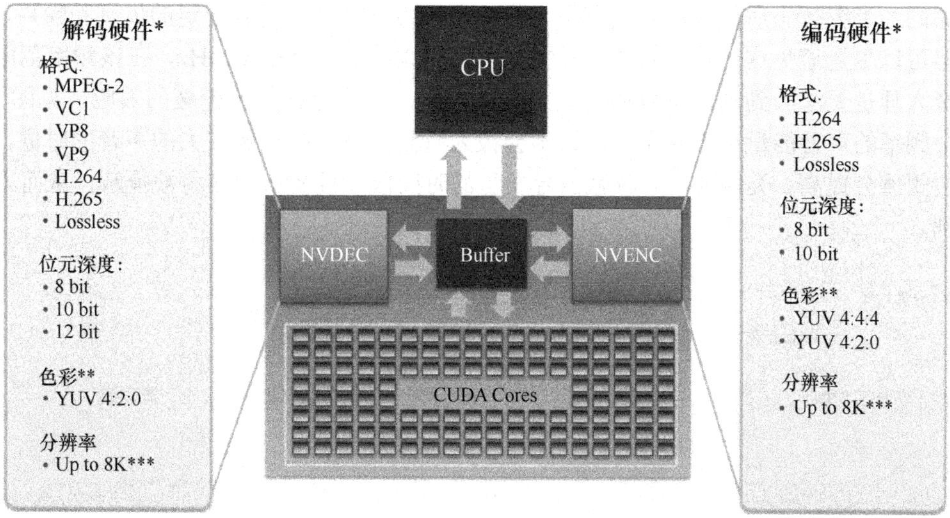

图3-6 NVIDIA Pascal系列显卡的编解码格式支持（图片来自NVIDIA开发者网站）

各类嵌入式设备、手机中，因性能或耗电问题，基于 DSP 的硬件编解码器就更为常见。此外，也有一些公司尝试用 FPGA 来提供编解码功能。但一般而论，硬件编解码虽然享有速度的优势，但因为开发不易，通常只会支持完整标准的一部分，并有许多可变化的参数并不提供选择，与软件编码器的灵活开发、实现完全、自由设置相比，一般不能达到最优的质量（其中存在一定的例外，譬如 Elemental 虽然主打基于 GPU 的编码方案，但其精心开发的编码器质量也曾在业界的横向对比中位列前茅）。

视频编码发展的长期趋势可以用三个词来概括：高质量、多样化与智能化。4K 电视已经得到相当程度的普及，但对虚拟现实应用来说，8K 或许还不能完全满足需求，60 帧/秒已在体育等频道广泛应用，电影工业也在逐渐应用 48 帧/秒、60 帧/秒、120 帧/秒，全景视频的多种规格，多种投影方式，适用于虚拟现实与增强现实的光场成像，适用于游戏、自动驾驶、三维重建的点云，基于机器学习、神经网络进行编码、滤波、预测、参数选择，倚仗内容特征进行特定优化，如上种种或许昭示着视频编码技术正处于它的黄金时代。

3.1.4 音频编码

音频编解码虽然格式众多，但与视频相比，缺乏脉络可循的技术换代，大致而论，MP3 和 AAC 就可以代表不同的时期，虽然考虑到 YouTube 和其他少数几家公司，Vorbis/OGG 格式也占据了不可忽视的份额。但是另一方面，杜比公司并未简单地围绕压缩效率上做文章，其在 Dolby Digital、Dolby Digital Plus、Dolby Digital Atoms 这一系列上另辟蹊径，不论在电影、电视，还是在线视频上，均有广泛的支持者。

如同经过编解码后视频质量会下降一样，音频编解码可能引入一定的失真和噪声，好的编码器可以尽量避免这一点。人耳的听觉频率范围大致在 20～20000Hz，在该频率范围之外的声音人耳是无法听到的，可以视为冗余信号，此外人耳存在频率掩蔽的效应（见图 3-7），当某个频率的声音能量小于某个值，将不会被人听到。当存在能量较大的声音的时候，周围频率的阈值会提高。类似地，在较强信号发生的时间段，较弱信号亦将被掩蔽，从而人耳无法听到。

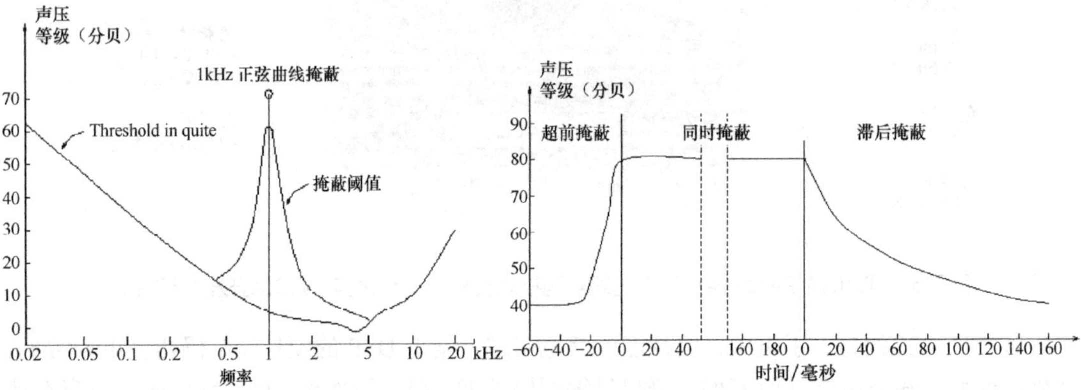

图3-7　掩蔽效应（图片来自UMIACS网站）

音频信号的压缩，通常是波形编码、参数编码等多种技术混合的编码方式，其中波形编码是根据采样的数据，建立一定的波形以符合原始波形，保留较多的细节和过渡特征。参数编码则是根据不同信号源，提取特征参数（例如共振峰、线性预测系数等）并编码。实践中许多编码器混合使用了多种波形和参数编码的技术，并将信号分解为不同频率范围，而根据不同的分布特性采取不同压缩策略，以在提升压缩率的同时保留好的声音质量。

与视频编码相比，由于音频所占的码率比例较低，计算复杂度也不高，业界对发展更好的音频编码格式动力并不充分，或许这一领域的机会更多在于实时通信和虚拟现实相关的音频应用，且与传输技术结合相互影响，后文将详细介绍 AAC 这种编码格式。

3.2　从图像压缩开始

在算法信息论（Algorithmic Information Theory）中，一个对象的柯式复杂性（Kolmogorov Complexity，或称算法熵）可以衡量描述这个对象所需要的信息量，虽然并非所有图像都可以（限定失真率地）压缩，但事实上，人们在实际生活中遇到的图片基本都是可以压缩的。

3.2.1 如何表征图像

RGB 和 YUV 是图像常见的两类数字化表达。RGB 是基于三原色原理，对红（Red）、绿（Green）、蓝（Blue）三个颜色通道叠加得到各式各样的颜色。当存储和处理图片文件时，RGB 是最常见的方案，包括 RGB555、RGB565、RGB24、RGB32 等。RGB24 意味着用 24Bit 表示一个像素，RGB 三个分量各用 8Bit 表示。按照 B→G→R 的顺序排列，RGB32 在 RGB24 的基础上，对每个像素增加 8Bit，用来表示 Alpha 通道值（即灰度或称透明度）。除了 RGB 和 YUV，在打印领域还存在 CMYK 颜色模型。此外，还有 HSL、HSV、NCS 和 LAB 等不同的模型。

YUV 则是另外一种编码方式，其中 Y 表示明亮度，U 表示色度，V 表示浓度。它起源于黑白电视到彩色电视的过渡期，因为黑白电视仅有 Y 分量，如果彩色电视标准中采用 UV 表达色彩，则可以最大限度地和过往的格式兼容。常见的 YUV 格式有多种不同的采样方法（如 4:4:4、4:2:2、4:2:0、4:1:1 等）以及各种存储格式（见图 3-8）。例如 YV12，针对每个像素都提取 Y，在 UV 提取时，每个矩阵提取一个 U 和一个 V，存储时按 YVU 顺序排列，I420 格式的采样方式相同，但存储时按 YUV 顺序排列，而在 NV12 中，U 和 V 交错排列。

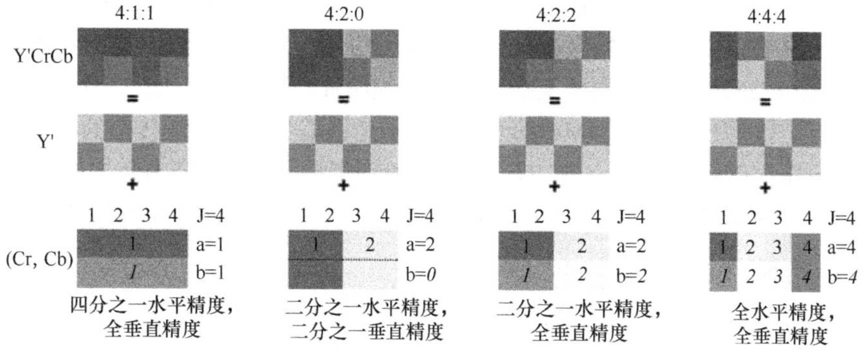

图3-8 不同采样方法的区别（图片来自Wikipedia）

YUV 和 RGB 可以很容易实现相互转换，式（3-2）、式（3-3）列出其中一种行列式方法，因为这一转换在音视频领域太过常用，在实践中有许多不同的快速计算算法甚至硬件优化方法。

$$\begin{bmatrix} Y' \\ U \\ V \end{bmatrix} = \begin{bmatrix} 0.2126 & 0.7152 & 0.0722 \\ -0.09991 & -0.33609 & 0.436 \\ 0.615 & -0.55861 & -0.05639 \end{bmatrix} \begin{bmatrix} R \\ G \\ B \end{bmatrix} \tag{3-2}$$

$$\begin{bmatrix} R \\ G \\ B \end{bmatrix} = \begin{bmatrix} 1 & 0 & 1.28033 \\ 1 & -0.21482 & -0.38059 \\ 1 & 2.12798 & 0 \end{bmatrix} \begin{bmatrix} Y' \\ U \\ V \end{bmatrix} \tag{3-3}$$

对于一张图像，可以进行有损或无损的压缩，无损压缩可以完全地保留图片里的信息量，解码观看图片时和原图可做到完全一致，方法有游程编码、熵编码或自适应字典算法等。

对于大量的图像尤其是自然界的图像而言，压缩带来的微小损失可以接受（甚至眼睛完全无法感知），采用有损压缩的算法，可以大幅度减小图片的大小，节约传输的带宽和存储空间。常见的有损方法包括色彩空间转换、色度抽样、分形压缩、DCT 或小波变换等，除高效地实现图像压缩外，好的压缩算法和格式还需要兼顾可扩展性（如质量、分辨率渐进）等目标。

3.2.2　哪种格式更好

由于在线视频网站在网站页面、电影的刊头、视频介绍、花絮、海报、广告、视频预览、推荐分析、编码优化等很多地方都会用到图片（或视频截图、视频帧），且涉及的文件数量通常很多，因此对图片的生成、编辑、存储和传输等环节也应非常注意，下面首先讨论图片格式选择的问题。

BMP 是由微软开发的，常见的无损图片格式之一，内部使用的就是 RGB 格式，对 24Bit 或 32Bit 的 RGB 存储而言，数据区直接排列着每一个像素对应的 RGB 或 RGBA 的值（顺序实际为 BGR 和 BGRA），但如同前文提到的，无损图片文件体积很大，一个 800 像素×600 像素的 24Bit 图片需要占据约 1.4MB 的空间，并不是很适合在存储或传播的场合使用。PNG 是另一种无损压缩的图片格式，由 RFC2083 标准描述，其中最广为人知的是它对 Alpha 通道的透明/半透明特性的支持，同样，因为体积较大，也仅适合在非常需要半透明效果的场合。

JPG/JPEG 是值得重点关注的有损压缩的图片格式，它已流行多年，主要思路是舍弃人眼难以感知的颜色（高频）信息。JPEG 格式里面支持的是 YUV 类型的图像，可以支持顺序式或渐进式（推荐使用，在下载时用户可以先看到模糊但完整的图片）编码，以及阶梯式编码。在图像压缩时，JPEG 文件首先将图像的模式转换为 YUV，随后进行 DCT 变换，将图像分离出高频和低频信息，对变换后的频率系数再进行量化，其中选取合适的质量因子可以决定编码完成的图像质量，最后按照 Z 字形对矩阵中的值进行游程编码。使用 JPEG 格式额外的有利之处在于，许多浏览器或硬件设备对 JPEG 文件的渲染早有针对性的优化，对用户在客户端的体验大有好处。

当使用 JPEG 格式时，可以考虑以下一些优化思路，譬如选取适合的色度抽样会影响图像在同样质量水平下的大小，因为人眼对光亮度十分敏感，但对色度的细节损失则反应较迟钝。此外，在生成 JPEG 文件时，可考虑 MozJPEG 编码器，它由 Mozilla 发布，声称可以比传统 JPEG 编码器减少 5%或 10%的图片大小。

SVG 是一种适合应用于网页的矢量图形标准（见图 3-9），不同的用户观看图片时使用的浏览器分辨率可能大不相同，且网页有可能被放大缩小以关注更多的细节，单一分辨率的图片在预定分辨率下观感良好，但放大后就显得粗糙。虽然可以准备一些高清晰度的原始素材，并利用 ImageMagick 之类软件帮助实时调整图片到想要的大小，但这种临时的转换请求既有些浪费，也颇为降低响应时间，尤其对于 Logo 和图标来讲，应用 SVG 或许是更该考虑的选择。

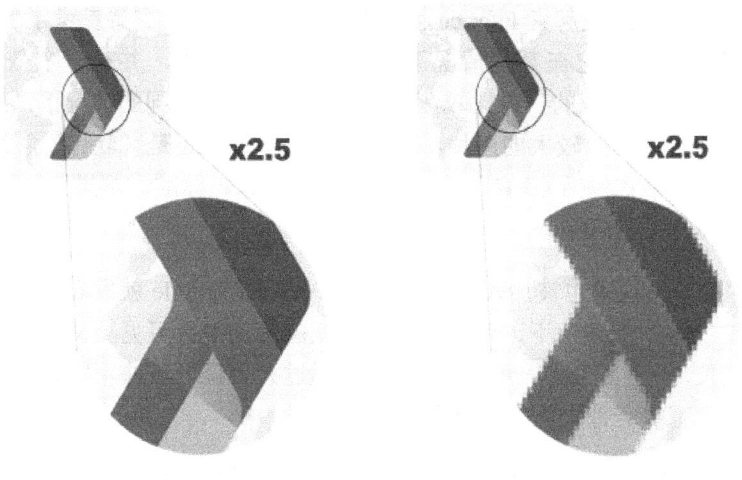

图3-9　放大后的矢量图像和光栅图像（图片来自Google开发者网站）

针对有极致压缩优化需求的用户，还可以考虑 WEBP 和 BPG 等格式，**WEBP** 衍生自视频编码格式 VP8，由 Google 在 BSD 授权下开源，相比 JPEG 而言，同样质量的图片 WEBP 可节省 25%～40%的大小。在 Chrome、Opera 浏览器和 Android 系统上，都内置了它的支持，但其他浏览器不能直接支持则是一大弊端，意味着服务端需要针对同一图像存储不同的格式。当然，当前支持 WEBP 的浏览器市场份额在 50%以上，采用这一格式可以让很多用户得到较好的网页和图片加载时间，还是比较值得的。

在浏览器发起请求时，Accept 上会带有 image/webp 信息，服务器据此可以识别是否返回 WEBP 图片。Google 文档中判断浏览器是否支持 WEBP 格式的示例代码如下。

```
    function check_webp_feature(feature, callback) {
        var kTestImages = {
            lossy: "UklGRiIAAABXRUJQVlA4IBYAAAAwAQCdASoBAAEADsD+JaQAA3AAAAAA",
            lossless: "UklGRhoAAABXRUJQVlA4TA0AAAAvAAAAEAcQERGIiP4HAA==",
            alpha:
"UklGRkoAAABXRUJQVlA4WAoAAAAQAAAAAAAAAAAAQUxQSAwAAAARBxAR/Q9ERP8DAABWUDggGAAAABQBAJ
0BKgEAAQAAAP4AAA3AAP7mtQAAAA==",
            animation:
"UklGRlIAAABXRUJQVlA4WAoAAAASAAAAAAAAAAAAQU5JTQYAAAD/////AABBTk1GJgAAAAAAAAAAAAAAAAA
AAAGQAAABWUDhMDQAAAC8AAAAQBxAREYiI/gcA"
```

```
        };
        var img = new Image();
        img.onload = function () {
           var result = (img.width > 0) && (img.height > 0);
           callback(feature, result);
        };
        img.onerror = function () {
           callback(feature, false);
        };
        img.src = "data:image/webp;base64," + kTestImages[feature];
  }
```

BPG 格式是 FFMpeg 发起者 Fabrice 创建的一种图片格式，主要参考了 H.265/HEVC 的编码方法中的部分工具，它在某些情况下具有最好的压缩比，并有一个效率不错的基于 JavaScript 的解码器。在下列的一份比较测试中可见，在质量相同的情况下，压缩小图片时，BPG 格式颇占优势，而针对较大的图片，WEBP 不论压缩比还是（软件）解码效率都较高。还应考虑注意的文件格式包括 **HEIF**，也脱胎于 HEVC 编码标准，苹果公司已在 WWDC 宣布其旗下设备全面支持 HEIF。

近年来，深度学习技术也被加入图像识别技术中，如 Google 就发布了名为 Guetzli 的项目，在兼容 JPEG 格式的情况下，可以显著地降低图片大小（可见上文测试），缺点是图像压缩时间实在太长，但这不失为一种好的思路，在通过人为推导算法不容易得到提升的领域，应用较新的技术，可能会带来额外的提升。

表 3-1 列举了一份 WEBP、BPG、JPEG 和 Guetzli 的比较测试，使用者可以根据图像大小和编解码时间进行选择。

表 3-1　针对实际视频帧数据集进行的一份图像编码测试

分辨率：1920 像素×1080 像素	JPEG	JPEG（Guetzli）	WEBP	BPG
输出文件大小	172.5KB	168.0KB	107.4KB （节省38%）	118.3KB （节省31%）
编码时间	172ms	127.2s	515ms	2.777s
解码时间	288ms	267ms	281ms	790ms
分辨率：1280 像素×720 像素	**JPEG**	**JPEG（Guetzli）**	**WEBP**	**BPG**
输出文件大小	98.4KB	81.9KB （节省17%）	63.5KB （节省35%）	65.4KB （节省34%）
编码时间	121ms	56.85s	265ms	1.36s
解码时间	163ms	153ms	163ms	344ms

续表

分辨率：512 像素×288 像素	JPEG	JPEG（Guetzli）	WEBP	BPG
输出文件大小	27.6KB	21.9KB（节省21%）	18.9KB（节省32%）	17.4KB（节省37%）
编码时间	62ms	11.54s	86ms	315ms
解码时间	67ms	66ms	69ms	66ms
分辨率：145 像素×80 像素	**JPEG**	**JPEG（Guetzli）**	**WEBP**	**BPG**
输出文件大小	4.44KB	3.46KB（节省22%）	3.02KB（节省32%）	2.68KB（节省40%）
编码时间	48ms	1.21s	49ms	66ms
解码时间	47ms	47ms	48ms	7ms

为了得到更好的显示质量，还有一种思路是在客户端增加图片的像素，譬如用取样插值、双线性插值、双三次插值、Super Sampling 等方法来将较小的图像放大，得到较好的效果。业界有很多公司曾在此做出一些工作，随着越来越多的手机等便携式设备开始支持机器学习、深度学习框架，这也是一个值得优化的领域。

3.2.3 直接应用

除电商领域、社交软件等业态以外，在线视频网站也存在海量图片存储和分发的需求，大型视频网站往往有数十甚至上百万部授权电影、电视作品，剪辑、花絮等文件，如果是 YouTube 类型的 UGC 网站，则用户上传的短视频数量还要再多一到两个数量级，更进一步，当用户播放视频时，预览图片或缩略图数目至少是视频数目的数十到数千倍（假设每秒产生一张缩略图），为了适配用户的屏幕，开发者往往要对同一图像生成多种不同的大小。

针对海量图片文件，则使用形如 Seaweed FS（开发思路来自于 Facebook 的 Haystack，见图 3-10）或 TFS（Taobao File System，淘宝文件系统）的文件系统，它们对降低 IOPS、增加吞吐量可谓势在必行。实际上，由于缩略图文件的特性（若干缩略图均来源于同一视频文件，具备时序相关性，缩略图往往针对系列文件进行顺序请求），还可以进行更有针对性的优化，达到更大的并发请求性能。

此外，在网页中指定预加载链接（<link rel=preload>），对重要的图片采用 CDN 分发（Netflix 也使用了 Cloudinary 和 imgix 等图片 CDN 服务），延迟加载非重要的图片等策略也是在线视频网站必须纳入考量的内容。

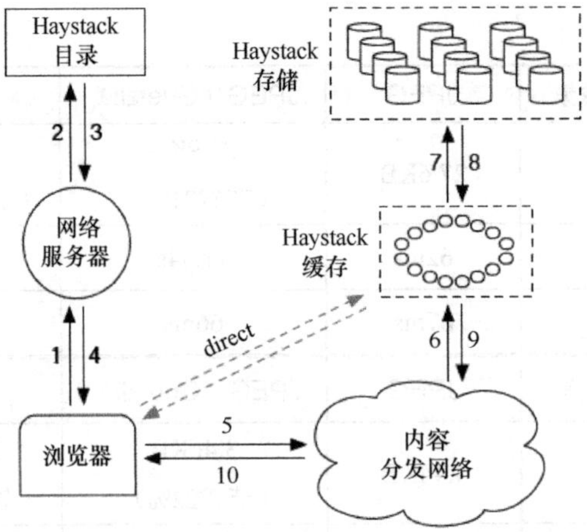

图3-10　Haystack原理（图片来自Facebook）

3.3　一统江湖：H.264/AVC

H.264/AVC 作为当前市场上最为流行的编解码标准，它的设计目标，不仅是在压缩效率上胜出市场上的其他编码器（例如它的实际压缩效率为 MPEG2 编码的 2～3 倍，也超出 RV10 至少 50%），而且提供足够的灵活性，包括适应较高或较低的带宽、可应用于文件存储、在线视频服务、视频会议等。它实际定义了 1～6.2 一系列的 Profile 等级，每个 Profile 都有其不同的分辨率、码率、帧率等范围。

H.264 当前主要支持 YUV420 和 8Bit 精度（较新修订的标准增加了对 10Bit 的支持），其输入单位是帧或场（Field），当针对隔行扫描的视频帧时，需要引入场的概念。H.264 支持固定帧编码、固定场编码、图像自适应帧 / 场编码（PAFF）和宏块自适应帧 / 场编码（MBAFF）。H.264 中每一帧可以被编成一个或多个 Slice，每个 Slice 又包含多个宏块。每个宏块包含 16×16 的亮度像素、8×8 的 Cb 和 8×8 的 Cr 分量。Slice 分为以下类型：I Slice、P Slice、B Slice、SP Slice、SI Slice。其中 I、P、B 的含义较易理解，I Slice 中只包含 I 宏块，P Slice 中可包括 P 和 I 宏块，B Slice 中可包含 B 和 I 宏块，而 SP 和 SI Slice 属于扩展功能，用于不同码率流之间的切换。图 3-11 给出了一份示意的 H.264 层次划分。

3.3.1　编码架构和主要技术

H.264 与下一代的 H.265 十分类似，均采用混合式编码结构（见图 3-12），对于空间冗余，视频帧通过变换和量化即可进行压缩，相对其他编码格式，H.264 新引入帧内预测，以宏块为基本单位，将同一帧的邻近像素作为参考，产生对当前宏块的预测值，再对预测误差进行编码，提高了压缩率。为了一致化编解码，编码器使用的预测数据是经过反变换和量化后的重建图像。对于时间冗余，编码器利用连续帧进行运动估计和运动补偿。下面分别介绍 H.264 的主要技术，包括预测、变换、量化、环路滤波和熵编码。

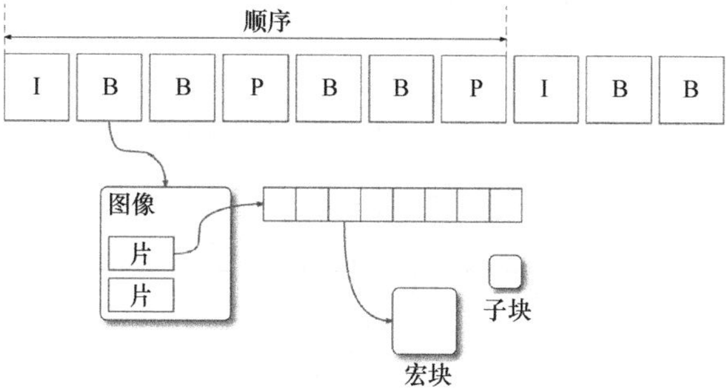

图3-11　H.264的层次划分

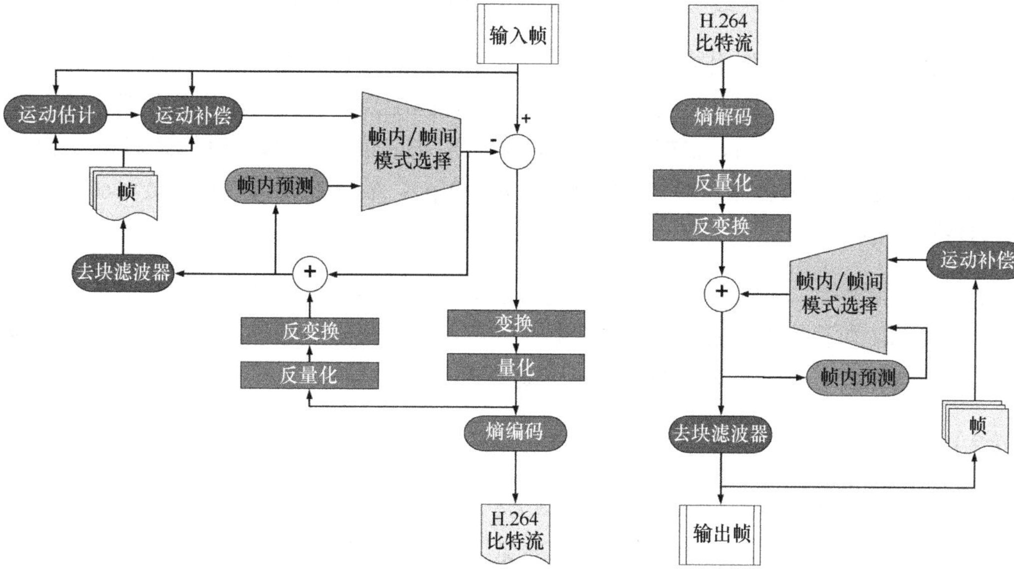

图3-12　H.264的编码和解码架构

（1）预测

首先是帧内和帧间预测，编码器在此引入了大量特性。对于帧内预测，H.264 先根据相邻的宏块进行预测，包括 1 种直接预测和 8 种方向预测。针对帧间预测，H.264 在邻近帧中寻找和该块最为相似的块，常用的方法包括全匹配法、二维对数法、三步搜索法、邻域搜索法、菱形搜索法等。对每一个 16×16 的宏块，运动补偿可以采用不同的大小和形状，共 7

种模式（即 16×16、16×8、8×16、8×8、8×4、4×8、4×4，通过 RDO[①]方法选择得到）。对每一种分割都尝试在搜索范围内寻找估计块，计算代价，选择最小代价的分割进行预测编码（见图 3-13）。计算匹配的方法包括 SAD（绝对误差法）、SATD（经哈德曼变换的残差绝对值和）、SSD（平方差和）等。

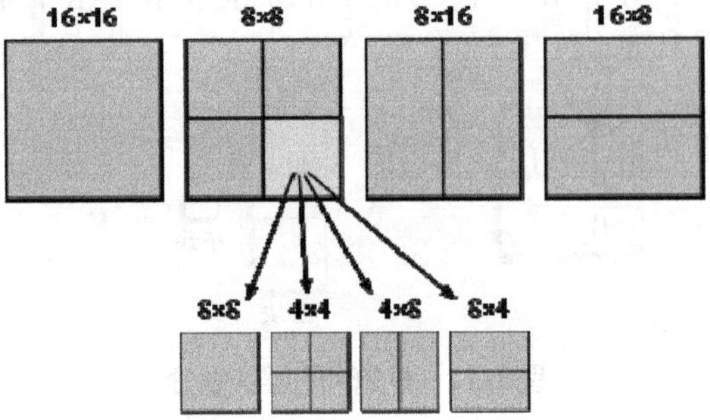

图3-13　不同的块分割模式（图片来自Wikipedia）

进行运动估计时，可先用整像素精度进行搜索，找到最佳匹配块后，再在该位置周围进行 1/2 像素乃至 1/4、1/8 像素精度的搜索以寻找最佳匹配点，即所谓的树状分级搜索。通过树状搜索找到最佳匹配点后，根据最佳匹配块和当前块的位置，计算得到运动矢量。根据周围的块对 MV 进行预测也可以得到预测 MV（即 MVp），最终被编码的对象是运动矢量的插值 MVD=MV−MVp。

此外，在预测中，编码器还支持运动矢量超出图像边界，支持多帧预测，可选择 5 个不同的参考帧，取消了参考图像和现实图像顺序的相关性，允许进行加权预测，对跳过区域的运动采用推测方法进行以及对 B 帧采用直接运动补偿等多项特性。

（2）变换

在变换和反变换环节，H.264 采用基于 4×4 像素块的整数 DCT 变换，与浮点运算相比，整数 DCT 变换会带来一些额外误差，但也避免了取舍位数造成的误差，总体影响不大，而换得减少运算复杂度的好处。标准同时支持分级块变换，譬如低频色度信号可用 8×8 像素块，低频亮度信号可用 16×16 像素块等。不同于以往编码器中变换与反变换间存在的误差，H.264 实现了完全匹配。

（3）量化

在变换之后需要对数据进行量化，量化的意图是通过多对一的映射以降低码率，包括均

① RDO 即率失真优化，Rate Distortion Optimization 的缩写，其目标是使用某些策略近似地找到不超过某个码率情况下失真达到最小的模式，后面的 SAD、SATD 等即是近似的计算方法。

匀和非均匀量化、自适应量化。在 H.264 中对亮度（Luma）可选 52 种不同的量化步长，QP 取值为 0～51，对色度（Chroma）可取 0～39。当 QP 取 0 时意味着最精细，取最大值意味着最粗糙。H.264 采用标量量化技术，将每个图像点映射成一个较小的数值，量化公式为 $Z_{ij} = \mathrm{round}(Y_{ij}/Q_{step})$，其中 Z_{ij} 是量化后的系数，round()代表取整，Y_{ij} 是变换后得到的系数，也即量化的输入，Q_{step} 是量化步长。在量化后，数据经过 Z 字扫描或双扫描（仅在较小量化级的块内使用）存储。

（4）环路滤波

由于包括 H.264 在内的许多视频编码器都基于宏块，存在变换和运动补偿导致的块效应（即视觉上不连续的沿块边界，见图 3-14），如果不进行处理，这些不连续性将随着预测过程扩散，环路滤波可以有效消除块效应，是编码过程中极为重要的一环，这项技术又被称作 De-blocking Filter（去块效应滤波）或 Reconstruction Filter（重构滤波）。由 DCT 变换时，高频系数被量化为 0 的形式，导致边缘在跨界处出现锯齿，称为梯形噪声，另一种因量化导致平缓的亮度块 DC 系数发生跳跃，造成平坦区域的色调改变，称为格形噪声。环路滤波针对亮度宏块和色度宏块进行，按先亮度后色度，先垂直后水平进行，过程如下。

1. 估算边界强度，即根据边界位置以及宏块信息估计两边的像素差距。
2. 区分真假边界，即边界是块效应导致还是视频图像原有边界。
3. 滤波运算，根据边界类型不同采用不同的算法，改变 2～6 个不同的像素。

图3-14 块效应

（5）熵编码

H.264 支持两种不同的基于上下文的熵编码方式，即在所有 Profile 上适用的 CAVLC（又称作 UVLC）和在中高档 Profile 上可以选择的 CABAC。其中 CAVLC 除量化系数外，使用统一的编码表，未考虑编码符号间的相关性，与使用编解码器共享特征（譬如运动矢量），建立随视频帧统计特性调整的概率模型的 CABAC 方法比较，压缩性能要略差一些，但算法复杂程度较低。

3.3.2　网络封装

在数据的格式定义上，H.264 支持 NAL 结构，支持灵活的参数集结构、宏块和 Slice 排序等，可以具备较强的纠错能力和网络操作灵活度。其中 NAL（Network Abastraction Layer，网络抽象层，语法见图 3-15）定义可让其编码的数据在各种类型的网络上传输，最为工程人员所熟悉。

nal_unit(NumBytesInNALunit) {	C	Descriptor
forbidden_zero_bit	All	f(1)
nal_ref_idc	All	u(2)
nal_unit_type	All	u(5)
NumBytesInRBSP = 0		
nalUnitHeaderBytes = 1		
if(nal_unit_type = = 14 || nal_unit_type = = 20 || nal_unit_type = = 21) {		
if(nal_unit_type != 21)		
svc_extension_flag	All	u(1)
else		
avc_3d_extension_flag	All	u(1)
if(svc_extension_flag) {		
nal_unit_header_svc_extension( ) /* specified in Annex G */	All	
nalUnitHeaderBytes += 3		
} else if(avc_3d_extension_flag) {		
nal_unit_header_3davc_extension( ) /* specified in Annex J */		
nalUnitHeaderBytes += 2		
} else {		
nal_unit_header_mvc_extension( ) /* specified in Annex H */	All	
nalUnitHeaderBytes += 3		
}		
}		
for(i = nalUnitHeaderBytes; i < NumBytesInNALunit; i++) {		
if(i + 2 < NumBytesInNALunit && next_bits(24) = = 0x000003) {		
rbsp_byte[NumBytesInRBSP++]	All	b(8)
rbsp_byte[NumBytesInRBSP++]	All	b(8)
i += 2		
emulation_prevention_three_byte /* equal to 0x03 */	All	f(8)
} else		
rbsp_byte[NumBytesInRBSP++]	All	b(8)
}		
}		

图3-15　NALU的语法（参考ITU-T H.264）

NAL 的定义中，每一个包称作 NAL Unit，包含 NALU Header 和 RBSP（Raw Byte Sequence Paylaod）。NALU 的 Type 取值为 0～31，定义了该包是用来传输数据还是编码数据。一种常用对 H.264 的打包方式是将其 NALU 封装到 RTP 包内。对 SPS[1]、PPS[2]等内容可将多个 NALU 包组合成一个 RTP 包，对相同时间戳的 NALU 包，也可放于一个 RTP 包内。又或者一个 NALU 包可以对应一个 RTP 包，也可以拆成多个 RTP 包进行传输，包类型见图 3-16，更详细内容可参考 RFC6184。

① SPS（Sequence Parameter Set，序列参数集）描述了作用于一系列图像的参数集。

② PPS（Picture Parameter Set，图像参数集）描述了一个或多个独立图像的参数集。

```
NAL单元语法    包类型          包类型名称       章节
------------------------------------------------------
0              保留类型                         -
1-23           NAL单元包       单NAL单元包      5.6
24             STAP-A          单时间聚合包     5.7.1
25             STAP-B          单时间聚合包     5.7.1
26             MTAP16          多时间聚合包     5.7.2
27             MTAP24          多时间聚合包     5.7.2
28             FU-A            片段单元         5.8
30-31          保留类型                         -
```

图3-16 NALU Type和RTP包类型的对应关系（来自RFC6184）

3.3.3 出色的实现：x264

在 H.264 的编码实践中，不论是入门使用、学习研究，还是商业项目，都可以考虑从最广泛应用的开源编码器 x264 开始。x264 提供了 UI 工具和命令行工具，后者较为常用，它提供了多种参数供人使用，其中包含一些预先设置的参数集合，所有参数亦可以手动设置，覆盖预设参数集合中的一个或多个参数。由于 x264 已被集成到 FFMpeg 中，通过 FFMpeg 也可以灵活调用，但二者命令参数并不相同。

x264 的预设参数从快到慢包含 ultrafast、superfast、veryfast、faster、fast、medium、slow、slower、veryslow、placebo 10 个集合，而--tune 参数可以针对 film、animation、grain、stillimage、psnr、ssim、fastdecode、zerolatency 等不同视频源或场景进行特定优化。

x264 和 FFMpeg 部分调用参数的比较和释义如表 3-2 所示。

表 3-2 x264 和 FFMpeg 参数对照表

x264 选项	FFMpeg 选项	释义
-keyint	-g	指定IDR帧间的最大间隔
-min-keyint	-keyint_min	指定IDR帧间的最小间隔
-bitrate	-b	指定生成的视频码率大小
-ref	-refs	控制解码缓冲区（参考帧）数量
-vbv-bufsize	-bufsize	设置vbv缓冲的大小
-vbv-maxrate	-maxrate	设置vbv模式的最大码率
-vbv-init	-rc_init_occupancy	设定vbv缓冲的初始大小
-pass	-pass	设置多重压缩模式，合理分配码率
-crf	-crf	固定质量参数
-qp	-cqp	设置量化模式
-bframes	-bf	最大连续B帧数目

续表

x264 选项	FFMpeg 选项	释义
-no-cabac	-coder	选择熵编码方式
-trellis	-trellis	RD量化，需要CABAC
-partitions	-partitions	块划分，如p8×8、i4×4等
-deblock	-deblockalpha -deblockbeta	设置deblock参数，包括strength和ingthreshold
-qpmin	-qmin	设定QP的下限
-qpmax	-qmax	设定QP的上限
-qpstep	-qdiff	设定QP的步长
-qcomp	-qcomp	压缩曲线设置，与crf搭配使用
-qblur	-qblur	减小QP的波动（曲线压缩后）
-cplxblur	-complexityblur	减小QP的波动（曲线压缩前）
-direct	-directpred	直接预测方法
-b-bias	-bframebias	设置B帧的使用频繁程度
-scenecut	-sc_threshold	指定强制使用IDR帧的值
-me	-me_method	控制运动估计的搜索方法
-merange	-me_range	控制运动估计的搜索范围
-subme	-subq	子像素动态预测模式
-nr	-nr	降噪处理
-level	-level	指定编码器level
-ratetol	-bt	允许最终码率偏离指定码率的比值
-ipratio	-i_qfactor	控制I帧与P帧间的量化比
-pbratio	-b_qfactor	控制P帧与B帧间的量化比
-chroma-qp-offset	-chromaoffset	chroma与luma的QP偏差
-no-chroma-me	-cmp	在动态预测中忽略chroma
-no-deblock -deblock	-flags -/+loop	是否开启deblocking
-b-pyramid	-flags2 +bpyramid	允许其他帧参考B帧
-weightb	-flags2 +wpred	允许对B帧进行加权预测
-mixed-refs	-flags2 +mixed_refs	对宏块进行参考帧判断
-8x8dct	-flags2 +dct8x8	自适应空间变换的大小
-no-fast-pskip	-flags2 -fastpskip	关闭早期的P帧检测

纵览 x264 的代码，main()函数将调用 parse()解析输入的参数并调用 encode()函数进行编

码，其中调用了 x264_encoder_open()打开编码器，并在 encode_frame()中逐帧进行编码，最终调用 x264_encoder_close()关闭，编码器代码整体逻辑清晰，很适合与编码标准相互参照，下文列出部分关键函数作为阅读代码的 Entry Point，更多内容可参考 x264 的源码。

x264 主要入口函数如下。

```
main() //主函数
parse() //解析输入的命令行
encode() //编码
x264_encoder_open() //打开编码器
x264_encoder_headers() //为码流添加SPS/PPS/SEI
x264_encoder_encode() //编码
x264_slice_write() //编码Slice
x264_slice_header_write() //编码
x264_macroblock_analyse() //帧内或帧间宏块的预测
x264_mb_analyse_intra() //帧内预测
x264_mb_analyse_inter_***() //帧间预测
x264_fdec_filter_row() //滤波
x264_macroblock_encode() //变换和量化
x264_macroblock_write_cabac() //进行CABAC编码
x264_macroblock_write_cavlc() //进行CAVLC编码
x264_ratecontrol_mb() //码率控制
x264_encoder_close() //关闭编码器
```

3.4 全面进化：HEVC/H.265

HEVC（High Efficiency Video Coding，高效率视频编码）又称作 H.265，是更新一代以期望压缩效率高于H.264一倍为目标设计的编解码标准。HEVC于2012年2月完成Committee Draft，2013 年 1 月完成 Final Draft，基本达到设计目标，对在线视频应用来说，在低码率情况下，针对 H.264 尤其存在明显的质量优势。图 3-17 展示了 400kbit/s、1080p 条件下 H.264 和 HEVC 编码质量的对比，其中图 3-19（a）是 HEVC 的效果。

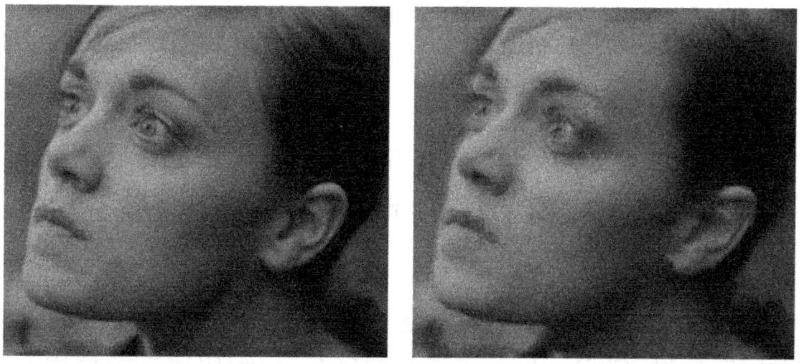

(a) H.265 钢铁之泪 400kbit/s的1080p 编码　(b) H.264 钢铁之泪 400kbit/s的1080p 编码

图3-17　H.264和HEVC编码质量对比（图片来自x265官网）

HEVC 采用与 H.264 相似的混合编码架构（见图 3-18），包含帧内和帧间预测、变换和量化、去区块滤波和熵编码等，但在绝大多数环节上进行了大幅度的更新，加入了许多新的解码工具，可以支持 4K 甚至 8K 分辨率，下面介绍它与 H.264 的主要区别。

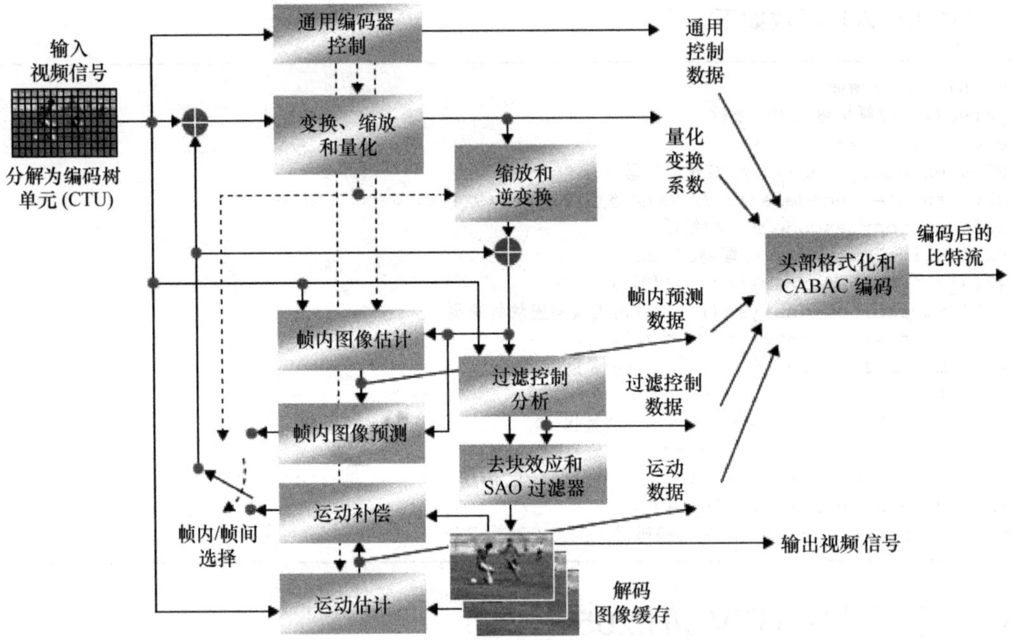

图3-18　HEVC编码器架构（图片来自ININET）

（1）块划分

在编码架构中，与之前以宏块为基础不同，HEVC 引入了 CU（Coding Unit，编码单元）、PU（Predict Unit，预测单元）和 TU（Transform Unit，转换单元）的概念。一幅图像仍然可以被划分成多个 Slice，每个 Slice 可以进一步划分为多个 Slice Segment（SS），其中包括一个独立 SS 和多个参考 SS，每个 SS 则还可包含至少一个 CTU（Coding Tree Unit，编码树单）。

此外，HEVC 还将图像划分为 Tile，但与 Slice 不同，Tile 的形状只允许为长方形，每个 Slice 的 CTU 都属于某一个 Tile，或每个 Tile 的 CTU 都属于某一个 Slice，二者必居其一。Slice 和 Tile 的划分可以参考图 3-19。

CTU 的大小由编码器指定，可以较原先的宏块为大，每个 CTU 包含亮度 CTB（Coding Tree Block）和对应的色度 CTB，尺寸可达 64×64，而编码器支持使用类四叉树的结构将

CTB 划分成更小的块（见图 3-20）。在 CU 结构下，可以再划分 PU 和 PB，类似地 CU 也可再划分为更小的 TB。

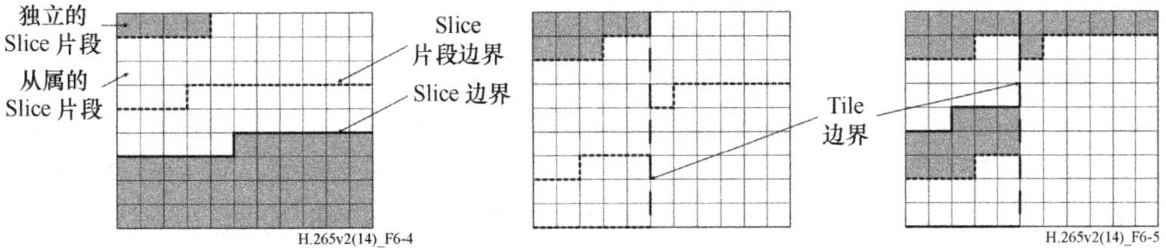

图3-19 Slice和Tile的划分（图片来自ITU-T HEVC）

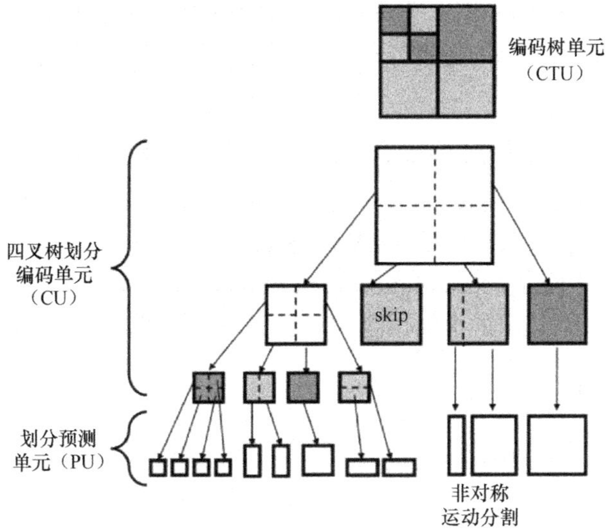

图3-20 CTU到CU的四叉树分割（图片来自参考文章）

（2）预测

对于帧内预测，HEVC 提高到了 35 种帧内预测模式，对帧间预测引入了 Merge、Skip[1]、AMVP 等模式。HEVC 仍然支持 1/4 亮度像素精度和 1/8 色度像素精度的 MV，对 1/2 像素和 1/4 像素使用八阶或七阶滤波器而对 1/8 像素位置定义了一种四阶滤波器，对所有分像素位置使用独立的插值，不再支持隐式的权值预测而必须显式地发送缩放或位移后的预测值。

预测编码通过预测模型消除像素间的相关，对实际图像与预测值之间的差值再行编码和传送，如输入为像素 $x(n)$，则首先利用已编码像素的重建值得到当前像素的预测值 $p(n)$，对

① Skip 模式是 Merge 的一种，其 MVD 均为 0，而 Skip 模式中预测残差也为 0 或可以舍去，故而只需要编码运动矢量参考块的位置即可，此外 Skip 模式只针对 2N×2N 的 PU 划分模式。

二者的差值 $d(n)=x(n)-p(n)$ 进行量化和熵编码，同时对量化后的残差与预测值 $p(n)$ 得到当前像素的重建值 $x'(n)$ 以待后用。

在 HEVC 的编码中，帧内预测模支持 5 种大小的 PU，包括 4×4、8×8、16×16、32×32、64×64，共计支持包括 33 个角度的方向预测、DC 预测和 Planar 预测等 35 种模式。当选择进行帧内预测时，每个 PB 都具备自己的帧内预测模式，具体预测过程则以 TU 为单位，PU 可以按照四叉树形式划分 TU，且同一 PU 内所有 TU 共享同一模式，首先获取相邻参考像素，当像素不存在或不可用时使用邻近像素进行填补，其次对不同的 TU 选择不同数量的模式进行滤波，随后利用不同的预测模式得到计算像素值。

帧间预测编码与帧内预测相似，区别在于其利用的参考像素来源于已编码的前后多帧的数据。其中运动矢量即欲编码的像素与参考像素之间的位移，不仅将用于运动补偿，也将传递到解码器以便重建图像。

在 HEVC 中，使用全搜索及 TZSearch 算法①进行运动估计，针对 MV 的预测使用 Merge 模式和 AMVP 模式两种新的模式。Merge 模式同时利用时间域和空间域上相邻 PU 的运动参数，当前 PU 的 MV 由直接计算候选 MV 并选取失真率最小者得到，不存在运动矢量残差 MVD，而 AMVP 模式（Advanced Motion Vector Predictor，即运动矢量预测）同样使用候选 MV 列表，区别在于在对选出的最优预测 MV 进行差分编码，获取 MVD。

（3）其他编码技术

在变换量化时，编码标准支持基于四叉树结构的自适应变换技术（Residual Quad-treeTransform，RQT），为最优 TU 模式提供了很高的灵活性，在能量集中和保留细节方面给予平衡，并支持将变换和量化过程相互结合，滤波模块则引入了 SAO（Sample Adaptive Offset，采样自适应补偿）技术改善振铃效应②。

此外，值得一提的新技术还包括 ACS 和 IBDI。ACS 技术（Adaptive Coefficient Scanning，自适应系数扫描）包括对角、水平和垂直扫描，它将一个 TU 划分成 4×4 块，按照相同顺序进行扫描，对帧内预测区域的 4×4 和 8×8 大小的 TU，当预测接近水平方向时采用垂直

① TZSearch 算法步骤大致如下：通过从候选预测 MV 中选择失真代价最小的作为预测 MV，以之作为起始搜索点，从步长为 1 开始在搜索范围内进行搜索，其中步长按 2 的整数次幂变化，直至搜到失真代价最小的点。若得到最优点对应步长为 1 则在该点周围作两点搜索。若得到的最优点对应的步长较大，则以该点为中心再进行全搜索。重复以上步骤以致相邻两次最优点一致。

② 振铃效应是一种由于高频信息的丢失，在重构的图像边缘异于原始图像的情形，HEVC 引入了 SAO 技术避免直接增加高频分量精度，从像素域入手，对重构曲线中出现的波谷波峰像素添加正负值补偿，减小了高频分量的失真，改善了振铃效应。在标准中，SAO 以 CTB 为单位，选择了合适的分类器将重建像素划分类别，对不同类别像素使用不同的补偿值（包括边界补偿和边带补偿），并进行参数融合以提高质量。

扫描，反之接近垂直方向时选用水平扫描，其他方向或帧间预测时使用对角扫描，如此针对不同情况，采取不同扫描方法。

IBDI（Internal Bit Depth Increase，内部比特深度增加）在编码器的输入端将像素深度增加，并在解码端将像素深度恢复至原有比特数，以提高编码精度，并降低帧内和帧间预测误差。

最后，HEVC 只使用 CABAC 进行熵编码，由于引入并行处理架构，速度较以前得到很大改善。

（4）封装

在 HEVC 中仍然支持 NAL 层（见图 3-21），分为 VCL 和 Non-VCL NAL 两类，对应一个每帧图像的数据和与多帧图像相关的控制信息。Non-VCL NAL 包含 VPS（Video Parameter Set，视频参数集）、SPS 和 PPS。

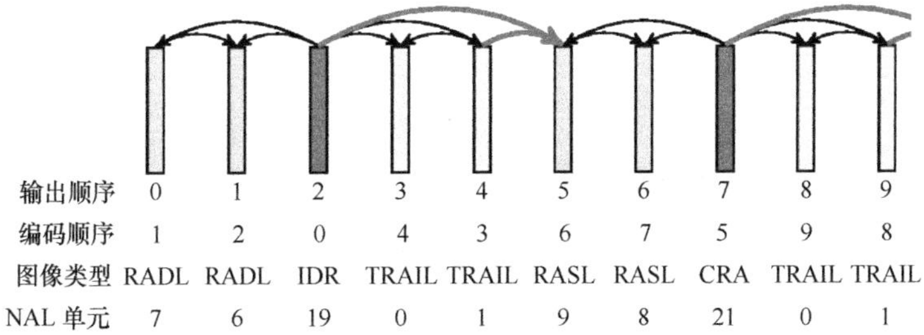

图3-21　HEVC的帧类型（图片来自参考文章）

在 H.264 中可以通过 IDR 帧实现随机访问，HEVC 里定义了新的 CRA 帧[①]、RASL 帧[②]、RADL 帧[③]、BLA 帧[④]等概念。

3.5　更高、更快与更强：VP9、AV1 与 H.266

虽然 VP8 由于 Google 的推广背书受到了广泛的关注，但当时它的一些特性缺失（如缺乏 B 帧的支持、权重预测、没有 8×8 的变换、自适应量化、环路滤波的自适应强度以及主观质量优化等）让其相对于 H.264 处于明显的弱势，再加上对 Google 关于专利权声明的质

① CRA（Clean Random Access）帧，这是一个 I 帧，但它可以参考 CRA 之前的帧，不需要刷新解码器。

② RASL（Random Access Skipped Leading）帧，RASL 帧是 CRA 帧的前导，可以参考关联的 CRA 帧之前的帧，因此 IDR 帧只能有 RADL 的前导，CRA 则可有 RADL 和 RASL 作为前导。

③ RADL（Random Access Decodable Leading）帧，它是 IRAP 帧的前导，只能参考关联的 IRAP 帧和对应的 RADL 帧。

④ BLA（Broken Link Access）帧，当访问 CRA 帧时，RASL 需要参考 CRA 编码顺序之前的帧，但实际并无法获得，则被定义为 BLA 帧，此时舍弃其前面的所有帧。

疑，并无多少公司真正地使用 VP8 编码视频。然而数年过去，拜 HEVC 推广缓慢和专利费阴影所赐，经过 Google 多项重大提升的新编码器 VP9，以及更多的人正在试图跟踪和评估的 AV1，被许多公司当作值得认真考虑的选项。

3.5.1　另辟蹊径：VP9

VP9 的开发肇始于 2011 年，在 2013 年被集成到 Chrome 浏览器中，相比 VP8 有着巨大的提升，它支持 Profile 0~3 四种编码配置，其中 Profile 0 支持 4:2:0，Profile 1 支持硬件播放环境及 4：2：2 和 4：4：4 采样，Profile 2 和 Profile 3 支持 10bit 采样。当前除 YouTube 外，Netflix 也在 Android 等支持的设备上大量应用了 VP9 格式。

VP9 将图像分成 64×64 大小的 Super Block（见图 3-22），与 HEVC 类似，可以使用四叉树编码结构水平或垂直细分 Super Block 的结构直至 4×4 大小。

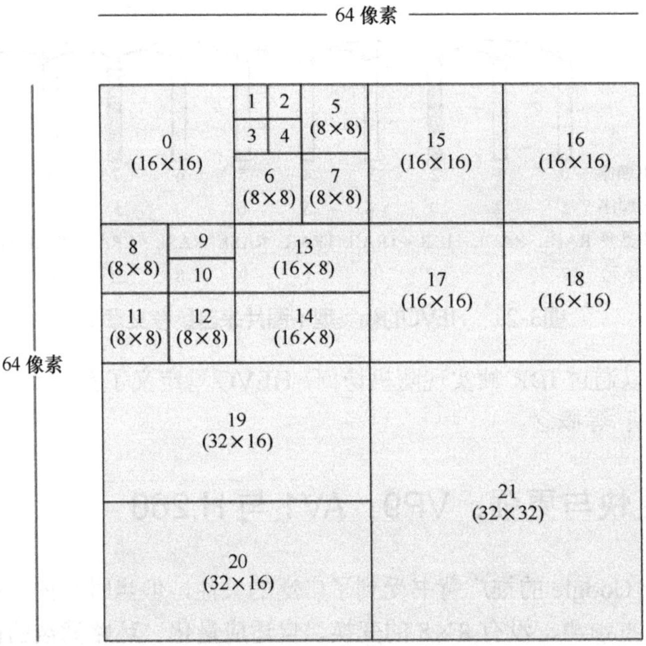

图3-22　Super Block（图片来自VP9 Bitstream & Decoding Process Sepcification）

VP9 的帧内预测遵循 TB 分区，编码器支持 10 种不同的预测模式，包括直流、水平、垂直、TM 以及 6 个定向的预测模式，在 PB 范围内，扫描每一个 4×4 的 TB 进行预测和重构。帧间预测使用 1/8 像素进行运动补偿，支持 NEW、NEAR、NEAREST、ZERO 四种预测模式，允许建立包含两个矢量的候选参考 MV 列表并以此进行选择预测，并支持在部分帧中使用复合预测（即双向预测的变体）。针对每个块可以选择 3 种不同的子像素插值滤波器，分别适应于高对比场景，保留其边缘尖锐部分以及相邻帧某处非自然不一致的尖锐情况。此外，在 VP9 中当前帧和参考帧允许不一致，可使用 Scale_factor 进行缩放。

VP9 格式支持 3 种变换类型，包括 DCT、ADST（非对称离散正弦变换，见图 3-23）和哈夫曼变换。对于帧内编码，ADST 被用于和 DCT 结合形成二维混合变换类型，哈夫曼变换的场景则是在低量化值时进行无损编码。编码器提供了 8bit、10bit、12bit 三个量化表，根据不同变换类型使用不同的扫描类型。

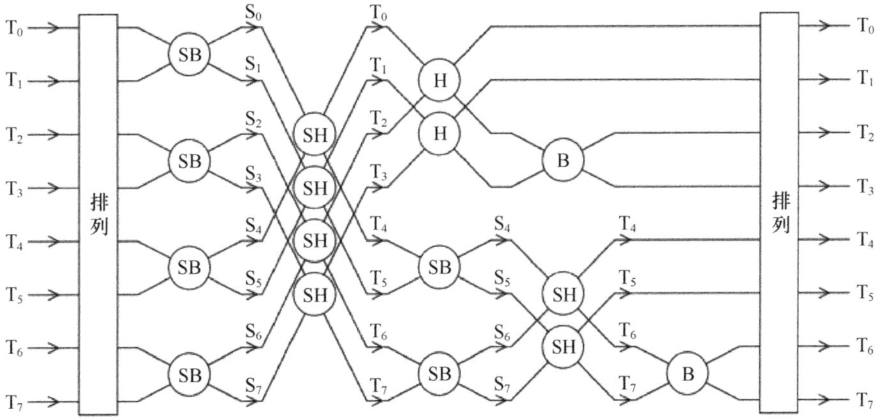

图3-23 ADST变换（图片来自VP9 Bitstream & Decoding Process Sepcification）

对编码环节，VP9 采用 8 位算数引擎编码，若给定一个 *n* 元码表即可建立一棵二进制树，通过遍历这棵树并利用上下文模型进行编码。编码器引入了 Segment 的概念，Super Block 拥有相同属性时拥有同样的 ID，每帧图像限制为 8 个不同的 Segment ID，其属性包括量化因子、环路滤波强度、预测时的参考帧、TB 大小和是否为 Skip 模式等。

VP9 使用与 HEVC 相似的架构，并采用一些独特的技术使得二者在压缩效率上各有千秋，利用 libvpx 与 libeve（前者系开源 VP9 编码器、后者系商业 VP9 编码器）编码均比 x265 在高分辨率情况下有一定优势，而远远超过 H.264 的编码效率。

3.5.2 最强编码：AV1

AOM 即开放媒体联盟（Alliance for Open Media），由包括 Amazon、Cisco、Google、Intel、Microsoft、Mozilla、Netflix 在内的多家公司组建，当前又加入了 Adobe、Broadcom、Hulu、NVIDIA、Polycom 等多家公司，目标是提出较 HEVC 更先进的编码器并完全免费、避开专利限制。AOM 当前的主要工作即是开发 AV1 编码器，已于 2018 年初正式发布，发布方式是直接以接近商业应用水平的代码与文档一起，置于 BSD 协议之下。

AV1 同样使用 Super Block，按四叉树结构组织，可被分割到 4×4 的块，帧内和帧间的变换均可最小使用 4×4 块，但最大支持的块扩展到 128×128 的大小，并允许 10 种分割方式（图 3-24 对比了 VP9 和 AV1 的块划分）。当进行帧内预测时，编码器支持 56 个角度的通用预测，参考选定方向的像素，应用 1/256 像素精度的 2-tap 线性滤波器，在每个可用角度查表，支持 Paeth 预测、Smooth 预测和 Palette 预测。图 3-25 给出了一个 4×4 块的 Smooth 预测示例，假设 R_j=TR，B_i=BL，$P_{i,j}$ 意味着 L_j、R_j、T_i、B_i 的加权组合，权重等值于二次插值，对平滑渐变的块比较有用。

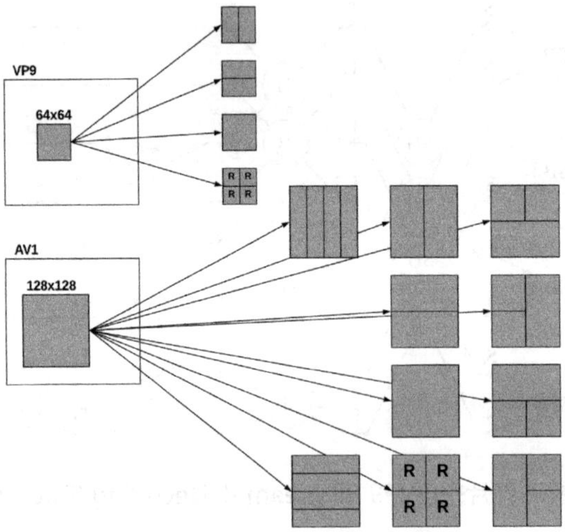

图3-24　VP9和AV1的块划分对比

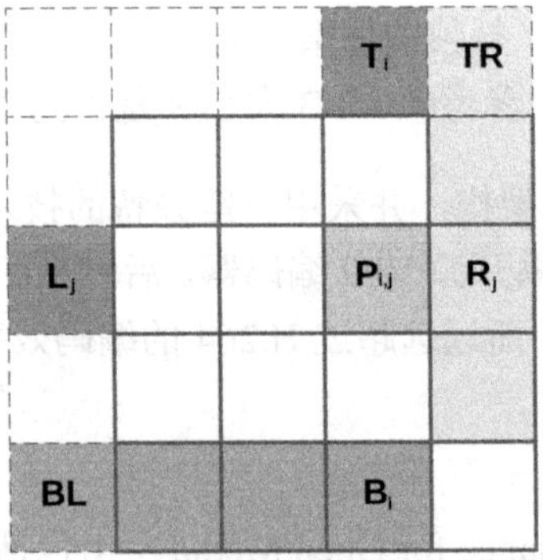

图3-25　Smooth预测

进行帧间预测时，AV1 从相邻的一系列 MV 中指定索引，为列表中的 MV 按远近和与当前块的重叠量进行排序，对所选的 MV 索引进行编码。与 VP9 允许指定 3 个参考帧不同，AV1 缓存 8 个参考帧（见图 3-26），针对每个块允许使用 7 个参考帧。Overlapped Block Motion Compensation（即重叠块运动补偿）可能是编码器使用的较复杂的技术之一，它利用邻居的预测值改进当前块的预测，以在接近边界处得到更好的预测，以及得到更为平滑的预测及残差。

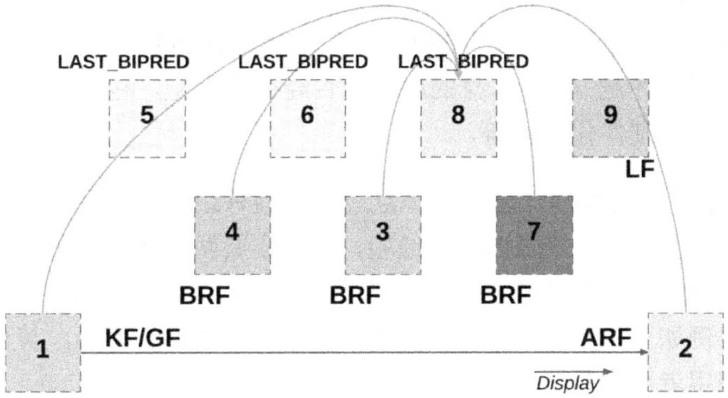

图3-26 多参考帧编码

针对全局或扭曲的运动，编码器使用特征匹配和 RANSAC（随机抽样一致性算法）计算每个参考帧的全局运动参数，支持多种运动模型和自由度。Guided Restoration 技术让编码器在编码前降采样，在更新前再升回，并进行环路恢复，可以带来较高的增益。此外 AV1 还允许对水平和垂直方向上的插值过滤器进行独立选择。

AV1 在变换、量化和编码环节，支持 DCT、ADST、反向 ADST 和 Identity 四种变换方法，增加了针对 4×8、8×4、8×16、16×8、16×32、32×16 等矩形块的转换；支持非线性量化和 Delta QP Signaling 技术；在滤波时，和 VP9 不同，AV1 针对每个颜色空间的滤波器 Level 都可以不一样；最后，其熵编码环节用 15bit 表示概率，允许对每个符号进行概率更新。

AV1 在编码流程中加入了不同的 Filter 工具和后处理过程，主要包括 CDEF（约束方向增强滤波器）、环路恢复滤波器、超分辨率处理和胶粒合成（见图 3-27）。

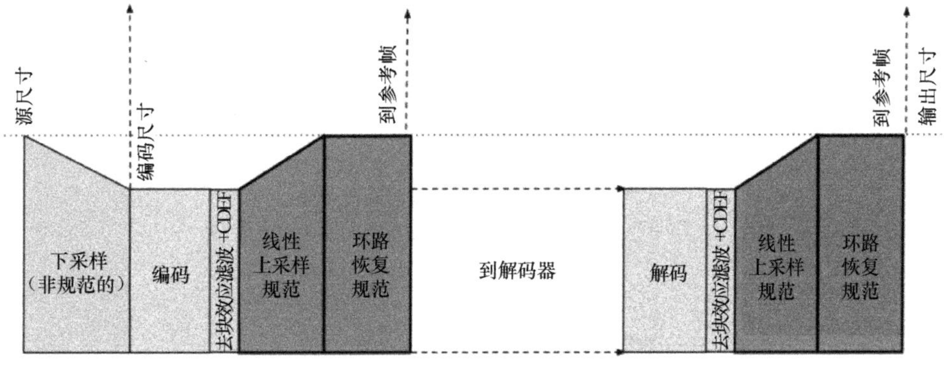

图3-27 超分辨率处理（图片来自参考文章）

AV1 在 2018 年 1 月终稿，并在 4 月发布了参考代码，一些公司（例如 Bitmovin）已经开始提前试水，宣称支持基于云端的 AV1 编码传输服务，Firefox 也在 Nightly Build 里加入了对 AV1 解码的支持，当其正式发布后，预计一年半左右可在市场上见到硬件编解码器的支持，以其当前所受到的关注度，如 VP8 或 VP9 这样仅 Google 等少数公司热衷的情形当不会重现，主要的问题或许是 AV1 本身的质量是否经得起考验，包括是否存在编解码速度的硬伤，是否存在较大的硬件化障碍等。

虽然 AV1 有很多好的特性，但到其广泛应用还尚有距离，主要的拦路虎一是播放设备的支持，二是编码速度较慢，按照以往的经验，至少还要两年才能让其进入实用的阶段。但另一方面，作为完全免费并有多家大公司背书的选项，AV1 即使尚未实用，也已经为一些公司带来很大收益，例如 HEVC 的专利费在 AV1 的压力下大幅度下降，甚至不向流媒体分发的公司收费，对使用者而言是一项很大的节约。

3.5.3　畅想未来：H.266

虽然 HEVC、VP9、AV1 等格式尚待推广使用，H.266 自 2016 年以来进入提案征集过程，可以观察到不同的聚焦方向和许多有意思的内容。例如，H.266 更加注重 4K 及以上的分辨率，按 10bit 处理像素，支持更大的结构单元（256×256）和变换块（64×64），它取消了 CU、PU 和 TU 的区别，统称为编码单元，采用 QTBT（四叉树二叉树）划分，其中 Y 分量和 UV 分量独立。

在帧内预测时，H.266 计划拓展到 65 种角度（见图 3-28），采取两个阶段的模式判别过程。当帧间预测时，引入仿射和 FRUC 模式，其中仿射针对淡入淡出、旋转、视角运动建立模型，有较好的效果，FRUC 模式提供两项解码端导出运动信息的技术 TM（Template Matching）和 BM（Bilateral Matching）。

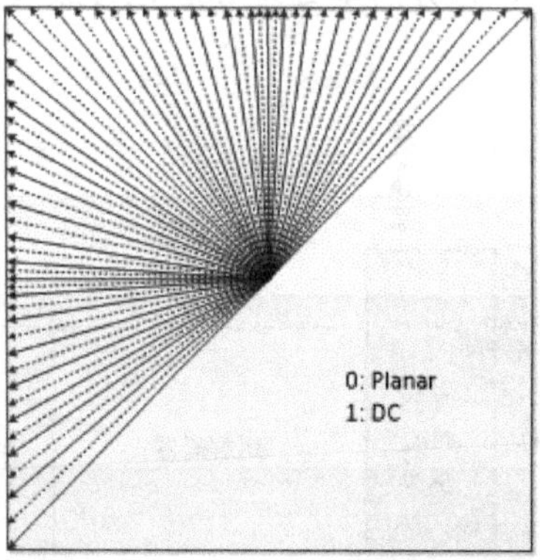

图3-28　H.266帧内预测方向

在变换环节，提案中试图引入 DST7、DST8、DST5 和 DST1 等变换方法，对不同变换核根据 RDO 结果选择最佳结果，并描述了 SDT（Signal Dependent Transform）技术，通过 K-L 变换挖掘相邻帧间相邻的块。

总体而论，H.266 中的许多提案曾在 H.264 和 H.265 的讨论过程中被提出过，但随着行业发展、计算能力的提升有可能成为可行的技术选项，由于 AV1 的压力，H.266 有望以更快的速度面世，更多的选择对于行业相信将有很大的促进作用。

于 2018 年 4 月 10 日的美国圣地亚哥会议上，H.266 又被命名为 Versatile Video Coding（多功能视频编码）。

3.6 赏善罚恶：编码质量评估

我们在前面介绍了几种广泛应用的编码标准与编解码器，借助算法和算力的提升，每一代更新的编码器总会在压缩效率上大幅超越前人，例如 HEVC 在各种评测中通常被认为相较 H.264，编出的文件大小可以节省 35%～50%之多，AV1 或 H.266 期望其压缩效率还可有同样的增幅。

那么问题来了：当比较编码标准或编码器质量的时候，我们在比较什么，要如何才能度量不同编码技术之间的效率差别？

由于视频是由一帧一帧的图像组成，视频质量评价实际涵盖了图像质量评价的内容，但侧重点又有所不同，大致而言可以分为主观评价和客观评价两大流派，而客观评价又可分为 FR（Full Reference，全参考方法）、RR（Reduced Reference，半参考方法）和 NR（Non Reference，无参考方法，也称作 Blind）三种类型（见图 3-29）。

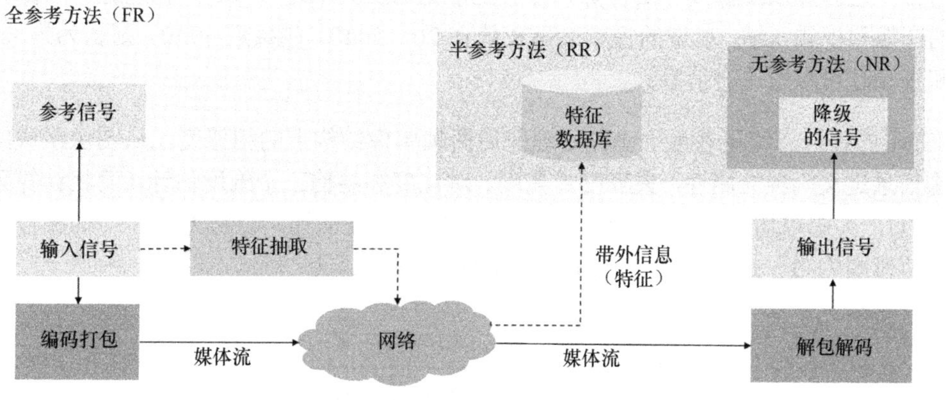

图3-29 客观评价方法（图片来自Wikipedia）

视频的主观质量评估，需要选择一批测试者，让他们连续观看一组测试视频，通常时间在 10～30 分钟，让他们对视频质量进行评分，最终求得平均分后再对数据进行分析，测试时需要注意控制观看距离、观测环境、视频选择、观看顺序等。此处虽然学术界和工业界进行了许多尝试，标准组织如 ITU-R 也提供了建议的主观评估方法，但由于成本高昂，结果很难保证普遍意义，在工业界应用并不广泛，除新编码标准或编码器开发以外，多被视为客观评估方法的补充。在学术界，主观评测也常常用于对客观质量评价算法的评估。

客观质量评价中，全参考视频质量评价比较了处理前后视频中每帧图像、每个像素的差别并给出评估结果；半参考方法则是用某种方式提取两段视频的一些特性，比较这些特性并给出评价；无参考方法则不依赖原视频进行评价，通常考虑的是图像和视频的块效应与模糊效应，全参考和半参考方法都需要获得处理之前的视频才能进行，依赖于从视频中提取到特征的无参考方法则常常需要知晓编码的过程甚至编码器的详细设置。

对工程应用而言，最常见的两种评价视频质量的全参考方法是 PSNR（Peak Signal to Noise Ratio，峰值信噪比）和 SSIM（Structural Similarity，结构相似性）。

PSNR 表示了信号的最大可能功率和影响它精度的噪声功率的比值，其单位通常为对数分贝。如果定义了 MSE（均方差），则可以容易地定义 PSNR，式（3-4）中 I 和 K 代表处理前后的图像，m 和 n 代表图像的长和宽。

$$\mathrm{MSE}=\frac{1}{mn}\sum_{i=0}^{m-1}\sum_{j=0}^{n-1}\left\|I(i,j)-K(i,j)\right\|^2 \tag{3-4}$$

$$\mathrm{PSNR}=10\log_{10}\left(\frac{\mathrm{MAX}_I^2}{\mathrm{MSE}}\right)=20\log_{10}\left(\frac{\mathrm{MAX}_I}{\sqrt{\mathrm{MSE}}}\right) \tag{3-5}$$

式（3-4）、式（3-5）针对的是单色的图像，对于每个像素有 RGB 三色分量的情况，MSE 是所有方差之和除以图像尺寸后再除以 3，更常见的工具中是对 YUV 分量进行计算，对于 8Bit 的图像和视频压缩，典型的视频 PSNR 值在 20～50dB，越接近 50dB，则认为损失越小，图像和视频越可保留原有信息。

SSIM 的设计思路更着重于比较处理前后两帧图像结构上的相似度，从图像组成的角度将结构信息定义为独立属性，失真度由亮度、对比度和结构三个维度估计（简化计算公式见式（3-6）），其中以均值作亮度估计，以标准差作对比度估计，以协方差作结构相似度的估计，取值范围为–1～1，当两个信号完全相等时结果为 1。

$$\mathrm{SSIM}(x,y)=\frac{(2\mu_x\mu_y+c_1)(2\sigma_{xy}+c_2)}{(\mu_x^2+\mu_y^2+c_1)(\sigma_x^2+\sigma_y^2+c_2)} \tag{3-6}$$

从图 3-30 中可以看到不同 SSIM 值对应的图像质量差距。

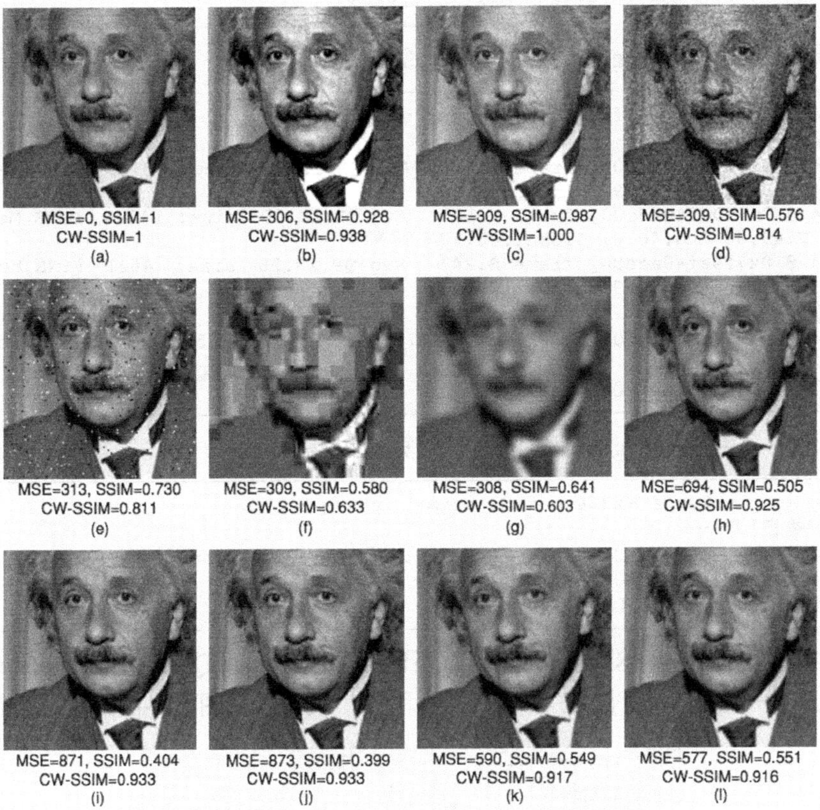

图3-30 不同SSIM值的图像质量差距（图片来自参考文章）

虽然 PSNR 可指明图像或视频的信息损失，但从人们的主观评测角度，仍有许多情况 PSNR 较高但被认为质量较差，主要是因为人眼对不同类型的误差敏感性并不一致。相对而言，SSIM 被一些人认为和主观评价的匹配度高于 PSNR，但也并非可完全依赖的指标。实际运用中，为保证 PSNR 和 SSIM 的意义，最好可以保证使用相同的原视频和同类型编码器，并且注意使用的编码参数，譬如与去噪和去闪烁滤波不同，去抖动滤波通常可以大幅影响 PSNR 值，但观看者反而认为图像质量得到了提高。

PSNR 和 SSIM 可以通过 FFMpeg 在处理视频的同时进行计算，并在 OpenCV 框架中有对应的实现，EvalVid 也是一个常用的开源视频质量评价工具。

- 示例 1：用 FFMpeg 比较 t2.png 和 t2.jpg 的 PSNR 值，其中 t2.jpg 系由 t2.png 转换得到。

```
$ ffmpeg -i t2.png -i t2.jpg -filter_complex "psnr" -f null -
……此处省略若干行……
[Parsed_psnr_0 @ 0x7fb555c0f3c0] PSNR y:36.192137 u:28.915848 v:21.494058
```

```
average:25.419655 min:25.419655 max:25.419655
```

- 示例 2：用 FFMpeg 在编码的同时计算 PSNR。

```
$ ffmpeg -i input.mp4 -flags +loop+psnr out.mp4
……此处省略若干行……
[libx264 @ 0x7f9af40ade00] frame I:2    Avg QP:22.48  size: 48138  PSNR Mean Y:41.45
U:49.31 V:50.52 Avg:42.90 Global:42.90
[libx264 @ 0x7f9af40ade00] frame P:103  Avg QP:24.77  size: 14095  PSNR Mean Y:39.33
U:47.58 V:48.68 Avg:40.81 Global:40.77
[libx264 @ 0x7f9af40ade00] frame B:243  Avg QP:29.28  size:  4621  PSNR Mean Y:38.47
U:47.29 V:48.45 Avg:39.99 Global:39.93
……此处省略若干行……
[libx264 @ 0x7f9af40ade00] PSNR Mean Y:38.744 U:47.385 V:48.531 Avg:40.247 Global:40.173
kb/s:1228.07
[aac @ 0x7f9af40a2c00] Qavg: 1892.197
```

- 示例 3：用 FFMpeg 在编码的同时计算 SSIM。

```
$ ffmpeg -i black.mp4 -x264-params ssim=1 out.mp4
……此处省略若干行……
[libx264 @ 0x7f9607893400] SSIM Mean Y:0.9798936 (16.967db)
[libx264 @ 0x7f9607893400] kb/s:1228.07
[aac @ 0x7f9607894c00] Qavg: 1892.197
```

其他常用的 PSNR 和 SSIM 的计算工具还包括 MSU Video Quality Measurement Tool（见图 3-31），这是一款由莫斯科国立大学制作的程序，软件提供图形界面，可以可视化计算结

图3-31 MSU Video Quality Measurement Tool界面

果以及导出数据文件。

在评价编码标准和编码器的时候，通常会测试在不同测试序列上编码前后视频 PSNR 或 SSIM 的值，并绘制码率相关的曲线。从图 3-32 中可见，在 SSIM 均为 20dB 的情况下，针对 1080p 的视频序列，在某种配置情况下，vp9 得到约 500kbit/s 的文件码率，x264 得到约 750kbit/s 的文件码率，vp8 得到约 1250kbit/s 的码率，由此可以比较它们的编码效率。

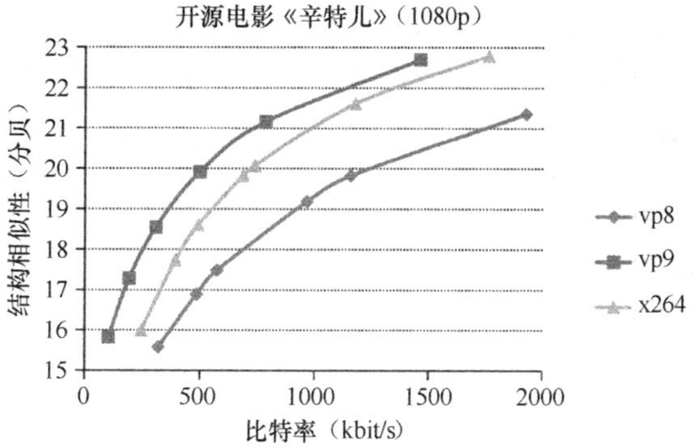

图3-32　不同编码器的SSIM和码率曲线（图片来自参考文章）

由于 PSNR 和 SSIM 均针对图像计算，视频编码的对应值系全部帧的 PSNR 与 SSIM 合计得到，故而同样评分的 VBR（可变码率）实际通常比 CBR（固定码率）编码质量略好，这一因素在参数调优过程中不应被忽略。

除编码后的视频质量以外，评价编解码器的好坏，编码或解码的速度同样是重要的指标，如果均为软件编解码，则通常使用相同的硬件条件，指定编码后的视频质量再测量所需的编码、解码时间。此外，编码器功能是否齐全（标准中规定的工具集是否全部支持），运行时占用内存多少，是否具备完善的集成支持等方面也在评估之列。

由于不同编码方法对不同分辨率、不同码率、不同特性的视频，编码性能均有所出入，而编码器常常提供了复杂的编码配置，允许用户自行选择合适的参数，就在线视频而言，如果具备足够的服务而言，应该就进行评测，选取最为适合的编码技术，也应针对自身所具有的不同视频，进行对应的编码优化，毕竟，1%的带宽可能意味着成千万甚至上亿的成本，1%的视频质量提高，也将改善大量用户的体验。

上文重点讨论了视频质量评价的标准，针对音频质量的评价，同样可区分主观评价和客观评价两个方向，其中常用的主观评价方法包括 DRT（Diagnostic Rhyme Test，音韵字评价）、MOS（Mean Option Score，平均意见分）、DAM（Diagnostic Acceptability Measure，满意度测试）等。客观评价标准的常用算法有 PEAQ（感知音频评价），其对音频进行特征提取后计算出多个模型输出变量，最后由神经网络将参数融合成为客观评价分数 ODG，其他技术指标还包括失真度（谐波失真、相位失真或抖晃失真）、频响、瞬态响应、信噪比等。测量 SNR 的工具可使用 CompAudio，ODG 可选取 GstPeaq，针对多通道音频（如杜比环绕立体声）进行评估。

3.7 难寻敌手：AAC/HE-AAC

作为音频编码格式的代表 AAC，前文已有简略介绍，当前 AAC 流行于在线视频、广播电视和音视频通话等多个领域，又以 MPEG-4 标准的 Part3 即音频部分为人所熟悉。相比以往大为流行的 MP3，AAC 于编码流程上引入了多项新的技术，在压缩率、音质、解码效率、音轨与采样率支持等方向上全面超出。

3.7.1 层层递进的编码配置

首先，AAC 编码器可通过滤波器组得到频域的频谱系数，并通过 TNS（Temporal Noise Shaping，时域噪声修正）技术修正量化噪声的分布，对语音信号剧烈变化时音质提升巨大。与视频编码器的流程类似，AAC 的编码器同样借助了预测、量化、以及熵编码等技术。

在 MPEG-4 中，AAC 加入了 LTP（Long Term Prediction）技术和 PNS（Perceptual Noise Subsitution，即忽略类似噪声信号的量化）技术，对低码率下的音质和编解码效率作了进一步提升。此外，MPEG-4 中最主要的变化，就是支持了 AAC+（也即 HE-AAC）。

HE-AAC 混合了 AAC 与 SBR、PS 技术（加入 PS 则被称作 HE-AACv2[①]）。SBR 是 Spectral Band Replication 的缩写，因为音乐的能量主要集中在低频部分，高频段虽然重要但幅度很小，SBR 针对频谱切分成不同频段，对低频保留主要成分，对高频部分放大编码以保证音质，整体上提高了效率。PS 指 Parametric Stereo，对两个声道的声音去掉相关性，仅保留其中一个声道的全部信息，对另一声道仅描述声道之间的差值。图 3-33 给出了 SBR 和 PS 技术的图示，图 3-34 所示为 AAC 不同 Profile 的等级关系。

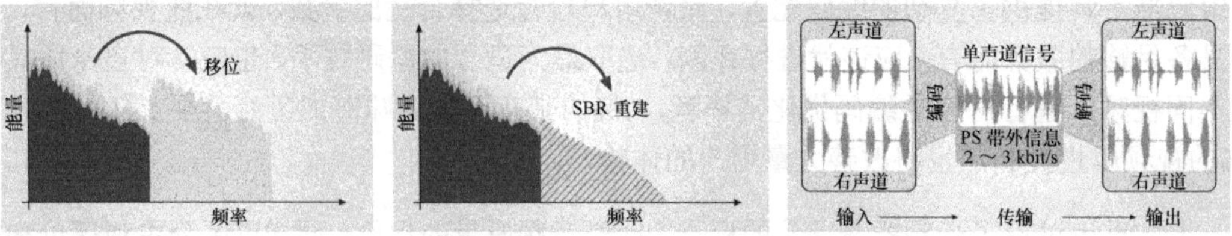

图3-33　SBR和PS技术（图片来自参考文章）

① 事实上，AAC 支持多种规格，包括 MPEG-2 LC、Main、SSR、MPEG-4 LC、Main、SSR、LTP、LD、HE 等，而最常应用的就是 LC、HE、HEv2 三种，图 3-37 给出了不同规格配置的包含关系。

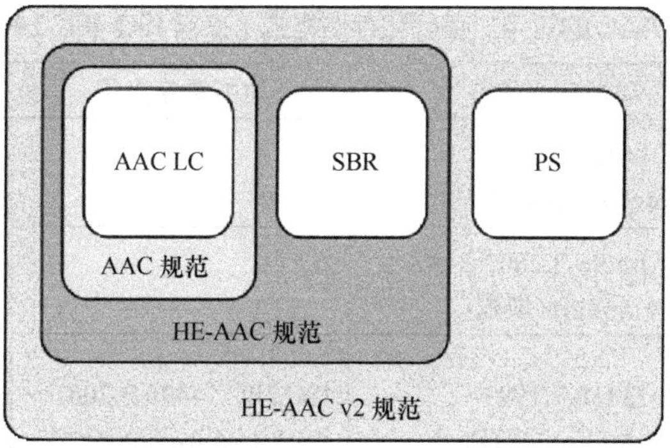

图3-34 AAC不同Profile的等级关系（图片来自Wikipedia）

AAC 的编码过程，大致而言是将音频数据通过 PQF（多相积分滤波）技术分离为不同子带，对每个子带传输独立的增益，由增益整形后的子带数据根据不同信号以 MDCT（改进的离散余弦变换），使用转换 Kaiser-Bessel（KBD）类窗和正弦窗进行转换，由非均匀量化器实现量化。

与 AV1 的胶粒合成思路类似，AAC 中的 PNS（Perceptual Noise Subsititution，知觉噪声替换）技术能以参数编码模拟噪声，即在识别音频中的噪声后将之从编码流程中去除，而采用某些参数告知解码器，由解码器使用随机方式重新生成类似噪声。

在解码时基本为编码的逆过程，首先进行无噪声解码（即哈夫曼解码），其次进行反量化，然后判断联合立体声的模式（AAC 具备两种联合立体声的表达模式，M/S 和 Intensity 模式）进行解码，根据是否使用 PNS 的判别结果进行计算修正，再应用 TNS 进行瞬态噪声整形，最后将频域数据填入 IMDCT 滤波器转换为时域，并进行加窗和叠加。如果使用 SBR 编码，此时还需进行频段复制，得到左右声道的 PCM 码流。

针对 AAC 的解码应用，常见的编解码器有按 GPL 协议开源的 FAAC 和 FAAD2，已被集成到 FFMpeg、GStreamer 和 VLC Player 中。同时，除用于编码立体声音轨外，AAC 也可以转换如 AC3 或 DTS 等多声道的音频。AAC 没有使用费用，仅编解码器的提供商需要收取不多的授权费用，对在线视频服务而言极为友好。

3.7.2 多样化的封装

不同于视频编码器领域的激烈竞争，AAC 由于其优异的设计，其生命周期要大幅长于视频编码器，在 MPEG-2 和 MPEG-4 中都被列入标准。编码器所生成的基本格式称作 EP，在存储和网络传输中为便于使用，又基于 EP 对音频负载规定了不同层次，不同用途的封装格式，譬如 LATM、ADIF、ADTS、LOAS 等（表 3-3）。

表 3-3　AAC 的复用、存储和存储格式（来自 ISO_IEC 14496-3）

	格式	功能定义于	功能重定义于	描述
复用	FlexMux	ISO/IEC 14496-1:2001 (MPEG-4 Systems) (规范)	—	Flexible multiplex scheme
	LATM	ISO/IEC 14496-3:2001 (MPEG-4 Audio) (规范	—	Low Overhead Audio Transport Multiplex
存储	ADIF	ISO/IEC 13818-7:1997 (MPEG-2 Audio) (规范)	ISO/IEC 14496-3:2001 (MPEG-4 Audio) (资料)	(MPEG-2 AAC) Audio Data Interchange Format, AAC only
	MP4FF	ISO/IEC 14496-1:2001 (MPEG-4 Systems) (规范)	—	MPEG-4 File format
传输	ADTS	ISO/IEC 13818-7: 1997 （MPEG-2 Audio) (规范，示范)	ISO/IEC 14496-3:2001 (MPEG-4 Audio) (资料)	Audio Data Transport Stream, AAC only
	LOAS	ISO/IEC 14496-3:2001 (MPEG-4 Audio) (规范，示范)	—	Low Overhead Audio Stream, based on LATM, three versions are available: AudioSyncStream() EPAudioSyncStream() AudioPointerStream()

ADIF 封装的特征是仅有一个统一的头标记了解码器所需的参数信息，解码必须从明确定义的位置开始，多用于文件存储。ADTS 则是一个有同步字的流，解码可以从流的任何位置开始，因为每一帧上都有固定字符长度的 ADTS 头，包含了解码信息。

LATM/LOAS（见图 3-35）则是 MPEG-4 加入进来的另一种封装格式，较 ADTS 效率更高，LATM 帧由 AudioSpecificConfig 与负载组成，其中 AudioSepcificConfig 可以通过带内或带外传递，既可以每帧包含这个对象，也可以通过其他方式发送，这是因为，通常一个音频流中的配置不会变化，所以采取带外传输可以去除传输的冗余。LATM 中包含的负载可以容易地映射到 RTP 包的负载上传输，而 LATM 封装的帧再加入同步层即为 LOAS 封装，ADTS 和 LATM/LOAS 格式之间可以简单地相互转换。

AAC 的 RTP 格式封装由 RFC 3640 和 RFC6416 规定，细节可参考 RFC 文档。

AAC 编码的数据块可能有 SCE（单通道元素，通常由一个 ICS 组成）、CPE（双通道元素，由两个共享信息的 ICS 和联合编码信息构成）、CCE（耦合通道元素）、LFE（低频元素）、DSE（数据流元素）、PCE（程序配置元素）、FIL（填充元素，如 SBR）等。

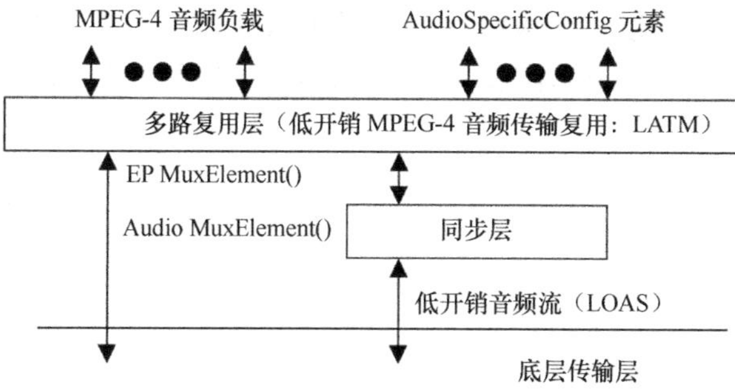

图3-35 LATM和LOAS封装（图片来自ISO_IEC14496-3）

3.7.3 竞争对手

虽然 AAC 和许多其他音频格式均支持多声道，但针对多声道的播放，更为流行的音频格式是杜比的环绕立体声 AC3 或 EAC3。这类格式得到了大量包括机顶盒、智能电视机、投影机、功放在内的设备支持，更重要的是得到好莱坞的支持，许多电影和电视节目的数据母带都采用它们，在广播电视领域，许多频道也在 TS 流内提供 AC3 或 EAC3 的声道，构成一个小的生态系统。

为追求高品质声音效果的用户考虑，Netflix、Hulu、Amazon 等在线视频公司全部或部分地支持杜比格式，与 AAC 并行，因内容制作商所提供的许多具备六声道或八声道的源片，其音频格式可能是 PCM 或 S302M 格式，在转换为 AAC 或 AC3 格式时，需要检查声道对应关系。

由于杜比针对 AC3 或 EAC3 的解码器要求收取专利费，许多设备本身并不支持其解码，而是通过 Passthrough 模式（见图 3-36）发送到后面支持解码的设备（可以通过 SPDIF 或 HDMI

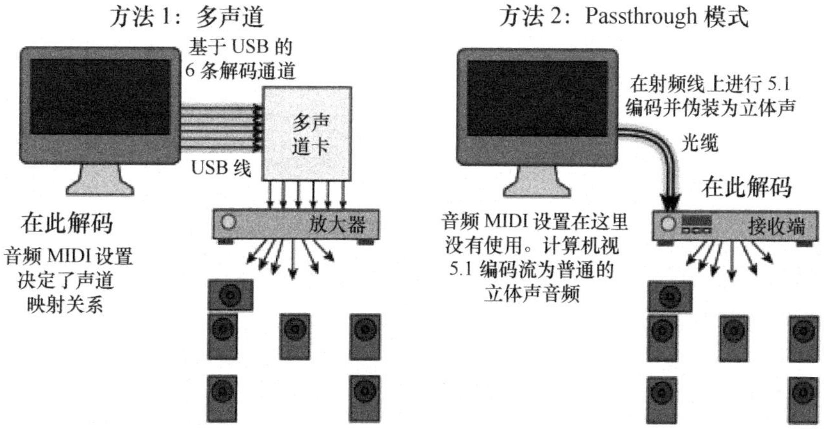

图3-36 Passthrough（图片来自参考文章）

线，通常是电视机或功放），所以通常传输时 AC3 或 EAC3 都难于通过常用的 DRM 加密（或存在 HDCP 漏洞），如果节目本身是纯音频的情况，则应慎重选择，这也使其对 AAC 领地的侵占局限在特定的范围。

第 4 章

音视频技术：流媒体

今天的在线视频令人习以为常，然而从本地文件播放过渡到互联网服务，其中跨越了巨大的鸿沟，这一切都仰仗于互联网基础设施和流媒体分发技术的成熟。流媒体分发技术的具现是一系列的标准协议，与基础设施的演进相互关联、相互促进。本章将着重梳理不同的流媒体协议，其历史渊源和适用性，以及对工程分发所需的支持技术进行介绍。

4.1 流媒体技术综述

流媒体（即 Streaming）技术，是为了解决在 IP 网络（主要是互联网）上传播视频而发展起来的。在线视频于世纪初兴起之前，通过网络分享 MP3 音乐文件是一项热门应用，但与 MP3 的分享多数通过文件下载播放进行不同，由于下载全部视频既难以实现又毫无必要，视频的播放非常依赖于流媒体技术，类比于一个交通运输系统，流媒体技术的标准、载体、运作模式十分复杂，利益方众多，下面将试图对各个方面予以概要介绍。

（1）需求分析

让我们先来审视一下流媒体技术发展的动因。

首先，由于视频文件通常较大，而用户在观看之前并不确定自己想看其中的哪部分，如果将完整视频下载后再观看，则是对带宽和存储空间的巨大浪费；其次，用户希望在选择观看后视频可以立即开始播放，下载完整视频文件会耗时太久；再次，为了在不同的场所观看心仪的节目，下载的视频文件需要携带到新的电脑上，对用户来说很是麻烦，在线视频内容的逐年剧增也让个人难以负担存储的成本；最后，在线视频可能并非特定的电影或电视节目，而是 7×24 小时进行的如同电视频道一样的直播内容，无法单独下载播放。

为了解决以上问题，流媒体技术需要：

1. 允许客户端在不下载完整文件的时候即可以开始播放视频；

2. 允许客户端从完整内容的任何位置开始播放（不包括视频直播）；
3. 针对视频直播，允许客户端从任意时间开始观看频道内容；
4. 允许在客户的带宽条件和客户端的硬件条件下播放；
5. 提供相对平稳的传输速度，以便用户基本流畅地完成播放。

此外，流媒体还需要以下衍生技术。

1. 支持 CDN 传输，以提供服务扩展能力和较好的用户访问质量。
2. 支持视频内容的加密，避免版权内容被人依靠复制传播牟利。

好的流媒体技术应该致力于让用户随时、随地、在各种环境下，快速地看到尽可能流畅清晰的视频节目，并让服务提供商开发简单、部署方便、成本节约。

（2）流媒体协议

在早期的互联网上，为了节约昂贵的带宽成本，有很多基于组播①技术（见图 4-1）的传播尝试，但组播的弱点在于，互联网的网络环境太过复杂，组播树上的任意环节出现问题都会导致所有下游观看者无法获取，很难建立稳定的观看体验，因此更多应用于可控的网络环境包括一些有线电视领域。

流媒体技术通常首先以协议的形式展现，对于音视频编码好的文件，经过提取和再封装，被放在协议规定的包格式中，逐次发送到支持该协议的客户端进行播放，在后续章节我们将逐一介绍 MPEG-TS、RTSP、RTMP、HLS、Smooth Streaming、HDS、MPEG-DASH 等协议。此外，曾经广泛运用的流媒体协议还包括微软的 MMS 和 MS-WMSP（也被部分人称作 WMT，Windows Media Technology）等。除了流媒体服务器和播放器构成的两极，流媒体协议也应用于上传实时或预先拍摄的节目到服务端，或者多人视频会议等不同情形。

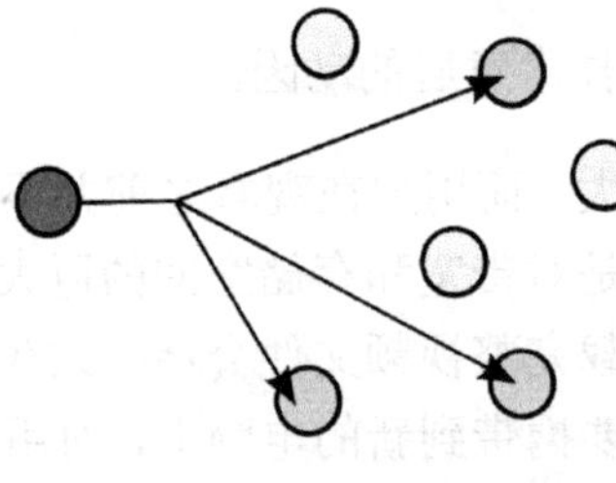

图4-1　组播技术（图片来自Wikipedia）

① 组播是基于 IP 的传输方式之一，如果发送者同时给多个接受者传输相同的数据时，只复制一份相同的数据包，路由器或三层交换机之间通过路由协议建立类似树状的组播成员组，对于接收方，只需加入相应组播组即可收到数据，在应用层也有一些类似 IP 组播原理，但尝试增加了一些可靠性的组播方案。

设计流媒体网络协议需要解决多个环节的问题：一方面，协议应对传输的音视频格式进行规约，保证客户端可以容易解析并启动播放，并且数据冗余较小；另一方面，流媒体的需求决定了数据必然将被分成较小的片段进行发送。那么，在复杂的网络环境上，应如何保证所有数据都可以送达用户，是倚仗 TCP 的保证送达机制，还是基于 UDP 但加入纠错能力，客户端又如何应对数据缺失的状况都是实际需要解决的问题，图 4-2 中画出了不同的协议层次。

需要注意的是，仅仅保证送达或尽量送达并不够，因为观看视频的人不会愿意在观看时遇到后面的数据未下载完成，需要等待的情况，故而协议应具备机制帮助客户端可以尽量匀速或按可控的速度获取到视频数据。此外，上文提到与 CDN 的配合和加密支持，设计协议时也应予以充分的考虑。

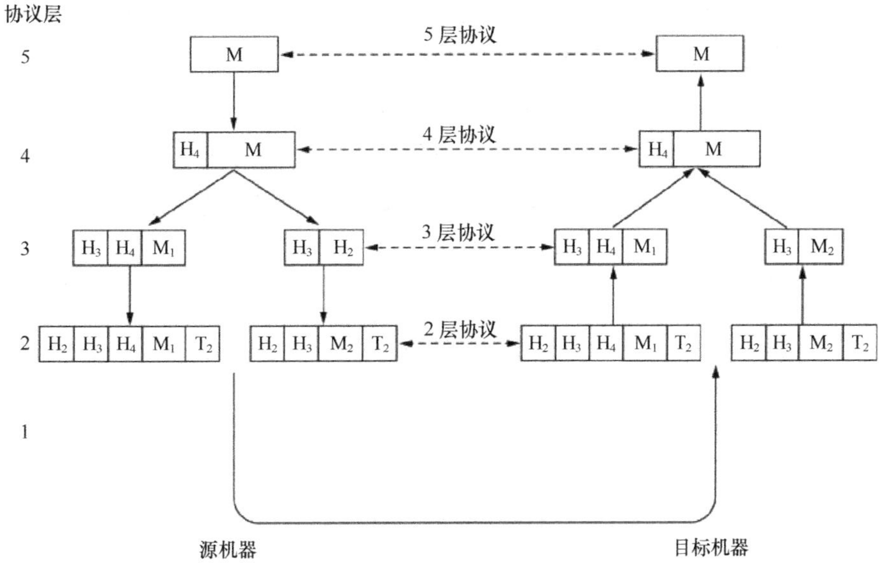

图4-2 网络协议设计层次（图片来自参考文章）

与传统广播电视服务相似，许多在线视频服务依赖于让用户观看视频或互动广告的模式获取收入，与制作精良、编播严谨的电视广告不同的是，在线视频播放的广告变化迅捷、载体多样、形式灵活，因此，流媒体协议针对广告的插入也需提供良好的支持。

（3）服务器

当确定音视频格式和流媒体协议后，就轮到流媒体服务器粉墨登场，作为视频分发的主体，服务器应达到快速响应、高并发、高吞吐量和高可靠性。前面多次提到，视频文件的大小，促使人们研究编码技术和流媒体技术的关键，可以认为，整个视频技术，需要解决的核心问题是 I/O 问题。原因在于，普通的互联网网站服务，传输一个网页只需要占用几十或几百 KB 的流量，即使包含许多图片，不过是数 MB 的大小，然而即使小于 400Kbit/s、十分模糊的网络视频，半小时的在线观看也将轻松用去近百兆字节。

在流媒体服务兴起的年代，它曾是高性能服务器设计的最大推手，对网页服务器而言，100 名用户并不能让 Apache 有任何为难之处，但换作 100 名甚至 1000、10000 名视频用户，如不进行专门设计，将无法保证服务的质量。

流媒体服务器可将数据快速可靠地发送到客户端，客户端为避免后续准备数据尚未下载成功导致的播放等待，需要缓冲区具备一定的长度，但为防止开始播放时为填满缓冲区而等待时间太长，又需要将缓冲区大小控制到一定范围内，缓冲区管理是流媒体播放的关键之一，较好的实现通常对此有独到的处理。对不能按时下载数据的情况，客户端还需建立起良好的超时重试机制，在较新的流媒体实践中，码率自适应、CDN 选择、多路下载等技术相互配合，帮助用户得到可靠和平稳、流畅的观看体验。

流媒体技术不仅涉及点播，在直播领域中对其连续稳定的要求更显重要，而大型活动（如体育赛事、演唱会、新闻采访、颁奖典礼、产品发布等）也需要其保证快速、及时、稳定的上传、编播与分发。图 4-3 展示了 Wowza 对其流媒体方案的概括总结。

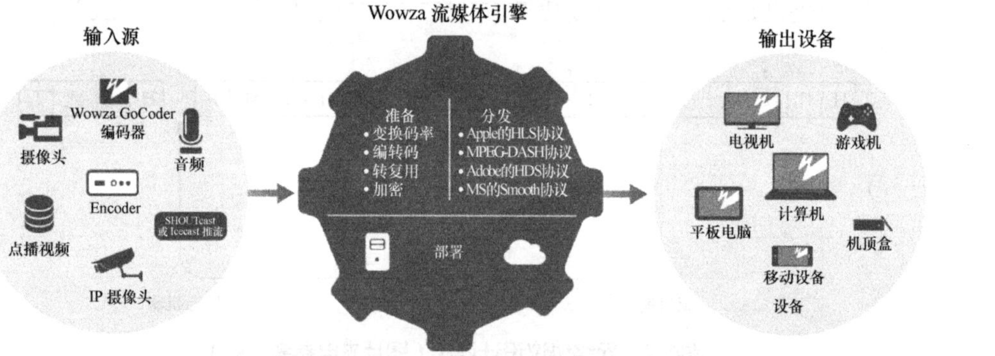

图4-3　Wowza的Streaming方案（来自Wowza官网）

（4）P2P

P2P（Peer-to-Peer）即点对点服务，常见的互联网服务更多采用“客户端-服务器”架构，所有的内容均由单一服务器发送给客户端，而 P2P 技术则允许没有中心服务器，用户设备既作为客户端接收和消费内容，也作为服务端，将收到的内容服务发给其他客户端。因为大量客户设备均可提供带宽、存储和计算资源，可以大规模节约运营成本，在许多情况下也可以提升服务质量。

P2P 技术因为去中心化、责任不明确或不易监管等原因，使用其进行共享的多是流行音乐或电影、电视剧等版权内容，因此媒体公司常常将 P2P 与盗版等同起来，但技术本质上是无罪的，包括在线视频服务公司在内许多人都仍在尝试利用它的优点，例如使用 P2P 节点作为 CDN 的补充，或在直播中实时对毗邻的客户划分，控制其组成小型的 P2P 网络，以节约昂贵的带宽。

（5）附着技术

流媒体传输的载体是互联网，既包括早期的调制解调器、ISDN 等窄带网络，也面对当今的 ADSL、光纤传输等宽带环境，同时无线网络的普及和发展让 3G/4G/5G 成为视频服务的必争之地。以在线服务而论，播放鉴权、安全传输、防盗链等技术，以家庭娱乐而论，NAT 穿透技术、Cast 技术、多屏共享技术都是附着于流媒体服务之上，需要考虑的范畴。

鉴权通常包括两个方面：一者服务方对用户进行鉴权，防止非法用户占用甚至偷窃资源；二来用户也需对服务方进行鉴权，防止非法冒充。因流媒体的核心价值在于其传输的内容，完成对一个用户的服务可能持续几小时之久，其间客户端于网络上发起成千上万次数据请求，主要需要保证所有内容都可以发送到不被篡改的用户设备上，与许多其他网络服务类似，对控制协议加密，基于 Token 有效期的方式保持连接，由用户账户权限加密地获取 Token 是常见的做法。

安全传输，近年来，由于对用户隐私和内容保护的日益注重，于全栈上使用 Https，对所有音视频内容进行 DRM 加密保护已成为大厂的惯例。除屏幕录制方式无法有效遏制外，其余的盗版方式都得到了较大遏制。

防盗链，无论何种流媒体协议，都可以由服务器发布其访问链接供用户连接，如果未进行用户鉴权及内容加密保护，则可能遇到一些用户将其链接再发布，非法传播、篡改，以此牟利，为防止此点，可由服务器通过对引用来源检查、签名 URL、Session 验证等方式规避。

NAT 是 Network Address Translation 的缩写，由于 IPv4 的地址短缺，常见的家用路由器通过地址转换，可以让家庭内的多个用户设备通过有限的 IP 地址访问互联网，并隐藏上网设备的真实 IP，提高安全性，但劣势是有些协议无法直接通过 NAT 工作。此处 NAT 可以分为锥型和对称型，主要区别在于一个请求还是多个请求对应一个端口，流媒体数据将如何发到对方居于 NAT 设备之后的内网客户端上，又如何令网关允许这样做，是主要需解决的问题。

为完成 NAT 设备的完美穿透，让所有组网方式下合法的数据交换都能进行，STUN 技术（Session Traversal Utilities for NAT，NAT 的会话穿越应用程序，见图 4-4）、UPNP 技术（Universal Plug and Play，即插即用）、SBC 技术（Session Border Controller，会话边界控制器）、TURN 技术（Traversal Using Relay for NAT，NAT 的中继穿越）等应运而生，通过判断 NAT 类型，采取不同方法甚或需要设置单独的公网服务器完成流媒体数据的分发。更多

STUN、ICE、TURN 等技术的细节可参考 RFC5389、RFC5245 和 RFC5766。

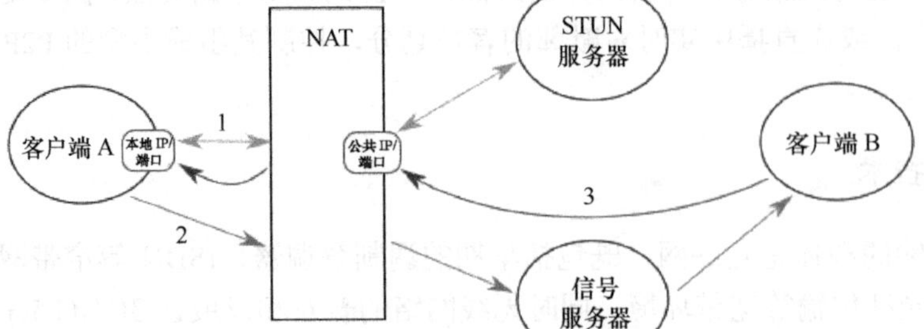

图4-4　STUN技术（图片来自ESTOS网站）

Cast 技术系由 Google 提出的，帮助用户从手机、笔记本电脑或台式机浏览器上，通过无线网络将视频投影到电视机的技术。Google 推出的 Chromecast 设备（见图 4-5），可以插在具有 HDMI 接口的电视机上接收投影，而越来越多的智能电视机制造商直接将其技术内嵌在电视中，使用 Android 或苹果手机，或笔记本电脑即可兼顾观影，易于控制和即时评论的乐趣，不需要额外的机顶盒支持。与之对应，苹果支持的 Airplay 技术，仅可以在所有苹果设备间使用。

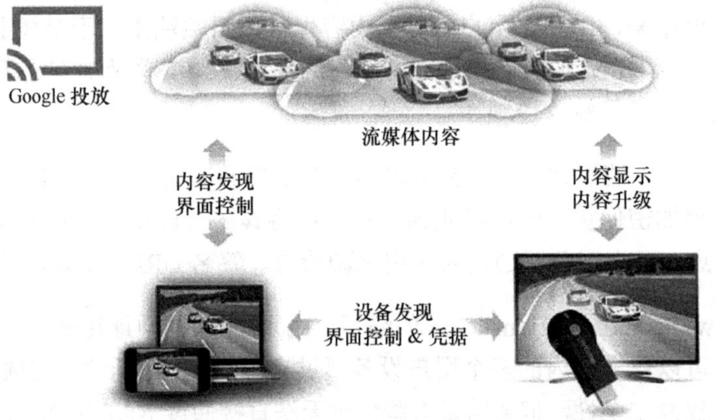

图4-5　Chromecast（图片来自indianweb2网站）

微软曾试图打造家庭娱乐中心，打造了 Media Room、Home Server、Media Center 等各种产品，其中一些功能的设计目的是希望电脑上收到的视频流或文件可以在家中选择任意位置、任意设备来观看，但由于应用场景较为狭窄，且功能易用性不佳，在一些场景下采用类似虚拟桌面的传输技术并不适合视频使用，没有取得很大的反响。当 OTT 市场兴起后，有许多公司致力于允许用户建立自己的家庭媒体网关，将流媒体技术运用到机顶盒或路由器上，作为服务端或代理服务器帮助用户观看视频。

与编解码不同，视频的传输更多地倚赖多方合力，如何基于网络环境，如何综合运用包括流媒体技术在内的多种技术，让用户获得更好的体验，与工程实践密不可分。在后文中，我们将逐一介绍重要的流媒体协议，如 MPEG2-TS、RTSP、RTMP、HLS 和 DASH，以及服务器技术、CDN、内容保护、P2P 技术等部分。

4.2 不停歇的列车：MPEG2-TS

MPEG2-TS 又称 Transport Stream 或 TS，是 ISO/IEC 标准 13818-1 或 ITU-T Rec. H.222.0 中规定的标准的音视频传输协议，因传输的 Packet 可不经转换地存到文件中，又可被视为文件格式。前面的章节中曾作简单介绍，MPEG2-TS 广泛应用于广播电视领域，也被苹果的 HLS 协议（后续章节会予介绍）采用为其视频文件格式，其设计初衷即是视频流可以从任意片段开始解码。

4.2.1 MPEG-TS 协议

TS 流可视为由一系列 188 字节的包组成（在一些扩展中可能有不同长度）的“列车”，包头固定为 4 字节，以 0x47 作为同步码起始，其中的关键信息是 PID。

TS 码流的基础是 ES 流即 Elementary Stream，包含视频、音频或数据的连续码流，在此基础上，拆分成不同大小的数据包并加上包头，就形成了 PES 流。TS 流由对一个或多个 PES 码流进行再封装得到，也即一个 TS 流可以包含多个 PES 流，一个音频 PES 包需要小于或等于 64KB，视频 PES 包即是视频的一帧，由于 TS 包的负载大小仅为 184 字节，一个 PES 包需要被分成多个 TS 包进行传输，如有空余负载，则以固定值填充，各字节位的构成可参考图 4-6。

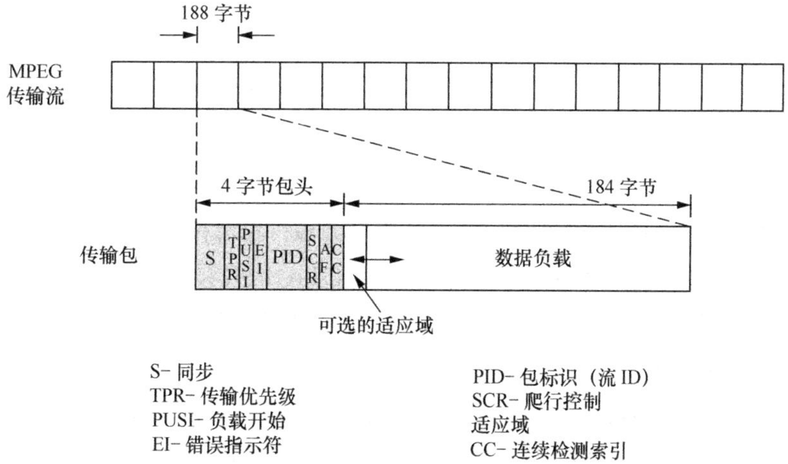

图4-6 TS的Packet定义（图片来自IPTV Dicttionary）

除却音视频等数据，TS 流内必不可少的还有 PSI 信息（Program Specific Information），其中包含如下分类。

- PAT（Program Association Table，节目关联表）。
- PMT（Program Map Tables，节目映射表）。
- CAT（Conditional Access Tables，条件访问表）。
- NIT（Network Information Table，网络信息表）。
- TSDT（Transport Stream Description Table，传输流描述表）。

上述分类中 PAT 表的取值定义为 0x0000，CAT 表的定义为 0x0001，NIT 则为 0x0010，当客户端收到一个 PAT 包，则可获得 TS 流中包含的所有节目和节目编号，以及每个不同节目对于 PMT 的 PID 值，同时还提供 NIT 的 PID。PMT 表用于指示组成某一频道的视频、音频或数据，可查到其 PID 值，以及节目时钟 PCR 的 PID。故而当客户端获取 PAT 和 PMT 包之后，即可了解 TS 流中包含哪些内容。

PID 描述了 TS 流内所包含 PES 流的信息，当客户端取得相应 PID 的包（如图 4-7 中 PID=500 的视频包）时，可以根据 TS 头中 payload_unit_start_indicator 是否为 1 来判定该包是否为某一帧的起始，并随后得到所有连续的包，予以拼接和解码。

PAT

节目号	PID
0	122
1	60
……	……
……	……
20	200

PID=200 的 PMT 表

PES 流	PID
Video	500
PCR	500
音频 1	510
音频 2	520
文本	530

图4-7　PAT与PMT

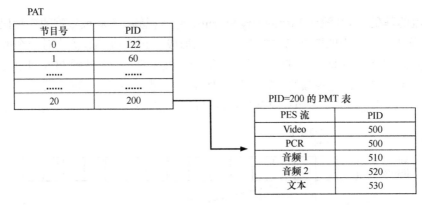

在多个 PES 流之间通过 PTS/DTS 时间戳进行同步，标准规定在音视频流中，PTS 间隔不能超过 0.7s，TS 包头的 PCR 时间间隔不能超过 0.1s。因视频中的 B 帧 PTS 和 DTS 相等，所以无须插入 DTS 值，对 I 帧和 P 帧，经过复用后数据包的顺序会发生变化，需要插入 PTS 和 DTS 作为排序的依据。

PTS 和 DTS 均由 33Bit 表示，PTS 系音视频帧的显示时间，DTS 则是解码时间戳，通常情况下，时间戳以 90kHz 单位计算，即获得的 timestamp 除以 90000 才得到用户常用的时间。在 TS 流层面，PCR 即节目参考时钟（Program Clock Reference），用于恢复出与编码端一致的系统时序时钟，在直播流中方有意义，其频率是 27MHz，PCR 在编码端被插入复用器，在解码时被使用。

当客户端开发对 TS 流的支持时，首先需从流中获取 PAT 包，并找到对应的 PMT 包，为便于使用，这两种包常常可以连续收到，自 PMT 包中，确定打算播放的流，收取相应 PID 的 PES 流并丢弃其他无关内容。倚仗视频 ES 头中的 VBV_delay 值，客户端可知晓在解码前需要等候的时间，随后解析 PCR 并重建系统时钟，后续解码器每收到一个 PCR 则进行更新，从音视频的 PES 包头上取得 PTS 和 DTS 后送入解码器，根据其与 STC（由 PCR 得到）比较的结果开始解码和显示。图 4-8 中列出了 PS 和 TS 流编码的流程示意图。

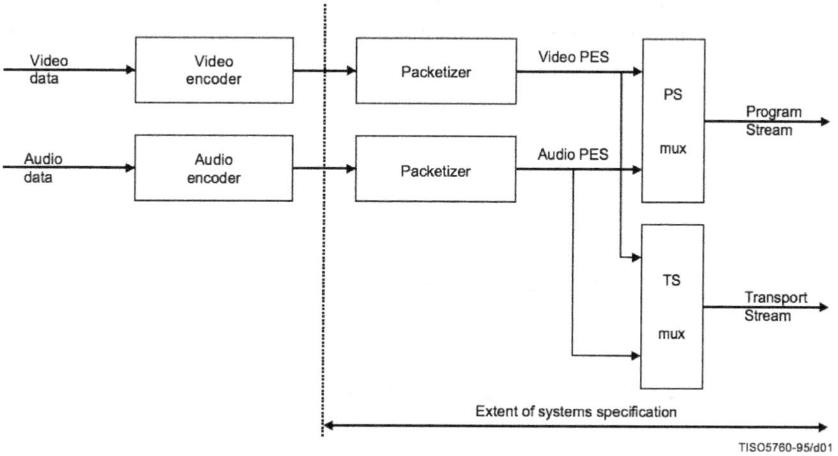

图4-8 PS和TS流编码（图片来自ISO/IEC 13818-1）

由 TS 流的结构可知，其设计目标之一是在同一个流中包含多个节目，既可以是不同的频道内容，也可以是同一频道的不同码率，由客户端根据不同的 PID 取舍。一个频道的内容，通常可以由一个或多个视频流、一个或多个音频流以及字幕或其他信息流组成。在美国所有的数字媒体服务中，都需要支持 Closed Caption 字幕①，其他国家的标准或有不同规定。

在 TS 流形式的直播中，一项重要的需求是加入或替换内容中的广告，SCTE-30 和 SCTE-35 标准定义了节目插入的方式，通过解读 TS 流内的 SCTE-35 消息，可以知晓广告插入的时间点。详细信息可见 SCTE 的标准文档。

4.2.2 MPEG-TS 的应用

TS 流的多路复用特性，让它能够传递许多数据信息，完成音视频以外的功能，除字幕

① Closed Caption 定义于 NTSC 电视信号体系，作为嵌入流中的可隐藏字幕，除对白之外，还有现场的声音、配乐或场景解释等信息，主要为保证有听力障碍的人士观看节目。

外，它还可以传递天气预报、股票信息、商品广告。在线视频网站的节目源许多来自于传统的广播电视台，常常可见的 TS 节目源是符合 DVB 标准的视频流或文件。

DVB 标准（Digital Video Broadcasting，数字视频广播）由欧洲电信标准化组织、电子标准化组织、广播联盟等成员规定，包括中国在内的大量国家采用该标准。在 DVB 标准体系中，设备通过 SPI 接口、SSI 接口或 ASI 接口连接，DVB 并未规定 EPG 系统的实现，其定义的 SI 表可以提供相应的业务信息，EPG 除包含节目表和当前节目播放信息外，还可以包含节目附加信息、节目分类、预定、分级控制等功能。

在 DVB 体系中，分为头端系统、传输系统和终端系统。头端系统的设备包括复用器、编码器、QAM[①]、矩阵、存储、节目制作、媒体资产管理、视频服务器、EPG 系统、综合信息系统等。传输系统即数字电视网络的信道部分，包含卫星、地面天线、有线电缆、专用 IP 网络等，终端系统则通常指代机顶盒、接收卡类设备。

中国早期使用 DVB-T 标准，2006 年以后，国内曾颁布了 DTMB 和 CMMB 标准，分别对应地面数字传输和移动广播，实际使用中 CMMB 已经停止服务，DTMB 作为当前主要的电视标准提供服务，DTMB 亦采用 TS 流传输和存储。

在实践中，除获取到直接的 TS 流以外，若所获取直播节目的输入是非压缩的数字信号，还可以通过 ASI、SDI 接口的设备（见图 4-9）将其编码为基于 IP 的节目流。

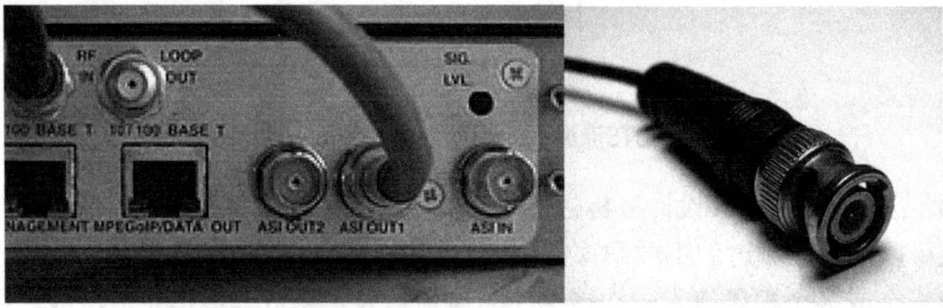

图4-9　ASI和SDI接口（图片来自Wikipedia）

4.3　双向多车道：RTSP 协议

RTSP（Real Time Streaming Protocol）是早期常用的流媒体协议，它用来建立客户端与服务器之间的会话，客户端发布播放暂停等命令，协议由 RealNetworks、Netscape 和哥伦比亚大学合作开发，并由 IETF 标准化（即 RFC2326，此外尚有 RFC7826 发布的 RTSP2.0 协议）。

① QAM 是 Quadrature Amplitude Modulation 的缩写，系一种正交幅度调制方式，QAM 设备将数字信号调制为模拟信号并发送，可以充分利用带宽且抗噪声能力强。

4.3.1 RTSP 协议

RTSP 通常与 RTP 和 RTCP 协议共同使用，其中 RTSP 是服务端与客户端间的双向协议，它不负责传输音视频数据，而是用来控制多个音视频流。RTSP 是一个基于 ISO10646 字符集的文本协议，基于 TCP 建立会话，与 HTTP1.1 很类似，例如 404 代表错误码“Not Found”，200 代表“OK”。

- RTSP 支持的命令如下。

```
DESCRIBE
ANNOUNCE
GET_PARAMETER
OPTIONS
PAUSE
PLAY
RECORD
SETUP
SET_PARAMETER
TEARDOWN
```

- OPTIONS 命令，询问服务器支持哪些命令。

```
C->S:  OPTIONS * RTSP/1.0
       CSeq: 1
       Require: implicit-play
       Proxy-Require: gzipped-messages
S->C:  RTSP/1.0 200 OK
       CSeq: 1
       Public: DESCRIBE, SETUP, TEARDOWN, PLAY, PAUSE
```

- DESCRIBE 命令，获取视频流的详细信息。

```
C->S: DESCRIBE rtsp://server.example.com/fizzle/foo RTSP/1.0
      CSeq: 312
      Accept: application/sdp, application/rtsl, application/mheg
S->C: RTSP/1.0 200 OK
      CSeq: 312
      Date: 23 Jan 1997 15:35:06 GMT
      Content-Type: application/sdp
      Content-Length: 376
      v=0
      o=mhandley 2890844526 2890842807 IN IP4 126.16.64.4
      s=SDP Seminar
      i=A Seminar on the session description protocol
      u=<SDP的URL>
      e=mjh@isi.edu (Mark Handley)
      c=IN IP4 224.2.17.12/127
      t=2873397496 2873404696
      a=recvonly
      m=audio 3456 RTP/AVP 0
      m=video 2232 RTP/AVP 31
      m=whiteboard 32416 UDP WB
      a=orient:portrait
```

- SETUP 命令，指定传输机制。

```
C->S: SETUP rtsp://example.com/foo/bar/baz.rm RTSP/1.0
      CSeq: 302
      Transport: RTP/AVP;unicast;client_port=4588-4589
S->C: RTSP/1.0 200 OK
      CSeq: 302
      Date: 23 Jan 1997 15:35:06 GMT
      Session: 47112344
      Transport: RTP/AVP;unicast;
        client_port=4588-4589;server_port=6256-6257
```

- PLAY 命令示例。

```
C->S: PLAY rtsp://audio.example.com/twister.en RTSP/1.0
      CSeq: 833
      Session: 12345678
      Range: smpte=0:10:20-;time=19970123T153600Z
S->C: RTSP/1.0 200 OK
      CSeq: 833
      Date: 23 Jan 1997 15:35:06 GMT
      Range: smpte=0:10:22-;time=19970123T153600Z
```

图 4-10 展示了一次使用 RTSP 协议的播放过程，更多协议细节可见 RFC2326 标准。

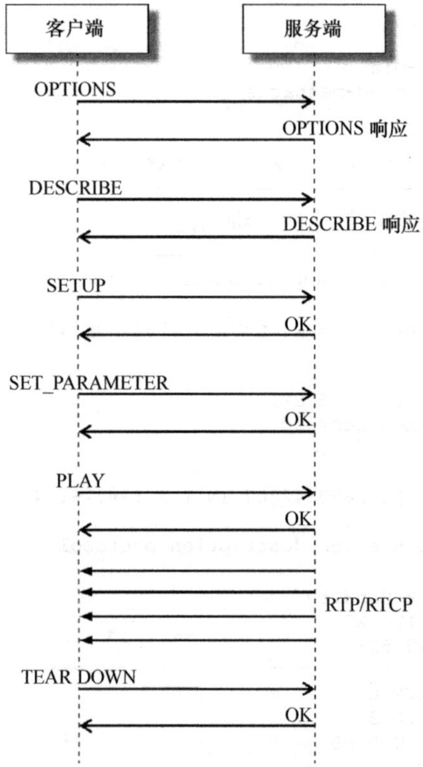

图4-10　一次RTSP协议的播放过程

RTSP 通过不同的命令构建完整的控制会话，同时依赖 RTP 和 RTCP 或其他协议（例如在广播电视领域，有些方案采用 TS 作音视频传输）传输音视频本身的数据，一次典型的播放过程将在客户端和服务器间建立 5 个不同的 Session：一路 RTSP 的 Session、两路 RTP 的 Session（音频和视频各一）以及两路 RTCP Session（分别对应两路 RTP Session），占用 5 个不同的端口（RTSP 协议的默认端口是 554，RTP 及 RTCP 的端口由 SETUP 命令指定）。

RTSP 协议支持重定向，即将播放会话重定向，让其他服务器提供服务。协议也可选择不同的传输通道，例如基于 TCP、UDP 以及组播 UDP 传输 RTP 协议，图 4-11 中画出了 RTSP 和 RTP、RTCP 等在网络协议中所在的层级。除流媒体播放以外，RTSP 的可扩展性、对 SMPTE 的帧级支持令其也适用于视频会议等场合。

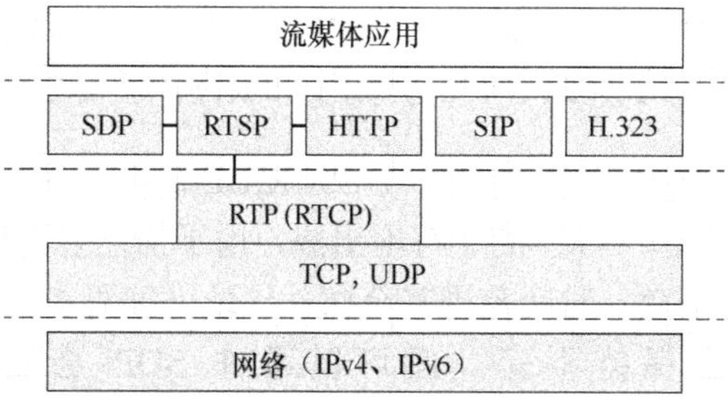

图4-11 RTSP、RTP、RTCP协议所处的层级

4.3.2 RTP、RTCP 与 SDP

RTP 是 Real-time Transport Protocol 的简称，定义于 RFC1889 标准中，初始被设计来单独使用传输音视频数据，后常与 RTSP、H.323①、SIP②、WebRTC③等协议配合使用。RTP 协议将不同编码和封装格式的音视频数据进行再封装，加上 RTP 头（见图 4-12）形成 RTP 包，再行发送，RTP 包头内的重要信息包括序列号、时间戳、负载格式等。RTP 协议提供抖动补偿和数据无序到达的检测机制，对实时多媒体传输，及时送达是首要目标，为此可以忍受部分丢包，少量丢包可以在客户端通过某些方法进行掩盖，不损害或少损害用户体验。

RTCP 即 RTP Control Protocol，亦由 RFC1889 定义，协议本身并不发送数据，而是收集客户端的统计信息，包括传输字节数、传输分组数、丢失分组数、网络延迟、Jitter（抖动）

① H.323 是 ITU-T 提出的视频电话和会议的传输协议族中的一员，作为一种系统规范，它使用多个已有协议注册、呼叫、打开和关闭逻辑信道、控制、提供辅助服务等，其中传递音视频数据所使用的是 RTP 协议。

② SIP（Session Initiation Protocol，会话发起协议）由 IETF 开发，用于视频、语音的即时通信，在线游戏等领域，是 3GPP 协议的一部分，其中承载音视频数据的协议也是 RTP。

③ WebRTC，是一个基于网络浏览器进行实时音视频对话的组件，由 Google、Molliza、Opera 开源并被纳入 W3C 协议，与其他为实时传输设计的协议相似，WebRTC 利用 RTP 和 RTCP 传输音视频数据。

等，服务器可籍此改变码率或调节数据发送速度。

```
 0                   1                   2                   3
 0 1 2 3 4 5 6 7 8 9 0 1 2 3 4 5 6 7 8 9 0 1 2 3 4 5 6 7 8 9 0 1
+-+-+-+-+-+-+-+-+-+-+-+-+-+-+-+-+-+-+-+-+-+-+-+-+-+-+-+-+-+-+-+-+
|V=2|P|X|  CC   |M|     PT      |            顺序号             |
+-+-+-+-+-+-+-+-+-+-+-+-+-+-+-+-+-+-+-+-+-+-+-+-+-+-+-+-+-+-+-+-+
|                            时间戳                             |
+-+-+-+-+-+-+-+-+-+-+-+-+-+-+-+-+-+-+-+-+-+-+-+-+-+-+-+-+-+-+-+-+
|                    同步源（SSRC）标识                         |
+=+=+=+=+=+=+=+=+=+=+=+=+=+=+=+=+=+=+=+=+=+=+=+=+=+=+=+=+=+=+=+=+
|                    贡献源（CSRC）标识                         |
|                             ....                              |
+-+-+-+-+-+-+-+-+-+-+-+-+-+-+-+-+-+-+-+-+-+-+-+-+-+-+-+-+-+-+-+-+
```

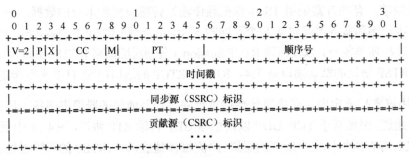

图4-12　RTP的包头格式（来自RFC3550）

另一项与RTSP配合使用的协议是SDP，由RFC 2327规定，即Session Description Protocol（会话描述协议），后重新发布为RFC 4566，用于和RTSP以及SIP等协议协同工作。

SDP同样基于文本，前述RTSP协议中DESCRIBE命令的回复即是SDP格式，SDP的格式异常简单，由多个<类型>=<值>的字符串组成，用于描述会话信息，也用于描述音视频的类型和格式，所需要的带宽、时间范围甚至邮件地址、编码参数等。例如，当传输AAC音频时，假如编码参数保持不变，就可以通过SDP会话传输StreamMuxConfig（AudioSpecificConfig）信息，同时RTP流只需承载audioMuxElements。为支持3GPP，RFC 6064定义了SDP和RTSP的扩展，其中对SDP包含对PSS和MBMS等一系列扩展功能，SDP的协议及扩展的细节可参考，表4-1列出了一些常用的音视频描述类型。

表4-1　SDP的常用音视频描述类型

类型	含义
m=	音视频名称和传输地址
i=	标题信息
c=	连接信息
b=	带宽信息
k=	加密密钥
a=	0个或多个Attribute行

使用RTSP时，除利用RTP/RTCP或TS传输音视频，常见方案还有基于RDT协议[1]或

① RDT协议系RealNetworks专有的实时数据传输协议，RTP是其非专有的替代方案，与RTP相比，RDT仅使用一条链路（一个客户端端口）传输，减少了端口的占用，且所传输的数据格式与Helix框架配合，避免了序列化与反序列化等步骤，效率较高。

基于 TS over RTP[①]的方式传输。

允许双向交换信息，使用多达 5 个会话交换数据的 RTSP 方式流媒体传输，很像是在双向多车道的马路上奔驰，无疑很大程度上解决了交通的问题，但“成也萧何，败也萧何”，多车道对资源的占用或许就是被后来的 RTMP 等协议挤占的根源。

4.4 高速铁路：RTMP 协议

RTMP（Real-Time Messaging Protocol，即实时消息传输协议）是 Adobe 公司的专有协议，最初由 Macromedia 开发，属于 Flash 的一部分，后被 Adobe 收购后进行了扩展，该协议虽然应用广泛，但都基于 Adobe 公开而不完整的规范，Adobe 在其上尚有许多私有定义，除非通过逆向工程进行解析，否则无法兼容使用。Adobe 公开的部分协议内容可见 Adobe 网站。

RTMP 并非一个单独协议，而是由多个相关协议组成的协议族。

1. RTMP，默认使用 TCP 端口 1935 的明文协议。
2. RTMPS，即通过 TLS/SSL 连接传输的 RTMP。
3. RTMPE，使用 Adobe 私有安全机制加密的 RTMP。
4. RTMPT，使用 HTTP 封装的 RTMP、RTMPS 或 RTMPE，利于穿透防火墙。
5. RTMPFP，使用 UDP 的 RTMP，允许用户进行 P2P 连接。

4.4.1 RTMP 协议

RTMP 是基于 TCP 的可靠传输层协议，仅需一个会话即可相互通信，与 RTSP 协议相比，如同由轨道支撑的高速铁路，虽然形式略重，但效率高、速度快。

协议的主要概念是将音视频及其他数据封装为 RTMP Message 发送，而在实际传输时会进一步将 Message 划分为带有 Message ID 的 Chunk。每个 Chunk 可以携带一个 Message（见图 4-13），但更多情况下，一个 Message 将由多个 Chunk 承载，直到客户端接收后将其还原。Chunk Stream 是基于 RTMP Chunk 的逻辑抽象，客户端将据此区分不同类型的数据并组织接收以及还原。

RTMP Chunk 由包头和负载组成，对连接和控制命令，采用 AMF 格式编码（有 AMF0 和 AMF3 两种版本），包头包括 Basic Header 和 Chunk Header，其中 Basic Header 可被扩展一到两个字节［见图 4-14 的 stream id（c）]，Chunk Header 则含有如 Message 长度等信息。

① 由于 RTP 协议接受多种负载格式，MPEG2-TS 作为封装格式，也可被再行封装于 RTP 包内，形成 RTSP 配合 MPEG-TS over RTP 的方案，但此方案有“叠床架屋”之感，通常只用于追求系统兼容性的情境。

```
+--------------+----------------+--------------------+--------------+
| Basic Header | Message Header | Extended Timestamp |  Chunk Data  |
+--------------+----------------+--------------------+--------------+
|                                                    |
|<------------------- Chunk Header ----------------->|
                       Chunk Format
```

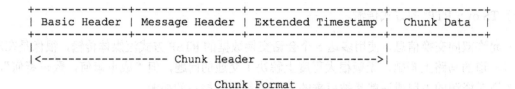

图4-13　RTMP包（图片来自RTMP协议文档）

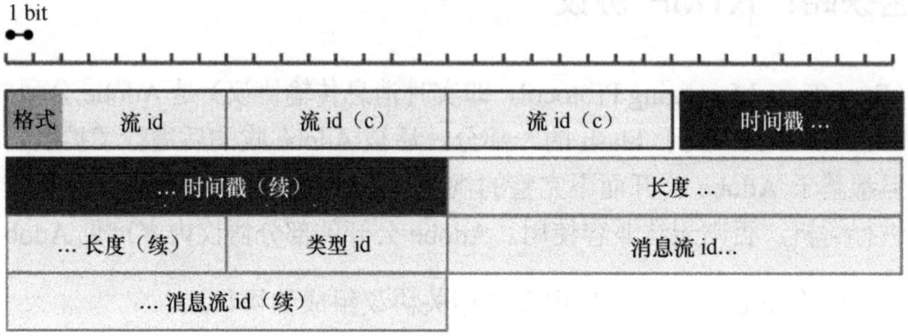

图4-14　RTMP包的细节（图片来自Wikipedia）

建立 TCP 连接后，RTMP 协议会要求进行 3 个包的握手代表连接的建立，客户端发送一个代表协议版本号的 0x03 初始化连接，随后发送 1536 个字节（包括 4 个字节的时间戳消息、4 个值为 0 的字节以及 1528 个随机生成的字节），服务器亦将发送 0x03 的版本消息、1536 字节消息，客户端和服务器随后发送回声字节（本方及对方的时间戳对以及 1528 个随机字节），并在收到后确认连接的建立，下面是连接过程的图示（见图 4-15）。

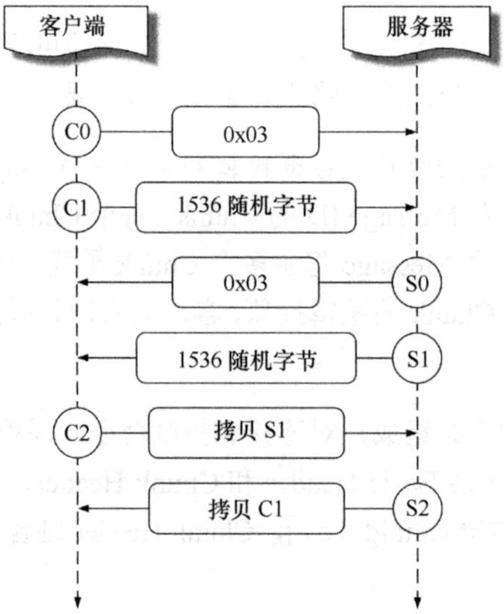

图4-15　RTMP连接的建立

实践中，由于只要满足了接收条件，即可建立 RTMP 连接，为减少交互次数，缩短连接建立时间，可以采用以下顺序：客户端发送 C0 和 C1，服务端回复 S0、S1 和 S2，客户端发送 C2。

当握手完毕后，连接将被复用来发送一个或多个 Chunk 流，Chunk 的默认大小为 128 字节，由客户端和服务器设置其可以接受的 Chunk 大小（可以动态调整），Chunk 承载的 Message 类型不同，其 Message Header 亦有多种，不同的 fmt 取值将用以鉴别不同的 Chunk 类型。RTMP 协议定义了一些特殊的值来表示控制消息，可参考表 4-2。

表 4-2 RTMP 的控制消息

Control Message	Function
Set Chunk Size	设置一个Chunk最大的负载字节数
Abort Message	当一个Message被分为多个Chunk，已被接收了部分，发送端表示不再发送剩余的Chunk
Acknowledgement	当收到对端的数据消息大小等于窗口大小时，需要回馈ACK以告知可以继续发送
Window Acknowledgement Size	发送端在收到接收端两个ACK之间可以发送的数据大小
Set Peer Bandwidth	限制对端的输出带宽

除控制消息外，RTMP 还定义了 Command、Data、Audio、Video、Aggregate、Shared Object 等多类消息，其中 Command Message 如下。

```
connect、call、close、createStream (NetConnection命令)
play、play2、deleteStream、closeStream、receiveAudio、receiveVideo、publish、seek、pause
(NetStream命令)
```

RTMP 协议支持 Push 和 Pull 两种模式，Pull 即是普遍的客户端根据 URL 进行播放的方式，而 Push 基于 RTMP 的视频直播，其握手顺序和 createStream 步骤类似，由客户端使用 Publish 命令而非 Play 命令，发起自客户端到服务端的推送。

4.4.2 RTMP 的应用

当开发基于 RTMP 的在线视频服务时，RTMPDump 是一个常用的开源 RTMP 工具，它系由逆向工程得到，支持 RTMP、RTMPT、RTMPE、RTMPS 及变种协议 RTMPTE、RTMPTS 等，可以帮助模拟实验和工程测试，同时提供二进制库 librtmp、简易的 RTMP 服务器及代理工具 rtmpsrv 和 rtmpsuck，在 FFMpeg、Gstreamer 等多个项目中被集成使用。

- RTMPDump 使用语法：

```
rtmpdump -r url [-n hostname] [-c port] [-l protocol] [-S host:port] [-a app] [-t
tcUrl] [-p pageUrl] [-s swfUrl] [-f flashVer] [-u auth] [-C conndata] [-y playpath] [-Y]
[-v] [-R] [-d subscription] [-e] [-k skip] [-A start] [-B stop] [-b buffer] [-m timeout]
[-T key] [-j JSON] [-w swfHash] [-x swfSize] [-W swfUrl] [-X swfAge] [-o output] [-#]
[-q] [-V] [-z]
```

除 Adobe 自家的 Flash Media Server 以外，尚有 Red5①、SRS②等开源 RTMP 服务器，或在 Nginx 上基于 RTMP 插件搭建的流媒体服务器等方案供在线视频服务商选择使用，大部分商用流媒体服务器也支持 RTMP 协议。同时在客户端，亦有 JWPlayer③、FlowPlayer④等第三方提供的基于网页，对 Flash 支持出色的播放器，供使用者选择集成。

中国国内的在线视频网站曾长期使用 RTMP 协议和 Flash 技术构建流媒体技术栈，在其上也进行了各式各样的定制开发。

RTMP 协议在进行视频服务时，对动态码率切换广告插入、播放列表、直播频道快速切换等较为无力，故而在许多解决方案中，被设计以通过 SMIL⑤的方式与服务器进行带外通信。

- 使用 SMIL 进行码率切换的示例。

```
<smil>
   <head>
   <meta base="rtmp://example.com/vod/" />
   </head>
   <body>
      <switch>
         <video src="high.mp4" height="720" system-bitrate="1500000" width="1280" />
         <video src="medium.mp4" height="360" system-bitrate="800000" width="640" />
         <video src="low.mp4" height="180" system-bitrate="300000" width="320" />
      </switch>
   </body>
</smil>
```

4.5　快递物流：HLS、HDS 与 Smooth Streaming 协议

除去 RTSP、RTMP 等基于会话的流媒体协议外，许多公司还设计了基于 HTTP 的协议，

① Red5 系基于 Java 的开源流媒体服务器，具备流化 FLV、MP3 等功能，完全开源。SRS 服务器是近年开发的后起之秀，亦以 RTMP 直播的支持为亮点，针对国内的在线视频市场开发了许多功能。

② SRS 全称 Simple RTMP Server，定位于互联网的直播服务器集群，是一个简单可以推送 RTMP 视频流的服务器。

③ JWPlayer 是一个开源的网页播放器，支持 Flash 视频、音频的播放，同时也支持 Silverlight 和 HTML5 等格式，提供完整的 Javascript API 供集成使用，允许用户进行多种定制，并具备丰富的插件（可能收费）。Flowplayer 与之类似，同样提供开源、小巧、可靠的核心网页播放器供集成选择。

④ FlowPlayer 是一个开源 flv 播放器，用于视频在网页上的播放。

⑤ SMIL 格式是一种描述多媒体集成的格式，常用于和 RTMP 协议一道构建流媒体服务，但应用范围远不限于此。

其中得到广泛应用的有 HLS（HTTP Live Streaming）协议、HDS（HTTP Dynamic Streaming）协议和 Smooth Streaming（又称 HSS）协议等。

4.5.1 HLS 协议

HLS 协议随苹果手机的推出而流行，不仅在苹果的手机、平板、Safari 浏览器上成为首选的流媒体协议，许多视频网站也采用 HLS 及各种自定义的变种协议进行视频传输。协议的原理是将点播所需的多媒体文件或直播的视频流，切分成许多小块的文件，让客户端基于 HTTP 进行下载，当播放时，客户端需下载包含 metadata 信息的 M3U8 文件（也称作索引文件、Playlist 或 Manifest 文件），根据 M3U8 文件的内容，同时依据网络条件选择不同码率的内容进行播放。

M3U8 文件是文本文件，后缀名常为.m3u 或.m3u8，早先为描述 MP3 音乐的目的设计，其中 M3U8 即 Unicode 版本的 M3U，在被苹果选取描述 HLS 协议的索引文件后，逐渐成为 M3U8 文件最大的用途。

HLS 支持如下音视频格式，首先是 MPEG2-TS 或 fMP4（即 Fragmented MP4）格式封装的切片文件（Segment）。其次，它支持打包的纯音频格式，包括以 ADTS 头封装的 AAC 帧、MP3、AC3 和 EAC3 格式，对字幕，它只支持 WebVTT 格式。

- 一个点播文件的 M3U8 示例如下。

```
#EXTM3U
#EXT-X-TARGETDURATION:10
#EXT-X-VERSION:3
#EXTINF:9.009,
http://media.example.com/1.ts
#EXTINF:9.009,
http://media.example.com/2.ts
#EXTINF:3.003,
http://media.example.com/3.ts
#EXT-X-ENDLIST
```

在这个例子中，#EXTM3U、#EXT-X-TARGETDURATION 等是 M3U8 文件规定的 tag，其中包括原有的定义和由苹果扩展的 tag，这个点播文件一共 21s，分为 3 个 TS 的 Segment。

- 直播的 M3U8 示例如下。

```
#EXTM3U
#EXT-X-VERSION:3
#EXT-X-TARGETDURATION:8
#EXT-X-MEDIA-SEQUENCE:2680
#EXTINF:7.975,
https://priv.example.com/fileSequence2680.ts
#EXTINF:7.975,
https://priv.example.com/fileSequence2681.ts
#EXTINF:7.975,
```

```
https://priv.example.com/fileSequence2682.ts
```

此例中，协议希望客户端规律地访问服务器（例如 7.975s 访问一次）以观察是否有 Segment 持续被更新，而 Segment 的文件名也按顺序增加。

HLS 协议的一大特点在于，将以往 RTSP、RTMP 等协议中实现复杂的多码率、多音轨的音视频流变得容易，并可以明晰地表达、理解和优化，在协议中规定需要传递给客户端的信息可以由 Master 和 Alternative 两种 M3U8 来表达。在此设计中，客户端承担起了码率控制和选择的主要职责，每个播放器可以根据自己的网速选择合适的码率播放，并在网络环境波动或某些文件下载失败的情况下切换到其他码率，保持流畅播放，服务端则对缓存和 CDN 友好，毋需针对不同用户予以不同处理。

- 多码率的视频流的 Master 类型 M3U8 示例，描述了高、中、低三种码率的音视频流以及一路仅包含音频内容的 Alternative M3U8 的访问 URL。

```
#EXTM3U
#EXT-X-STREAM-INF:BANDWIDTH=1280000,AVERAGE-BANDWIDTH=1000000
http://example.com/low.m3u8
#EXT-X-STREAM-INF:BANDWIDTH=2560000,AVERAGE-BANDWIDTH=2000000
http://example.com/mid.m3u8
#EXT-X-STREAM-INF:BANDWIDTH=7680000,AVERAGE-BANDWIDTH=6000000
http://example.com/high.m3u8
#EXT-X-STREAM-INF:BANDWIDTH=65000,CODECS="mp4a.40.5"
http://example.com/audio-only.m3u8
```

图 4-16 展示了多码率 HLS 流的组织结构。

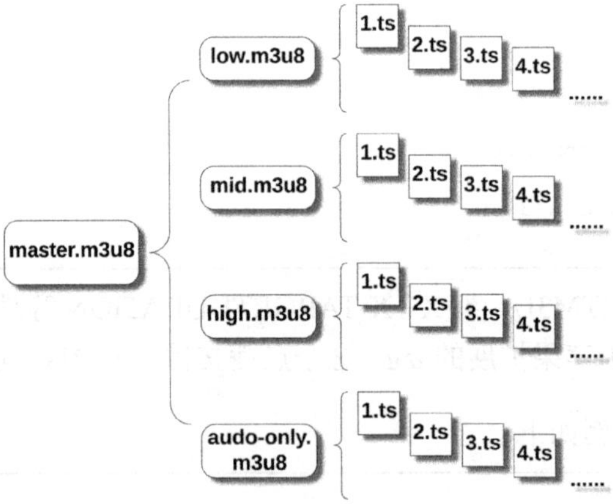

图4-16　多码率的HLS流

苹果公司推荐在使用 HLS 协议时，提供 Alternative 类型的 M3U8 示例与普通单码率 M3U8 文件相同，其中记叙了该码率的 Segment 文件访问地址。其中 Codec 信息的格式可参考 RFC6381。

HLS 协议支持在同一视频流中提供不同编码器的音频或视频流供客户端选择，于播放会话中，客户端根据自己的需求，切换码率进行下载播放（见图 4-17）。同一机制也可用于多语言的支持，对不同语言分提供不同的音轨。为支持多码率、多语言或不同 Codec 的切换，在节目制作时，应保证不同码率的流中，所有视频关键帧其时间戳完全对齐，否则客户端难以正确工作。

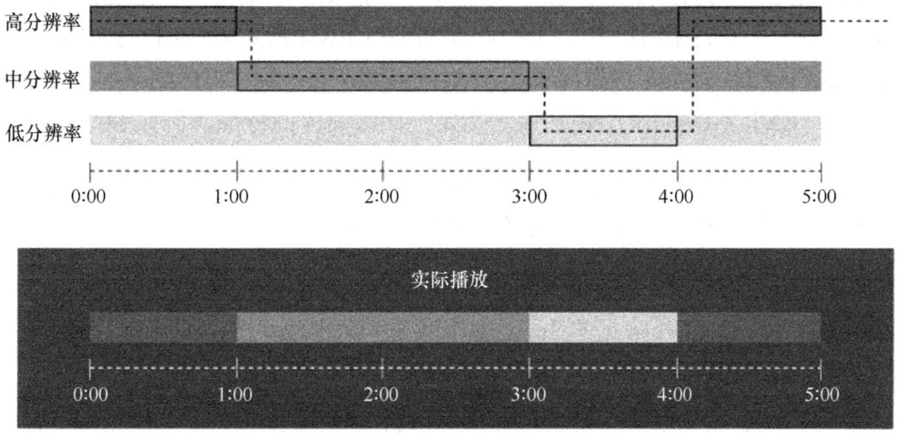

图4-17　码率切换（图片来自Jwplayer官网）

- 包含 Main、Centerfield、Dugout 三种视频格式，以及低、中、高三种码率的 M3U8 示例。

```
    #EXTM3U
    #EXT-X-MEDIA:TYPE=VIDEO,GROUP-ID="low",NAME="Main",
DEFAULT=YES,URI="low/main/audio-video.m3u8"
    #EXT-X-MEDIA:TYPE=VIDEO,GROUP-ID="low",NAME="Centerfield",
DEFAULT=NO,URI="low/centerfield/audio-video.m3u8"
    #EXT-X-MEDIA:TYPE=VIDEO,GROUP-ID="low",NAME="Dugout",
DEFAULT=NO,URI="low/dugout/audio-video.m3u8"

    #EXT-X-STREAM-INF:BANDWIDTH=1280000,CODECS="...",VIDEO="low"
    low/main/audio-video.m3u8

    #EXT-X-MEDIA:TYPE=VIDEO,GROUP-ID="mid",NAME="Main",
DEFAULT=YES,URI="mid/main/audio-video.m3u8"
    #EXT-X-MEDIA:TYPE=VIDEO,GROUP-ID="mid",NAME="Centerfield",
DEFAULT=NO,URI="mid/centerfield/audio-video.m3u8"
    #EXT-X-MEDIA:TYPE=VIDEO,GROUP-ID="mid",NAME="Dugout",
DEFAULT=NO,URI="mid/dugout/audio-video.m3u8"

    #EXT-X-STREAM-INF:BANDWIDTH=2560000,CODECS="...",VIDEO="mid"
    mid/main/audio-video.m3u8

    #EXT-X-MEDIA:TYPE=VIDEO,GROUP-ID="hi",NAME="Main",
DEFAULT=YES,URI="hi/main/audio-video.m3u8"
    #EXT-X-MEDIA:TYPE=VIDEO,GROUP-ID="hi",NAME="Centerfield",
DEFAULT=NO,URI="hi/centerfield/audio-video.m3u8"
    #EXT-X-MEDIA:TYPE=VIDEO,GROUP-ID="hi",NAME="Dugout",
```

```
DEFAULT=NO,URI="hi/dugout/audio-video.m3u8"

#EXT-X-STREAM-INF:BANDWIDTH=7680000,CODECS="...",VIDEO="hi"
hi/main/audio-video.m3u8
```

HLS 协议中定义了许多不同的 Tag 以支持各类功能。例如 EXT-X-DISCONTINUITY 意味着后续的 Segment 和前面的内容并不连续，或许是 Codec 有所变化；EXT-X-I-FRAME-STREAM-INF 可用于在 Playlist 中定义一个全由 I 帧组成的流，通常由缩略图预览使用；在直播流中，嵌入形如#EXT-X-PROGRAM-DATE-TIME:2018-02-19T14:54:23.031+08:00 的 Tag 将指明下一个 Segment 中第一帧对应的绝对时间，可用于估量直播流的延迟；EXT-X-DATERANGE 用于指定一段时间内的特征，例如 SCTE-35 信息。

HLS 协议中使用的 TS 文件与通常 MPEG2-TS 流的定义并无不同，但为了更好地适应协议分发的需求，在编码和文件封装的策略上应有所考量。

首先，早期的 HLS 流中大多使用固定长度为 10s 的 Segment 文件，但在启动时间和直播延迟上并不令人满意，现今常见的 Segment 长度根据不同公司的需求被设置成 1～6s 不等，在同一音视频流的不同码率间保持一致。

其次，为便于 TS 流的解析，PSI 包即 PAT/PMT 表应插在 Segment 的头部，且视频的关键帧亦应置于 Segment 的头部，每个 Segment 中的视频由一个完整 GOP 组成是常见的做法。

近年来，由于 MPEG-DASH 带来的压力（后续将详细介绍），苹果开始在 HLS 中支持 fMP4，例如对 HEVC 以及 HDR 编码的音视频必须封装为 fMP4 格式才能被苹果设备播放。苹果官方网站提供了许多示范的 HLS 流可供引用。

苹果公司于 2010 年即将 HLS 协议提交为 RFC，随后的多年中对其不断修订，添加新的功能，但正因此，使用者需要注意协议的版本，较旧的设备或客户端可能不支持某些新的功能，需要慎用，完整的 HLS 协议（包括不同版本）可见参考文章，由于内容简练，篇幅不长，建议开发者进行完整阅读。

4.5.2　HDS 与 Smooth Streaming

与 HLS 同一时期制定的，具备相似特性（基于 HTTP、支持多码率、音视频文件切片）的流媒体协议另有 Adobe 推出的 HDS（HTTP Dynamic Streaming）和微软推出的 Smooth Streaming，它们与 MPEG-DASH 一道，被称作 Adaptive Bitrate Streaming 技术（码率自适应的流媒体技术）。HDS 由 Adobe 自己的 Flash Media Server 支持，其文件格式为 FLV、F4V 和 MP4，索引文件格式为 F4M，支持直播和时移电视。详细的 F4M 文件格式定义可见参考文章。

● 多码率、多音轨的 F4M 文件示例。

```
<?xml version="1.0" encoding="utf-8"?>
<manifest xmlns="此处应填写F4M文件的xmlns命名空间链接，具体请查阅Abobe公司的相关文档"
version="3.0">
    <id>my video</id>
    <label>English</label>
    <lang>en</lang>
    <streamType>recorded</streamType>
    <duration>100</duration>
    <mimeType>video/mp4</mimeType>
    <baseURL>http://example.com/</baseURL>
    <bootstrapInfo profile="named" id="boot1 fragmentDuration="4">
        (BASE64 encoding of bootstrap information)
    </bootstrapInfo>
    <bootstrapInfo profile="named" id="boot2 fragmentDuration="4">
        (BASE64 encoding of bootstrap information)
    </bootstrapInfo>
    <bootstrapInfo profile="named" id="boot3 fragmentDuration="4">
        (BASE64 encoding of bootstrap information)
    </bootstrapInfo>
    <bootstrapInfo profile="named" id="boot4 fragmentDuration="4">
        (BASE64 encoding of bootstrap information)
    </bootstrapInfo>
    <bootstrapInfo profile="named" id="boot5 fragmentDuration="4">
        (BASE64 encoding of bootstrap information)
    </bootstrapInfo>
    <media url="video_500"  bitrate="500"  bootstrapInfoId="boot1" />
    <media url="video_750"  bitrate="750"  bootstrapInfoId="boot1" />
    <media url="video_1000"  bitrate="1000"  bootstrapInfoId="boot2" />
    <media url="video_1500"  bitrate="1500"  bootstrapInfoId="boot3" />
    <media url="audio1"  bitrate="128"  bootstrapInfoId="boot4"  type="audio"
label="Espanol"  lang="es"  alternate="true" />
    <media url="audio2"  bitrate="128"  bootstrapInfoId="boot5"  type="audio"
label="Chinese"  lang="zh"  alternate="true" />
</manifest>
```

微软的 Smooth Streaming 是 IIS 服务器的多媒体服务扩展，支持 PIFF 格式（后文中将谈及）的 MP4 文件，后缀为 ISMV 和 ISMA，索引文件为 ISM 或 ISMC，同样支持直播和时移电视，详细文档可参考 IIS（微软的 HTTP 服务器）网站上关于 Smooth Streaming 的介绍。

● 多码率的 ISM 文件示例。

```
<?xml version="1.0" encoding="utf-16"?>
<!--Created with Expression Encoder version 4.0.3158.0-->
<SmoothStreamingMedia  MajorVersion="2"  MinorVersion="1"  Duration="68266667">
<StreamIndex  Type="video"  Name="video"  Chunks="4"  QualityLevels="3"
MaxWidth="1280"  MaxHeight="720"  DisplayWidth="1280"  DisplayHeight="720"
Url="QualityLevels({bitrate})/Fragments(video={start time})">
    <QualityLevel  Index="1"  Bitrate="1427000"  FourCC="H264"  MaxWidth="768"
MaxHeight="432"
CodecPrivateData="000000016764001EAC2CA50300DEFFC100010014808080A000007D200017700C0
C000AE300002B8C7F8C718180015C600005718FF18E1DA12251600000000168E9093525" />
    <QualityLevel  Index="2"  Bitrate="991000"  FourCC="H264"  MaxWidth="592"
MaxHeight="332"
CodecPrivateData="0000000167640015AC2CA50250AFEFFF03FD0400520C0C0C800001F480005DC03
```

```
0200078F80003C7C7F8C71810003C7C0001E3E3FC6387684894580000000168E9093525" />
        <QualityLevel  Index="3"  Bitrate="688000"  FourCC="H264"  MaxWidth="448"
MaxHeight="252"
CodecPrivateData="0000000167640015AC2CA507021FBFFC10001001483030320000007D200017700C
080014FF0000A7F8FE31C604000A7F800053FC7F18E1DA12251600000000168E9093525" />
        <c  d="20020000" />
        <c  d="20020000" />
        <c  d="20020000" />
        <c  d="6670001" />
    </StreamIndex>
    <StreamIndex  Type="audio"  Index="0"  Name="audio"  Chunks="61"
    QualityLevels="1"  Url="QualityLevels({bitrate})/Fragments(audio={start time})">
        <QualityLevel  FourCC="AACL"  Bitrate="128000"  SamplingRate="44100"
Channels="2"  BitsPerSample="16"  PacketSize="4"  AudioTag="255"
CodecPrivateData="1210" />
        <c  d="20201360" />
        <c  d="19969161" />
        <c  d="19969161" />
        <c  d="8126985" />
    </StreamIndex>
    </SmoothStreamingMedia>
```

与服务端主导的旧式协议之间相区别，以 HLS 为代表的流媒体协议给予客户端极大的自由，并对 Web 服务器和 CDN 有天然的亲和性，让传输过程走向更加灵活和个性化的方向。若做一比喻，可以看作现代电商灵活分布的物流快递，对集中式商场购物的替代。

4.6　菜鸟网络：MPEG-DASH

MPEG-DASH 是由 MPEG 牵头开发的基于 HTTP 的自适应码率流媒体技术，于 2011 年 11 月形成国际标准，其标准文档为 ISO/IEC 23009-1，发布自 2012 年 4 月，目标是统一不同公司的自适应码率技术。微软、高通、Google、Akamai 等公司出力甚多，并获得 YouTube、Hulu、Netflix 等在线视频巨头的倾力支持，在短短几年间已经俨然取代 RTMP，成为应用最广的流媒体协议。

苹果虽然坚持 HLS 协议，但由于互操作性的压力以及 TS 格式的固有弱点①，也已于 2016 年开始支持 fMP4 格式，至少在音视频文件层面展示了与 DASH 协议达成兼容的意愿，在苹果设备上支持 DASH 协议的播放软件也已有许多应用。

基于 HTTP 的流媒体协议流行，从环境上考量，主要的原因是 HTTP 协议对防火墙友好，又天然适合 CDN 以缓存的方式分发，此外苹果的强势地位加快了基于 HTTP 的流媒体协议

① TS 文件虽然适于有线电视领域的应用，但在带宽使用上与 DASH 所使用的扩展格式 MP4 相比有巨大的劣势。首先 TS 包按 188 字节分割过于细小，其包头虽然仅占 4 字节，累计起来仍嫌浪费。其次，重复插入的 PSI 包对持续的视频播放而言颇显冗余（虽然 HLS 协议的后期版本通过 EXT-X-MAP 标签支持独立的仅含 PSI 包的 TS 文件，但将引入兼容问题）。更重要的是，由于 TS 包的字节数限制，当视频或音频包不足字节数时，需要加上许多无用的填充字节。据不同来源统计，三项合计，TS 文件平均要浪费 4%～13%的带宽，设计较好的封装格式，在寸带宽寸金的互联网世界中，意味着节约千万甚至上亿美元。

进入开发者视野的速度，例如国内很多视频网站采用均是 HLS 的自定义变种。但是，鉴于互操作性的需求，私有协议终归不能成为主流，操作系统、浏览器的支持都将是促进标准化的推手，如果说之前各家推出的 HLS、HDS、Smooth 等协议是在用快递物流替代集中购物，那么 DASH 就好比快递公司接入了统一的菜鸟网络，能够以统一的方式提供服务。

4.6.1 MPEG-DASH 协议

MPEG-DASH 与前面介绍的 HLS、HDS、Smooth Streaming 的设计理念相近（见图 4-18），将音视频文件或直播流分割成一系列可下载播放的文件切片，使用 MPD 文件描述切片信息。MPD 内有时间戳、编码、分辨率、码率等信息，对音视频内容的组织方式分为 SegmentBase、SegmentTemplate、SegmentList 和 SegmentTimeline 等类型，在客户端对 MPD 文件解析后，再行下载所需的文件切片，交由播放器组装并播放。

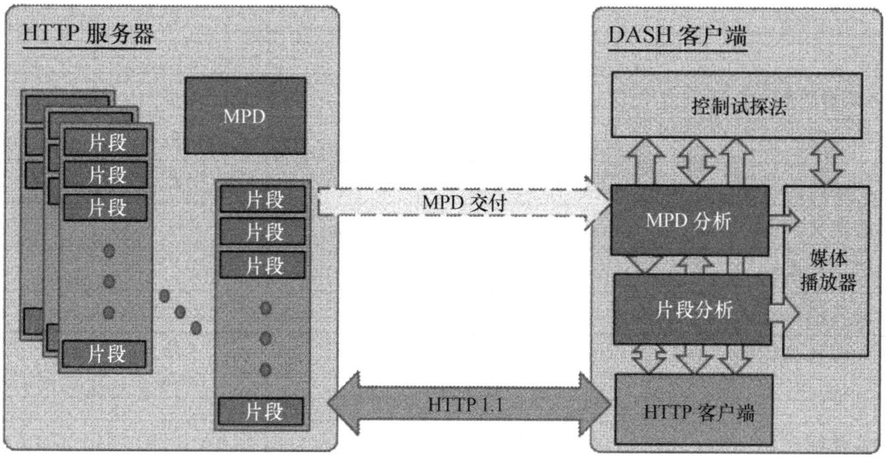

图4-18　DASH协议原理（图片来自参考文章）

在 2015 年，曾有人对不同自适应码率的流媒体协议所支持的功能进行比较（见表 4-3，表格根据近年变化有所修正，详细比较可见参考文章），MPEG-DASH 协议被认为考虑了流媒体涉及的各个方面，有很好的弹性满足多方需要，近年更扩展到 VR、AR、P2P 等方面的使用。

表 4-3　不同基于 HTTP 的流媒体协议功能比较

Feature	HDS	Smooth	HLS	MPEG-DASH
可由普通HTTP服务器部署			√	√
由标准组织制定				√
支持多音轨		√	√	√
可由DRM保护	√	√	√	√

续表

Feature	HDS	Smooth	HLS	MPEG-DASH
CC与字幕支持	√	√	√	√
高效广告插入				√
快速频道切换	√	√		√
多CDN支持				√
HTML5支持				√
HbbTV支持				√
HEVC与4K支持			√	√
支持未知Video Codec				√
支持未知Audio Codec				√
ISO BMFF文件支持	√	√		√
TS文件支持			√	√
Segment格式可扩展				√
支持音视频混编的文件	√		√	√
支持音视频分离的文件		√	√	√
质量指标的定义				√
支持客户日志和报告				√
支持客户端容错				√
支持动态增删音视频流				√
支持多视频视角				√
支持高效快播模式				√

DASH 协议原则上可以支持任何编码格式，作为指导意见，推荐使用与 HLS 协议兼容的 TS 文件或 ISO-BMFF 的扩展作为多媒体文件格式（即 Fragmented MP4），后者的文件后缀多见.mp4、.m4v、.m4a 或.m4s。DASH 所使用的 MP4 文件扩展来自于微软于 2009 年发布的 PIFF 文件扩展（Protected Interoperable File Format，图 4-19），这意味着 Smooth Streaming 协议可以 MPEG-DASH 协议和在音视频文件层面相互兼容。

与标准的 MP4 文件相似，DASH 使用的 fMP4 扩展可以被解析为一系列的 Box（也被称为 Atom），DASH 协议将对于音视频流描述的部分（也即文件头上的信息）封装为 init 文件并于 MPD 文件中提供 URL，任何时候客户端均可单独下载解析，这就避免了 TS 文件反复插入 PSI 信息的消耗，客户端下载 init 文件后，则可任意下载切片文件播放（反之，切片将因缺少解码信息无法播放）。针对音视频，还可提供不同的 init 文件，增加客户端的灵活度。

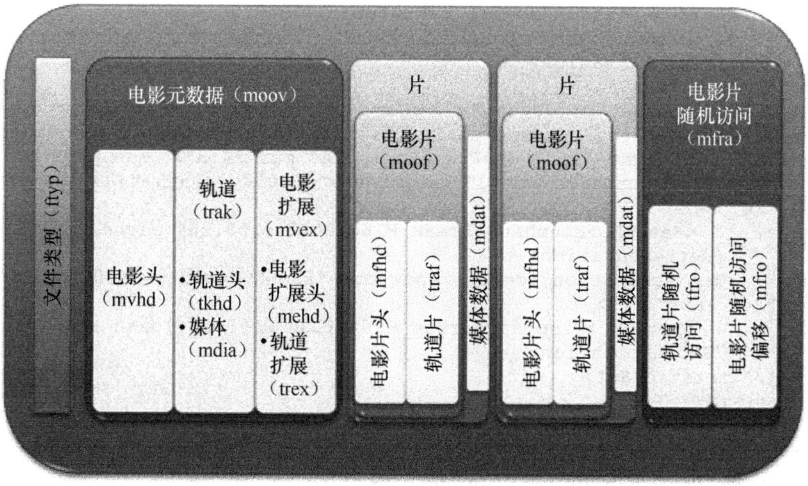

图4-19 PIFF文件格式（图片来自MSDN）

fMP4 中有三个关键的 Box，即 MOOV、MOOF 和 MDAT，MOOV 描述了文件层次的 metadata 信息，MDAT 用于描述媒体数据，与普通 MP4 只有一个 MDAT Box 不同，fMP4 的每个 Fragment 都有一个 MDAT Box，MOOF 存放了 Fragment 层次的 metadata，每个 Fragment 都会有 MOOF Box。

DASH 中的 MPD 符合 XML 格式，协议定义了大量标签以帮助描述，其中以 Period 定义一段连续的音视频片段，每个 Period 内包含多各音视频内容的集合（主要应用于多分辨率、帧率、码率或者多语言，相互可以切换）称作 AdaptationSet，每个 AdaptationSet 内含多个 Representation，即一个独立的音频或视频流，每个 Representation 再由一系列的多媒体 Segment 组成。

DASH 协议在播放期间并不能随意从 Representation 切换，需要等到初始帧为一个关键帧的视频 Segment。若 AdaptationSet 中各个视频流编码时是以关键帧对齐的，则可以从不同的流间进行切换。

● 视频点播的 MPD 示例，使用了 BaseURL。

```
    <?xml version="1.0" encoding="UTF-8"?>
    <MPD xmlns:xsi="http://www.w3.org/2001/XMLSchema-instance"
xmlns="urn:mpeg:dash:schema:mpd:2011"
xsi:schemaLocation="urn:mpeg:dash:schema:mpd:2011 DASH-MPD.xsd" type="static"
mediaPresentationDuration="PT654S" minBufferTime="PT4S"
profiles="http://dashif.org/guidelines/dash264,urn:mpeg:dash:profile:isoff-on-demand:2011">
        <BaseURL>http://dash.edgesuite.net/dash264/TestCases/1a/netflix/</BaseURL>
        <Period>
            <AdaptationSet mimeType="audio/mp4" codecs="mp4a.40.5" lang="en"
subsegmentAlignment="true" subsegmentStartsWithSAP="1">
```

```
            <Representation id="1" bandwidth="72000">
               <BaseURL>ElephantsDream_AAC48K_064.mp4.dash</BaseURL>
            </Representation>
         </AdaptationSet>
         <AdaptationSet mimeType="video/mp4" codecs="avc1.42401E"
subsegmentAlignment="true" subsegmentStartsWithSAP="1" contentType='video'
maxWidth="480" maxHeight="360" maxFrameRate="24" par="4:3">
            <Representation id="2" bandwidth="150000" width="480" height="360"
frameRate="24" sar="1:1">
               <BaseURL>ElephantsDream_H264BPL30_0100.264.dash</BaseURL>
            </Representation>
            <Representation id="3" bandwidth="250000" width="480" height="360"
frameRate="24" sar="1:1">
               <BaseURL>ElephantsDream_H264BPL30_0175.264.dash</BaseURL>
            </Representation>
         </AdaptationSet>
      </Period>
   </MPD>
```

- MPD 示例，使用了 SegmentTemplate，内有多个分辨率和码率。

```
   <?xml version="1.0" encoding="utf-8"?>
   <!-- MPD file Generated with GPAC version 0.5.1-DEV-rev4736M  on
2013-09-30T12:01:41Z-->
   <MPD xmlns="urn:mpeg:dash:schema:mpd:2011" minBufferTime="PT1.500000S"
type="static" mediaPresentationDuration="PT0H9M54.00S" profiles="urn:mpeg:dash:
profile:isoff-live:2011,http://dashif.org/guidelines/dash264">
        <Period id="" duration="PT0H9M54.00S">
        <AdaptationSet segmentAlignment="true" maxWidth="1920" maxHeight="1080"
maxFrameRate="24" par="16:9">
           <Representation id="1" mimeType="video/mp4" codecs="avc1.640028"
width="512" height="288" frameRate="24" sar="1:1" startWithSAP="1"
bandwidth="1149132">
              <SegmentTemplate timescale="12288" presentationTimeOffset="1024"
duration="61440" media="BBB_512_640K_video_$Number$.mp4" startNumber="1"
initialization="BBB_512_640K_video_init.mp4" />
           </Representation>
           <Representation id="2" mimeType="video/mp4" codecs="avc1.640028"
width="768" height="432" frameRate="24" sar="1:1" startWithSAP="1"
bandwidth="1823221">
              <SegmentTemplate timescale="12288" presentationTimeOffset="1024"
duration="61440" media="BBB_768_1440K_video_$Number$.mp4" startNumber="1"
initialization="BBB_768_1440K_video_init.mp4" />
           </Representation>
           <Representation id="3" mimeType="video/mp4" codecs="avc1.640028"
width="1280" height="720" frameRate="24" sar="1:1" startWithSAP="1"
bandwidth="4135806">
              <SegmentTemplate timescale="12288" presentationTimeOffset="1024"
duration="61440" media="BBB_1280_4M_video_$Number$.mp4" startNumber="1"
initialization="BBB_1280_4M_video_init.mp4" />
           </Representation>
           <Representation id="4" mimeType="video/mp4" codecs="avc1.640028"
width="1920" height="1080" frameRate="24" sar="1:1" startWithSAP="1"
bandwidth="7941732">
              <SegmentTemplate timescale="12288" presentationTimeOffset="1024"
duration="61440" media="BBB_1920_8M_video_$Number$.mp4" startNumber="1"
initialization="BBB_1920_8M_video_init.mp4" />
           </Representation>
        </AdaptationSet>
```

```
        <AdaptationSet segmentAlignment="true">
            <Representation id="5" mimeType="audio/mp4" codecs="mp4a.40.29"
audioSamplingRate="48000" startWithSAP="1" bandwidth="33028">
                <AudioChannelConfiguration
schemeIdUri="urn:mpeg:dash:23003:3:audio_channel_configuration:2011" value="2" />
                <SegmentTemplate timescale="48000" duration="239615"
media="BBB_HD_32k_$Number$.mp4" startNumber="1" initialization="BBB_HD_32k_init.mp4"
/>
            </Representation>
        </AdaptationSet>
        </Period>
    </MPD>
```

● MPD 示例，使用了 SegmentTimeline。

```
    <?xml version="1.0" encoding="utf-8"?>
    <MPD xmlns="urn:mpeg:dash:schema:mpd:2011" xmlns:cenc="urn:mpeg:cenc:2013"
profiles="urn:mpeg:dash:profile:isoff-live:2011" type="dynamic"
minBufferTime="PT1.0S" minimumUpdatePeriod="PT3.0S"
suggestedPresentationDelay="PT0S" availabilityStartTime="1970-01-01T00:00:00+00:00"
publishTime="2017-03-20T08:53:10.960883+00:00">
        <Period id="134099944868912" start="PT1489999952.59S">
            <AdaptationSet mimeType="video/mp4" segmentAlignment="true"
bitstreamSwitching="true">
                <SegmentTemplate timescale="90000" presentationTimeOffset="5329000812"
media="https://d2hzeyj6b557bu.cloudfront.net/ADSWMW/ADSWMW_134099944868912/$Represe
ntationID$/$Time$_video.m4s"
initialization="https://d2hzeyj6b557bu.cloudfront.net/ADSWMW/ADSWMW_134099944868912
/$RepresentationID$_video_init.mp4">
                    <SegmentTimeline>
                        <S t="5329003815" d="360360"/>
                        <S t="5329364175" d="360360"/>
                        <S t="5329724535" d="360360"/>
                        <S t="5330084895" d="360360"/>
                        <S t="5330445255" d="360360"/>
                        <S t="5330805615" d="360360"/>
                        <S t="5331165975" d="360360"/>
                    </SegmentTimeline>
                </SegmentTemplate>
                <Representation id="ADSWMW_VIDEO_4_1128000" codecs="avc1.4D401E"
width="608" height="342" startWithSAP="1" bandwidth="1508225"/>
                <Representation id="ADSWMW_VIDEO_3_1628000" codecs="avc1.4D401E"
width="768" height="432" startWithSAP="1" bandwidth="2146233"/>
                <Representation id="ADSWMW_VIDEO_2_2528000" codecs="avc1.64001F"
width="1024" height="576" startWithSAP="1" bandwidth="3276735"/>
                <Representation id="ADSWMW_VIDEO_1_3628000" codecs="avc1.64001F"
width="1280" height="720" startWithSAP="1" bandwidth="4637578"/>
            </AdaptationSet>
            <AdaptationSet mimeType="audio/mp4" segmentAlignment="true"
bitstreamSwitching="true">
                <SegmentTemplate timescale="90000" presentationTimeOffset="5329000812"
media="https://d2hzeyj6b557bu.cloudfront.net/ADSWMW/ADSWMW_134099944868912/$Represe
ntationID$/$Time$_audio.m4s"
initialization="https://d2hzeyj6b557bu.cloudfront.net/ADSWMW/ADSWMW_134099944868912
/$RepresentationID$_audio_init.mp4">
                    <SegmentTimeline>
                        <S t="5329005397" d="359040"/>
                        <S t="5329364437" d="360960"/>
                        <S t="5329725397" d="360960"/>
```

```
                    <S t="5330086357" d="359040"/>
                    <S t="5330445397" d="360960"/>
                    <S t="5330806357" d="360960"/>
                    <S t="5331167317" d="359040"/>
                </SegmentTimeline>
            </SegmentTemplate>
            <Representation id="ADSWMW_VIDEO_7_428000" codecs="mp4a.40.2"
audioSamplingRate="48000" startWithSAP="1" bandwidth="96000">
                <AudioChannelConfiguration
schemeIdUri="urn:mpeg:dash:23003:3:audio_channel_configuration:2011" value="2"/>
            </Representation>
        </AdaptationSet>
    </Period>
</MPD>
```

欲了解 DASH 的详细内容，可阅读 ISO 的标准文档。

4.6.2　协议应用

流媒体协议的流行常是技术权衡、公司角力、行业趋势等多方碰撞的结果，如同 Flash 的流行刺激了 RTMP 流行，MPEG-DASH 被接纳成为 HTML5 标准的一部分对其流行也起到重要的作用。最重要的一些现代浏览器（如 Chrome、Edge、Firefox、Safari 等）均对 W3C 标准定义的 MSE（Media Source Extension，媒体源拓展，见图 4-20）和 EME（Encrypted Media

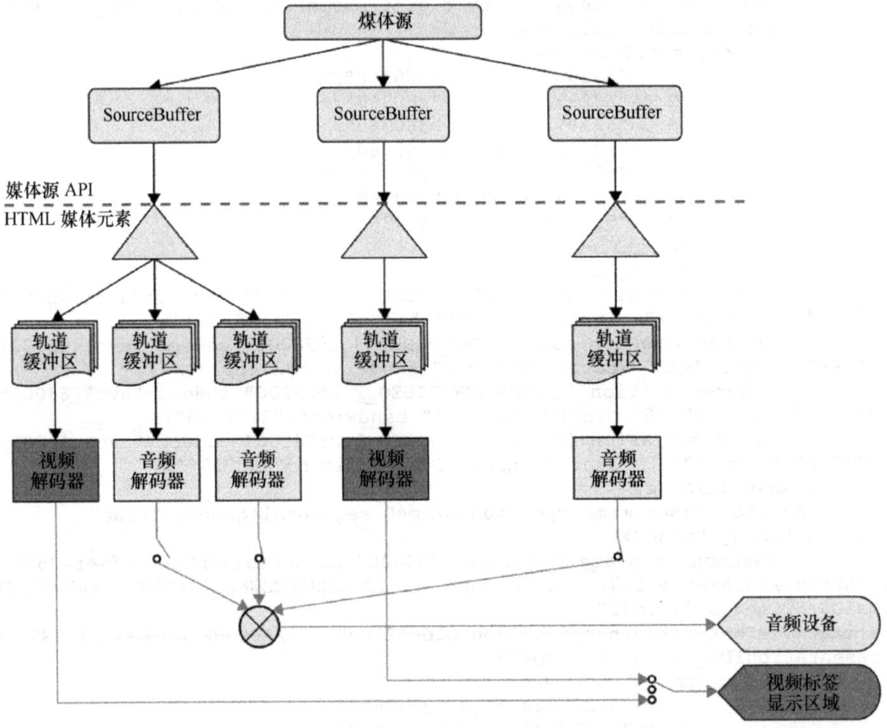

图4-20　MSE原理（图片来自W3C网站）

Extensions，加密媒体扩展，见图 4-21）进行了支持，将以往由插件提供的功能收归浏览器，运用 Javascript 开发的网页播放器只需下载 MPD 文件并解析，再将音视频文件送给浏览器，就能很容易地播放。MSE 和 EME 的详细内容可参考 W3C 网站：

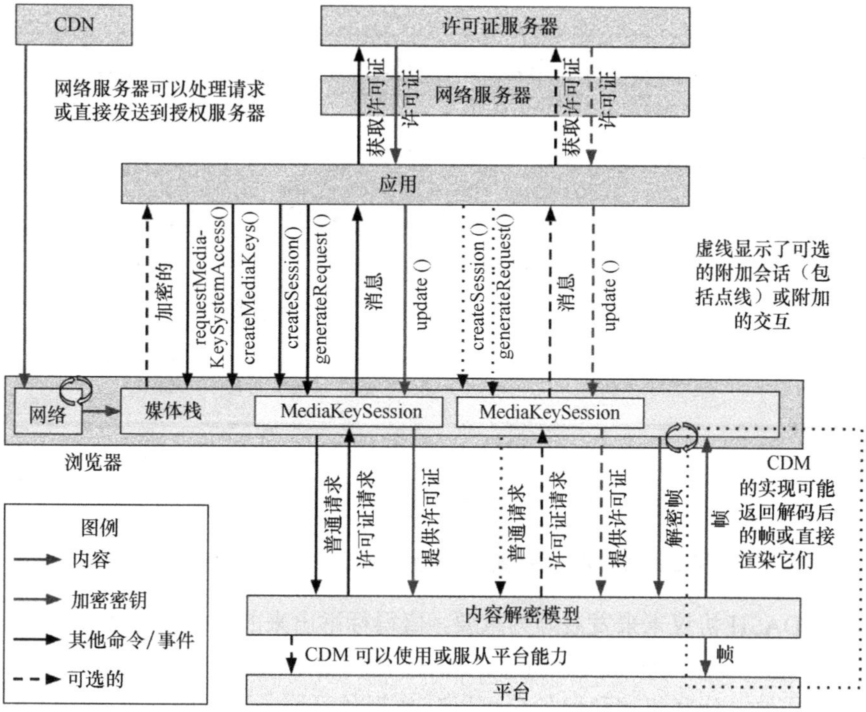

图4-21　EME原理（图片来自W3C网站）

除浏览器以外，Android、Chrome、Roku 等多种平台上均有对 MPEG-DASH 的支持。在不支持 DASH 的平台上，亦可通过移植浏览器（Chromium，Chrome 的开源版本）的方式加入视频播放功能。

DASH 协议为统一混乱的流媒体市场推进了一大步，但由于 DASH 和 HLS 的互不兼容，意味着为支持各类设备的全覆盖，在线视频服务商需要准备 MPD 和 M3U8 两种 Manifest 文件，更糟的是，需要编码 fMP4 和 TS 两份不同的音视频文件，同时，抛开研发和存储的成本，CDN 将需要在所有边缘节点上存储两份视频文件，这意味着双倍的成本。

为避免上述尴尬的局面，微软、思科、苹果、Comcast 等公司发起了 CMAF 标准（Common Media Application Format，通用媒体应用格式），这份标准统一了视频文件的容器格式，不论 HLS，还是 DASH，都可以使用同一份节目内容，在需要加密保护的场景，也可通过不同的 DRM 方案加密或解密同一份文件。此外，CMAF 的一项新设计即对数秒长度的切片再分块传输，也对 HTTP 类型的流媒体协议最令人诟病的延迟问题大有裨益。

图 4-22 绘出了 CMAF 的对象模型。

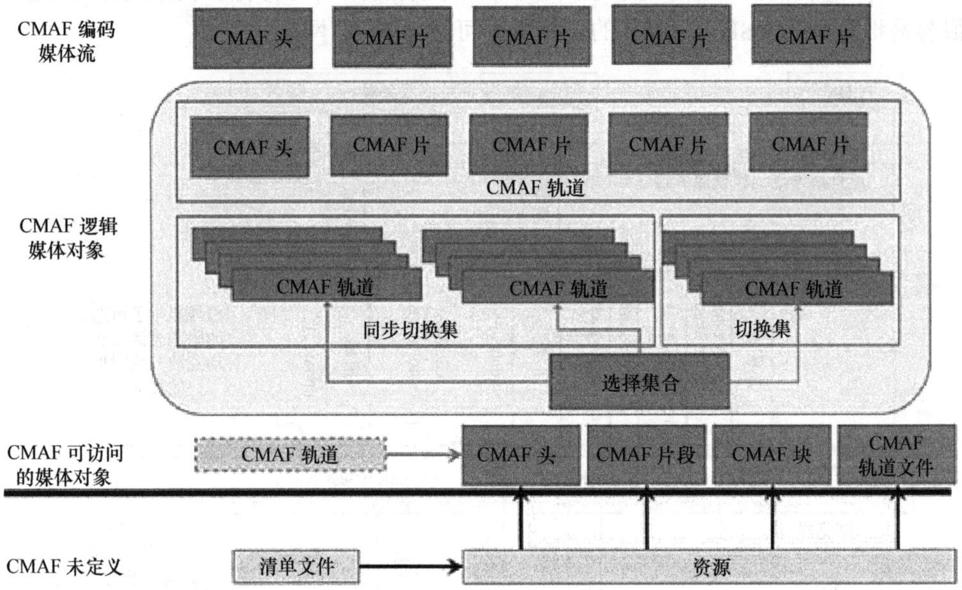

图4-22　CMAF对象模型（图片来自Streaming Media）

另一项对 DASH 协议未来发展颇为重要，值得标举出来的是于 ISO/IEC 23009-5 定义的 SAND 技术（Server and Network Assisted DASH，服务器和网络协助的 DASH），定义了若干种不同模式和方法，让客户端和服务端可以交换视频流服务质量的信息，帮助对服务进行优化。

由于 DASH 协议内涵丰富，功能众多，较之前的协议略显复杂，在早期开发中，经常有各家对协议理解不同，实现不全，进而无法相互兼容的情形，DASH-IF 为此提供了参考的播放器实现 Dash.js，近年来，Google 亦开源了 Shaka 播放器，便于开发者参考和测试。

同样，为了促进兼容性，DASH-IF 提供了一套标准的测试内容集，覆盖了数十种 DASH 支持的各项 Feature、测试 MPD 和视频，包括 HEVC、VP9、Dolby Digital 等多种音视频格式，适合开发或测试使用，详情可参考 testassets.dashif.org 网站。

4.7　物流中心：流媒体服务器

如同物流体系里物流中心的概念一样，流媒体服务器负责内容的高效分发，曾在视频技术中扮演与编解码器相当的重要角色。虽然由于近年基于 HTTP 的流媒体协议大行其道，通用 HTTP 服务器附加流媒体协议插件的方案广泛应用，侵占了支持多协议的专用流媒体服务器的市场份额，但鉴于通用 HTTP 服务器和专用流媒体服务器之间对于高 I/O、高并发、低延迟以及高可靠的追求高度一致，充分理解相关技术仍然对流媒体体系的搭建和优化非常重要。

4.7.1 流媒体服务器的功能与挑战

通常流媒体服务器所面对的功能需求囊括点播和直播两类，点播服务需要将硬盘或其他存储设备上的音视频文件转化成流媒体传输协议规定的一系列包（Packet），发送给不同的客户端。直播服务则需要先将基于 IP 网络，由流媒体协议封装的音视频流导入服务器，再通过服务器转化成不同设备可以接收的流媒体封装，发送给各个客户端。图 4-23 绘出了流媒体服务器在服务链中的位置。

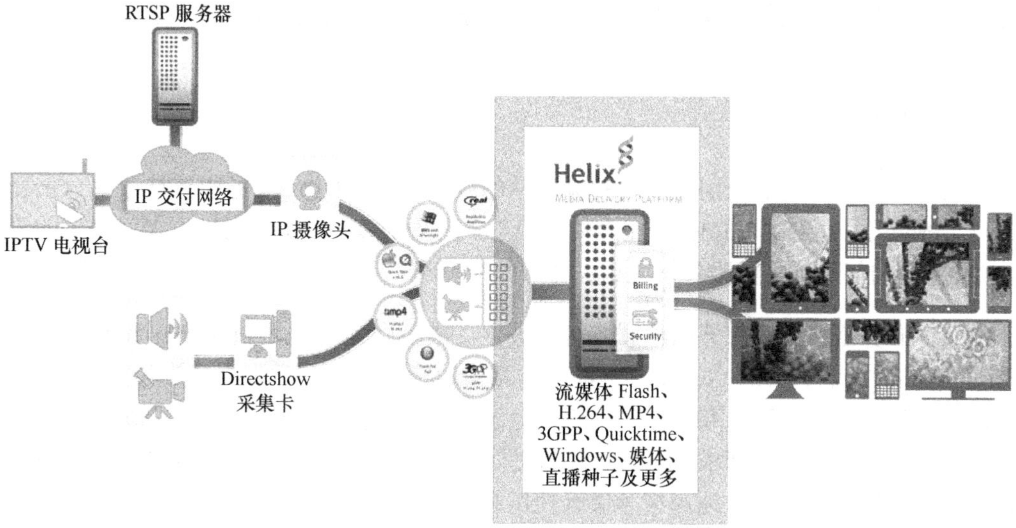

图4-23 流媒体服务器在服务链中的位置（图片来自RealNetworks官网）

（1）面对的客户

服务器面对的客户端多种多样，电脑上有 Chrome、Edge、IE、Firefox、Opera、Safari 等浏览器，也有 VLC、QQ 影音、暴风影音等播放器，其他设备从旧式基于嵌入式 Linux 或 Symbian、黑莓系统的智能手机，到现代的苹果或 Android 设备，从 Roku、FireTV、小米盒子类型的机顶盒到 XBox、Play Station、Nintendo 系列游戏机，从 Chromecast 类的无线投影设备到 Oculus、Vive、HoloLens 等虚拟现实、增强现实设备，各个设备上的音视频应用均是目标服务对象。

（2）协议支持

不论点播，还是直播，由于不同的流媒体协议规定了不同的传输格式，也即对相同的音视频编码格式基础上采取了不同的封装，服务器主要的工作是将文件转化为流媒体协议，流媒体协议转化为文件，一种流媒体协议转化为另一种流媒体协议，转化时根据文件格式和流媒体协议格式进行解包和封包（英文是 Packetize 和 De-packetzie）。以 H.264 和 AAC 格式的音视频内容，在传输时需要封装为 NAL 格式和 ADTS、LOAS 格式，再封装到不同的协议包中，例如 RTP 包、TS 包等，以此为单位发送或接收。

自服务器到客户端的流媒体传输，利用了前文介绍的 MPEG2-TS、RTSP/RTP、RTMP、HLS、MPEG-DASH 等协议。MPEG2-TS 和其他流媒体协议的不同之处在于，它只能用于主动推流的 Push 模式，而其他协议可能采取 Pull 或 Push 两种不同模式。可以想见，MPEG2-TS 主要适用于有线电视领域，任何用户默认都是持续接收电视节目，其他协议则在设计时较多地考虑由客户端按需发起流媒体的传输连接。服务器导入直播流时，于不同的场景可以采取 Pull 和 Push 两种方式。

（3）服务角色

流媒体服务器常见的应用位置是视频网站的源站，以及 CDN 服务中包括源站（Origin）、中间站（Proxy）、边缘站（Edge）在内的各级节点，构成视频分发的核心。后文将进一步探讨 CDN 服务如何影响视频服务，此处先做一简单介绍。

流媒体服务器根据所部署的位置，可以被定义成不同角色，如 Publisher 和 Subscriber，Publisher 即源站或上游站，Subscriber 即下游站或边缘站，则对于直播流服务器而言，我们面对的主要问题是如何可靠和低延时地将流分发到边缘节点，对点播服务，请求边缘节点上不存在的视频会导致回源请求，而访问过的文件片段将被缓存在边缘节点以供下次访问，服务器的特殊挑战是如何高效地对缓存进行使用和管理。

专门的 CDN 服务商需要对服务器进行改造，实现 Virtual Hosting 功能，其主要概念是对一台服务器进行虚拟化拆分。由于客户大小不同，对不同地域的边缘服务大半仅是零散地使用，为每个客户单独分配计算、存储和网络资源并不经济，其使用的流媒体服务器，可以根据用户请求的资源信息或 Cookie 分辨出其来自于哪家客户，在服务器内部的按需分配资源和计费（见图 4-24）。

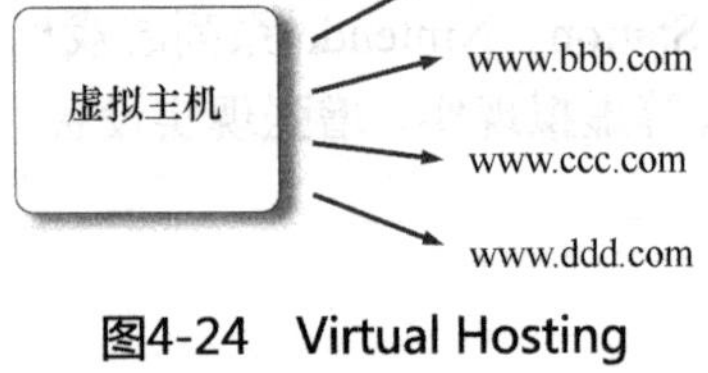

图4-24　Virtual Hosting

更多 Virtual Hosting 相关内容可参考 RFC7230。

（4）应用特点与优化

对 HTTP 服务器而言，需要缓存的文件片段是基于 Range 请求获得的，若举例而言，则可以假设是某一个文件的从 3000 到 7000 字节，但于音视频文件则略有不同，由于视频关键帧概念的存在，获取或存储不完整的 GOP 数据并无意义，因此不论返回用户请求的内容还是在本地缓存音视频片段，都以贴近所请位置的 GOP 为单位较有效率，此时缓存中应有音视频片段对应的时间戳信息以便索引。

同理，针对直播流，因为用户可以从任意时间开始观看，为节约带宽并加快播放启动的速度，服务器应从自身持有的音视频流的队列中找到关键帧，由该处起始服务，避免发送不完整的 GOP 数据。当用户在不同频道间切换时，如果音视频格式相同，流媒体服务器可以使用当前与用户之间的连接，从新频道的关键帧开始发送等方法（见图 4-25），达到最佳的用户体验。

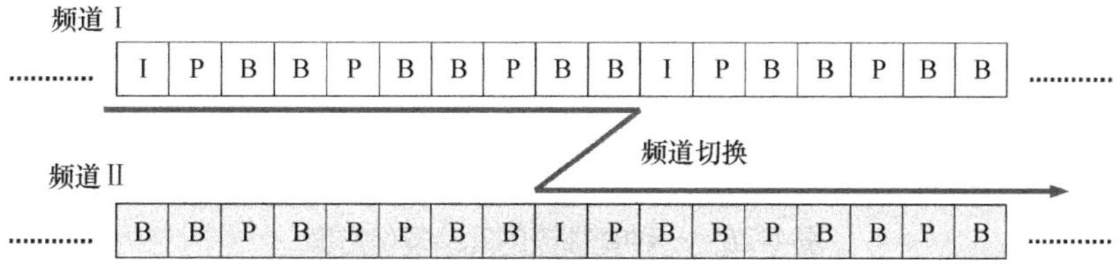

图4-25　直播流的频道无缝切换

通常情况下，因为视频流的传输受到带宽、网络传输稳定性、客户端等待渲染等多方面限制，从编码器、源站服务器、代理服务器到边缘站服务器，以及播放器本身，每一个环节都会保持一份缓存，这有助于整个传输过程的流畅，但代价即是播放器的播放存在延迟，若在直播情况下，还将导致看到的节目系数秒乃至数十秒之前所发生的内容。服务器内部通常维护的 Packet 队列，可根据不同场景调整大小，在直播特有的追求低延时的场景下，该队列甚至可以被取消，即服务器收到任一 Packet 都会立刻处理转发。

流媒体服务器由于其流式服务的特性，对可靠性提出了极高的要求，毕竟用户偶尔访问网页失败，只需刷新重试即可获得服务，但视频播放中途失败对用户体验的打击要大得多，直播用户可能希望继续观看适才错失的片段，点播用户则预期观看进度可以被自动恢复。

较苛刻的服务器测试会构造各种模拟应用，经历 7 天或更长时间的播放测试，覆盖时间戳溢出，频繁播放等用例。对直播服务在高并发环境下仍要求全天候无中断的要求，服务器需支持热备份，可行的方式是预先配置多个冗余的直播流，服务器负责判断和切换，图 4-26 给出了一种直播流冗余备份方案的示意。

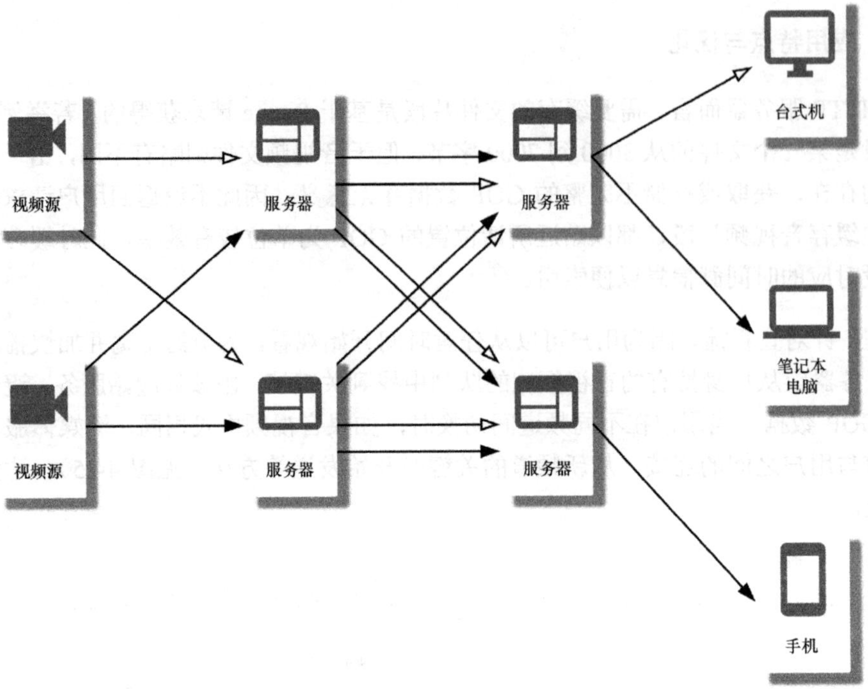

图4-26　一种直播流的冗余备份方案

（5）扩展功能

不论点播抑或直播，对广告的动态插入均是普遍需求，根据广告投放的人群不同，其插入的位置有所不同。例如，若将一份广告如同电视频道一样期望投放给所有用户，则首先适合在网站的编码侧直接编入直播流中，次选则是网站的直播源服务器上，替换原节目中的若干 GOP，此时如广告长度和被替换的 GOP 不同，可以考虑对广告进行重新编码，丢弃部分帧，对整个直播节目的 Timeline 进行调整等手段。如果希望可以针对不同人群投放不同广告，尤其是基于地理位置的投放，则投放可以在边缘站的流媒体服务器上进行。

对于点播服务，可行的做法是直接嵌入广告内容到内容之前、之后或某两个 GOP 之间，此时需由服务器调整 Timeline①，保证播放的连续性。由于在已有音视频节目中嵌入广告的技术复杂性，更实用的方法是向播放器提供形成包含广告和实际节目的播放列表，将 Timline 的调整交由客户端完成。

针对直播服务的另一项常见需求，是用户选择对其中某个片段进行录像，以便日后回味，在流媒体服务器上开发这项功能是常见的选择，其中，与摄像采集设备一样对音视频流编码

① Timeline，即时间线，此处指由每帧音视频数据的时间戳构成的时间轴，播放器将根据该时间戳将数据解码并渲染，点播时间线一般从 0 开始（或接近 0 的数字），直播时间线通常与现实时间相近，具备同样的流逝速度。

没有必要，相反，由于不论视频还是音频，各个流媒体协议定义的 Packet 都包含时间戳信息，对于视频有每一帧的起止信息和是否关键帧的标记，很容易将其收集并转换为视频文件。

传统的流媒体服务器，除却基本用途外，还承载了许多额外功能，例如服务器文件浏览，简易的 CMS（内容管理系统），循环播放，通过播放连接、时长、成功率、流量和存储占用等统计进行计费等。由于单独的流媒体服务器负责音视频内容的分发，它需要提供完整的 API，令视频网站、内容导入、内容管理系统、广告服务、调度系统、用户交互系统、日志、计费等模块可以采取细粒度的控制。

4.7.2 高性能服务器技术

以高性能著称的服务器，不论是专用的流媒体服务器（如 Helix Server），还是通用的 HTTP 服务器（如 Nginx），其在当前的计算机体系架构下，采用的思路大体一致，例如采用异步的网络通信方式以避免连接增加对性能带来的线性损害，设计完全基于回调函数的进程或线程模型避免频繁的线程上下文切换，自我管理内存分配避免陷入内核的耗时，对锁机制的细致使用最大概率避免竞争状态等，以下将分别进行详细介绍。

（1）异步通信

异步模式的网络编程，或更准确地说，基于多路复用模式的异步网络编程，是提升服务器性能的重要原理之一，早先的 Apache 服务器虽然简单易用，但当同时连接的用户达到千级或更多时就不堪重负。故而在不同操作系统上普遍发展出了高性能多路复用的技术，如 BSD 上的 Kqueue，Windows 上的完成端口，Linux 上的 Epoll，Solaris 上的/dev/poll 等。

之所以称作高性能技术，以 Linux 系统为例，同为多路复用，Epoll 较之于早期的 Select/Poll 系统调用，其改进主要是在内核态由红黑树维护待监控链接，而以链表方式维护所有活跃链接并返还用户，在用户态的调用算法复杂度则为 O(1)，其原理示意如图 4-27 所示，故而不至于如图 4-28 中 Poll 和 Select 调用一样复杂度随着链接增多而剧增，图 4-28 中给出了 Epoll 原理的示意。

更多 Epoll 和完成端口内容可参考 Linux Programmer's Manual（Linux 程序员手册）和 MSDN 相关文档。

（2）上下文切换

同样对服务器性能影响极大的，是线程或进程的频繁切换，对一个 H.264 的 NAL 进行打包，或者一次不需要陷入内核的 glibc 调用，可能只需要几个 CPU tick，但线程或进程交出运行权，换出内存、保存线程栈等操作则可能耗费高达数百甚至上千 tick 的时间，因此设计适合当前多核 CPU 架构的进程、线程模型十分重要。

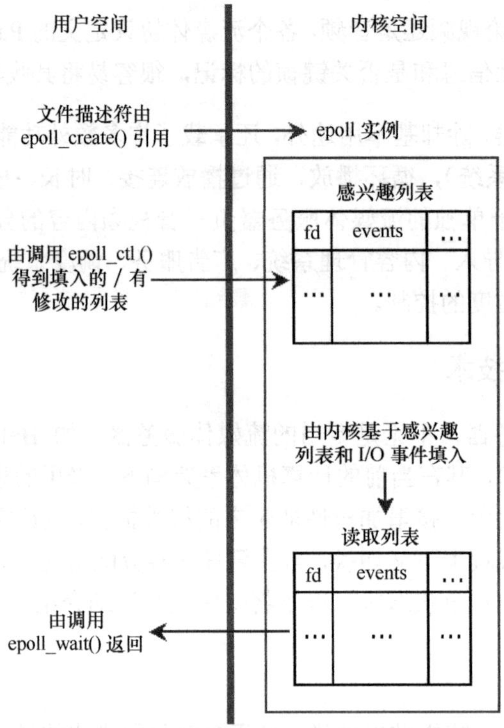

图4-27　Epoll原理（图片来自参考文章）

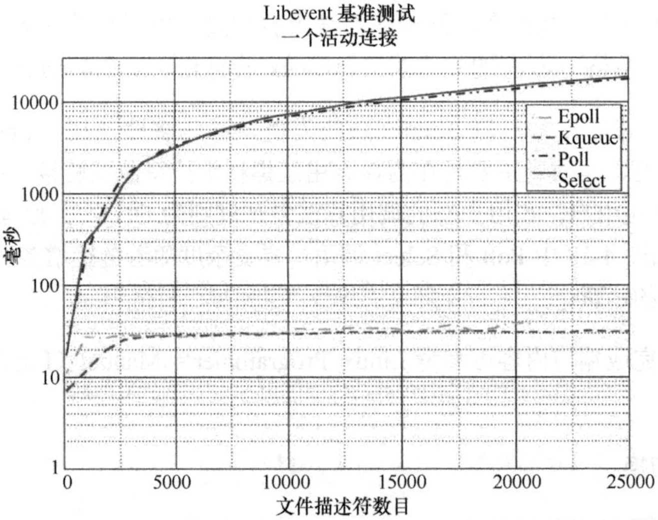

图4-28　Epoll/Kqueue/Poll/Select的性能比较（图片来自参考文章）

可以考虑遵循的原则：首先，我们希望进程或线程在某个 CPU 核心上尽可能连续运行，服务器应根据不同的操作系统选取进程或线程作为基本运行单位，开启适合的进程、线程数量，如与 CPU 核数相同。其次，对所有的处理操作都按照事件驱动的模型进行编写，避免任何阻塞的硬盘读写以及网络读写操作，以令一个进程或线程可以持续地处理成百甚至上千个链接。在此模型下，针对一个网络链接的处理，原则上只由一个进程或线程完成，避免数据的传递以及不同进程或线程间的相互依赖。此外，服务器还可以将进程或线程绑定 CPU 的某个核，以避免竞争状态。

（3）内存管理

为追求高性能，现代的服务器往往不依赖于操作系统，而是自己管理内存，由于流媒体服务器需要处理的数据量远较一般的通用 HTTP 服务器为大，对内存进行自己的管理就显得更有效果。其主要的思路是：首先，从操作系统预先分配大块的内存页，按照较有效率的分块方式统一管理。其次，针对每次内存分配尽可能在本线程所据有的内存中完成，避免需要加锁保护的情况，使用结束的内存并不返还操作系统而是优先用于下次分配，对于常用的内存块大小，提前进行预测分配。自行管理内存的另一个好处是减少页表的大小并改善缓存命中情况。

图 4-29 中介绍了 Helix Server 中不同层次内存的管理机制。

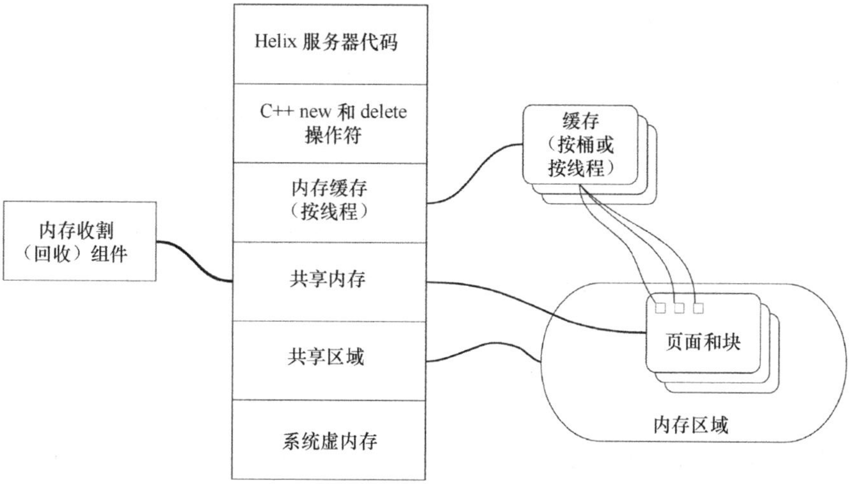

图4-29　Helix Server的内存管理机制

（4）锁机制

系统中如果使用任何锁机制，不论是操作系统提供，等待满足条件后唤醒的内核态锁，还是在“忙等”的用户态锁，都是对运行效率的一种降低。根据进程、线程模式的设计，绝大部分情况下，各个进程或线程都应该独自处理用户请求，在同一上下文内并无加锁的必要，但仍然有一些关于数据交换或共享的需求，必须加锁来完成，这时就需要详细考量。

首先，形如 pthread_mutex_lock()因为可能陷入内核，应该尽量避免使用，其次，在各个系统中均常见的 Atomic 锁，利用了 CPU 提供的锁总线功能完成，仅花费一个 CPU tick，效率较高，适合保护极细粒度的内容，例如数据块的引用计数，在使用时将锁住所有进程或线程。

- Atomic 锁的示例：

```
inline void AtomicIncUINT32(UINT32* pNum) {
    __asm__ __volatile__ (
        "lock incl (%0); "
        : /* no output */
        : "r" (pNum)
        : "cc", "memory"
        );
}
```

另一种适合的锁是 Spinlock，其原理是让 CPU 进行一些循环，持续检测标志位的状态变化，再用锁总线的方式更改标志位。由于锁是为保护数据而存在，故而在开发时，将需要保护的数据尽可能拆分成较细的粒度，令数据操作可在极短时间内完成，否则，如果对数据的操作占用太长时间，则 Spinlock 反而效率较低。

在流媒体服务器中，常见以下需要锁的示例。

1. 需要读写全局配置项，此时可考虑类似 Windows 注册表一样的做法，对每一个注册表项都使用一个独立的 Spinlock，互不干扰，降低访问冲突。

2. 需要在不同进程或线程间传递数据，如 Socket，改变数据的持有者，可以依据进程、线程以及数据类型建立不同的访问队列，然后针对不同队列的访问加不同的锁，目的同样是为了降低访问冲突。

3. 不同进程、线程的访问请求指向同一份音视频内容，可以针对每份内容在不同进程、线程中复制相同的对象，对对象本身的访问加锁，以及对该对象管理下的所有 Packet 分别加锁（引用计数）。

（5）零拷贝

鉴于流媒体服务对 I/O 的高要求，另一项需要认真对待的原则是尽量实现零内存拷贝，一次常见的读写操作常常会触发四次内存拷贝。内存拷贝的高带宽、高速度针对其他服务或许并非掣肘，但对流媒体服务而言，单台服务器的吞吐量常常可高达 Gbit/s 级别，高者达到数十 Gbit/s，内存拷贝的代价并非可以忽略。以 Linux 为例，系统提供了几种不同的处理 I/O 的方法。

1. Direct I/O，允许用户的应用程序直接访问硬件，但缺少内存页的缓存。

2. mmap()，用户态和内核态共享地址空间，在内核中仅在写时有一次内存拷贝。

3. sendfile()，类似于 mmap，主要避免了从内核中向 Socket 缓冲区的拷贝。 4. splice()，允许数据在内核中从源文件描述符拷贝到目标描述符。 5. fbufs，可以允许在应用和内核间分配共享的 fbufs。

图 4-30、图 4-31 给出了使用 mmap()和 sendfile()减少内存拷贝的示意。

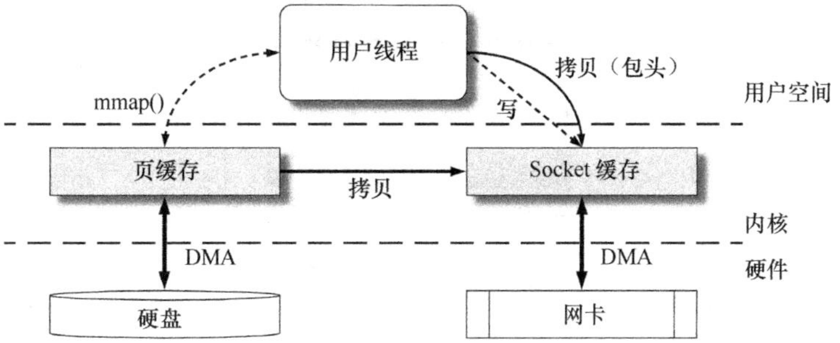

图4-30 使用mmap()减少内存拷贝

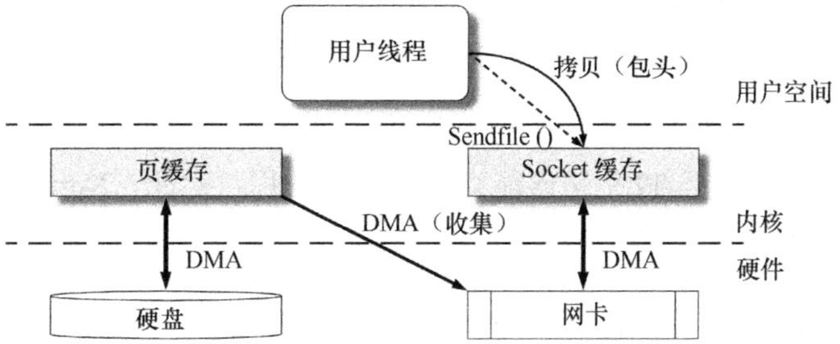

图4-31 使用sendfile()减少内存拷贝

鉴于以上的环节中，Linux 内核的处理过重，每个数据包都会触发中断处理的完整过程，某些追求极致性能的服务器考虑不让数据包通过内核，而是通过实现一个用户态的轻量级 TCP/IP 协议栈，让驱动直接将包与用户程序交互，就避免了繁重的中断和系统调用。微软在其 IIS 服务器上针对许多场景都有高性能表现，也可看作是部分地得益于其微内核架构。

（6）其他实践

为解决并发和 I/O 问题，还有其他一些思路。例如运用 FPGA 在内核态进行线速的解包、封包和转发，同样可以达到很高的并发。又如早年间在有线电视市场占有率极高的 Broadbus 服务器便为此设计了复杂的硬件（见图 4-32），在 2006 年即可提供 80Gbit/s 的输出，当前集中式、设计复杂的专用硬件虽不再流行，亦有一些公司在尝试基于廉价 x86 配合 FPGA 或 DSP 芯片，重载系统的 sendfile()接口，达到高吞吐量。

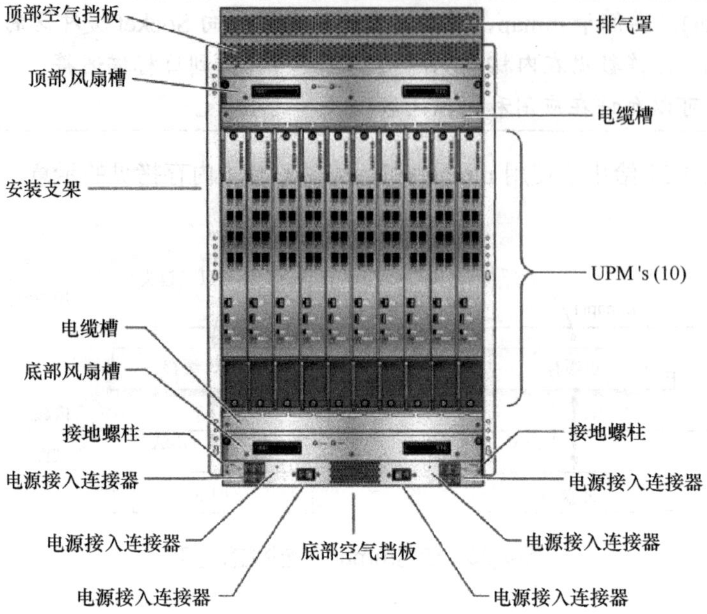

图4-32 Broadbus设计复杂的硬件服务器（图片来自Broadbus官网）

近年来，随着用户需求的增长，资源密度的增大，使用单 Linux 或 FreeBSD 服务器提供 100Gbit/s 的流媒体吞吐甚至 TLS 访问能力也提上了日程，对此，Netflix 在 2017 年的一篇 Tech Blog 中详述了遇到的问题和解决方式，包括：

1. 在 FreeBSD 上对非活动页面队列进行缓存，避免锁的消耗；
2. 增加 pbufs 启动分配数量和更改 vnode pager;
3. 主动扫描 VM 页面队列以避免 Pageout 进程的 Burst;
4. 实现批量排序的 TCP LRO（Large Receive Offload）算法；
5. 使用 Intel 的 VTune 工具分析内存带宽占用；
6. 更新 ISA-L 加密库，使用 DDR4-2400 内存取代 DDR4-1866;
7. 修改内核数据结构以提升缓存命中；
8. 修改 TCP 相关计数，提升由此导致的缓存丢失和 CPU 消耗；
9. 修改 FreeBSD 网络栈中的 mbuf 类型，检查 NIC 的驱动，以保证其不使用 mtod() 方法访问。

4.8 物流服务：CDN

CDN 是 Content Distribution Network 的缩写，是利用多个分别部署的数据中心、机房、服务器，在网站和用户之间插入一层网络架构，选取最靠近或服务质量最佳的服务器为每位用户提供服务。CDN 可以有效地解决网站容量不足、互联网拥塞、降低主干网流量占用、提高用户响应速度和下载速度等问题，是现代互联网服务中必不可少的环节（见图 4-33）。

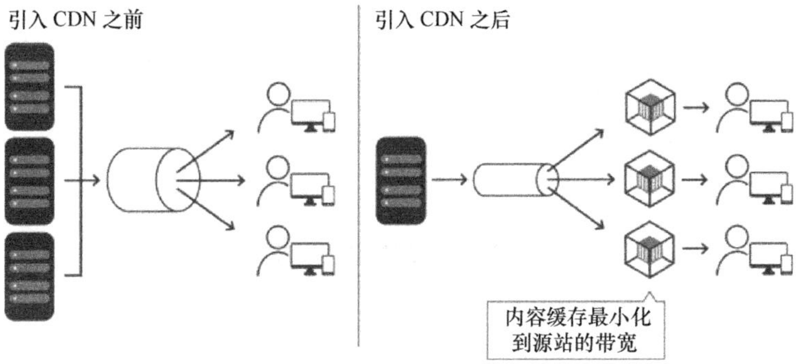

图4-33 CDN的作用（图片来自NTT网站）

据称在 2016 年，仅 Netflix 一家占据的北美网络流量就高达 37%，如计算上 YouTube 的流量，则已超过一半，如此巨大的流量来自于 CDN 的助力。当前较大规模的在线视频公司通常都拥有自己的 CDN，但同时也在许多应用场景下与专门的 CDN 公司进行合作，如 Akamai、Edgecast、Level3、Limelight、CloudFront 等，其主要意图在于降低成本、优化用户体验、保障流量安全①和实现定制化功能。

4.8.1 CDN 的基本技术

构建一个商用的 CDN，需要基于 DNS 重定向、源站与边缘站（Origin Server 与 Edge Server）、缓存和负载均衡等关键技术，现代 CDN 对虚拟化、P2P、定制服务器、SDN 等技术亦有很高要求。CDN 的基本原理在于，根据用户的来源将其访问请求重新指向选取出来的缓存服务器，用户不需要访问网站服务器即可得到所需的内容，所有静态的视频、图片文件、毋需常常变化的网页等都适合被缓存。

一个可行的 CDN 架构需要包含 GSLB（Global Server Load Balancing，即全局负载均衡）、应用发布、源站和边缘站的节点管理、各个节点的缓存管理、监控和日志分析、客户管理和计费等组件（见图 4-34）。

① 2016 年，如 Akamai 或 Level3 这样的 CDN 巨头，其全网服务带宽大约在 40～50Tbit/s，只需 1000 万互联网用户在 3Mbit/s 的码率下观看超级碗，就轻易可以达到 30Tbit/s 的需求，在线视频公司使用自建 CDN，不仅是从成本考虑，更是追求流量安全的必然。

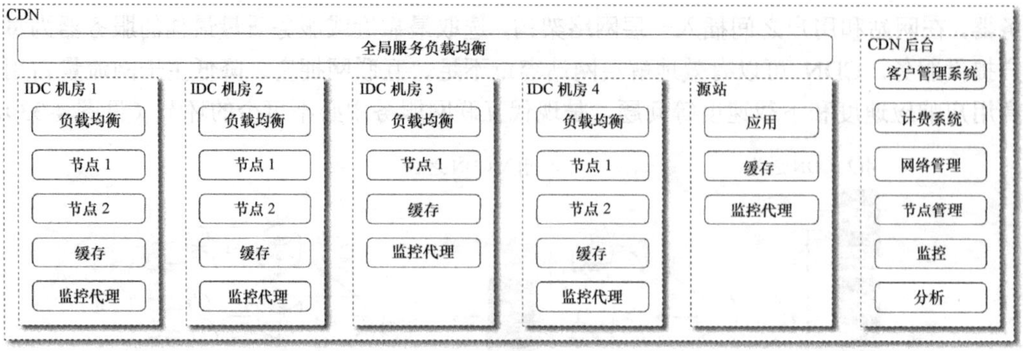

图4-34　CDN系统组成

（1）调度

用户请求时 CDN 处理的过程大致如下：当用户操作时，浏览器或应用程序将网站请求的 URL 发送给 DNS 服务器，DNS 服务器将返回该域名对应的 CNAME①，客户端将再次申请对 CNAME 的解析，接收到解析请求时，全局 DNS 服务器会将用户访问定位到离用户最近、负载最轻或延迟最低、带宽最充分的边缘服务器上，客户端得到边缘服务器的 IP 地址后，发起真正的数据访问请求。整个过程的示意可参考图 4-35。

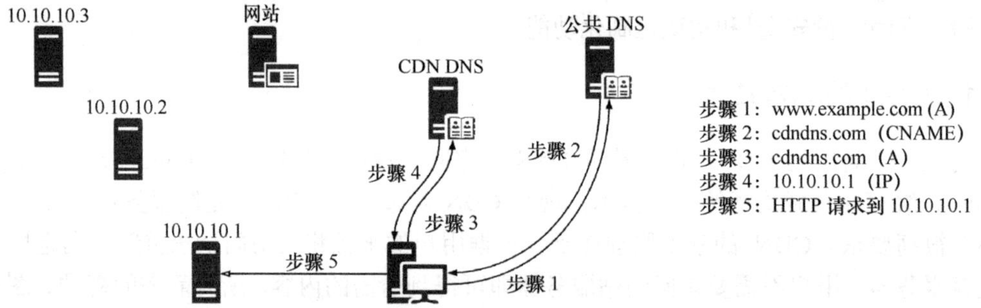

图4-35　DNS解析过程

GSLB（即 CDN）对于 DNS 服务的替代，最终将用户定向到目标的边缘节点，由其提供服务，常见的方法包括基于 DNS/ECS②的 GSLB、基于 HTTP 重定向的 GSLB、基于 IP 路由的 GSLB③等。基于 HTTP 重定向的 GSLB 将获取客户端的 HTTP 的请求再行重定向，基

① CNAME 是规范名称记录即 Canonical Name 的缩写，可被认为是对域名设置别名，如果用户对域名设置了 CNAME，意味着 DNS 服务将对相应的请求返回另一个域名，当使用 CDN 时，CNAME 将指向 CDN 内部的 DNS 服务器。

② ECS(edns-client-subnet)是 Google 提出的一份 DNS 扩展协议，主要作用是允许传递用户的 IP 地址给权威 DNS 服务器。

③ 对基于 DNS 的 GSLB，使用 IP Anycast + BGP 的技术是可行的选择，其原理是给予多台服务器同一 IP 地址，并将请求路由到由协议测量出的“最近”服务器。

于 IP 路由的方式实质是利用了 Tunneling 技术，同样需要用户请求首先发送到 GSLB，此外，一个强大但缺乏灵活度的策略是使用客户端 SDK，获取服务列表，仅适用于私有 CDN。

GSLB 需要维护一个状态正常的服务器列表，以及 IP 地址对应的地理位置与运营商的信息，在策略上可以采取静态配置 IP 段、基于轮转加权、基于地理选择等方式选取服务器，还可以基于服务器当前的 Session 状况、物理服务器绑定状况、延迟时间等帮助选择。

本质上 CDN 公司使用 GSLB 进行流量调度是一个优化问题，如何调度取决于考虑哪些特征和优化目标，因此成本、响应时间、用户体验、流量瓶颈等都可被加入考量。此外，由于 CDN 公司面对的服务通常有按日、按周或按特定时间潮汐涨落的特征，对流量进行人工或自动的预测，保留服务器资源，对巨大流量进行甄别对待等也是 CDN 关注的方向，图 4-36 给出了视频播放请求的潮汐涨落的示意。

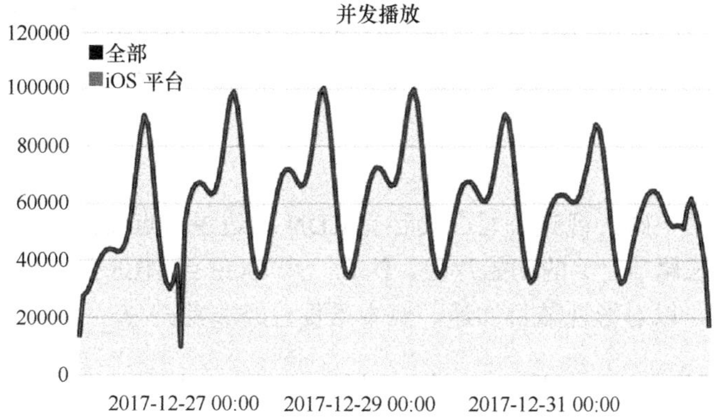

图4-36　视频播放的潮汐涨落

针对视频服务领域，用户的各项播放指标（如开始时间、卡顿频率和长度等，详见后文 QOS 部分）都将是 GSLB 密切关注的对象，基于 HTTP 的视频点播服务在 CDN 中的应用与图片或其他文件服务并无本质上的区别，但 RTMP 等基于会话的流媒体服务则需要边缘节点预留出足够的计算资源，并开发定制化的缓存访问及回源机制，对直播流而言，需要考量的范畴将扩展到如何令整条直播链路最优。

（2）缓存管理

CDN 的核心功能，是在整个互联网的层级上为用户提供缓存访问，故而与调度相当，在 CDN 内部对缓存的管理和控制同样是关键技术，除使用现成的 Varnish、Squid、Nginx 进行网页缓存，Redis、Memcached 数据缓存外，针对海量文件，还可使用包括 MooseFS、SeaweedFS、FastDFS 等在内的存储方案作为本地缓存。

当用户 A 访问被 CDN 加速的站点时，经由 DNS 指向 CDN 的某一台边缘服务器。若所需的页面或文件正好被缓存于服务器中，则缓存服务器立刻返回数据。但如果并没有所需内容，则将由边缘服务器向网站发起一次访问请求，获取对象再返回用户。同时将其放进缓存之中，以便下次其他用户访问用户时可以命中。这称作一次回源请求。

如视频文件、图片、静态网页等内容天然适合通过 CDN 向用户提供服务，对预计访问量较大的内容，CDN 并非依仗向网站的回源请求将其缓存到各个边缘节点，而是提供 CDN 的源站服务，即允许网站服务商手动或自动地将希望 CDN 缓存加速的内容上传至 CDN，边缘节点的回源访问指向的是 CDN 内部的源站。

在线视频对存储空间和带宽的巨量要求令其成为在 CDN 缓存设计上重要的因素，设计的重要目标是增加缓存命中和减少回源请求。

对热点内容，预计有大量用户实时访问的内容，由于回源操作延迟较大，为使第一批访问的用户也可以得到较好的服务质量，可由用户配置或 CDN 服务选择，通过推送的方式将内容主动从源站分发到部分或全部边缘节点，或者通过测试请求让缓存预热起来的策略进行服务。

鉴于存储价格的下跌，视频公司在其私有 CDN 的边缘节点或次级源站中，缓存所有视频库中内容（包括长尾节目）的初始片段，例如一个 GOP 或 HLS/DASH 协议的 init MP4 文件、初始的切片等，以对影视节目加速，成本条件已经非常充分。

（3）CDN 的架构

不论调度，还是缓存管理，都依赖于一个好的 CDN 架构设计，其中包括每节点的软硬件设计和节点的拓扑设计。

最简单的 CDN 架构中只有源站和边缘站两个层级。在较复杂的 CDN 方案中，CDN 由多级体系组成，即在源站和边缘站中间还设置了一层或多层节点，次级或三级源站均可用来服务边缘站的回源请求。通常服务区域和层级多寡按地理位置、运营商网络和边缘站的分布划分，这种情况下，CDN 运营的重点在于对各级源站的缓存进行全局管理。

随着技术进步，多数现代 CDN 公司的节点管理并非粗糙地对物理机进行操纵，而是利用 KVM、Docker 等虚拟化技术，在边缘节点机房内设置服务集群和缓存，保证资源隔离和高可用性。在此基础上，CDN 节点的部署亦可得到大幅简化，不但完全自动化进行，且能够快速部署到任何提供物理机器的机房而不需公司运维人员参与。

完善的基础设施带给视频公司私有 CDN 的好处在于数据库和一些后台服务也可以前置于边缘节点，可以进一步缩短用户响应时间，提升观看体验，同时，这也促进了一些 CDN

公司由多层的树状拓扑向网状的拓扑结构演进，即所有服务器都可以承担多种角色①，每一部分的服务均由算法动态定义。

4.8.2 发展趋势

由于视频的流量过于庞大，并具备明显的潮汐效应，许多视频公司都支持混合 CDN 的使用，同时使用自有 CDN 和第三方 CDN，抑或多家 CDN 混用，因此前述的流量调控、缓存管理亦应将混合 CDN 纳入考量。

近年来，另一需要关注的趋势是，越来越多的 CDN 公司发展了 P2P 架构的服务作为补充，其目的和技术手段并不完全相同，有的方案重点为增强缓存的有效性，即关注让区域内不同的服务器节点缓存不同的内容，有的方案看重并行性，强调从多个不同的服务器获取同一内容的不同片段，还有的方案提供 SDK 令用户设备变成独立的边缘服务节点，以节约自身带宽和存储，甚至提供与用户分成的模式。

在线视频公司在对 CDN 具备完全控制的情况下，有许多功能可以在边缘节点上实现或优化，例如本地 QOS 监控、基于地理位置和用户信息的广告插入、局域 P2P 等，整体而言，将客户端、后端服务与 CDN 视为一体进行优化是流媒体技术演进的必然方向。

4.9 P2P：小农经济还是共享经济

P2P（即 peer-to-peer，对等网络）技术意图取消或弱化中心服务器功能，依靠用户设备进行相互发现和服务，用户设备既接受他人的服务，又作为服务的一部分向整个网络反哺，下面将对其背景和其与流媒体分发的关系进行一些概要介绍。

P2P 的核心思想是利用整个网络中所有节点包括带宽、存储、计算在内所有的硬件资源，为网络中的用户进行服务，以达到资源利用率的最大化。其思路可以扩展到各个领域，许多

① 一项绝大多数 CDN 公司均可实现（已实现）的功能是多源站功能，源站和边缘站仅是开发者对服务器角色的定义，因此如果一台边缘服务器具备扮演源站角色的能力，则在实时传输的场景下将大幅拓展 CDN 的功能，提供更好的用户体验。

在视频直播中，低延迟效果很大程度上仰赖于接收节目源的节点是否可以本地化，游戏或秀场类直播就更视之为必要条件。因为直播一对多的观看模式，大部分采取推流的方式，即将直播流推送到源站，经过转码和后处理工作后，由 CDN 的内部调度系统将其推送到次级源站甚至边缘站。RTMP 的协议是常用的推流协议，HLS 或 DASH 协议的直播流可以通过 WebDAV 协议或其他方式推送，亦有许多选择 RTP 等实时流协议进行推送的实践。

举例来说，假设 CDN 源站在纽约，直播内容来自于洛杉矶而观众在波特兰，传统的推流方式将令视频流先推送到纽约才能被观众收看到，而多源站支持意味着直播内容可以被推送到最近的源站（假设在旧金山）从而服务给观众，在延时上有明显的优势。

商业模式也借用 P2P 的思想，进行从短期居住、出行到金融借贷、无中心货币等各式各样的服务，代表企业或服务包括 AirBnB、Uber、陆金所等。

4.9.1 P2P 的基本技术

技术而言，P2P 首先应用于文件内容的分享和传播，从早年著名的 Napster 到后来的 Bittorrent、eD2k、KaZaA，培养了大量接受该思想，愿意将个人设备的资源加入网络的用户，因为在线视频服务的重点即是文件的分发，也由于国内昂贵的带宽成本，风行、迅雷和暴风影音等在 P2P 点播，搜狐、PPLive 等在 P2P 直播上都做出过大规模实践。

在开发 P2P 系统时，可以依据是否每个节点都同时作为客户端和服务端，是否存在中心服务器，是否存在中心路由器等判定其是否是纯粹的 P2P 网络。但纯粹的 P2P 网络可能遇到许多难以解决的挑战，例如资源发现、负载均衡、节点状态变化、路径选择等（P2P 的路径选择问题可参考图 4-37）。对于在线视频的服务商来说，为了商业运营的成功，若使用 P2P 技术，大多使用混合架构，对 P2P 网络的服务情况进行完整的监控和干预，以保证整体的服务水平。

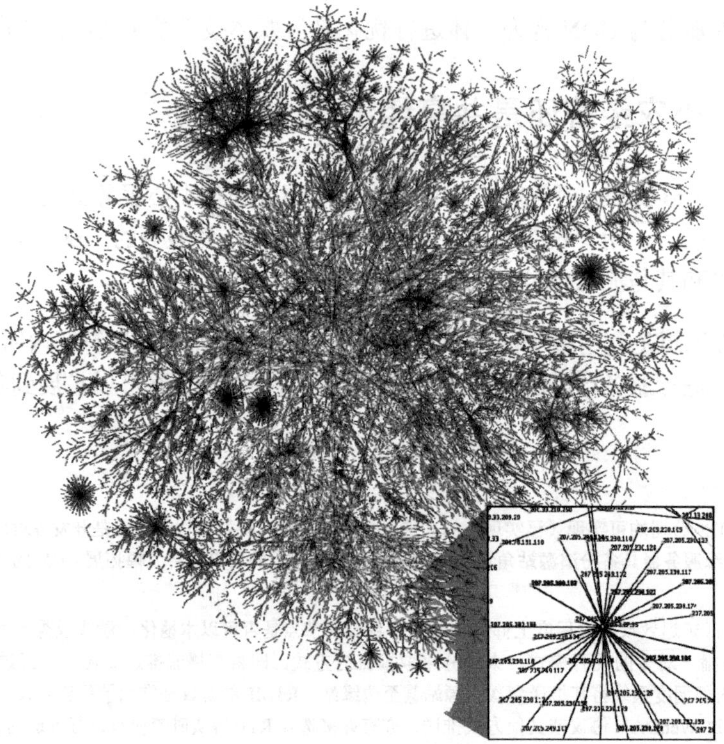

图4-37　P2P网络中路由路径的可视化（图片来自Wikipedia）

常见的 P2P 网络的文件分享协议有 Bittorrent、eD2k、FastTrack、Gnutella 等以及大量的私有协议，绝大多数协议基于 TCP 协议之上。以 Bittorrent 协议为例，发布者需要根据文件内容提供一个.torrent 文件（称为种子），其中包含 Tracker（追踪者）信息（即 Tracker 服务器的地址和相应设置），以及文件信息（即根据目标文件计算生成的虚拟分块，也即被分享文件的索引）。下载时，客户端解析种子文件得到 Tracker 地址，连接 Tracker 服务器以得到提供下载的各节点 IP，此后不再需要服务器参与，不同节点将告知对方已有的块并交换数据。

严格来讲，需要 Tracker 服务的 Bittorrent 并非完全的 P2P，支持 DHT（Distributed Hash Table，分布式哈希表）网络的系统可以在没有 Tracker 的情况下载（见图 4-38），其原理是每个客户端负责小范围的路由并存储小部分的数据。

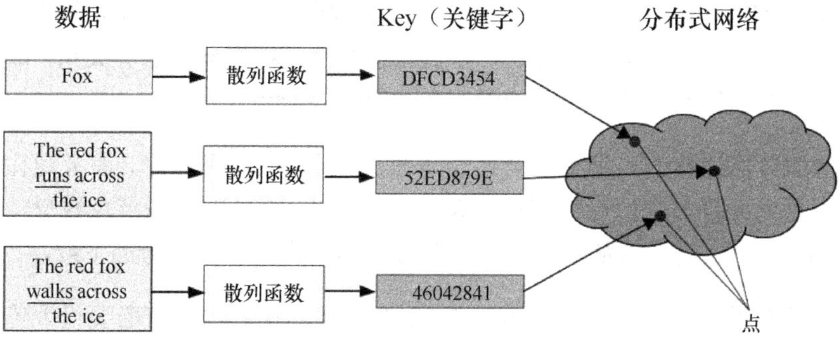

图4-38 DHT示意（图片来自Wikipedia）

4.9.2 流媒体服务的 P2P 需求与挑战

由于一部电影通常占据数百兆至数 GB 不等的大小，视频文件从早期就占据 P2P 网络分享内容的大头。在视频点播服务中使用 P2P 技术可节约七成以上甚至 90%的带宽费用，主要包括如下组件。

1. 资源服务器，用于发布每一视频分块。
2. 资源调度服务器，发布提供服务的节点列表以及进行流量调度。
3. “超级”节点，由资源调度服务器控制，如同 CDN 节点一样依据需求加入或移除对某些视频服务的支持，作为普通节点的补充。
4. 客户端，实现公开或私有的 P2P 协议，下载和分享策略等。

除却普通 P2P 网络通常遇到的问题，在点播服务中应用 P2P 技术的挑战还有以下几方面：首先，在 PC 上无法通过浏览器进行服务，需要额外下载客户端软件，阻碍了用户的获取。其次，下载的文件若非经过 DRM 加密，则极容易泄漏，遭版权方诟病。除了热门节目，当用户观看长尾节目时，同时观看或持有相应视频片段的用户节点较少，可能无法提供下载助力。此外，当用户并未观看视频时，软件仍在后台长时间对外提供服务，也令人有安全性上的担忧。

低交互性或无交互的直播可能是在线视频服务中最适合 P2P 技术的场景，因为大量的用户在同一时间观看相同的内容，不需过分顾忌延迟问题。同时因为视频片段即用即弃，并不需要消耗扮演服务角色的节点太多存储空间，此时应用 P2P 技术可以在用户资源占用、播放体验、带宽成本之间达成较好的平衡。

常见的解决方案将直播流分成较小的视频片段以供分发，并将用户根据带宽资源、地理位置等信息分成不同数量和层级的群组。其中带宽和延迟状况较好的用户被设置为高级节点，较差的用户被设置成次级节点。源服务器仅向高级节点提供服务，除特殊情况（如起始服务列表）外，而次级节点将主要从高级节点获取直播流。在用户量极大和节目延迟可以接受的情况下，用户节点可能被划分为三个以上的层级并保持有向的服务关系，即某个层级的节点只会从同层级、较高层级的节点或源服务器获得视频流。

为解决源服务器连接的可靠性以及性能问题，在此类直播网络中，服务商往往采用多服务器的策略，预先设置多个边缘节点（仍大幅少于传统 CDN 的边缘节点数量，相当于传统 CDN 中的区域中心），为无法从其他节点获取服务的用户提供直播流的下载。

当前许多用户设备都是运行在路由器或 NAT 设备后面，因此有必要设置连接服务器，利用 STUN、ICE、DTLS 等技术帮助在不同 NAT 设备后的节点建立连接。同时因为没有必要两两节点均建立连接，借助源服务器的介入，各个节点可以只保留自己的“邻居”节点列表并定期更新。

不同节点的层级划分（图例可参考图 4-39）将是一个动态进行的过程，例如当前网络类型、设备内存和 CPU、上传带宽、对相邻节点通信友好程度、过往服务时长等均应作为评估的依据，节点随时可能加入、退出、提升或降低层级，其对应的容错机制是设计的重点之一。

为保障服务的连续性，需要对缓冲机制、流媒体的推送、拉取策略进行仔细设计，一种可行的方式是以推送为基础，客户端根据缓冲区大小进行拉取补充。由于缓冲区大小的限制和对延迟的要求，对于故障检测时间，通常单纯的超时失效或许不再可行，可考虑配合状态查询服务器设计整体方案。对基于帧的流媒体传输而言，应考虑使用 FEC 和 MDC（均为纠错机制）。

当前有许多流媒体协议支持 P2P，如 RTMP 协议族中的 RTMFP 协议，其基于 UDP 并支持动态 IP，允许客户端之间的相互传输并有很好的错误恢复能力。基于 HTTP 的 Progressive Download（渐进式下载）方式以及 HLS、DASH 协议的视频服务因为分片下载的特性，也可以容易地被实现成 P2P 架构。在实践中，许多服务提供商自定义了自己的控制协议、节点逻辑和流媒体格式，例如基于 RTP/UDP 按帧分片或 Fragmented MP4 格式等。

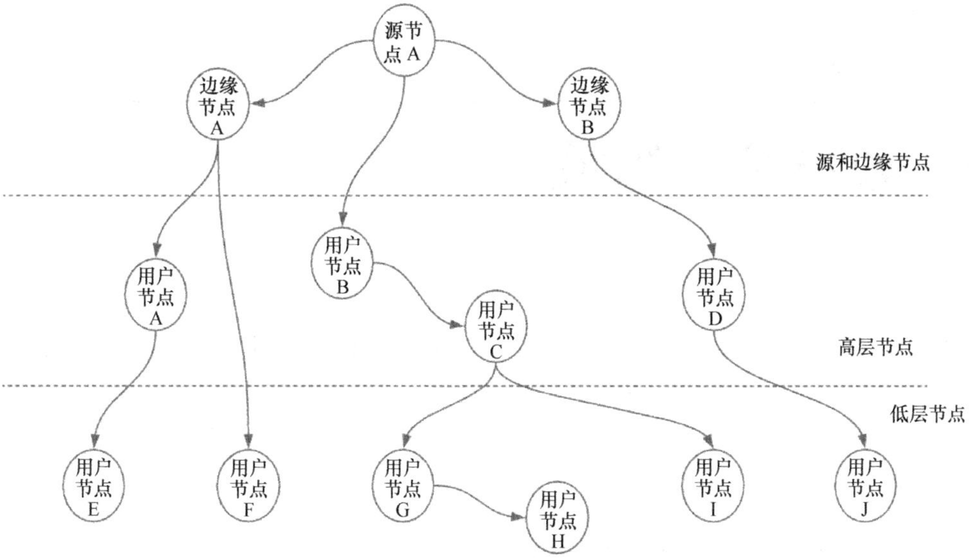

图4-39 P2P节点层级划分

现代的 P2P 服务已经摆脱了以前游走于灰色地带的印象，得到了大量头部公司的官方支持与运用①，其中最为人知的就是 P2P 类型的流媒体服务与 CDN 服务，其与原始 P2P 网络的区别，有如共享经济与小农经济之间的不同，可以被看作完全不同的两种体系。

随着用户对服务体验越来越高的要求，直接使用终端设备作为 P2P 节点受到了很大限制，用户较少愿意将自己电脑或手机加入 P2P 网络，但另一方面，用户持有的智能网关、路由器、机顶盒等设备数量增加且拥有逐步提升的性能，又长期空闲在线，一些 CDN 运营商以此设计了一套激励机制将其纳入自身网络，按 P2P 方式运行但按照 CDN 的体系对许多直播或点播的视频服务商提供服务。

这类新型的 CDN 的架构与传统 CDN 相比复杂许多，获取的额外好处则是与传统 CDN 相比低廉的带宽和服务器费用，此类 CDN 运营的要点将是如何获取和激励足够多的用户节点，并保持用户节点与客户服务规模之间的平衡，此外在服务质量、节点规划、安全认证、运营保障上也有不尽相同的挑战。

① 当前国内大规模提供或使用 P2P 型 CDN 服务的有百度（爱奇艺）、腾讯、阿里（优酷）、迅雷（网心）、云熵等等，境外较知名的有 Spotify、Peer5 等。另如 Akamai 也曾踏足于此，并于近年多次表示将考虑在体育直播和 WebRTC 型应用中使用 P2P 架构。

第 5 章

音视频技术：播放

编解码和流媒体可谓在线视频服务的基石，然而仅凭它们还不能涵盖技术的全部，最终视频服务需要立足于对用户的呈现，下面将讨论的是与播放侧密切相关的内容加密保护、字幕、播放和服务质量等话题。虽然本章篇幅较短，但实际的工程实践中，播放工作因为与用户体验直接相关，占据了很大的比重。

5.1 视频领域的大保镖：DRM

据称，仅仅在 2016 年，盗版影视作品就给美国和中国的视频网站分别造成超过 89 亿美元和 42 亿美元的损失，版权保护已成为在线视频服务盈利的关键。没有 DRM 保护的视频放在互联网上播放，就如同“裸奔”一样，使用视频下载软件可以轻易地分析网页中的视频链接，绕过鉴权步骤直接访问下载，或者分析下载到的视频并重新打包存储，还可以截取录制设备中的画面。

DRM（Digital Rights Management，数字版权保护）是用于保护视频内容的一系列访问控制技术集合，用于控制视频和设备的使用过程，包括对视频的使用、播放、拷贝、修改等。它可以进行多种不同层次和功能的限制，例如必须在指定电脑或播放器上播放、必须在特定日期前播放、限制播放次数、限制拷贝或限制拷贝次数等。如果说视频内容是钱，在线视频公司是银行，那么 DRM 就是银行雇佣的保镖，保护视频不受外界窃取。

5.1.1 加密技术

令 DRM 技术成为现实的基础是加密技术，原理在于将明文信息改换为难以读取的密文信息，只有具备解密方法的对象经由特定过程，才能将密文还原为正常可读的内容。加密算法分为对称加密和非对称加密两类，对称加密将信息使用一个密钥进行加密，解密时只需使用同样的密钥，按同样的算法进行解密，非对称加密算法则在加密和解密环节使用不同的密钥（见图 5-1）。常见的对称加密算法有 DES、AES、IDEA 等，非对称加密算法有 RSA、ElGamal、

ECC 等。

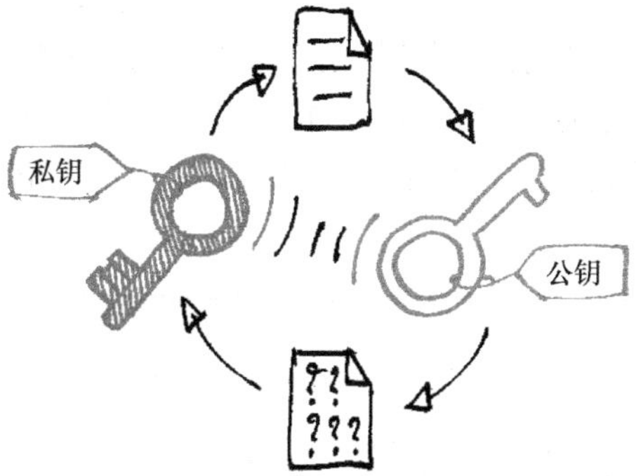

图5-1 非对称加密过程（图片来自Wikipedia）

AES 是当前应用最广泛的对称加密算法，算法将明文切分为 128 位的块，支持 128 位、192 位或 256 位的密钥，加密过程大致是在一个 4×4 矩阵上执行 AddRoundKey、SubBytes、ShiftRows、MixColumns 等四个步骤，其初值即是一个明文块（一个元素即是一个 Byte），每个元素均与该次的 RoundKey 做 XOR 运算，通过非线性函数将每个字符替换成对应字节，将矩阵各行循环移位，最后使用线性变换混合每行内的字节。

非对称加密需要两个密钥：一为公钥；二为私钥。使用其中一把密钥加密而用对应的另一密钥才能解密，虽然两枚密钥相关，但并不能计算得出。这种算法使用的要点在于用户保留自身生成的私钥，而将公钥提供给服务端，服务端则按照公钥将明文加密发送，任何截取内容的人因为无法获取私钥从而无法对内容进行解密。

RSA 是当前最常用的非对称加密算法，其原理是对一个极大的整数做因数分解。当用户想产生一对公私钥时，可以随意选择两个大的质数 p 和 q，计算 p、q 的乘积 N，并求 p-1 乘 q-1 的值即 r，选择小于 r 的整数 e，使其与 r 互质，且求得 e 关于 r 的模反元素 d，则(N, e)可以作为公钥，(N, d)可以用作私钥。

与对称加密算法相比，RSA 要慢许多，因此通常该算法用来加解密关键信息而非全部内容。RSA 算法并没有很好的公开算法可以进行攻击，但其弱点在于公钥的分发过程，即内容持有者需要确定其获取的确实是用户而非攻击者的公钥，通常通过第三方认证机构签证来进行保证。

HTTPS 是网站传输内容时用来增加安全的常用手段，其主要思想是在不安全的网络上创建安全信道，基于预先安装（浏览器或客户端软件）的证书颁发机构，建立可以相互信任的连接，通过 HTTPS 可以部分地解决前述的公钥发送问题。

摘要算法是另一类对安全防护有重大意义的算法，它可以从任意类型数据中创建数字摘要，使数据变小且格式固定。其特性在于，如果两个摘要值不同，则其原始输入也不相同；如果摘要值相同，则原始输入不同的概率非常低，此外，摘要算法必须满足不可逆性，即不能由摘要值推算出原始数据，当前广泛使用的摘要算法有 MD5 和 SHA 等。前述的 RSA 算法中，如果用户利用其私钥进行加密，则任何持有公钥者均可解密，可以肯定该文件必然出于该用户，此特性可以用于验证用户发布的数据或文件是否完整（见图 5-2），与摘要算法配合可以作为数字认证的基础。

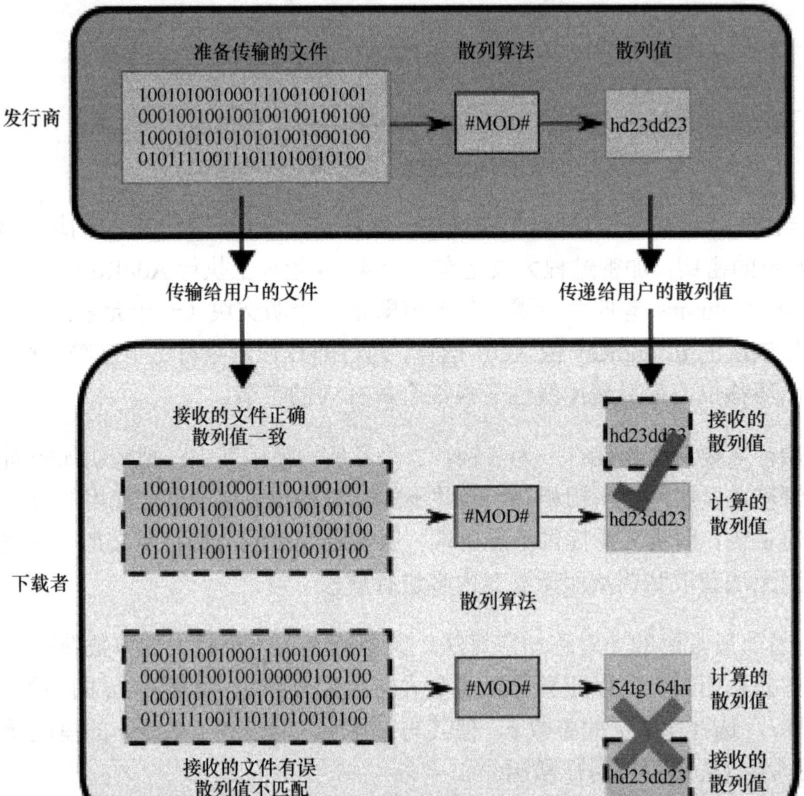

图5-2　摘要算法对文件内容篡改或误码的保护（图片来自Wikipedia）

5.1.2　DRM 原理与应用

当前 DRM 的主要原理（见图 5-3）即利用加密技术将视频内容进行加密，设备上的程序将在用户播放前连接授权服务获取相应的密钥，并根据密钥内规定的限制对用户进行服务，由于多数情况下解密后的视频在解码前必须以明文形式存在，故而成功保护的要点在于令人无法截取视频解密后到解码器之间的通路，DRM 的客户端部分需要与浏览器、操作系统甚至硬件集成，仅以底层 API 的形式供调用。

知名的 DRM 服务提供商包括 PlayReady、Widevine、FairPlay、Verimatrix 等①。

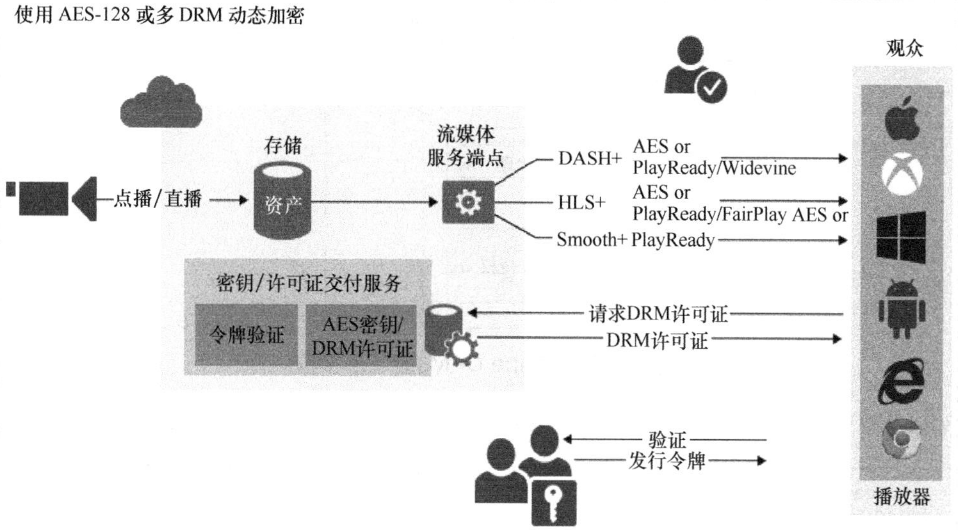

图5-3　使用DRM进行视频保护（图片来自Microsoft官网）

虽然 DRM 不能防止利用非数字手段对内容的盗取，盗版者可以通过屏幕录制等方式绕开 DRM 保护，但对视频的保护仍然大幅抬高了盗版用户获取内容的成本，对在线视频市场的健康发展起到至关重要的作用。在线视频服务商为达到尽可能多地覆盖不同终端的目的，在其服务中通常需要依据流媒体类型，集成多种 DRM 服务，例如 Netflix、Hulu 等公司均同时使用了 PlayReady、Widevine、FairPlay 等多家 DRM 方案。

不同的 DRM 虽然设计不同，但原理类似，因为非对称加密的效率不足，故当视频被导入后台系统时，需要生成用于对称加密的 Key，转码打包后的视频将由此进行加密，对不同的视频或需要加入不同的种子（Seed）以保证加密密钥的不同，图 5-4 列出了 Widevine DRM 集成的框图，客户端将向后台服务请求证书，请求被后台服务鉴权后将传至 Google 的服务器处理，一些方案提供商（如 PlayReady）也允许客户自行部署证书服务器。

① PlayReady 是微软提供的跨平台 DRM 解决方案，可以在 Android、IOS、PC、浏览器、机顶盒等多种设备或环境中运行并可被集成与硬件中，支持 HLS 和 DASH 协议，区分不同的安全等级并允许配置客户自己的授权服务，较为适合在线视频服务。Widevine 由 Google 开发，于 Android 平台、Chromecast 设备、Chrome 浏览器和 ChromeOS 上均有原生支持，同时也支持 Windows、Mac OS X、机顶盒等多种设备。FairPlay 由苹果开发，仅支持苹果设备和 Safari 浏览器，在流媒体协议方面则只支持 HLS 协议，故而应用面较窄。Verimatrix 是一家老牌的内容保护公司，提供运营商，在 IPTV 领域得到广泛运用，近年也参与 OTT 市场的竞争，支持 HLS 和 DASH 协议。除这些 DRM 服务商外，市场上还有 Marlin、OMA、Axinom、BuyDRM、Cisco、Conax、ExpressPlay、EZDRM、Irdeto、Nagra、Vualto 等大量 DRM 方案，此外 RealNetworks、Adobe 等公司，国内的多数视频服务（如爱奇艺等）也曾开发自己的 DRM 或类 DRM 系统，中国国内另有开发 China DRM 标准。

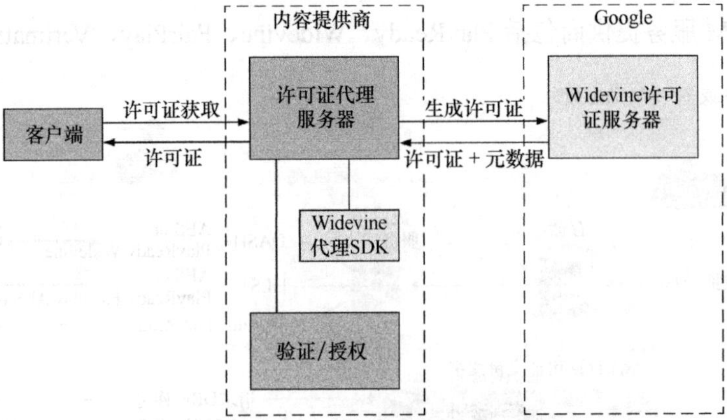

图5-4 Widevine DRM的系统架构图

当用户请求授权时，使用 Common Encryption 的 MPD 示例（以 Widevine 为例）如下。

```
    <AdaptationSet ......>
        <ContentProtection
schemeIdUri="urn:uuid:edef8ba9-79d6-4ace-a3c8-27dcd51d21ed">
            <cenc:pssh>
AAAASHBzc2gAAAAA7e+LqXnWSs6jyCfc1R0h7QAAACgIARIQfRZFW93BXzeo6SGrzgtsshoEaHVsdSIINTE
wODgyODAqAkhE
            </cenc:pssh>
        </ContentProtection>
        ............
</AdaptationSet>
```

其中 schemeIdUri 描述了用于区分 DRM 的 UUID，pssh 则定义了不同 DRM 系统的注册 ID。

- HLS 的 AES-128 加密示例如下。

```
#EXTM3U
#EXT-X-VERSION:1
#EXT-X-MEDIA-SEQUENCE:0
#EXT-X-KEY:METHOD=AES-128, URI="http://www.example.com/video/test.key"
#EXTINF:4, no desc
001.ts
............
```

除却在线观看视频的保护，许多服务还允许客户在无互联网连接的条件下进行视频下载，并在规定时间或限定次数的情况下观看，此时 DRM 通常在证书中给予时间或次数的定义，例如 Widevine 需要生成 Offline（离线）类型的 License（许可证），允许持久化以及在连线时更新，License 可定义有效期、播放完成的期限（例如一旦开始播放需在 24 小时内看完）、租借期即视频允许观看的期限等（见表 5-1），FairPlay 则使用 Lease（租约）和 Rental（租借）两个值定义（见表 5-2）。离线播放体系的要点在于如何验证租期，避免对系统时间的篡改，常用的做法是自行计时并进行交叉验证。

表 5-1 Widevine 中的租期限制（来自 Widevine 文档）

密钥字符串	示例值	描述
LicenseType	"Streaming","Offine".	流媒体许可证仅允许在线时从服务器访问内容。离线许可证存储在设备中可以被用于在没有网络连接时观看内容
PersistAllowed	"True" ，"False".	区分是否许可证可以被存储，对离线许可证类型而言，典型值为True
RenewalServerUrl	"https://<server-url>"	服务器URL用于更新许可证
LicenseDurationRemaining	"300"	整数值意味着以秒计的许可证持续时间
RenewAllowed	"True"，"False"	布尔值用于区分是否允许更新
PlaybackDurationRemaining	"3600"	整数值意味着以秒计的播放持续时间
PlayAllowed	"True"，"False"	布尔值用于区分是否允许播放

表 5-2 Fairplay 中的租期限制（来自 Fairplay 文档）

域名称	字节范围	描述
TLLV tag	0～7	一个8byte值0x47acf6a418cd091a
Tobal Length	8～11	TLLV块以字节计算的总长度。长度由块尾部的填充数量决定，如果有的话，取值必须是16的倍数且大于32
Value Length	12～15	这一TLLV块的内容长度，以字节计算
Lease Duration	16～19	相约持续时间，以秒计算
Rental Duration	20～23	租借持续时间，以秒计算
Key Type	24～27	密钥类型
Reserved	28～31	保留域，设置固定值0x86d34a3a
Padding	32～*n* (padding_size)	将TLLV填充多个16倍数字节的随机值

理想状况下，虽然各个 DRM 方案中对授权证书的传输和管理各不相同，但视频文件只需要加密并存储一份，以节约源站和 CDN 上的空间。但不幸的是，AES 加密事实上并非前文所述这样简单。虽然对同一明文块的加密并无歧义，但若允许同一密码对多于一块的数据进行加密，存在多种不同的策略，亦称作工作模式。

常用的工作模式包括 ECB、CBC、PCBC、CFB、OFB、CTR 等，且各有不同的约束。

首先，在多种工作模式中，应加入 IV（Initialization Vector，初始化向量）用于将加密随机化，使得同样的明文被加密后可产生不同的密文，此处不应在使用同一密钥时两次使用同一 IV，且在不同的工作模式中对 IV 有不同的要求。其次，部分工作模式需要对数据的最后部分进行填充。

ISO/IEC 23007-1 规定了 CENC 模式，即上文 MPD 示例中的加密模式，允许在 NAL 层加密，然而，虽然同为 CENC，PlayReady 和 Widevine 默认使用的是 CTR 模式（见图 5-5），而 FairPlay 则选择了 CBC 模式（见图 5-6），同时，HLS 依赖的 TS 格式无法支持通用加密模式，从而只能工作于 Sample AES 模式下。

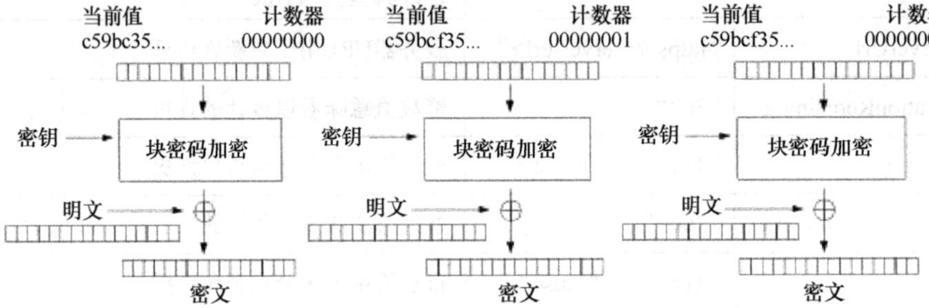

图5-5　计数器（CTR）模式加密（图片来自Wikipedia）

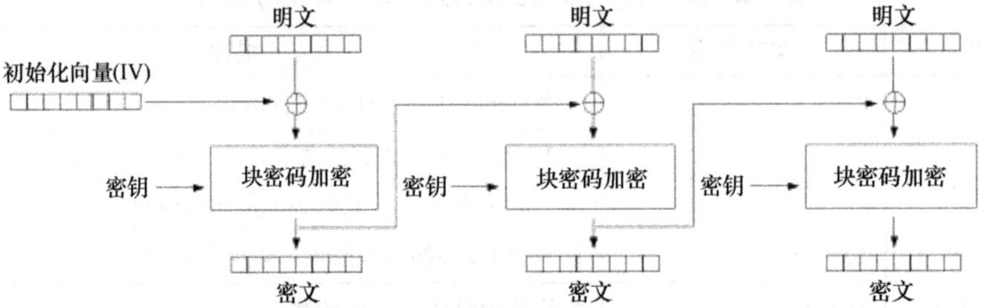

图5-6　密码块链条（CBC）模式加密（图片来自Wikipedia）

比起根据不同平台使用不同的流媒体协议糟糕得多，因为对视频的加解密不能兼容，意味着至少需要准备两份不同方式加密的视频文件，同时，在提供服务时，CDN 的边缘服务器上可能有两份完全不同的拷贝，这对大型服务商而言，往往意味着千万乃至上亿美元的成本。

鉴于使用不同模式加密视频的巨大浪费，巨型公司之间一直在进行谈判，意图统一支持的格式，以为在线视频网站节省成本。CMAF 格式是文件格式妥协的产物，而 PlayReady 在 2017 年的 IBC 上宣布了对 CMAF 格式做 CBC 模式加密的支持，加密格式之争有望在未来几年得到平息，在此之前，在 iOS 平台上开发自制播放器或许也是一种解决方案。

5.2 新世界的窗口：字幕

在二三十年前，上映外国电影、电视节目时，人们往往需要通过 Dubbed（配音）方式观看，所有内容都被翻译成中文，再由中文配音演员演绎，这也是“译制片”名词的来历。随着观众文化素质的提高，人们越来越不喜欢这种方式，更愿意借助字幕观看和理解，以便欣赏人物完整的声调和语气。

字幕指以文字形式显示视频内容，其中包括视频角色间的对话，也包括对画面的描述性语言，按目的划分，有翻译外语帮助观看的原因，也可帮助听力较弱的人士理解节目内容，在一些情况下还可以消除歧义并避免环境噪声。在少量不方便发声的场合，人们仍然能够享受字幕方式的节目。此外，字幕的制作成本也远远低于配音方式，甚至能够通过机器翻译的方式产生，这也大幅促进了其应用范围。它为人们打开的，是一扇面向新世界的窗口。

当前几乎所有平台上的主流播放器和视频应用，都会考虑支持一种或多种字幕格式，并提供开关和选择功能，例如图 5-7 就展示了苹果 Quick Time 播放器的字幕选项。更进一步来说，许多播放器会根据视频名称或用户输入在字幕库中进行搜索和自动匹配，为原本没有字幕的视频提供字幕服务。

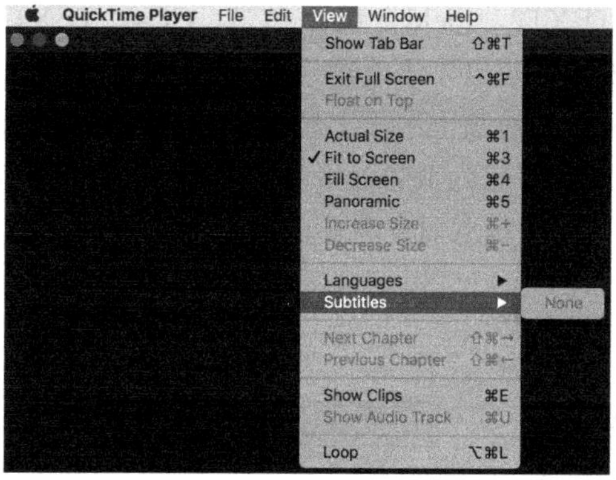

图5-7 Quick Time播放器的字幕选项

5.2.1 字幕的格式

从技术角度而言，字幕可区分为嵌入式字幕和外挂式字幕两种，顾名思义，嵌入式字幕是与视频流绑定的字幕格式，其代表是 Closed Caption 字幕（又称 CC 字幕），外挂式字幕则可以作为独立文件下载和传播，如 SRT、SMI、SSA、WebVTT 等。此外，字幕可视为将难以大规模处理的视频信息转换为文字信息，也适用于摘要、推荐、搜索等应用。

Closed Caption 是将文字插入 NTSC 电视信号的标准化方法，电视或其他显示设备均内置独立解码器显示，1993 年以后美国出售的所有大于 13 英寸的电视都有 CC 字幕的支持，示例可参考图 5-8。CC 字幕主要有 EIA-608 和 EIA-708（CEA-708）两个相关标准，其中 EIA-608 规定了电视商 Line21 行包含的信息，字幕在一个肉眼看不见的数据区域传输，EIA-708 由美国电子工业协会即 EIA 制定，是 ATSC 数字电视的标准。

图5-8　CC字幕（来自Wowza官网）

EIA-608 的 CC 字幕分为 Caption（字幕）模式和 TEXT（文本）模式，其中 Caption 模式的显示又分为书写、滚动、弹出等方式，可通过 9 个通道分为两个 Field 传输，Field 1 包含 CC1、CC2、TEXT1、TEXT2，Field 2 包含 CC3、CC4、TEXT3、TEXT4 和 XDS，通常 CC1 用于英语字幕而 CC3 用于西班牙语或幼儿字幕。EIA-708 规定了多达 8 种的字体，3 种不同的大小，还允许 64 种不同的颜色用于字体和背景，且能支持 Unicode 描述的各种字符，不同语言将作为不同频道传播，它为兼容 608 字幕分配 960bit/s 的带宽，剩余 8640bit/s 用于 708 独有信息表达（数据结构的示意可参考图 5-9）。

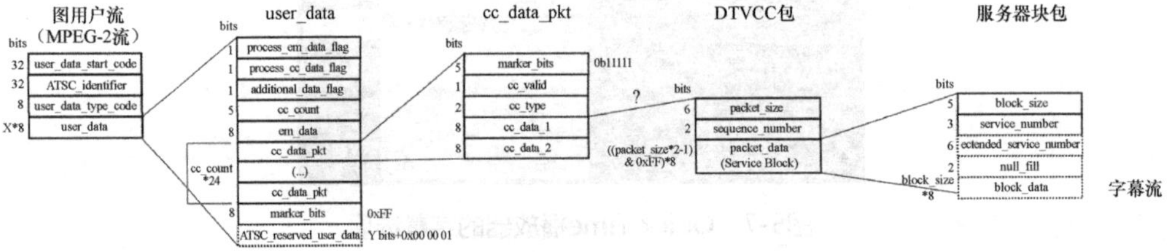

图5-9　EIA-708的数据结构（图片来自Wikipedia）

SRT 在外挂字幕中较为流行，可能也是最为简洁的一种格式，其组成为序号、时间代码和字幕内容，由换行符进行分隔，示例如下。

```
41
00:02:37,188 --> 00:02:38,659
Hello, Jack   //此处表示第41号字幕，在视频开始的2分37.188秒到2分38.659秒显示"Hello, Jack"。
```

SMI 即 **SAMI**（Synchronized Accessible Media Interchange）格式，是由微软发布的标记语言，支持 HTML 标签和 CSS，示例（来自 MSDN）如下。

```
<SAMI>
<HEAD>
    <STYLE TYPE = "text/css">
    <!--
    /* P defines the basic style selector for closed caption paragraph text */
    P {font-family:sans-serif; color:white;}
    /* Source, Small, and Big define additional ID selectors for closed caption text */
    #Source {color: orange; font-family: arial; font-size: 12pt;}
    #Small {Name: SmallTxt; font-size: 8pt; color: yellow;}
    #Big {Name: BigTxt; font-size: 12pt; color: magenta;}
    /* ENUSCC and FRFRCC define language class selectors for closed caption text */
    .ENUSCC {Name: 'English Captions'; lang: en-US; SAMIType: CC;}
    .FRFRCC {Name: 'French Captions'; lang: fr-FR; SAMIType: CC;}
    -->
    </STYLE>
</HEAD>
<BODY>
    <!<entity type="mdash"/>- The closed caption text displays at 1000 milliseconds. -->
    <SYNC Start = 1000>
        <!-- English closed captions -->
        <P Class = ENUSCC ID = Source>Narrator
        <P Class = ENUSCC>Great reason to visit Seattle, brought to you by two
out-of-staters.
        <!-- French closed captions -->
        <P Class = FRFRCC ID = Source>Narrateur
        <P Class = FRFRCC>Deux personnes ne venant la r&eacute;gion vous donnent de bonnes
raisons de visiter Seattle.
</BODY>
</SAMI>
```

WebVTT 是用于 HTML5 中支持<track>元素的 W3C 标准，最初称为 WebSRT，这是一个轻量级标准，其示例如下（显示效果见图 5-10）。

```
00:01.000 --> 00:04.000
Never drink liquid nitrogen.

00:05.000 --> 00:09.000
- It will perforate your stomach.
- You could die.

00:10.000 --> 00:14.000
The Organisation for Sample Public Service Announcements accepts no liability for the
content of this advertisement, or for the consequences of any actions taken on the basis
of the information provided.
```

WebVTT 嵌入 DASH 的 MPD 文件示例如下。

```
<Period>
    <AdaptationSet mimeType="text/vtt" lang="en">
        <Representation id="caption_en" bandwidth="256">
            <BaseURL> http://dash.edgesuite.net/akamai/test/caption_test/
ElephantsDream/ElephantsDream_en.vtt </BaseURL>
```

```
      </Representation>
    </AdaptationSet>
    ............
  </Period>
```

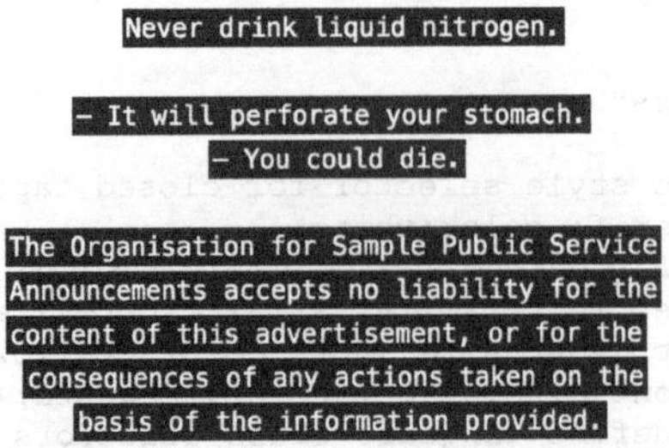

图5-10　示例的显示效果（图片来自WebVTT标准）

WebVTT 与 SRT 有多项不同，如时间上有小时和序号可选，支持 CSS 描述，可定制提示位置等。CC 字幕在 iOS 和 Android 上均有原生支持，而 WebVTT 则在 iOS、Android 平台以及 IE/Edge、Chrome、Firefox、Safari 等浏览器上有普遍支持。对 HLS 和 DASH 而言，CC 和 WebVTT 均是提供字幕服务时可选择的对象。

TTML 另一项需要关注的字幕技术称作 TTML，即 Timed Text Markup Language，又称 DFXP，是 W3C 的定时文本标准之一，其设计目标不限于提供字幕服务，而是着眼于定时文本信息的交换。因功能广泛，特定应用程序以 Profile 的形式规定了标准的一个子集予以支持，如 DFXP Full、DFXP Presentation、DFXP Transformation、SMPTE-TT 等 Profile。

为互联网上的多媒体字幕使用，W3C 定义了 IMSC1，也即 TTML 的一个 Profile，CMAF 将使用 IMSC1 作为基准的字幕格式。IMSC1 可以将 XML 格式嵌入 fMP4 的片段，HLS 和 DASH 协议都将予以支持。支持 WebVTT 和 IMSC1 字幕的 M3U8 示例如下。

```
#EXTM3U
#EXT-X-MEDIA:TYPE=SUBTITLES,GROUP-ID="vtt",LANGUAGE="eng",NAME="English",URI="vtt.m
3u8"
#EXT-X-STREAM-INF:BANDWIDTH=90000,CODECS="avc1.4d001e,ac-3",SUBTITLES="vtt"
bipbop_gear1/prog_index.m3u8
#EXT-X-MEDIA:TYPE=SUBTITLES,GROUP-ID="imsc",LANGUAGE="eng",NAME="English",
URI="imsc.m3u8"
#EXT-X-STREAM-INF:BANDWIDTH=90000,CODECS="avc1.4d001e,ac-3,stpp.TTML.im1t",
SUBTITLES="imsc"
bipbop_gear1/prog_index.m3u8
```

WebVTT 的 M3U8 示例如下。

```
#EXTM3U
#EXT-X-TARGETDURATION:6
#EXTINF 6, segment1.vtt
#EXTINF 6, segment2.vtt
............
```

IMSC1 的 M3U8 示例如下。

```
#EXTM3U
#EXT-X-TARGETDURATION:6
#EXT-X-MAP:URI="header.mp4"
#EXTINF 6, segment1.mp4
#EXTINF 6, segment2.mp4
…………
```

虽然上文将 Closed Caption 和其他字幕格式并列介绍，但它们的设计目标各自不同，字幕通常只考虑对话部分，即认为用户可以听到声音，只是需要辅助的文本形式，但 Closed Caption 还兼顾背景噪声、铃音或其他描述信息，也即假设用户听力受损或完全听不到音频。

5.2.2 字幕服务的设计

当为在线视频提供字幕服务时，需要首先考虑根据目标平台和播放器开发的方案（是否依赖系统或浏览器原生支持还是自行开发）选取格式，字幕内容或许需要在后台服务中的某些环节被转换为同一格式，便于处理，好的字幕系统可以大幅增强用户的播放体验。

图 5-11 中给出示意的字幕服务流程。

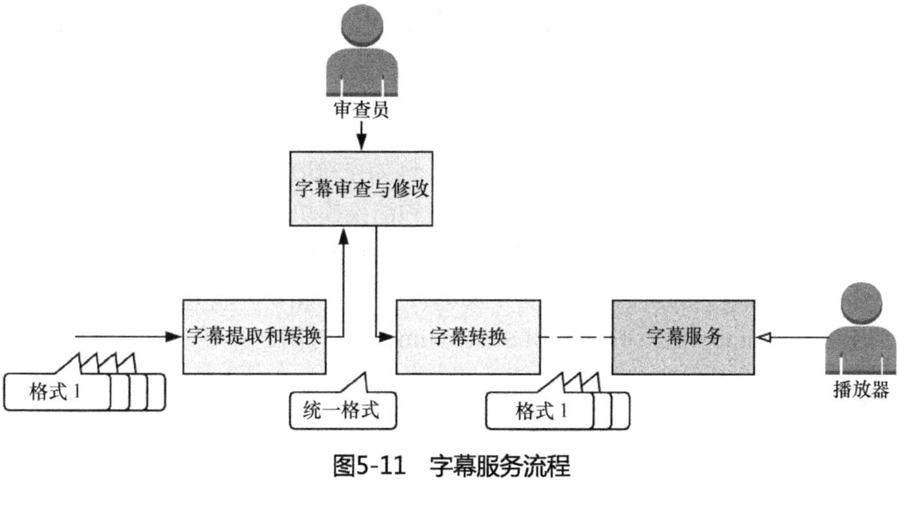

图5-11 字幕服务流程

5.3 播放器技术：鸣锣、开戏

讲述过音视频框架、编码技术、流媒体技术，又准备好了防护措施和字幕，终于我们可以开始播放了。

在线视频网站的后端服务颇为复杂，而展现在用户面前却是化繁为简的客户端，通常除登录、浏览、社交、设置等功能外，重头戏就是播放器功能。视频服务好、坏的体验虽然来自于整体技术架构和优化水平，但用户往往将易用或难用的评价归因于播放器。故而哪怕所有多媒体框架都提供了高层次的封装，以致十行代码即可完成最基本的功能，优秀的播放器还是会直接调用相对较低层的 API，以达到尽可能的控制和优化。

5.3.1　播放器开发

通常播放器的开发都设计成一定程度的分层，将视频帧的显示、进度条、控制键、音量调节、预览图、字幕、弹幕、频道列表、后续播放推荐等界面功能与音视频播放进行剥离，以使代码模块化，架构清晰（见图 5-12）。

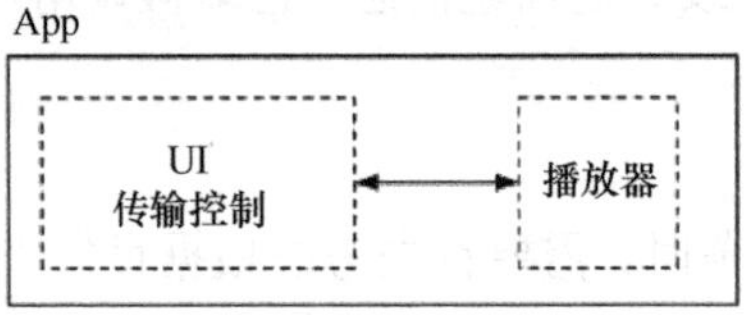

图5-12　Android MediaPlayer的预设架构

为连接播放器界面和音视频播放，通常需设计一套状态机机制（也可不同组件各自有自己的状态机并设计不同状态的对应关系），音视频播放层需要负责包括解码器在内的软硬件初始化，搭建 Pipeline 以及进行播放控制。在播放音视频内容时，每个音视频帧必须在特定时间按照特定顺序播放，对音视频流中帧的解析及向解码器传送的时间控制构成了播放器中的核心逻辑。

在计算机体系中，有许多源可以用于计时，例如系统时间、声卡、CPU Tick 等，时钟时间也并不总是从 0 开始，许多 Pipeline 基于音频渲染模块的时间校正整个 Pipeline 时间，经由播放器计算的 Pipeline 运行时间与音视频帧上的时间进行比较，即可达成同步。在不同功能时，Pipeline 甚或用户程序需要维护不同的时间线，如图 5-13 所示。当 Seek 操作时，Pipeline 的 Running time（运行时间）和 Stream time（流时间）并不一致，但存在相对关系。

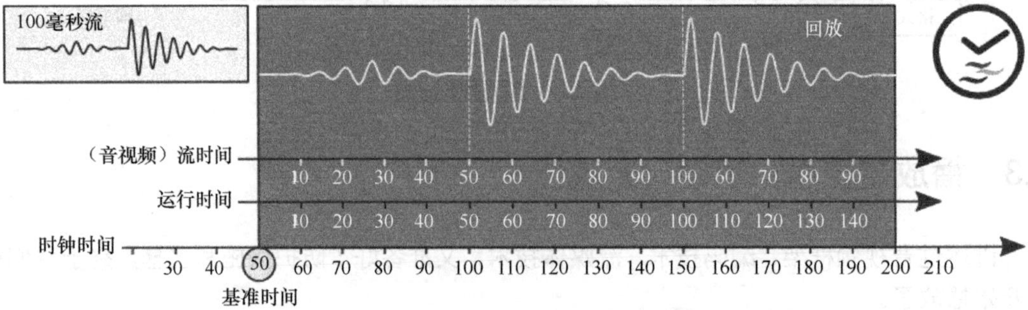

图5-13　Pipeline中的时间（图片来自Gstreamer官网）

另一个关于时间线的例子是在直播流中动态插入广告。根据节目单信息，服务端可以预知某个时间端的内容是预置广告，或预先留出了广告的时段。由于千人千面的广告投放理论上更能精准地触及用户，在线视频服务具有很强的动力支持，根据用户信息和播放上下文动态地加入广告的播放，令广告和直播内容无缝地结合，用户看到的仍是流畅的直播。

假设直播流的协议是 TS、RTSP 或 RTMP，则较适合的广告插入方式可能在边缘服务器上，对音视频包进行替换。此时，如果广告视频的 GOP 和直播源的 GOP 时间戳上未能对齐，就需要对时间线进行编辑（见图 5-14），保证音视频包时间戳的连续性。由于 GOP 大小不同，可能带来后续播放的延迟，对追求实时性的流来说，可能还需进行丢包或变频播放的处理。

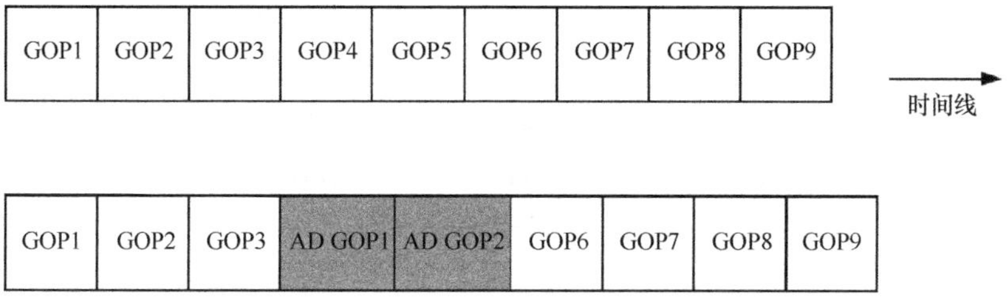

图5-14　广告插入和时间线调整示例

若基于 HTTP 的流媒体协议，进行视频片段的选择拼接较为方便，但另一方面，浏览器内核可能仅接受 Segment 片段的数据。若需精确地调控时间，可能采取预先准备不同规格的垫片，或在线对广告片段进行再转码，调整其长度，保证视频片段较精确对齐的方案可能比较易行。

进一步来讲，视频点播的时间线通常从 0 或较小的正值开始，直播流则以实时时间戳为准，音视频帧若在一定的延迟容忍度内不能送抵解码器或渲染设备，则会出现掉帧或抖动的情况，延迟补偿可以帮助改善某些情况下的播放表现。

播放器的职责所在即是按照正确的顺序和时间将对应的音视频帧送到下一环节，因此需要借助定时机制对音视频帧的解析和传送进行精细调控，通行的策略包含同步发送和异步发送，其中同步发送意味着传送一帧后等待接收端处理完成再判断是否发送后面的帧，异步发送则将音视频帧准备与解码器线程解耦，在解码器工作的同时，由另外的线程解析后续帧。

除保证音频和视频帧在各自的时间线按期送抵外，音频和视频也需进行同步（见图 5-15），保证画面和声音一致，由于音视频的帧率和时间戳等均为浮点数，如果简单累加将导致错位，故而常用的策略是将视频与音频同步或视频和音频统一同步到外部时间。以随音频时钟同步为例，视频时钟倘若发生超前或拖后的情况，则在后续帧的播放时予以补偿。

在为在线视频服务开发播放器时，需要考虑流媒体协议与平台的相互适应，也需考虑平台支持的解码器格式，不同硬件平台或浏览器的支持版本并不相同。此外，即使是平台宣称支持的音视频格式，也存在支持度的区别。例如 H.264 存在不同的 Profile，某些机顶盒设备声称支持超过 30 帧/秒的视频（例如 48 帧/秒、60 帧/秒），但在测试中并不能正确解码，又如某些设备初始不支持某些音视频格式，但通过升级软件版本提供支持，此时需要探测设备的版本，选择正确的 Profile 播放。

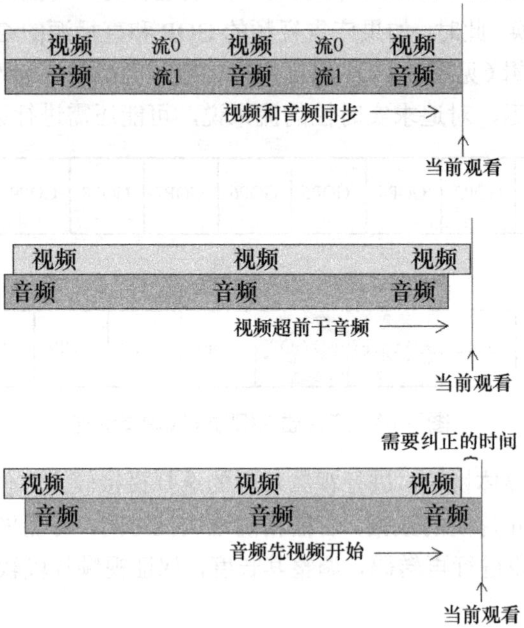

图5-15　音频和视频的同步问题（图片来自Video Converter Factory网站）

对于某些平台并不支持的编码格式，自带软件解码器是播放器开发的重要选项（例如在缺乏支持的平台上使用 HEVC 的软件解码，又如在不支持杜比认证的设备上使用环绕立体声），需要考虑的是解码的代价是否会影响用户体验，可通过客户端在空闲时探测平台的计算能力，决定使用相应的方案。

播放器开发的一大类关键技术是对流媒体传输的管理。类似快进的操作，在传统的 RTSP 等协议的环境下由服务端通过选择性传送音视频包完成，在 HLS 或 DASH 环境中，除非视频中含有全 I 帧流，否则将需要客户端执行丢包的逻辑。

在 HLS 或 DASH 协议中，在何时切换到不同的码率为最佳，优先切换到哪种码率等问题，可被视作一个策略问题，早期的码率切换策略多为简单的规则组合，例如缓冲减少到某种程度则尝试向下切换码率，但尝试切换码率绝非没有代价，为求更佳的播放效果，需要复杂的算法进行抉择。与之类似，基于下载的流媒体协议由于对 Range 的支持，允许以多线程并行下载的方式进行加速，而多线程同样有资源上以及错误处理等代价，优化下载策略亦需要复杂的算法支撑。

随着视频网站业务的发展，高级播放器需涉足的功能还包括并发限制（同时播放或处理多路音视频流）、去噪滤镜、上采样、编码推流等，需要全面考虑与其他技术（如 OpenCV、OpenGL 等组件）的兼容或互操作性。

5.3.2 广泛使用的播放器技术

当构建视频服务时，除却使用多媒体框架完全自行开发，折中的选择是仿写各个平台上口碑卓著的开源播放器，例如 MPlayer、SPlayer、ExoPlayer，或使用播放器公司提供的付费 SDK，如 JWPlayer、FlowPlayer 等。在此基础上或直接使用，或再行封装、改写。

MPlayer 初始适用于 Linux 系统，后扩展到 Mac 及许多其他类 Unix 系统，软件依赖 FFMpeg 支持的多种音视频格式并基于 GPL 发布，既包括命令行工具，又有多种图形化的界面（基于 GTK+、Qt 或 Cocoa 等图形库）。**SPlayer** 即射手影音，是射手网开发的一款出色的播放器，主打 Windows 平台，播放器功能全面，性能出色，给出了极佳的代码范例，亦已扩展了对 Mac 系统的支持。更多详细内容可见二者的官网。

ExoPlayer 是 Google 为 Android 开发推出的一款应用 Java 多媒体框架的播放器（见图 5-16），提供了本地或网络视频播放的功能，既可以集成使用，又可作为开发范例。

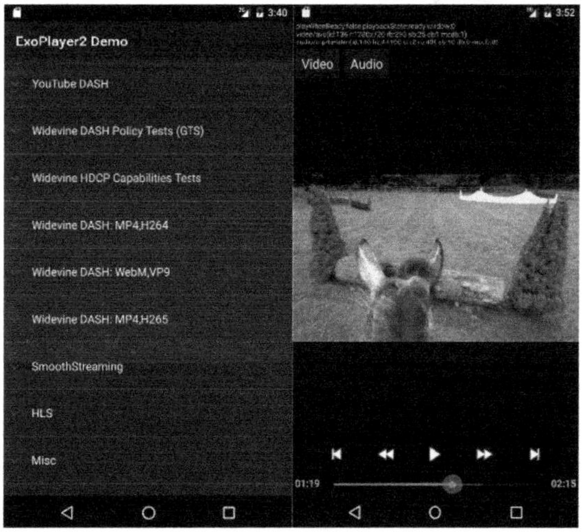

图5-16　ExoPlayer的Activity（图片来自Github上的Google代码库）

JWPlayer 是一款浏览器的播放器，初始基于 Flash 技术，以开源形式发布，可以嵌入视频服务的网页中，曾被 YouTube 等公司使用，当前 JWPlayer 公司成立了视频云平台，播放器已进化至基于 HTML5 技术（仍集成了 Flash 的支持），提供开源版本和付费版本，可由其他公司集成 SDK，添加广告逻辑，更换皮肤等定制自己的播放器（见图 5-17）。**Flowplayer** 与之相似，同样定位于网页嵌入式播放器，支持 HTML5 和 Flash 技术和扩展的视频和广告平台，以小巧和高性能为主要特色，更多 JWPlayer 和 FlowPlayer 的相关信息可见官网。

图5-17　JWPlayer的HTML5版本

在 JavaScript 大行其道，移动设备计算力越来越强的当下，提供不同平台上同样或相近的用户体验，同时也为降低客户端开发成本，增加迭代灵活度，统一客户端开发平台成为在线视频服务的目标，包括 JWPlayer、FlowPlayer 等播放器厂商。Bitmovin、Brightcove 等视频云服务提供商也均在此方向上有充分的实践。

图 5-18 给出了 Bitmovin 的播放器层次划分。

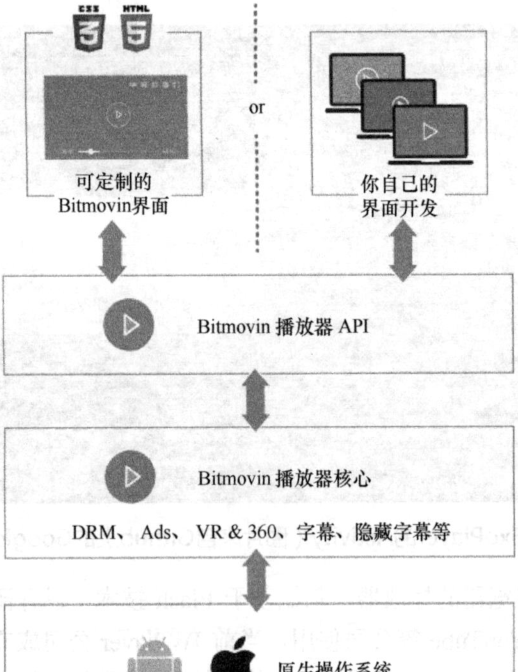

图5-18　Bitmovin的Unified Player设计（图片见Bitmovin官网）

5.4 播放的关键指标：QOS

QOS（即 Quality of Service，服务质量）主要指网络环境下服务满足用户的程度，在视频服务的语境下也可认为是 Quality of Streaming，即流媒体服务的质量。通常，QOS 可以由一系列指标表达，如传输的速度、响应时间、发送顺序、正确率等。就视频服务来说，QOS 由多项约定俗成的技术指标构成，包括播放成功率、错误率、Re-buffer（卡顿）次数和时间、起始时间、快进响应时间、视频码率、延迟等。

5.4.1 QOS 的常用指标

每一项技术指标标识了用户所关注的一个方面，由于用户对服务质量的感受将影响其使用意愿和付费意愿，当我们构建在线视频服务时，QOS 即应被标示为衡量服务好坏的关键指标，在设计中予以充分考量，并不断维护以及优化。

通行的 QOS 指标大致可分为两类：一类用于衡量用户可在多大概率上得到服务，如播放成功率和错误率；另一类描述了用户所获取到服务的水平，如卡顿次数、时间、起始时间、快进时间、视频码率和延迟（见图 5-19）。

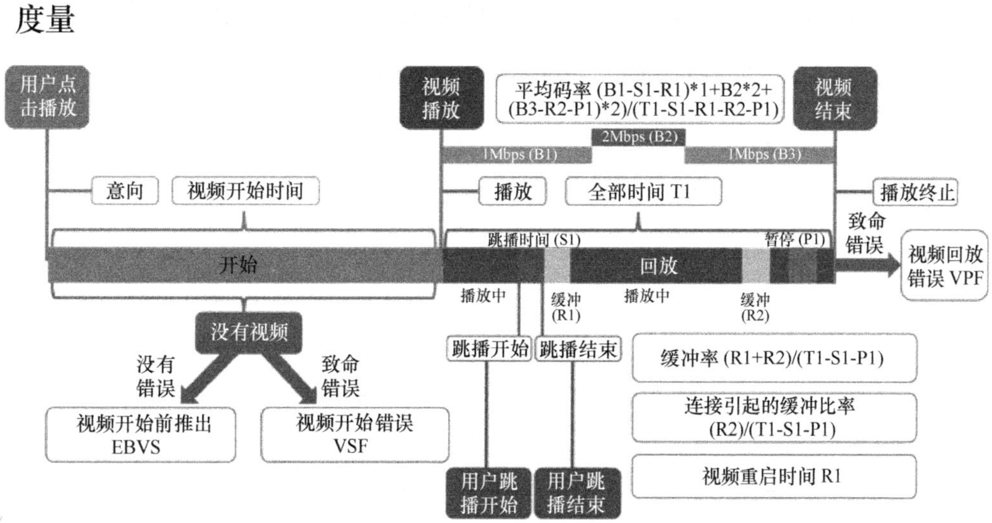

图5-19 QOS指标定义（图片来自Conviva官网）

顾名思义，播放成功率描述了用户在尝试播放视频时启动成功的比率，可由所有成功开始播放的次数除以用户尝试的总数，常见于后端视频失效的情形，而播放错误率意在针对播放过程中至少单个视频或音频帧被播放的情况下发生的错误，可能的原因包括播放器崩溃、硬件关闭、网络断开等，需要用户干预才能恢复播放。一些复杂的情况包括在播放片头短片、视频或交互式广告时导致的失败，这些可能由第三方服务导致，影响用户体验，同样应予以监控以及调试改进。

在视频服务质量日渐提升的今天，播放错误出现的概率通常在 1‰以下甚至更低，用户最常见且容易不满的当属视频卡顿（也有人称之为缓冲率），即播放器无法即时得到流媒体传输的视频片段而需等待下载的情形。卡顿可能短促地发生，也可能持续很长时间，根据一些公司的研究，用户在观看视频点播时遇到一次以上的卡顿，会导致观看时间缩短一半，对直播用户的影响还要更甚于此。卡顿指标既包含单位时间内的卡顿次数也包含卡顿累计时间的维度，优化卡顿时间的常见的方式是利用 CDN 和码率自适应算法。

视频卡顿的一类特殊情形是起始播放时的卡顿，通常计算从用户点击播放到第一帧呈现在屏幕上为止的时间长度，因为获取最初可用的视频片段需要一定时间，包括后台服务准备资源、下载视频开始的片段、初始化软硬件等。

与播放过程中的卡顿不同，用户有等待数秒的心理预期，据调研 2007 年的大部分用户能接受 10s 以内的播放起始时间，但在 2017 年，5s 的视频起始等待已被认为是非常糟糕的体验，中国许多视频服务商都提出了“秒开”的概念，力图将使用 PC 或手机的用户习以为常的起始时间固定在 1s 以内，对用户播放体验的提升非常明显。另一类情形是快进时间，与起始时间非常类似，意指用户在点击快进后到视频呈现在屏幕之间的时间长度。

图 5-20 中展示了一项关于起始时间对退出率影响的研究结果。

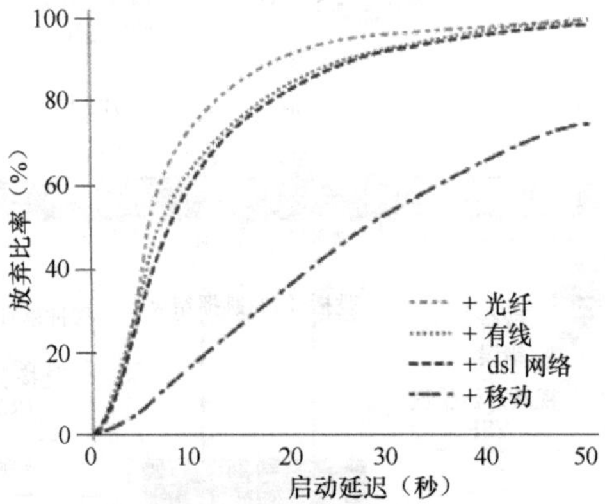

图5-20　起始时间的影响（图片来自参考文章）

起始时间的接受程度随着用户群体和应用场景的不同而相异，短视频用户所能容忍的起始时间明显低于长视频的用户。原因十分易于理解，对 2 小时的电影播放而言，3s 的起始卡顿可以被很快遗忘，但 15s 的短视频如果也需要 3s 才能加载，则没有人会愿意使用。此外，即使都是长视频的用户，用户习惯也大为不同。对北美的用户来说，播放电影往往发生在客厅的大屏幕电视上，而中国和东南亚的用户，由于更加依赖电脑和移动设备进行上网，两类用户对视频清晰度的期望有很大不同，愿意付出的代价（起始时间）也就很不一样。

优化起始时间可以通过将起始视频片段预先置于 CDN 的边缘节点，降低起始码率，增加播放器初始化并行度，预先建立网络连接等方式。此外，播放器还可以通过插入片头动画，持续播放快进前的视频片段直至快进后的视频帧准备好等手段降低用户的主观等待时间。

用户观看视频的平均码率也是一项核心指标，用于反映视频的清晰程度，如前面章节所述，不同编码器，甚或不同编码参数将导致同样水准的视频码率相差许多，因此该指标主要用于评估流媒体服务的质量，未能完全代表观看感受。

针对直播服务，节目延迟时间也是核心指标，没有人愿意在观看足球比赛时，隔壁已经为进球欢呼，而自己的电视上球员尚未开始射门，通常的计算标准是节目应播出的时间与实际屏幕上播放时间的间隔。带来延迟的除软件处理速度、网络传输速度外，编码器，源服务器及 CDN 服务器带来的缓存队列，播放器中解码器和渲染硬件均会引入大小不同的延迟。

若面向音视频通话或互动型直播，不高于数百毫秒的延迟是服务所需，为此宁可使用丢帧或降低视频质量的策略，但观看电视新闻或体育直播时，编码质量和卡顿比率同样是关键指标，为予以平衡，低延迟的标准通常在数秒到十数秒之间，不同的技术选择可能差距很大（图 5-21 是业界不同公司直接服务的延迟比较）。影响延迟的另一大关键因素在于是否需要设立内容审查环节，不同的抉择将可能带来 30s 以上的额外延时。

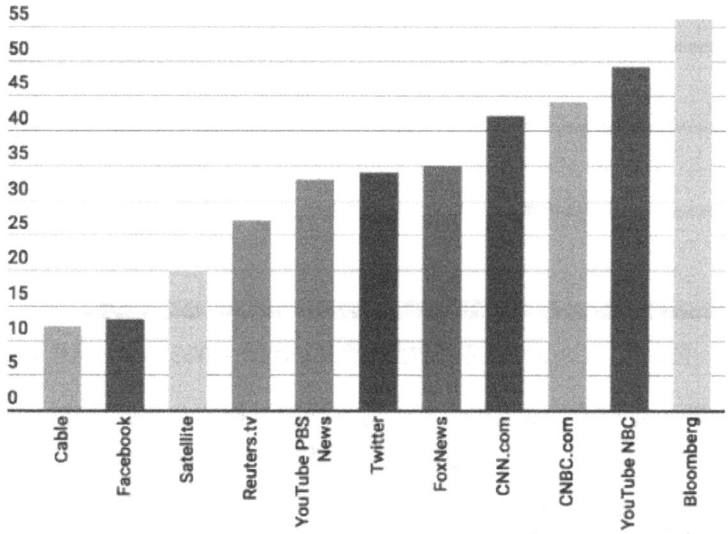

图5-21 不同直播服务的延迟比较（单位为秒）

5.4.2　如何提升 QOS

当定义了关键的 QOS 指标与优先级之后，视频服务可以通过传统的方式（如本地环境、测试环境测试的方式）进行初始的验证，使用如 Evalvid 这样的视频质量评价工具，配合 Network Simulator 类的网络模拟工具，可用于小规模测试，提供丢包率、延迟、抖动等底层指标。

在真实的在线视频服务中，大多数由用户不同地理位置、设备种类、软件版本、运行环境等导致的问题很难在开发环境中复现。在线视频服务通常在各个客户端平台上实现对 QOS 状况的监测，通过 SDK 发送回，并由后端服务进行折算和统计。

当服务的用户量达到一定程度时，需要大数据技术区分实时和批量数据，并在存储之前进行预处理。QOS 数据由后台服务整合后将被应用于图表呈现、统计报告、分析优化、监控报警等用途，是产品、开发、运维、数据分析等团队依靠的基础。

图 5-22 是 QOS 数据服务商 Youbora 的系统界面示例。

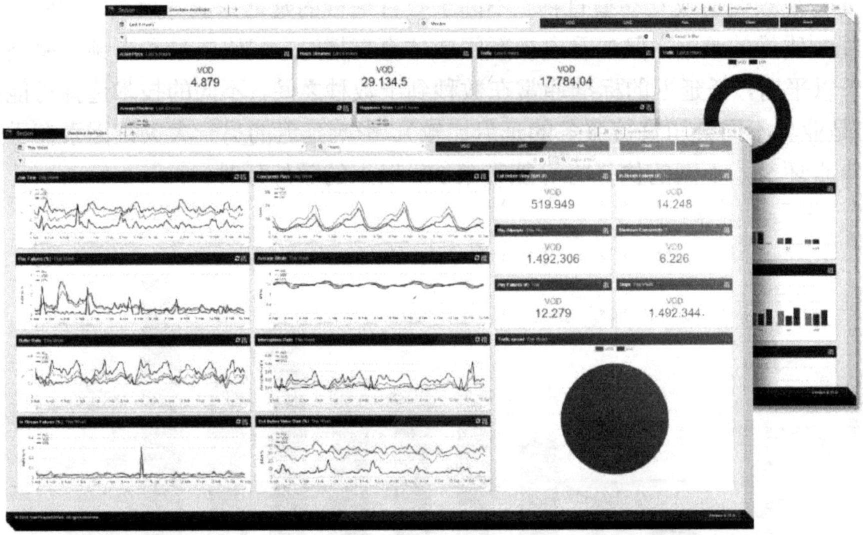

图5-22　Youbora的系统界面（图片来自NPAW的Twitter账号）

为更好地分析特定问题，收集关于某一用户播放过程的全部信息并按时序加以呈现，可以有效地帮助理解因果关系，信息将包括用户行为、执行时间、下载计时、码率切换记录、错误类型、CDN 节点位置、服务器日志甚至一些计算的中间结果，将可有效地推断例如开始播放较为缓慢或者某次卡顿如何发生的原因。图 5-23 中展示了 Conviva 的用户会话过程分析工具 Touchstone 的界面。

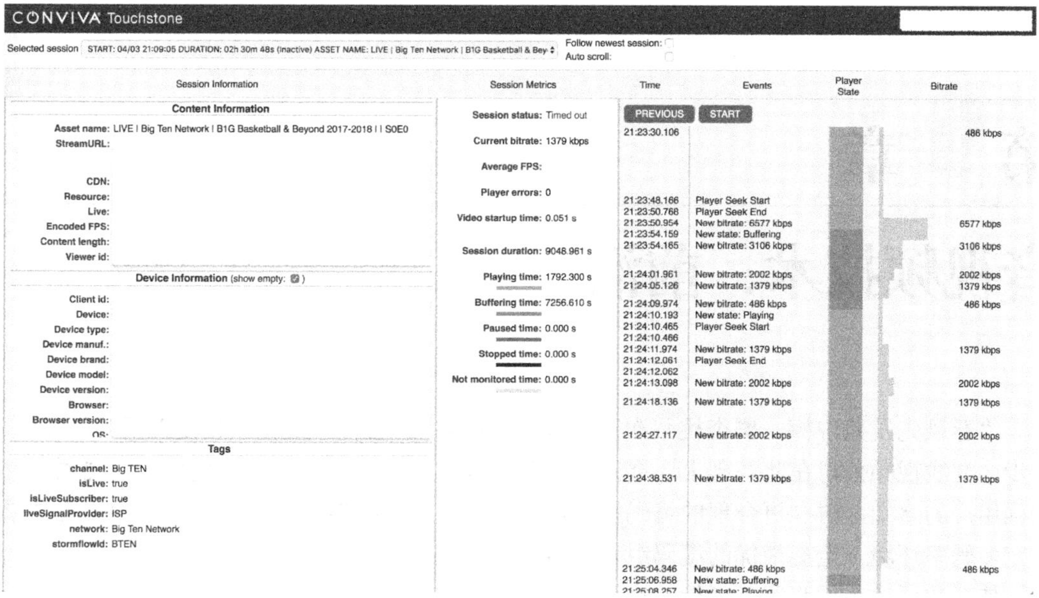

图5-23 Conviva Touchstone的界面

作为扩展信息，客户端软件可以将错误详情及其他所需信息发送回服务端以帮助分析，不同的错误和代码路径给予不同的定义，便于定位，通过 QOS 数据以及扩展的信息，开发者就可以自由地进行优化，可以考虑的优化角度包括架构设计、编码选择、流媒体协议、自适应算法、连接与卡顿逻辑、客户端软件设计。

第6章

音视频技术：前沿

“春风先发苑中梅，樱杏桃梨次第开”，构建基本的音视频能力仅仅是万里长征走完第一步，在线视频公司在此基础上还展开了许多繁复的工作。跟踪和实现更新的音视频标准，增强用户的感知，树立更合理的编码质量评价能力，寻求指定质量水平下最好的编码结果，决定多码率环境下全局最优的编码组合和传输行动，根据注意力区域进行主观的图像质量改进，依托数据体系增强服务指标，这一章将对以上各个方面进行阐述。

6.1 新标准、新技术——见兔而顾犬，未为晚也

近年来，视频服务的覆盖率有很大提高，基础的视频能力已不足为奇，许多视频公司都处于从实现平均水平的分发能力转向追求更好用户观看体验的过程中，注重技术从学术界向工业界的转化，加快从标准到落地的速度。下面将讨论一些已处在在线视频公司视野中，但尚未完全成为市场主流的技术。

6.1.1 10Bit 视频

首先要提到的是 10Bit 视频，传统上图像的存储多使用 24Bit 或 32Bit 的颜色深度，这样在 R、G、B 色彩通道上均由 8Bit 表示，意味着每种原色仅有 0～255 对应的灰度级别，而引入每通道 10Bit 的图像表达将提供 1024 个级别，色彩精度是 8Bit 的 4 倍，三个通道合计可以提供 10.7 亿不同的颜色。图 6-1 展示了 8Bit 情形下明显的过渡颜色带。

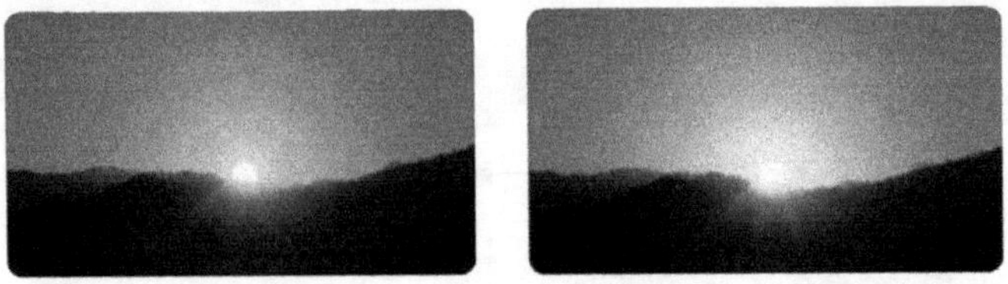

（a）8Bit 视频　　（b）10Bit 视频

图6-1　8Bit和10Bit的区别（图片来自Zero Friction网站）

考虑到市场上大量的显示设备（包括电视和显示器等）都仅支持 8Bit 显示，10Bit 尚未形成普遍的需求，全面应用 10Bit 编码尚未铺开，但使用较深颜色深度（甚至高达 12Bit 或 16Bit，取决于摄像头或相机的传感器）能够让人感受更加清晰、现实、活泼的图像，视频公司也不吝于提供 10Bit 的视频，满足那些使用高端设备的人群。

就技术的维度考量，初看起来，因为 CPU 或其他各类计算机处理机制常常将 8Bit 作为处理的基本单位，未对齐的数据将导致一些码率浪费，但这可能是值得的。而且在实践中，由于避免了为补偿而加入颜色信息，压缩率反而可能更高。多数较新的视频标准都加入了对 10Bit 的支持，例如 H.264 中加入了名为 Hi10P 的 Profile 以支持 10Bit，而编码器（如 x264）也于近年加入相应代码，从更高质量的源转码为 10Bit 的视频可能比 8Bit 效果更佳。

6.1.2 HDR

HDR 即 High Dynamic Range（高动态范围）的缩写，该技术在拍照领域已广为流行，用以实现比普通数字图片（视频）更大曝光动态范围，也即更大的明暗差别，借以表现真实世界中从阳光直射到暗室微光的完整亮度范围。由于传感器所限，图像或视频拍摄时或许无法完全保留光照的细节，但借助技术手段，可以从多种不同曝光设置的照片中组合出 HDR 图像，当前许多手机的拍照即遵循如下原理。

图 6-2 中给出了 HDR 图像与传统图像之间的比较示例。

（a）常规的高分辨率图像　　（b）HDR 图像

图6-2　HDR图像与传统图像的比较（图片来自SIM2网站）

为测量不同的亮度，若考虑一只标准蜡烛的烛光分布在 $1m^2$ 面积上的亮度设为 1Nit，则夜空和直射的太阳光可能分别处于 10^{-6} 和 10^6 这两个极端（见图 6-3）。如果一个场景出现许多不同亮度的部分，且最大亮度和最小亮度之间存在很大的跨度，则称作高动态范围的场景，其最大亮度和最小亮度间的比值称作对比度。人眼感知的对比度不经过任何调整即可达到

10^5 : 1 的水平，由于人眼还能够在不同状态间调整，其动态识别范围甚至可以达到 24 个数量级。

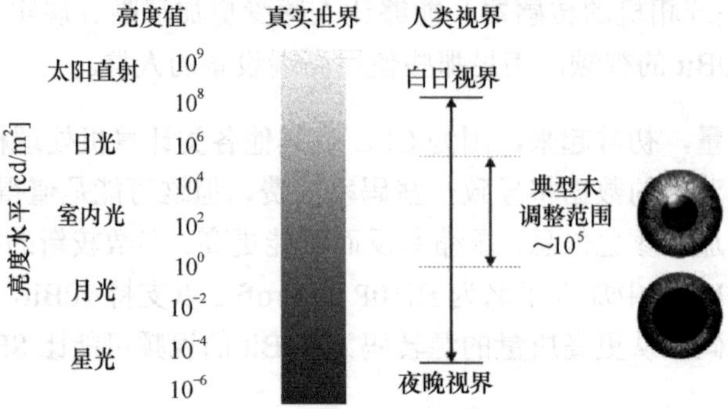

图6-3 动态范围划分（图片来自参考文章）

一般的显示器只能表现 700 : 1 的对比度，专业级设备多半也在 5000 : 1 水平，远达不到人眼的识别能力，因此，HDR 技术主要解决的问题是如何记录高动态范围的图像，以及如何让显示器将其尽可能还原。

HDR 并非只影响明暗度，它往往与更广的色域和更高的像素比特数绑定在一起。由于传统的 CRT 显示器渲染颜色的能力有限，整个行业实现的是 Rec.709 标准，其覆盖范围约为 35%人眼能感受的颜色。现代的电视则支持 2012 年定稿的 Rec.2020 标准，提供 75%的可见颜色范围。而如果只使用 8Bit 的颜色深度，无法保证在较亮和较暗的像素之间保证足够的细节过渡，10Bit 乃至 12Bit 才能满足需求。

为保证 HDR 内容可以在显示设备上得到正确的渲染，在以往的系统中，符合 Rec.709 的内容使用常规的伽马曲线作为光电转换函数，且限制亮度范围为 100Nit，于 SMPTE st.2084 中发布的非线性转换函数 HLG（Hybrid Log-Gamma）允许显示亮度高达 10000Nit，保持了对旧有标准的兼容性，另一项标准是 Dolby 提出的 PQ（Perceptual Quantization），使用绝对值表示亮度且附加元数据信息供显示设备解读，倾向于尽力表现准确的图像。

MPEG 和 VCEG 通过支持 SEI 消息以支持对 HDR 内容使用 HEVC 标准编码。当前主要的 HDR 视频标准有 HDR10/HDR10+和 Dolby Vision 两个分支，而飞利浦等一些其他公司也试图提供自己的标准。其中，HDR10 标准由 CTA 提出，已得到广泛的硬件支持，主要包括要求 10Bit 的颜色深度、Rec.2020 的色域支持，采用静态的元数据等组合，Dolby Vision 由杜比公司开发，要求使用 12Bit 颜色深度，输入信号的最高亮度支持 10000Nit，显示输出支持 4000Nit（对比 HDR10 的 4000Nit 和 1000Nit），并拥有动态元数据特性，对不同场景允许传输不同的元数据。HDR10+则由三星和亚马逊开发，在 HDR10 基础上升级，但当前支持设备远少于前两种。

HDR 对视频处理流程中带来的主要变化是需要显式的预处理和后处理环节（见图 6-4），考虑到对 SDR 内容的兼容，有两种可能的流媒体方案：一种方案是基于可伸缩视频编码，以 SDR 内容作为基层，增强层带有额外的动态范围和颜色信息，分别进行编码和传输，此时需要专用的解码器进行 HDR 重建。另一种方案是仅生成一个层流和包含额外动态范围与颜色信息的元数据，传统的播放设备将忽略这些元数据而支持 HDR 的设备可以使用元数据进行重建。

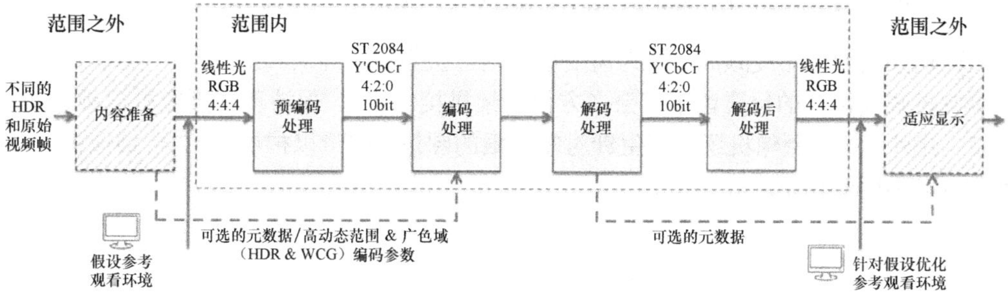

图6-4 HDR处理流程（图片来自JCTVC-Y1017）

通常的 HDR 输入将是 MXF 文件，这是 SMPTE 组织定义的一种音视频的容器格式，用作 IMF 文件[①]的视频基础，对 HDR10，经过预处理的 10Bit YCbCr 视频流将与 SEI 信息一起传送给 HEVC 编码器完成编码，Dolby Vision 则由预处理阶段生成的元数据和 HEVC 编码视频送入复用器，得到最终用于传输的流。

6.1.3 全景视频

VR 技术于 Facebook 收购 Oculus 之际进入大众视野，与之匹配的全景视频也一度成为投资热点，虽然几年过去了，其应用广度并未达到人们的期待，然而在如体育、旅游和游戏等领域都已经建立起了相当的用户群。

VR 即 Virtual Reality，虚拟现实的简称，其目标是利用计算机模拟产生反映三维空间的虚拟世界，提供视觉、听觉等多种感官的模拟，让使用者产生身临其境的感觉，当前大部分虚拟现实技术以显示器或头戴式现实设备实现，较高端的系统还包括沉浸式音响效果和力反馈系统。全景视频是由 360° 全方位拍摄的视频，可随意调节视频上下左右进行观看。全景视频本质上并非与 VR 技术绑定，然而由于 VR 设备往往允许对用户进行定位，全景视频为使用者带来随意观览的优点可以自然地实现，无需额外操控，因此全景视频的目标用户通常也是 VR 头盔的用户。

① IMF 是 Interoperable Master Format，即交付母版文件，用于规范数字电影的发行版本，与直接用于影院放映的 DCP 文件并列。IMF 文件的设计包含了一组基于文件的元素，以适应分发时不同的组织方式，其适应多次重复交付的特性令其渐渐从媒体巨头之间扩展到在线视频行业。

我们把水平视角包含 360°，垂直方向 180°的视域称为全景图，为处理和传输目的考虑，全景图需要被投影到平面图片上，而在观看时，可在 VR 设备上将其还原为拍摄时的场景。每种投影方式都需要使用对应的还原方式，常见的投影方式包括 Equirectangular（即世界地图使用的方式）、Mercator 投影、Equisolid 投影（包含垂直方向 360°）等，但不同的投影方式都可能带来质量损失，当前普遍认可的投影方式称作 Cubemap（见图 6-5），其原理是模拟一个由六幅图像拼合的立方体盒子，假设观看者位于立方体正中。

这种视频的制作难度颇高，因为需要使用六台摄像机，确保其中心点严格重合，并在每两台摄像机画面接触的位置留下冗余（方便后续拼接修正），保持不同摄像机视频之间的时间同步。此外，每台摄像机还需产生针对左右眼的图像（也可以扩展为 12 台摄像机），最终得到左右眼不同的视频流。

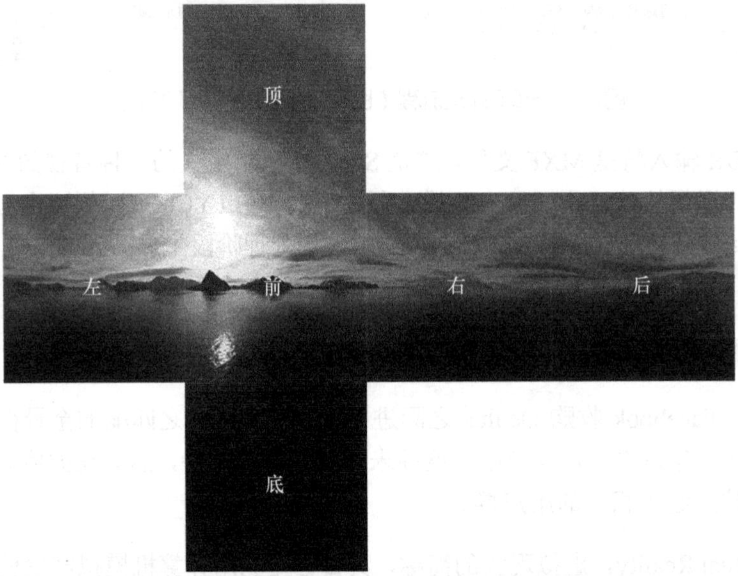

图6-5　Cubemap投影（图片来自Google网站）

以上复杂的需求，对视频的编码和传输上也提出了极高的挑战，首先，为用户提供 2K、4K 乃至 8K 分辨率的视频及其编解码能力几成必须，否则视频质量将难以忍受，其传输能力的需求则同步地达到普通视频的数倍。

鉴于业界尚无占据绝对优势的解决方案，各家公司在优化上也各辟蹊径。基本的思路是考虑双眼视频的近似性，考虑对全景视频按 Tile 划分，对不同的 Tile 提供不同质量等级，并采用分块传输、自适应传输（需要视角预测技术支持）等。值得关注的还有 Facebook 宣称的其基于锥体几何变换的编码方法，高通提出（并被 MPEG OMAF 标准采纳）的金字塔映射方法，以及 Google 提出的 ECM 方法。音响对于沉浸式体验同样颇为重要，单纯的 AAC 压缩效果不佳，为达到良好的体验，或许需要 Opus 全景声①等新的编码技术。

当全景视频被发送到客户端时，可以按照普通的解码流程得到视频帧，随后使用视频对应的还原方式渲染到界面上，常见的开发方式包括使用 Unity 框架，使用 OpenGL 或 WebGL API 等方式进行投影等，three.js 也是常用 WebGL 封装。

全景视频的传输代价不菲，但应用场景往往流于普通。另一方面，较新的手机均具备以数十乃至上百 Mbit/s 高速上网的能力，并不缺乏接受能力。如果能够提供相当于多路高清的视频流传输，提供具有吸引力的内容，而且还能聚集到足够的用户数量，解决用户对费用的忧虑，显然会形成可行的商业模式。

一些电信设备公司据此发展出号称移动边缘计算的技术，试图改变这一态势，原理是在离用户更近的地方布设视频处理和流媒体分发服务，例如在体育场、演唱会所在的场馆周围架设基站，用户可以通过手机直接链接本地的无线网络，选取想观看的视频角度，体验身临其境的感受。

提到 VR，也就不能不涉及 AR（即增强现实技术），Snapchat 在 2017 年初曾推出了 AR 相机应用 World Lenses，创作了大量 AR 滤镜、特效相机、表情包等玩法，吸引了许多短视频公司跟风，其 Lens Studio AR 开发者工具正在向生态营造的方向发展。在同年的 WWDC 上，苹果推出了其开发组件 ARKit，支持对物体快速稳定的定位、追踪、平面和界面的估计，而硬件支持仅仅需要单目摄像头，激发了一大批应用。随着技术发展，将 AR 技术和物体虚拟、预测渲染技术结合，实现交互式的动态视频，或许也会改变长视频领域（如综艺或体育）等节目的形态。

其他有关沉浸式体验的标准还包括 IEEE P2048 和 IEEE P3333.3，MPEG 的 3D 音频标准（MPEG-H 3D Audio，即 ISO/IEC 23008-3）等，而 3GPP、DVB、VRIF 等组织也在发起对格式、质量评估、设备规格等标准化的工作。工具方面，Khronos Group 提出了 OpenXR 标准（见图 6-6），为 VR 和 AR 应用定义了一套完整的 API，以鼓励跨平台开发，WebVR 提出的是 VR 网络应用的标准，意图使浏览器上可以直接观看 VR 内容。

虽然行业中对各类沉浸式技术发展的观点和立场不一，但标准化组织已将其纳入未来数年工作的重点，包括点云、光场等编码压缩技术。

① Opus 是以取代 Vorbis 为目标开发的免费音频编码格式，可以无缝调节比特率，支持多达 255 个音轨，且十分适合低延迟的场景，标准当前还在不断发展中。

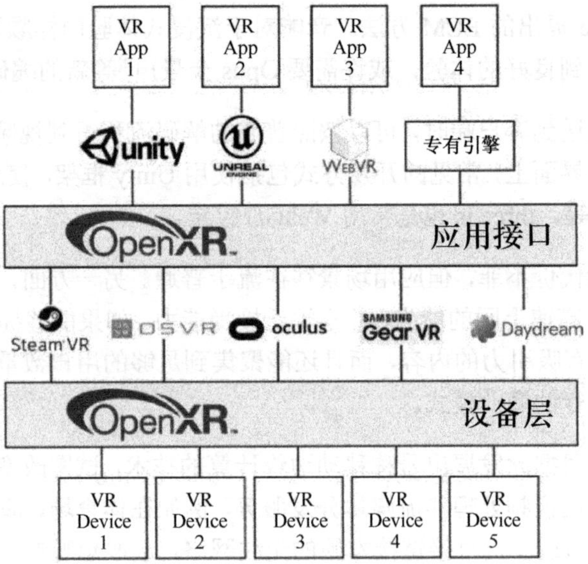

图6-6　OpenXR的概念（图片来自OpenXR网站）

6.1.4　点云与光场

点云（即 Point Cloud）是指透过 3D 扫描器取得的所有点的信息集合，其中含有位置信息和强度信息，可以反映出目标物体的坐标、颜色、表面材质、光的入射角、仪器能量、时间等信息，主要的点云来源于激光扫描，也包括一些二维图像重建、模型计算的结果。

一幅点云数据的示例可见图 6-7。

图6-7　一家工厂的点云数据（图片来自参考文章）

传统上点云的主要用途在于三维建模、测绘、规划设计、考古与文物保护等领域，当前与新兴方向（如自动驾驶、安全监控等领域）结合，可能产生出较新的应用模式。MPEG 在

2017 年底的会议上分析了不同贡献者提交的点云压缩技术，最终选取了其中的三种作为静态、动态和动画点云测试模型。

光场（Light Field）是分布在空间中所有光线信息的集合，其最终目标是实现类似于全息显示的效果。如果定义一个观测对象，则所有光都可以由四维数据进行表示。意味着如果获得关于对象足够多的照片，就可以推测出它在任意角度的图像。光场技术可以帮助获得近乎无限视频叠加能力，它包括已在好莱坞大片（如《黑客帝国》）中广泛应用的光场采集技术，以及需要特殊硬件支撑的光场显示技术。

对于在线视频公司而言，将原有业务与新兴技术结合，发掘自身最有门槛的“数据”（即视频内容本身的潜力），无疑是持续的主题，而快速引入新技术，为用户带来新奇的体验，同时也是很好的品牌塑造方式。

6.2 编码技术评价——工以利器为助，人以贤友为助

编码作为在线视频服务的基石技术，一直以来均令工程师们处于有些尴尬的境地。虽然人们可以轻松地引用各类标准，使用平台或框架提供的编码器，但另一方面，当在线视频服务希望进一步优化他们的编码质量时，却会遇到一个关键问题——如何认定优化确实是有效的？

对编码效果进行评价不仅仅是编码器开发者头疼的问题，而应被视作全局中不可或缺的一环。

或许较容易的方法是先针对单一维度进行测量，再进行综合评判，常见的图像质量、音视频质量的测量，码率控制水平，编解码速度等都可被认为是评价的主要维度。从实践而言，更多的优化发生在保持其他维度水准不降低的情况下优化某一特定维度。

6.2.1 PSNR 和 SSIM 的优劣

当前的视频质量评价大多依赖或被近似为图像质量评价，而图像质量评价的准确性决定了对不同优化过程评估的正确性，我们所要寻找的理想评测标准需要达成简单、可测量、正交不变性、可微、凸性等目标。在前面的章节中，我们曾介绍了 PSNR 和 SSIM 两种常用的客观评测指标，然而 PSNR 和 SSIM 真的可以描述好视频的质量吗？如果说用户的主观感受能够给予终极判定，但在大规模的工程开发中，昂贵的主观测试在成本和稳定性上都难以令人接受，人们要做的是为测量建立模型，使测量指标与主观感受尽可能相近。

PSNR 曾被认为与主观感知的一致性很低，因为它对比的是每一个像素值，而 SSIM 则考虑了较小图块中的结构信息。例如图 6-8 的六幅图像中 PSNR 值完全一致，但主观质量相

差很大，相比 SSIM 的表现则与感知近似。

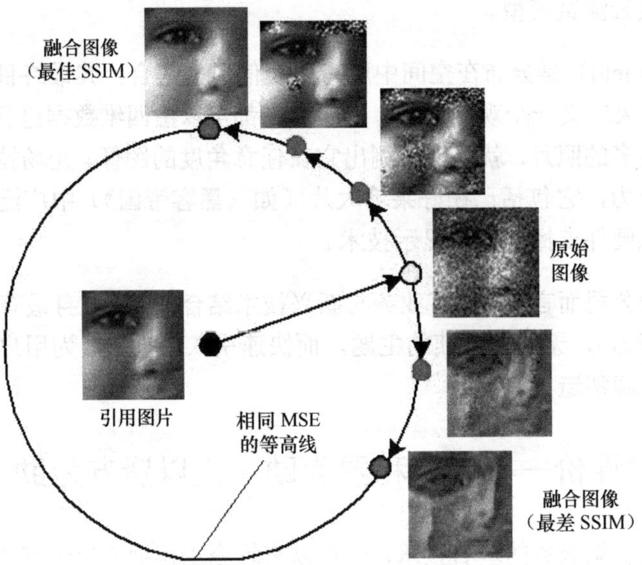

图6-8　相同PSNR，不同SSIM（图片来自AIMICONF网站）

但另有研究表明，PSNR 和 SSIM 可以进行某种相互预测，PSNR 对加性高斯噪声敏感，而 SSIM 对 JPEG 压缩更敏感。为更精细地比较 PSNR 和 SSIM 指标，可以参考其在 TID2008 和 TID2013 数据库上的结果，在 TID2008①的 17 种失真类型②中，SSIM 有 8 种的 SRCC 低于 PSNR。

由于单独使用 PSNR 和 SSIM 均不令人放心，在简化的工程实践中，可通过将 PSNR 和 SSIM 的值进行归一化并合并，产生自制指标并使用。

在 PSNR 和 SSIM 以外，近年来产生改进后的指标如 MS-SSIM、IW-SSIM、VIF（视觉信

① TID2008 和 TID2013 是一个由 1700 幅和 3000 幅图像组成，由多人进行主观实验打分，为每一幅图像提供了主观评分值 MOS 的数据库，分别具备 17 种和 24 种失真类型。

② 图像失真指数码图像与真实拍摄环境的差异，由传感器、光学系统和图像处理导致。在线视频公司多数情况下只需关心图像传输和处理带来的失真，如加性高斯噪声、蒙面噪声、水印、脉冲噪声、量化噪声、高斯模糊、图像色彩量化与抖动、色差等，有游戏、秀场直播或短视频类业务的公司可能需要应对图像获取时带来的畸变、模糊、色差等失真，不同的失真类型往往由不同处理方式造成。用于评价的指标(#_#)包括 SRCC、KRCC、PLCC、RMSE 等，思路是考量结果排序，高质量图像是否得分比低质量高，又或考量得分与 MOS 值的出入，由于各数据库使用的 MOS 值范围不同，不同质量评价指标的取值范围也不同，计算得分出入时还需进行拟合。H.264 和 HEVC 编码框架为原始图像带来的是混合多种类型的失真，例如宏块预测模式的不同将产生块效应，DCT 变换和量化将引入一定误差，去块效应滤波器补偿块效应时也可能带来更多模糊等。

息保真度）①、MAD、FSIM、GMSD 等②，数量纷繁，比之 PSNR 和 SSIM 在测试数据上有所提升，但仍属参差不齐，并不能在所有或绝大多数失真类型上达到令人满意的水平。

6.2.2 VMAF

当前在工程上走得较远的方案当属 Netflix 发布的 VMAF 标准，这是一个以 VIF 为基础，与 Netflix 合作开发的基于训练的评测方法，已在 Github 上开源并集成到 FFMpeg 中。训练集由真实的电视和电影中选取，涵盖了广泛的高级和低级特征，码率从 375kbit/s 到 20Mbit/s，分辨率从 384×288 到 1080p。

VMAF 的基本原理（见图 6-9）是认为每个基本测量指标都在视频特征、失真类型和失真度上有不同表现，通过机器学习算法可将基础的测量指标融合得到最终结果。当前 VMAF 的算法使用 VIF 和 DLM（细节损失指标）③、运动（相邻帧差异）作为基本测量指标，也可以加入其他指标，如 VQM-VFD（一种使用神经网络模型融合底层特性的方法）等，或用户自选指标进行重新训练。

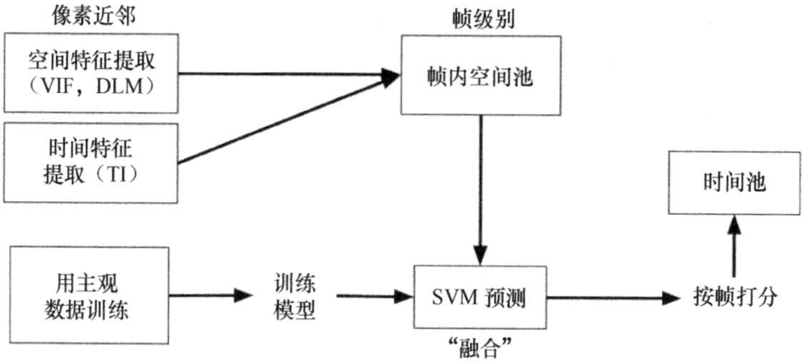

图6-9　VMAF原理（图片来自Github上Netflix代码库）

VMAF 工具虽然较 PSNR 或 SSIM 的效果都好，但其运行速度较慢是一项制约，在某些机器上计算速度甚至低于 1 帧/秒，且开源的 VMAF 工具虽然仍然可以得到较好的得分，与公布的分值相比则稍有逊色。据称 Netflix 未开源的部分包含更多数据集的训练结果以及 GPU 的支持，但未经确认。若欲在工程环境下，则应用应考虑加入自定义指标和自定义数据集，进行再训练后再优化使用。

---

① VIF 采用了高斯尺度混合模型，将每帧视频作为随机域，VIF 评分关注视频帧的熵是否保留，理论上很适合测量视频的整体失真。在 VMAF 中，VIF 测量四个尺度的保真度并将所有给出的分数纳入考量。

② MS-SSIM、IW-SSIM 均为 SSIM 的变种，MAD（Moast Apparent Distortion）同时使用两种策略的组合，局部亮度、对比度遮蔽用于高质量图像的感知失真，空间频率分量用于低质量图像的感知失真。FSIM（Feature SIMilarity）强调以图像特征代替统计特征，选择相位一致性、梯度和颜色特征进行计算。GMSD（Gradient Magnitude Similarity Deviation）使用梯度特征，以标准差池化。

③ DLM 又称细节损失指标，利用了小波变换和对比灵敏度函数来保证精确的失真细节测量。

VMAF 在 0.6.1 版开始支持手机模式，其原理在于，由于屏幕大小和观看距离的原因，同样失真的视频在手机上将被视为具有较高的质量。这意味着与非移动平台相比，达到相同的观看体验可以选择较低的码率。图 6-10 给出了 VMAF 普通模式和手机模式的对比。

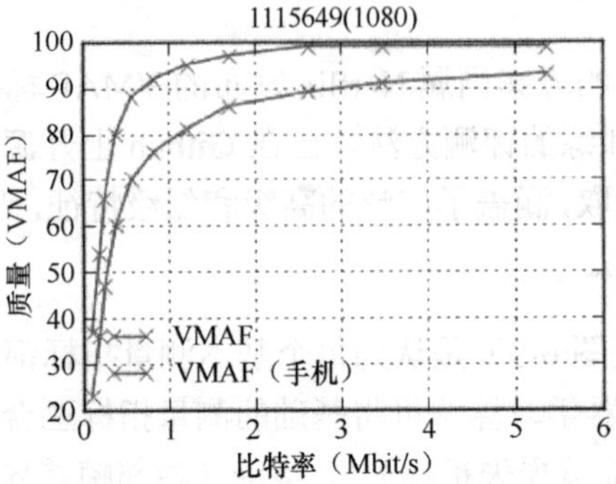

图6-10 VMAF的手机模式对比（图片来自Github上的Netflix代码库）

另一项 VMAF 相对有所改进的内容是，关于测量指标取值是否存在足够的含义。在实践中人们经常会发现 PSNR 值相同或接近的两帧图片，在主观质量感受上相差极远，如某一部片子的某帧 PSNR 达到 29.1dB 很可能意味着图像质量非常低劣，无法接受，但在另一部片子上则可能质量较高，又或者相近编码质量的视频片段，光照充分的场景可能比夜晚多细节的场景 PSNR 高很多。VMAF 在此维度上有较好的表现，高低分值与主观感受存在较好的相关性。

6.2.3 码率控制、编解码速度与测量技术

现代编码器（如 H.264、HEVC 等）都遵循了以下事实，在同一视频中，并非所有图像都具备相同的细节，因此在细节多的图像上分配较多码率，在细节少的图像上较少分配码率可令同样视频质量的视频整体码率较小，此处将应用到率失真理论①。

大致来说，视频编码器的码率由编码模式选择、运动矢量和量化步长决定。对于帧间模式下的码率而言，在运动估计阶段，根据拉格朗日法得到码率受限条件下最优的运动矢量；编码模式选择阶段，根据各种编码方式的失真和码率选择最优的编码模式；在量化阶段，量化步长的选取仍可使用拉格朗日法寻找最优解。

---

① 率失真，即 Rate Distortion，其基本理论如下：对于给定的信源分布与失真度量，在特定的码率下能达到的最小期望失真，或求取满足某种失真限制，可允许的最小码率，$R(D)$称作率失真函数，定义为失真量度不超过 D 的条件下，信道输入输出间互信息量的最小值，其反函数 $D(R)$称作失真率函数，指互信息不超过 R 的条件下，D 可能达到的最小值。

在具体实现中，由于输出的码率是随时间变化的，需要在编码端设置缓冲区（即 Video Buffer Verifier，VBV）以进行平滑，以码率精度、缓冲延时、缓冲区状态等构成码率控制的衡量指标（图 6-11 中给出了 VBV 模型的示意）。码率控制的过程将按照 GOP、帧、基本单元三个不同层面进行码率分配和量化参数调整，即在编码一帧前为其分配大小，而在码率控制过程中选择确定的量化步长以保证编码结果尽可能接近预期。许多 H.264、HEVC 编码器均提供不同的模式，如在 CBR（即恒定码率模式）下输出码率维持不变，而在 VBR（即可变码率模式）下码率允许在一定范围内波动等。

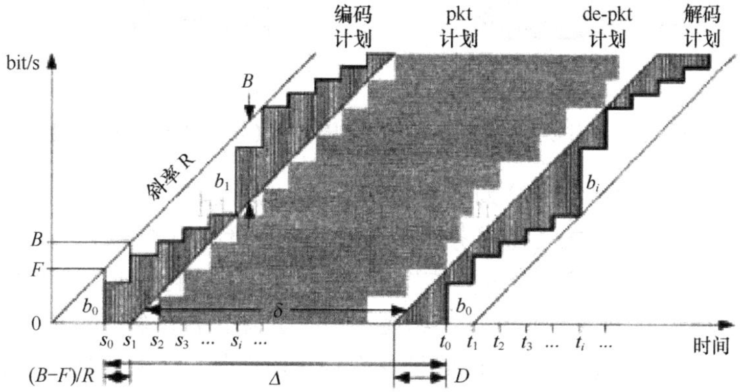

图6-11 VBV模型（图片来自参考文章）

合理的码率分配可以让视频的整体观看效果更佳，为获得流畅、清晰的视频观看体验，平均码率是重要的衡量标准，码率的突发与峰值也不容忽视，例如 YouTube 上一部多人观看的 4K 视频“Cars on a Roundabout-Leaving a Car Show, October 2015”，视频的平均码率在 75.3Mbit/s，但最大码率可达 120Mbit/s，更极端的情况是，某视频网站的一部 3Mbit/s 的视频中，突发码率甚至达到 57Mbit/s，对传输和播放造成了很大的挑战。可以想见，若视频的突发码率接近甚至超出用户的瞬时带宽，势必带来 Re-buffer 或码率降级等不良体验，故编码器在质量相近的情形下能否保持码率波动平缓被视为另一衡量标准。

对瞬时码率的测量，只需按照时间序列将所有帧的大小列出即可（见图 6-12），考虑到 HLS 或 DASH 的切片是以下载方式传播，许多时候一个切片代表一个 GOP，亦可按照 GOP 的大小计算，既可在编码过程中进行，也可针对静态文件或视频流进行测量。

编解码速度是一项较为直观的评价维度，计算单次编码的时间并不为难，但由于不同编码器的参数选择非常多，相互影响并非线性，解码器运行环境各异，难处在于依据需求选择尽量广泛的测试集合，为各个编解码平台选择公平的对比参数进行测试，通常一轮比较测试可以给出 RD Curves（即失真率曲线）、相对质量分析、编码速度、速度质量权衡、编码速度等结果并以图表形式表现，以便对比观察。

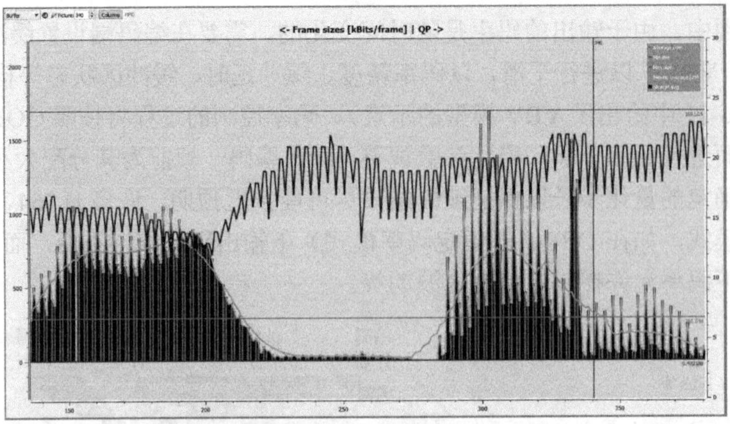

图6-12　某H.264流的码率分析结果界面（图片来自Intel官网）

自定义视频测试集时，可以分为基本的研究测试集和验证测试集，研究测试集并不需要完整的电影或电视剧，可根据自身服务随机选取一定数量的视频片段，较好的处理方法是按照镜头切分视频，可通过计算两个帧直方图之间的相对距离再按阈值过滤等方法检测镜头边界，同时需要考虑去除无意义的开头和结尾片段，去除包含反转、冻结帧的片段等，通过扫描生成的视频片段并予以统计和选取可令视频片段在长度、数量等各个维度的分布符合预期。

对在线视频公司而言，测试不同编码器的表现，对同一编码器的参数使用进行选择，定制化编解码器等均在工作范畴之中，假设进行一次针对 100 个测试视频的小型数据集，使用四个编码器在六个码率上对新的编码参数进行对比测试，就需要计算 4800 次 PSNR 或 VMAF，视频公司理应购买测量分析软件（如 Hybrik Media Analyzer（见图 6-13）或 Aurora、

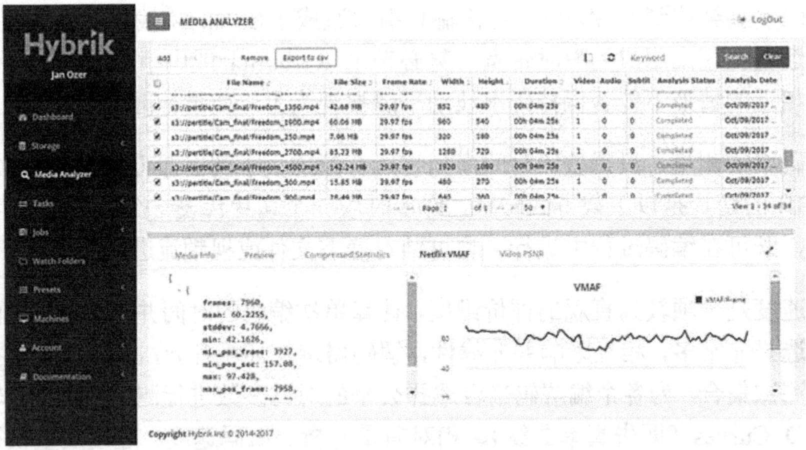

图6-13　Hybrik Media Analyzer界面（图片来自Streaming Media）

TekMOS 等公司的工具）或自行开发适合的程序进行批量处理和比较（其他可以考虑的质量分析工具还包括 VQMT、SQM 等）。专业工具不仅带来常见测量指标的计算、实验管理和比较功能，还可以进行各个维度（如不同失真类型）的分析。

若计划自行开发质量分析系统，则既可以设计为独立而适于集成到编解码系统中的组件，又可实现为实验使用开发完整的实验管理、计算系统、可视化工具等，设计时应当考虑与其他组件（如计算和存储间）的相关性，避免大规模的数据跨中心、跨集群传递。

6.3 编码技术优化——志以成学，学以广才

编码技术针对单一维度的优化比较容易衡量，也容易被用户感知，视频服务的焦点大多集中在提高编码质量、减小码率等方向，由于着眼点不同，狭义的编码优化方向可分为以下三类。

1. 对编码器的优化使用。
2. 编码器内部的优化开发。
3. 编码效率的优化改进。

6.3.1 编码器的优化使用

编码器是一系列编码工具的集合，根据场景使用不同的参数（也即编码策略）将对视频的质量产生重大影响，由于现代的编码器（如 H.264、HEVC、AV1 等）均秉持近似的架构设计，故而在编码参数选择（也即策略选择）上大多可以相互借鉴。

以 H.264 为例，在 x264 的实现中，提供了以下几种码率控制策略，它们对编码质量有较大影响：ABR（Average Bitrate），即平均码率模式，追求整体码率达到指定值；CBR（Constant Bitrate），恒定码率模式，追求码率恒定无波动，在 x264 中由 ABR 模式模拟得出（设置 vbv_maxrate 为目标码率）；VBR（Variable Bitrate），可变码率模式，为简单和复杂场景分配不同 QP 以降低码率；CQP（Constant QP），恒定 QP 模式，为所有场景设置相同 QP，瞬时码率将随场景复杂度大幅波动；CRF（Constant Rate Factor），恒定码率系数模式，追求每一帧的“视频质量”保持一致。在多数情况下，CRF 模式可在同样码率下得到较好的编码质量。

图 6-14 和图 6-15 给出了对 VBR 和 CBR 进行比较的示意。

x264 支持 2-pass（VBR）模式（即两次编码），第一次扫描视频文件并分析得到 stats 和 mbtree，第二次以分析结果分配合理的码率，并可保证较精确地得到期望的平均码率。事实上，2-pass 和 CRF 模式十分相似，只是多了对平均码率的限制，因此更适合在需要码率精确控制的情形使用。

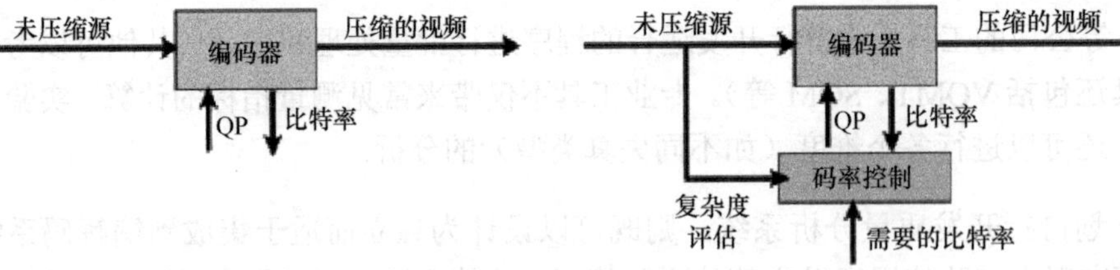

图6-14　VBR和CBR（图片来自Pixel Tools）

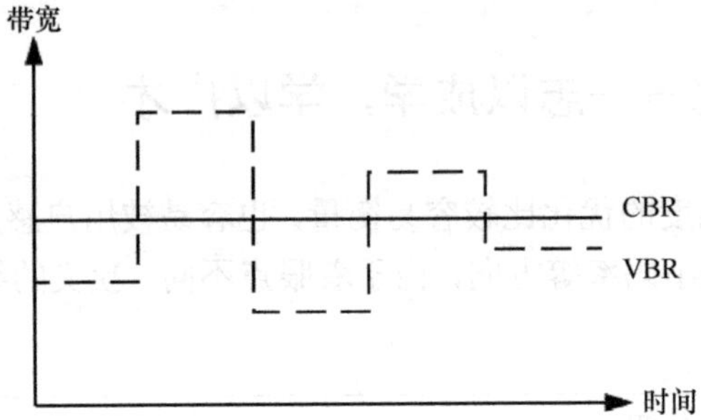

图6-15　VBR和CBR的表现

- x264 应用 2-pass 示例如下。

```
ffmpeg -y -i input -c:v libx264 -preset medium -b:v 500k -pass 1 -an -f mp4 /dev/null
&&
ffmpeg -i input -c:v libx264 -preset medium -b:v 500k -pass 2 -c:a libfdkaac -b:a 64k
mp4 output.mp4
```

前面章节曾提到，当前 x264 支持 ultrafast 到 veryslow 等多种预设参数集合，当编码时间并无要求时，veryslow 将得到最好的编码质量，参考 veryslow 的参数集再做改进也可节约大量时间。

在以往编码优化的过程中，人们很容易地发现视频内容的分类很大程度上在图像特征上也有很多区别。例如动画的线条较为明显，而体育比赛可能有更多运动场景，为得到较好的编码质量，将视频根据类型选取不同的参数集合，可以得到比一套统一参数集合编码所有视频更好的性能。根据上述原理，很长一段时间内，常见的工作方式是视频团队将视频分作数类乃至二三十类不等，通过实验并参考资源和工期的限制进行优化，寻找较好的编码参数集合。

但更进一步来看，人们逐渐发现同一类型的视频之间，其编码特征差异性仍然可观，进一步的追求分类的精确和编码参数集的优选，其方向将是近年来的热点技术，称之为 Content Based Encoding（基于内容的编码，有些公司也将其称作 CAE，即 Content Aware Encoding）技术。

Content Based Encoding 技术认为，根据每一视频的特性精细地抉择最适合的编码参数集，理论上当编码器、视频、约束条件和质量评价指标固定的情况下应该存在最优解。为达成此目标，可行的做法是寻找一个模型，根据视频本身的特征和约束条件预测最优编码参数，模型好坏由预测值的编码结果和预先测试得到的最优结果进行比较。

YouTube 曾在 2016 年发布过一篇技术博客，描述了他们在并行转码的需求下，利用机器学习预测一个视频片段的最佳 CRF 值的经验（关于机器学习和深度学习，后续将有专门篇幅予以讨论），图 6-16 给出了 YouTube 对 CRF 预测结果和实际值的比对，达成类似目标的关键在于特征的选取，实验数据的累积和预测网络的精度。

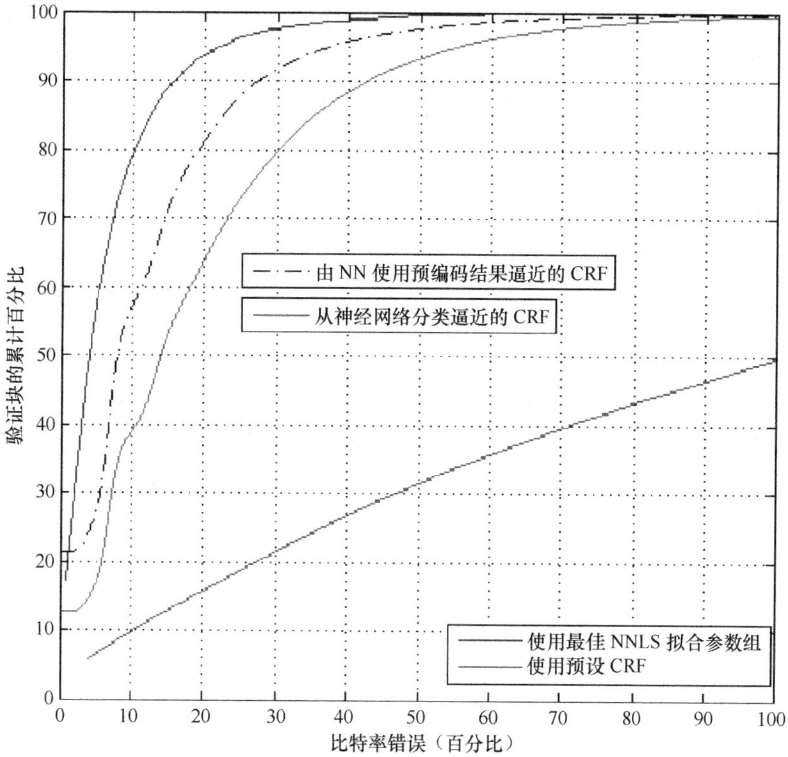

图6-16 YouTube的CRF预测结果比对（图片来自Google Blog）

传统的视频分类主要研究人体行为识别，目标是理解视频中包含的内容，其选取的通常是人体的全局特征、局部特征等，再用分类器进行分类。若目标改设为编码优化进行分类，则挑战变成如何选取与编码相关性较强的特征。

最简单的分类方式是依据视频内容，通常采购或上传审核时视频网站已对内容有自己的分类定义，例如电影可能被分为动作片、剧情片、科幻片、纪录片、家庭片等，最简单的方式是按照此类内容定义进行编码参数选择，不同类型的内容使用不同参数集，但挑战可能来自于两个方面：一是内容分类相同的视频并不能完全在编码所需特征上相近，有些科幻片可能和动作片类似，有许多激烈打斗的场景，有些则与家庭片类似，存在大量静谧安详的镜头；二是在线视频服务中常见一部视频具备多个分类标签的情形，则编码时无从确定哪种选择最好。

改进的方法是由内容的标题、标签、描述信息，甚至加入演职员表、视频的内容特征等作为素材进行分类，类别亦可经由聚类得出而非预先设定，由此纠正原始分类标签的错误，例如一个拥有"特朗普""瑞典"等标签的视频更可能是一段新闻而非动画节目。此种方法的隐含假设是视频内容和编码特征有较好的相关性。

进一步来说，可以假设编码特征主要取决于图像的低级特征，如颜色、纹理、结构，此类方法需要对欲分类视频进行完整地扫描处理，在存储、传输、解码、特征提取环节上均消耗巨大资源，但理论上或可得到更精确的编码特征分类。

当进行视频分类后，理论上可由穷举测试获得针对分类而言最佳的参数集合，实践中，因为编码器往往有大量参数，对各种组合的完全穷举代价太大，往往是采取某种近似，譬如对较小的测试视频集上穷举，或由经验选取和调整需要测试的参数组合。

一部电影或电视，其内容前后的差异性同样不容小觑，拥有预测视频的最佳编码参数能力后，下一步的优化方向则是基于固定段落镜头、基于镜头甚至基于帧级的预测，参数集也将不限于编码器参数（如分辨率、CRF、网络等），甚至可以延伸到编码器内部。Netflix 在 2017 年公布了利用此思路优化的一些工作并将其命名为动态优化，声称在穷举 QP（量化步长）和分辨率等维度的条件下，在 H.264、VP9、HEVC 等多种编码器上均可节约近 1/3 的码率。

穷举测试视频在不同编码参数下的表现，预测多项编码参数，二者均将消耗巨大的资源，为简化测试和训练的开销，增加预测数量和精度，一种可行的方法是训练一份码率预测模型，在训练参数预测模型时，利用码率预测模型的结果而非实际测试结果构造损失函数。

6.3.2 编码器改进

在追求编码优化的路途上，在通过参数选取压榨性能之外，修改甚至自制编码器亦有很大的空间，首先在码率分配上，常见的编码器都提供特定的码率控制模型，然后每个速率控制模型都有其优缺点，仅用一个速率控制模型无法达到最佳性能，不难想到，若视频团队具备编码器的修改能力，将多个速率控制模型应用到同一编码器，并采用增强学习（如 Q-Learning 等算法）自动选择每个帧的最优模型，理论上将较单一码率控制模型为优。

腾讯的微信团队亦曾分享两个实践中编码模式微调的例子：第一个例子是关于 Skip 模式的判定，在某些块效应明显的位置，可能由视频中相邻帧在此内容上的相似，基于率失真最优原则的选择结果是按 Skip 模式编码，即拷贝前一帧中相应的像素块，若基于判定改用 Inter 方式编码，则失真度较好。第二个例子是当 Intra 和 Inter 模式编码率失真代价在客观评价比较接近时，有时 Inter 模式的残差较小，量化之后部分小系数丢失容易造成块效应，此时根据统计信息筛选出同类场景，将其判定为 Intra 模式编码可有所改善。

针对感兴趣区域进行主观优化同样是许多视频团队努力的方向，人眼观看感受的模型中，往往在视频的某个片段或某帧中，注意力仅集中在图像中的人物，此时利用卷积神经网络找到人脸、肢体、头发、皮肤等区域（见图 6-17），并对相应区域予以强化（譬如分配更多码率），降低非注意力区域的码率分配。对许多电影或电视剧的镜头，人物可能并非镜头焦点，挑战则在于如何识别图像中最令人感兴趣的部分，而在深度学习的实践中，构建感兴趣区域的热力图已成为较为成熟的技术。此类优化以付出可能客观质量指标下降的代价换取主观感受的提升，需要解决的核心问题在于如何找到合适、准确的主观质量测量指标。

图6-17 人脸检测

在特征提取和分类问题上，深度学习方法常有出色的表现，本质上编码技术可视作提取特征的过程，利用深度学习进行端到端的压缩编码或许是编码技术长期演进的方向，当前已经存在一些进展，许多公司宣称其完全使用深度学习的模型可以让图像压缩至少达到 JPEG2000 的水准。

6.3.3 并行转码

随着编码质量的提高，编码技术日趋复杂，同样计算条件下，HEVC 编码的参考软件较 H.264 编码所需的时间提高了近一个数量级，某些 HDR 编码耗时更是百倍于此，在高速的 10Gbit/s 甚至 25Gbit/s、40Gbit/s、100Gbit/s 网络成为数据中心标配的情况下，并行转码系统正在成为在线视频公司的标准配置。一份两小时的高清电影，源文件可能占用数十 GB，并行转码技术按清晰度和码率需求决定转码的份数，再将源文件切分成数十乃至上百个片段，传输到不同机器上进行编码，最后将编码后的视频文件传输至同一机器进行拼接和重新打包，冗长的编码过程可被缩短到分钟级别。

图 6-18 给出了 Netflix 并行转码架构的示意。

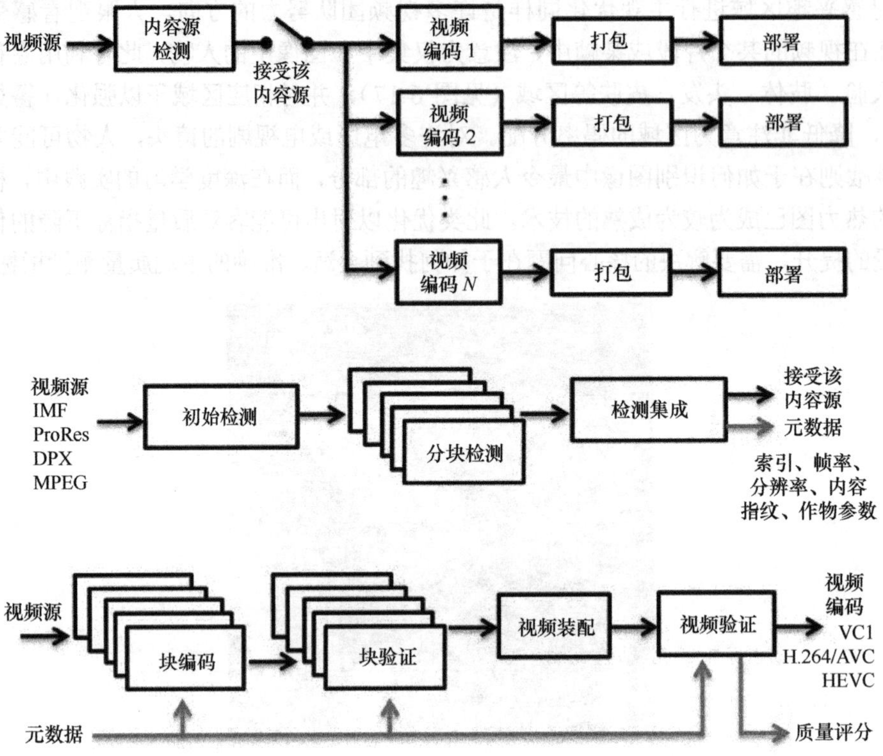

图6-18　Netflix的并行转码架构（图片来自参考文章）

并行转码的想法并不算新奇，早在十几年前视频公司已有诸多尝试，但将其开发完善并非易事。首先需要解决的是统一存储、计算调度、网络调度、错误处理等问题，所需的基础设施应关注以下重点，保证良好的系统效率。

> 1. 资源隔离和保障，视频文件在网卡之间、内存到硬盘之间的传输需要占据较多的资源，编码时亦需占据大量 CPU 资源，每份转码任务的资源若不能得到保证，且不能消除资源抢占带来的不同任务间相互影响，并行转码的优势也无从谈起。
>
> 2. 资源分配，在特定的转码任务如源文件异常巨大的情况下，使用源文件所在机器作为分割和（部分）转码的机器可以大幅度节省带宽资源，又如不同的任务可能面对不同的业务需求，系统若支持对需求的分析和理解，以进行传输和转码资源的智能分配，将有效提升系统能力。

再就编码本身，可以想见选取正确的策略对源视频进行切分、控制不同视频片段的编码质量是面临的主要问题。视频切分可以依据固定长度或是按镜头区分的策略，对后者而言，当不定长的视频片段超过期望大小时，可能需要再次切分。

控制编码质量时，关注的焦点在于开头或结尾的视频帧的码率是否稳定，以及不同视频块之间的编码质量是否过渡平滑，可考虑的策略包括将视频先进行编码分析以决定切分转码的参数，为编码片段提供前后视频帧供参考使用等。

6.4 流媒体技术优化——千人千面

相对于编码技术，对视频分发的优化更为直接且与运行环境高度相关，流媒体协议的选择与分发体系架构的设计对优化起着关键作用。鉴于 HLS 和 DASH 协议在点播和 OTT 直播服务中已逐渐占据主流，其思想是将视频转为不同码率并切为较小的片段，将流媒体分发从服务器端推送转向由客户端以 HTTP 下载方式获取，在此情境下，客户端下载策略是技术优化的主要方向。

当前下载策略的优化主要集中在以下几个方面。

1. 视频链路的选择和切换策略。
2. 视频下载的预请求、并发策略与错误处理策略。
3. 视频码率的选择和切换策略。

如果说编码更多需要事前准备，每个人访问到的视频文件大致相同，局限在有限范围内的话，针对流媒体传输这样一个可以通过数据进行全局优化的问题来说，无疑理想应该是做到对每个人的服务策略能够各不相同，达到最佳的综合效果。

6.4.1 下载策略优化

早先视频服务的下载策略多由工程师凭经验设置，基于 IF…ELSE…构造逻辑，但随着各家公司工程水平的提高，许多团队开始使用较复杂的算法作为下载策略，以争取 QOS 上出色的表现，当前通行的做法是将策略组件化，便于算法优化，且针对不同平台和场景使用不同的算法，持续上线 A/B 测试并观察数据表现，根据结果进行频繁地迭代。

虽然有些大的视频公司（如 Netflix）采用完全的自建 CDN 服务，但更常见的做法是将大部分流量由自有 CDN 提供，少部分流量由第三方 CDN 承担，作为削平峰值的手段。较小的视频公司并无自建 CDN，往往使用几家不同的 CDN 并将流量在其间调配，这样做的好处是：一则避免路径锁定；二则保障流量安全；三则可对服务质量有所比较，汰弱留强。

自建 CDN 的流量调配，其策略通常是在知晓用户的地理位置和网络状况后，结合节点的位置和负载情况，按规划问题求解。图 6-19 给出了多 CDN 连接策略的示意，在混合架构下，既然客户端进行播放时有多个 CDN 可供选择，与多 CDN 的情况下所依据的信息较少，大多数第三方 CDN 并不允许指定边缘节点，视频服务将动态监控不同情况用户（可依据地理位置，网络状况等特征分类）在某 CDN 获取服务的质量，并据此推断特定用户应由哪个 CDN 服务。

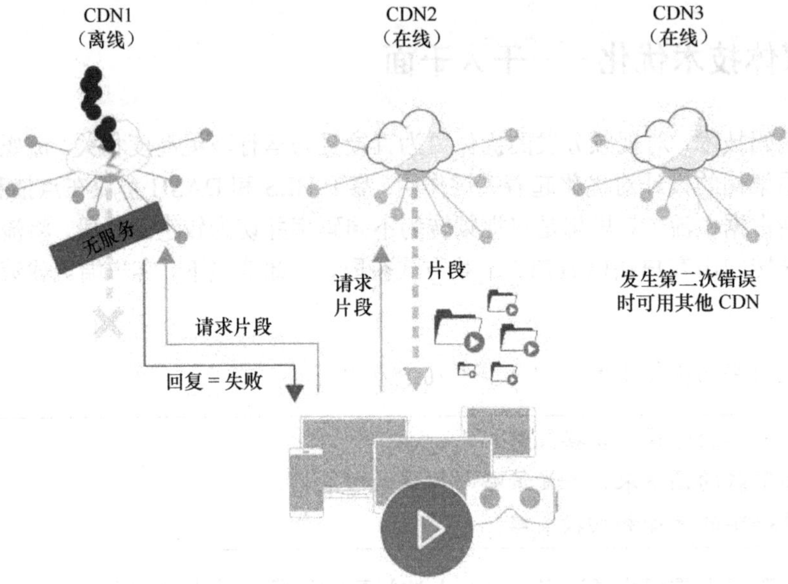

图6-19　多CDN切换（图片来自Bitmovin的Twitter账号）

流量调配可以具备多种策略并能在不同策略件平滑地进行切换，如基于成本的策略、基于质量最优的策略、基于 ISP 的策略等，其中或许还需要更多约束条件，例如调配一定数量的请求，保证所有 CDN 均处于缓冲完备的状态。

在视频播放期间发生某一码率的下载失败时，优先尝试较低码率下载或可解决问题，若所有码率的片段均不能正常下载，可尝试播放前方的片段。当源站的流媒体服务正常，但用户在某一个 CDN 无法正确获得服务时，转向另一 CDN 提供的资源可以让播放继续。倘若遇到特殊情况，如下载速度非常缓慢，带来多次缓冲，却并未失败，则需要跟踪下载进度，并为何时放弃，切换下载目标或 CDN 的判定设定合理规则。

就直播而论，应考虑的错误处理方式要更多一层，因为无法超过边缘位置播放，若遇到丢失的视频片段简单地跳过，将可能导致播放位置过于靠近边缘，带来大量短促的缓冲。解决的方法是：除缓冲恰当的长度外，还可以使用特别的视频片段（参考图 6-20 的无节目片段），如 Logo 或广告插入，取代丢失的片段。

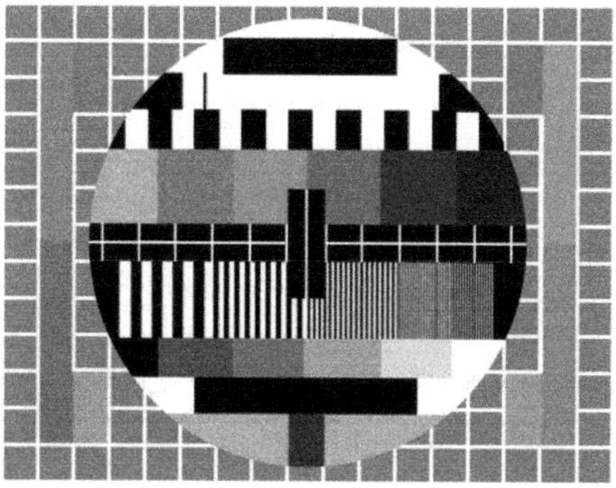

图6-20 无节目片段（图片来自SCCNN网站）

在整个播放过程中，为追求更高的视频质量、较低的缓冲次数和时长，给予用户清晰流畅的观看体验，一个好的ABR（Adaptive Bitrate，即码率自适应）算法非常重要。虽然ABR技术理论上可以构建在任何支持多码率的流媒体协议之上，但人们更多地将其视为“显学”且技术本身得到长足发展则是以DASH和HLS为代表的Html5播放技术成熟之后的事情。

图6-21给出了在一个播放会话中码率动态切换的示意图。

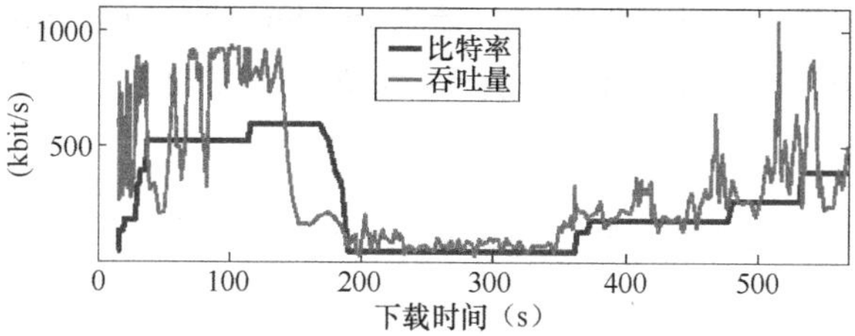

图6-21 动态码率切换（图片来自Semantics Scholar网站）

ABR算法当前业界已有较多工作发表，设计的出发点有基于带宽估计、基于缓冲区长度、混合带宽估计和缓冲区长度等方向，代表性算法包括移动平均线[1]、卡尔曼滤波[2]、CS2P[3]、BOLA[4]、MPC[5]等，图6-22给出的是Netflix曾发表的一种ABR算法。

---

① 移动平均线，即将一段时间内的数值连成曲线，用来显示历史波动情况，当有多条不同区间的移动平均线，且平均线之间发生穿越时，可被视为趋势发生变化的信号。

② Kalman Filter 即卡尔曼滤波，算法基于隐马尔可夫模型，能从一系列不完全及包括噪声的信息中估计动态系统的状态，它根据各个指标在不同时间下的值考虑其联合分布，再产生对未知量的估计，算法常用于航空航天技术的导航控制和机器人的运动规划等领域，广义的卡尔曼滤波算法包括扩展卡尔曼滤波和无损卡尔曼滤波等。

③ C2SP 又称 Cross Session Stateful Predictor，是在iQiyi数据的基础上提出的利用HMM模型进行预测的算法。

④ BOLA，是基于缓冲区长度估计使用Lyapunov优化的一种算法，在Github上有开源的参考实现。

⑤ MPC，即Model Predictive Control，是一种综合带宽估计和缓冲区长度的算法。

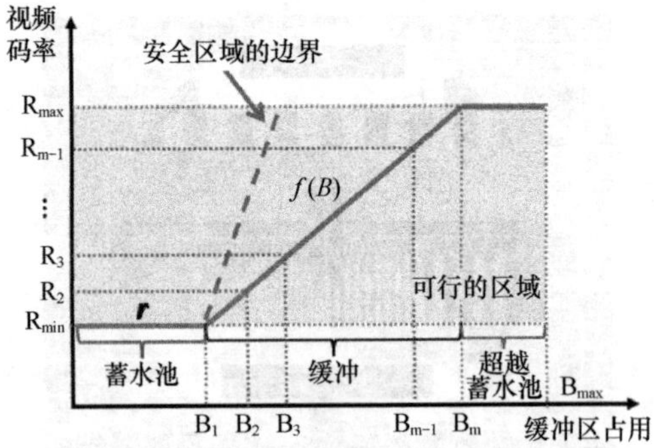

图6-22　Netflix发表的ABR算法（图片来自参考文章）

从早期由工程师依照经验设置的规则，到许多公司现行使用的基于机器学习的算法，以及利用强化学习的研究，ABR 算法的发展方向是追求精细化、动态化和鲁棒性。

6.4.2　协议与架构优化

作为近年来瞩目的新协议，HTTP2 已得到大部分 CDN 公司、浏览器、反向代理的支持，众多视频网站也在逐步推进中。HTTP2 没有改动 HTTP 的语义，但包含了大量新特性，如对 HTTP 头进行数据压缩、服务器端推送，请求 Pipeline 化、对数据传输采用多路复用等①。除利于网站浏览外，HLS 和 DASH 协议同样可以基于 HTTP2 进行，节约 Manifest 文件和视频文件的请求和下载时间。

在早年设计时，TCP 协议并未考虑到如互联网这样复杂多样的体系，其拥塞控制算法②常年为人诟病，当网络存在丢包时，TCP 连接速率将被大幅度调低，若丢包并非由持续存在的因素导致，实质导致了对带宽的巨大浪费。

Serverspeeder（即锐速）是常用的 TCP 网络加速软件，可在 Linux、Windows 服务器上使用，不论网站，还是 CDN 节点，均可借此大幅提高网络传输速度。另一个知名的优化方式是 Google 非官方提出的 BBR 算法，它在 RTT（往返时延）增大的时候并非马上降速，而是保持最近的最大速率进行发送，且在有空闲带宽时加速抢占，但缺陷是减速收敛较慢，也

① 建立 TCP 连接的耗时常常达到数百毫秒，HTTP2 将 TCP 连接分为若干个流，每个消息由若干最小的二进制帧组成，对新页面加载的加速十分明显。协议引入 HPACK 算法，令客户端与服务器维护相同的静态字典和可添加内容的动态字典，以哈夫曼编码减小头部大小。HTTP2 引入的服务器端推送，允许服务器提供浏览器渲染页面所需的资源，无须浏览器收到并解析页面之后重行请求，同样节约了加载时间。

② TCP 拥塞控制算法与路由器中的主动队列管理（Active Queue Management，AQM）模型息息相关，路由器中简单的队尾丢弃方案存在多种问题，如果增加预测环节，使得缓存耗尽前有计划地丢掉一部分分组，提早通知发送方降低速率，即是 AQM 的核心思想。TCP 的拥塞控制大致可分为基于丢包反馈的协议，如 Tahoe、Reno、HSTCP、CUBIC 等；基于路径延时反馈的协议，如 Vegas、FAST TCP、Westwood 等；基于显式反馈的协议，如 ECN、XCP 等。

并不适合深队列的情形。BBR的参考代码可见下面的链接，算法已被合入Linux的Kernel，图6-23展示了BBR和另一种拥塞控制算法CUBIC之间的比较。

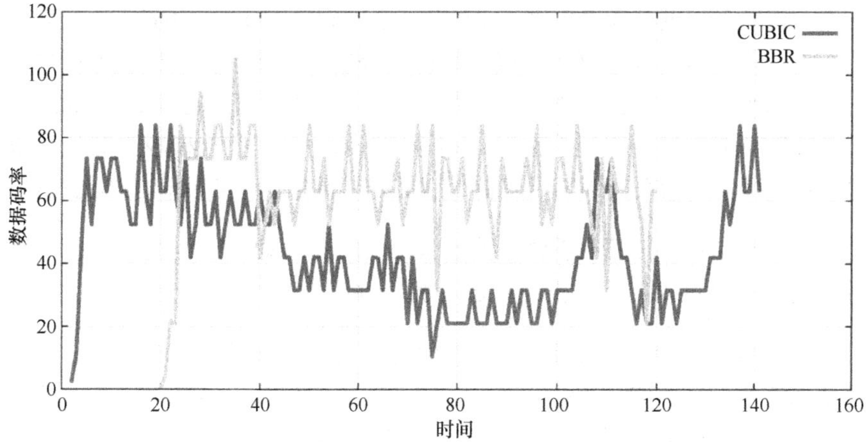

图6-23 CUBIC和BBR的比较（图片来自Apnic网站）

使用QUIC协议而非TCP协议是近年来一些公司的尝试，这是一个由Google倡导并正在标准化的，构建于UDP协议之上的传输层协议，并可能得到DASH协议的支持，其设计旨在减少握手数据包、支持前向纠错FEC①，支持会话的快速重启和并行下载等，最近被重命名为HTTP3。

从原理上来看，QUIC协议在快速连接、弱网状态下的下载速度、网络类型切换时连接的保持等方面都颇有优势。YouTube为首的视频公司、Edgecast为首的CDN公司、新版的Chrome浏览器等都已经全面使用QUIC协议或加入其支持，值得视频公司关注并使用。

不论点播或直播视频，在CDN的边缘节点上予以缓存是提升包括启动时间在内传输性能的首要步骤。对CDN而言，根据热点预测将视频的初始片段（通常是一个完整的GOP）预先缓存到边缘服务器仅是常规手段，视频网站可根据数据预测的结果，将热门节目的完整内容主动加入缓存。此外，由于长视频模式的服务通常版权节目数量不过百万级，若条件允许，可于所有节点服务器中维持持久化的缓存，至少囊括冷门视频在内所有节目的起始片段，以此提高用户体验，在存储成本低廉的当下十分划算。

令用户观看视频时尽可能离内容所在位置更近听起来十分简单，但考虑到CDN节点数目众多，缓存大小终归是有限资源，无法在单独的一个或几个存储所有的节目，设置规则将

① FEC即Forward Error Correction，前向错误更正，通过增加冗余信息，在发生错误时，无须通知发送方重发即可进行错误恢复，用于流媒体传输时，可将N个音视频包异或得到新包插入流中，代价是流的大小变为$(N+1)/N$倍。

较热门、用户观看较多的节目预先部署到边缘节点是行之有效的办法，只需要根据数据反馈的结果将超过阈值热度的节目选出即可。

与此同时，视频公司也在考虑更进一步的优化。在自建 CDN 的场景下，无疑可以从数据预测所有内容的访问热度以及根据用户确认访问的分布，按照预测结果进行预热。由于每个视频均存在不同码率，此时将各码率内容视为不同的文件预测可能得到更好的结果，理论上，可以将节目片段的观看热度、电影的宣发计划等均纳入考量。在规模较大的视频服务商的体系中，约束条件可能还包括在不同的子集群的状态是否健康，子集群和整体的流量是否平衡。

对 OTT 直播节目来说甚至不需要以上步骤，将频道主动推送至边缘节点，而非待用户请求再自源站拉取，就可以改善首批用户的体验，并降低延时。

由于完整的播放请求中，资源获取、鉴权等工作通常需要访问源数据中心，对启动时间等指标存在多重影响，在自建 CDN 场景中，许多服务均可被前移至边缘节点予以加速，常见的如转码服务，在直播场景下节目流上传的节点不需要设置为源站，而可以在任意边缘节点接收、转码、再行分发，如果进行得当的设计，DRM 许可、广告投放等服务也并非不能部署在边缘站进行加速。

在游戏、秀场直播场景下，当前仍由非 HTTP 协议占据主流，视频传输以 RTP 或相似的协议为主，网络层协议选择 UDP，由于 UDP 的非可靠性，此时对丢包可采用 FEC 或带外重传的方式。在传输过程中，由于大于 MTU[①]的包将导致 IP 层分片传输，通常的策略是将音视频帧按略小于 MTU 的大小切分成 RTP 包，有些公司认为路由器存在小包优先的策略，因而在拥塞严重的网络环节下对切分上限设置在靠近 MTU 除以 2 的位置对传输较为有利。

与 HLS 或 DASH 播放时，对直播视频片段来说，若无法下载，则尝试其他码率或下一片段相似，在 RTP 环境下，服务端应监控传输状况，主动切换合适的码率，丢弃超时的帧乃至整个 GOP，播放器也应在缓冲区过长的情况下采用丢帧方法追赶进度。

6.5　编码与分发，QOS 与 QOE——不谋全局者，不足谋一城

编码与分发构成多媒体技术的两面，其优化方向在许多情况下并不一致，为获得最佳用户体验，在二者相互影响的维度予以平衡可以帮助提升用户体验。进一步来说，若将视频服务视为一个整体，在融合编码和分发之外，还需和用户体验这一终极指标挂钩，进行全局规划，才能得到最优的设计。

① MTU 是一种通信协议的某一层上面所能通过的最大数据包大小，常见的 MTU 如以太网在 1500 字节，IEEE 802.3/802.2 在 1492 字节等。

6.5.1 编码与分发

选择编码参数时，以往的做法是固定分辨率和期望的码率，再选择其他编码参数，但令人疑惑的是，在 1Mbit/s 的码率上，我们应该将视频编为 480p、720p 还是 1080p？考虑到多码率和自适应切换已成为主流，问题可以被看作是如何选取一系列码率（和分辨率）以更好地服务。

早期的码率定义通常由一些简单的测试和基于经验的主观抉择完成，如设定 750kbit/s 需要编为 720p，1.5Mbit/s 应编码为 1080p 等，不同公司各有不同选择，其中很大程度上还受到对外宣传的影响（为尽早地向外界推出全高清功能，甚至有视频公司曾大量使用 800kbit/s 码率编码 1080p 视频，由此可知其质量难以尽如人意），表 6-1 中列出了 Netflix 所认可的码率与分辨率的设置关系。

表 6-1 码率与分辨率的设置关系

比特率（kbit/s）	分辨率	比特率（kbit/s）	分辨率
235	320×240	1750	720×480
375	384×288	2350	1280×720
560	512×384	3000	1280×720
750	512×384	4300	1920×1080
1050	640×480	5800	1920×1080

在编码参数优化过程中，人们意识到视频之间的差异可能比人们以为的还要更大些，对动画节目，可能 1Mbit/s 足以提供 1080p 水平的高清视频，但对噪点较多的视频，5Mbit/s 或许还会让人看出明显的块效应。用户关心的分辨率和视频码率不宜固定不变，Netflix 曾在 2015 年的技术博客中列举了不同种类视频和质量指标的关系，其他公司也有各自的定义。

考虑到视频多样性，固定码率-分辨率设置的编码不能提供最佳的视频质量，针对动画片，由于平坦区域较多，在 2Mbit/s 附近提供 1080p 编码后的视频足以满足绝大部分用户较苛刻的质量需求，提供 4Mbit/s 甚至 6Mbit/s 码率并不能带来太多增益，而面对激烈的动作片，鉴于运动场景和纹理的多样性，即使在 4Mbit/s 的水平上，以 1280×720 分辨率编码的质量也有可能超过 1080p，对于带宽充裕的用户来说，应考虑为其提供 6Mbit/s 或更高的码率。

图 6-24 展示的是在 Netflix 测试中，不同类型视频的 RD 曲线，可以看到不同视频达到较高质量所需要的码率差别很大。

为选择适于分发的码率，需要考虑多种因素作为约束，包括设备兼容性、码率数量、相邻码率和质量的变化等，约束条件的定义亦可有不同策略，常见的方案是固定码率组合，令所有视频按照同样的码率组合编码。

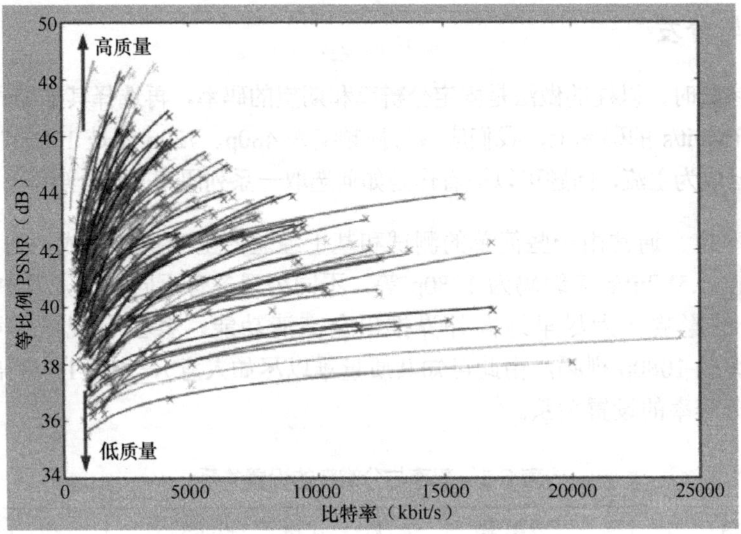

图6-24 不同类型视频达到高信噪比需要的码率（图片来自Netflix Technology Blog）

在不同分辨率条件下，视频编码存在最优解，使用者根据约束条件和凸壳曲线（图 6-25 中的 Convex Hull 曲线，由不同分辨率的最佳曲线连缀得出），理论上也能够选择出最优的码率组合，而这一最优的码率组合根据不同的视频分类甚至特定的视频，可能完全不同。

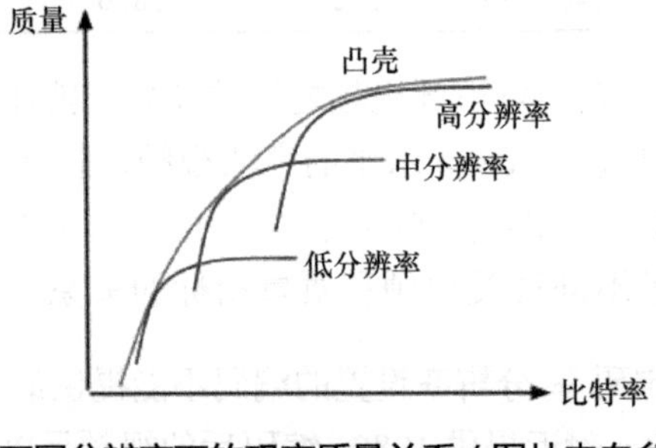

图6-25 不同分辨率下的码率质量关系（图片来自参考文章）

可以看到，前面章节中描述的编码参数选择可以帮助解决的是针对选定的目标（如质量目标或者码率目标），最佳编码方案是什么的问题。而画出针对特定视频和编码器的凸壳曲线，可以帮助回答如何设置目标的问题。根据质量标准设置动态码率组合，能够避免带宽的浪费，达到综合的优化效果。

不同的公司对此尝试提出不同的方案，Brightcove 在上述理论基础上提出的方案名为 Context Aware Encoding，用于选取码率组合，其思路是根据给定的质量-码率函数、网络和客户端的模型，定义码率组合设计问题为一个向所有客户交付的平均质量最大化的问题，按照非线性约束优化问题求解，选取的算法可以针对不同视频选取不同的码率组合。

Brightcove 的视频分析和码率选取方案架构可以参考图 6-26，图 6-27 给出的是其宣传文档中，理想的码率组合方案与传统方案的对比示例。

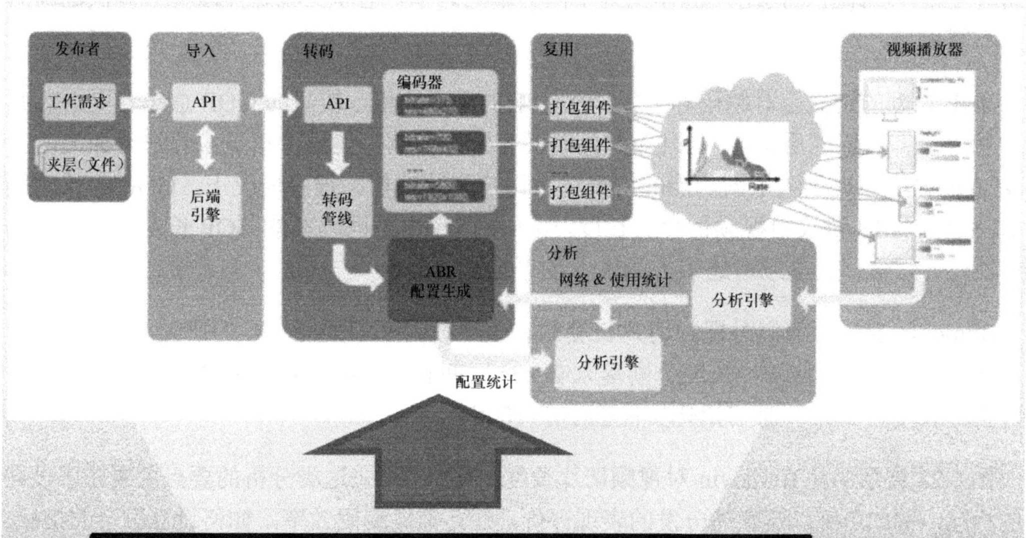

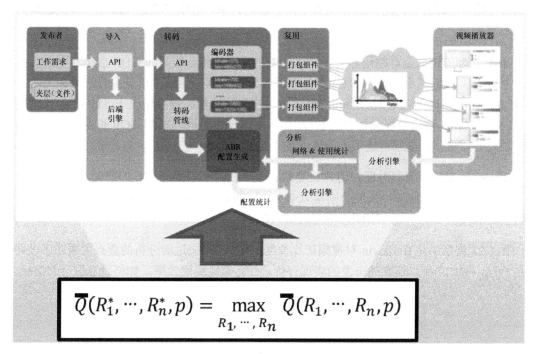

$$\overline{Q}(R_1^*,\cdots,R_n^*,p)=\max_{R_1,\cdots,R_n}\overline{Q}(R_1,\cdots,R_n,p)$$

图6-26　编码组合分析架构（图片来自参考文章）

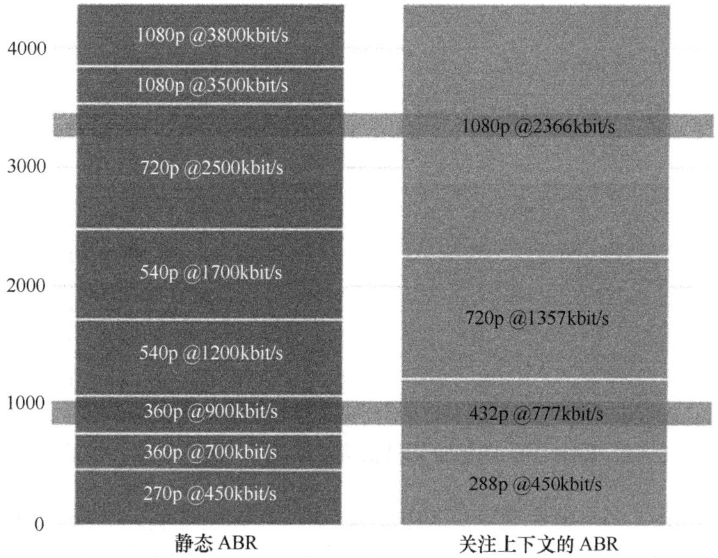

图6-27　编码组合设计（图片来自参考文章）

更进一步，由于不同的用户可以根据其网络与设备状况被划分为不同类型（或与直觉相符，可以被聚为带宽充分的客厅设备和带宽有限的移动设备等分类），Hulu 正在试图就以上思路进行推广，针对不同用户群体找到不同的编码码率，也即在流媒体服务中提供不同的组合给不同用户。

GOP 长度的定义是对编码和分发产生影响的重要因素，较短的 GOP 意味着更少的 P 帧或 B 帧（也即较低的质量），同时对起始时间有正面影响，使码率自适应算法更加灵活，在 Seek 或依赖 I 帧提供缩略图功能的情境下，用户体验较佳。很多情况下，GOP 的长度等同于 HLS 或 DASH 协议中视频切片的长度，由于多码率中不同码率的 GOP 长度应一致并保证 IDR 帧对齐，选择长度应考虑多方面情况的平均。

Bitmovin 曾公开他们对视频切片长度和有效下载码率相关性进行的研究，在长连接和非长连接的情况下，最佳切片长度分别落入 2～3s 区间和 5～8s 区间。YouTube 对 OTT 直播的切片推荐长度在 2s，同时初始化文件应小于 100KB。

图 6-28 展示的是 Bitmovin 对视频切片长度的分析结果，这类分析的要点主要在于设立评价的标准，例如单纯以流媒体分发的表现评价，还是兼顾编码效率，如何设立融合的指标。

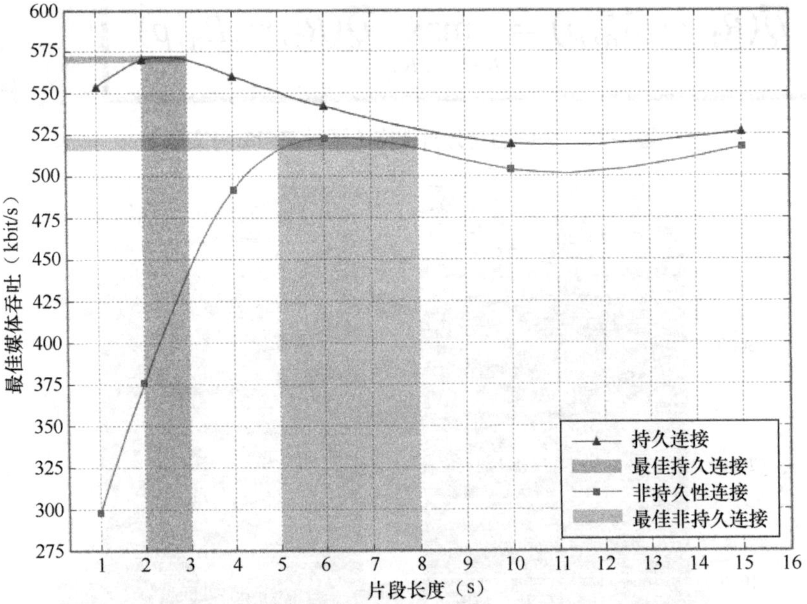

图6-28　Bitmovin对视频切片长度的实验（图片来自参考文章）

一般用户对音频要求并不敏感，64kbit/s 的 HE-AAC 音质足以满足大多数人的需求，故除在线音乐服务外，很少需要考虑多码率，仅为服务环绕立体声爱好者才需提供高码率音频（如高达 384kbit/s 的 DD+音频）。高码率音频大小颇为可观，与视频比较已非可以忽略的范畴，当提供高码率音频的同时，提供小于 750kbit/s 甚至 1Mbit/s 以下的视频码率可能并无必要，可采取的策略是根据用户设备和网络的类型以及历史表现决定是否提供包括环绕立体声在内的高码率组合。

6.5.2 从 QOS 到 QOE

视频公司在编码和传输上进行的优化，其指向的目标无疑是提升用户体验，或严格来讲，是获取更多的收入和利润。衡量编码或传输的优化表现，除了直接使用 QOS 指标如观看码率、启动时间、缓冲次数等，将其与 QOE（Quality of Experience）指标连接则更可以直观地反映出成效。

不将优化表现直接与收入关联的主要原因是，收入统计通常计出多门且较为滞后，可采用的替代指标包括注册用户数、活跃用户数、视频观看时长、观看次数、播放占比、付费率、留存率、分享率、满意度等。

关联 QOS 和 QOE 的举动，首先面临的是观察不同指标之间的影响，质量的好坏将如何影响某一个或多个维度的用户数据（体验），其次是观察不同指标的相关性，哪些指标较为敏感，哪些指标可视为关键指标等，区分影响指标相关性的场景和维度。

近年来，用户观看时长和观看数量常常被视作最关键的体验指标，而场景可以按短视频、长视频、OTT 直播和秀场直播等予以区分。之所以使用时长和观看次数，是因为虽然还有其他的维度度量观看体验，这两个客观指标也无法对用户是否专心观看之类的不同进行区分，但一般而言，它们可以被转化为直接的商务目标，如付费播放和广告收入。

Conviva 在 2011 年的分享中提到以下观点，缓冲次数始终是最主要的影响用户体验因素，在观看 90 分钟长度的 OTT 直播中，增加 1%的缓冲比率将使用户减少 3 分钟的观看时间，同时认为，在直播过程中，平均码率的影响要比点播中更大。

在 2016 年的一篇文章中，研究者利用 YouSlow 的数据分析得到的看法是，缓冲对退出观看的影响比之启动时间要高六倍。Hulu 近年的一份研究发现，在特定情形下，采用激进的码率自适应算法，可能以缓冲比例的少许上升为代价增加视频的码率，实际提高了用户的留存率。

以上列出了业界已有的一些工作，若想更进一步挖掘数据的内涵，需要考虑时间的相关性，例如缓冲发生在视频播放的初始还是末尾对体验的影响或许很不一样，或增加对外部条件的考虑，如用户类型和视频分类等。

进行数据分析的主要方法包括相关和线性分析，主要目的是识别具有对不同视频类型的用户 QOE 有显著影响的 QOS 指标，以及通过线性回归量化其影响，可用的方法包括 Kendall 相关系数、Pearson 相关系数等。由于 QOS 与 QOE 之间的关系可能是非单调的，QOS 参数之间有互相依存的关系，如码率和启动时间的相关性，可以应用决策树描述 QOS 和 QOE 关系，并给出准确预测。近年来，多家公司在生产环境中尝试应用多种机器学习算法构造指标的相关性，均获得了不错的准确率，当进行编码和分发策略的更新或者定向优化的时候，可以用比较低的代价评估 QOS 波动所带来的 QOE 变化。

6.6　使用图像处理技术——君子善假于物

之前在我们讨论的编码优化中，并没有涉及对图像质量的主动改变，且直接假设了编码前后的视频仅仅具有质量的差异，缺少对正确性的关注。但对视频网站来讲，对一些图形图像技术以及视频图像处理技术的应用可以直接改善观看质量，技术手段也可用于确认视频本身在入库前与编码后的正确性，对内容识别以帮助法律法规的审核与分级，下面将对这一领域予以讨论。

6.6.1　图像处理

图像处理技术涵盖十分广泛，前文讨论的编码技术，其实可以被归类为图像处理的一个技术方向，与之并列的还有图像变换、增强和还原，编辑、分割、描述和分类等方向。一般而言，在线视频公司使用图像处理技术，目的不外乎增强和抑制视频中的某些部分，直接改善图像的质量，又或是提取视频中包含的某些特征，为分析和处理提供助力。

传统的图像增强和复原技术包括直方图均衡化（用于调整对比度），分段线性变换（修复漂白的图像、改善动态范围、突出细节），空间滤波和频域滤波（锐化、去噪、模糊复原、去雾）等。利用传统技术增强视频图像的主要挑战是，长视频的内容千差万别，一些视频在增加色彩饱和度、进行锐化等处理后可以提高观看质量，但另一些则可能由于纹理丢失等原因反而导致观看感受下降，很难进行权衡。

对许多视频源，仅仅通过编码方向的优化，保证转码后的视频与原视频相比失真度较小，并不能完全令用户满意。一个主动增强的例子，是对使用老电影进行修复和上色。早年的电影拷贝以胶片为介质，随着时间推移难免发生污垢霉变、收缩开裂、粘连变色等问题，故而需要修复，通常的修复包括素材整理、胶片清洁等工序，再从物理介质转为数字介质，数字化的影片则需要进行画面修复、画面调色等步骤，当影片转化为数字格式后，视频公司即可介入。

增加电影分辨率，不论是将早年粗糙模糊、帧率较低的黑白电影改造为当今观众可以接受的清晰度，还是对 20 世纪七八十年代的彩色片进行高清甚或超高清重制，都对视频用户颇有吸引力。在秀场直播的场景下，主播画面往往从个人电脑或手机上捕捉并发送，受限于设备性能和网络条件，只能提供较低的分辨率和码率。使用超分辨率等图像/视频重建技术可以让播放侧得到较源视频更佳的质量，代价是需要占用一些用户侧的计算资源。

很多公司尤其是电子设备厂商均在图像的超分辨率技术上有独到的积累，往往是在传统的双线性和双三次插值法的基础上加以改进（见图 6-29），其优势是可将其优化算法置入硬件，近年来，Google 发布的基于机器学习的 RAISR（Rapid and Accurate Image Super Resolution）算法较受关注，在填充得到观感不错的超分辨率图像质量前提下具备出色的速度，且很大程度上可以避免重建图像时产生的混叠效应。

图6-29　超分辨率技术（图片来自参考文章）

RAISR 的主要思路是用一些图片的不同分辨率进行训练，对图片根据其梯度特征等信息分为不同的矩形窗口并分类，针对每类矩形窗口训练不同的滤波器，在客户端使用同样的分类方法，再由不同的滤波器重建并微调（见图 6-30）。RAISR 算法对原始即是低分辨率的模糊图片也有效果，据称已全面部署于 Google Photos 等应用，可节省高达四分之三的图片大小。

假设应用环境中有 GPU 和深度学习框架可用，则还可以尝试基于 CNN 的算法，如 Sub-Pixel 算法、Single-Scale Nets 算法等，或可比 RAISR 算法取得更佳的效果。

对视频公司而言，在 RAISR 或同类算法的基础上实现视频的超分辨率处理更有吸引力，倘若自服务端降低码率，于客户端再行重建，以此降低传输负担，将能够大幅提高用户的观看感受。为在移动端提高运算速度，有些方案还尝试在连续几帧的视频中仅对其中一帧做超分辨率处理，也能令观感得到一定提升。

影响图像质量的因素很多，包括锐度、噪声、动态范围、对比度、颜色精度、失真、光晕、曝光精度、横向色差、透镜耀斑、色带等。使用基于预处理和后处理的算法，就某一维度进行预处理，而于客户端再行修正是当前许多研究努力的方向，例如 Netflix 和 Google 的几位研究员，在 AV1 编解码器的开发中，力主加入对噪声颗粒处理的支持，就体现了这一点。

传统的胶片难以避免地会存在噪点，这些噪点会因为其随机性，很难有效地压缩，往往导致需要很高的码率才能保持视频质量。由于这些噪点大多数情况下与创作者的审美绑定在一起，许多观众将其视为视频的特色，为保留原汁原味的观看体验，不宜生硬地将噪点去除，因此先行去除，再于解码后通过后处理环节将噪点加回，可以有效地降低编码复杂度。

上述提交给 AV1 的提案，其主要思想是，合成噪声由图像的平滑区域估计得出（避免边缘和纹理区域），在 Y、Cb 和 Cr 分量上各自进行建模，在客户端，利用 AR 系数和预生成的白高斯噪声序列，使用伪随机数生成器，在 64×64 的模板内生成 32×32 的块，再对重叠等情况进行处理（流程可参考图 6-31）。由于实质上视频本身发生了很大变化，在此类情境下，PSNR 等客观测量工具不再有效，需要主观评测工具才能很好地度量优化效果。

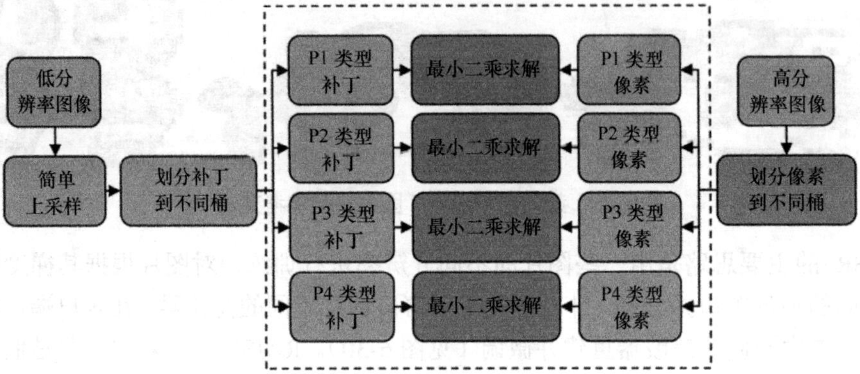

（a）Learning Stage

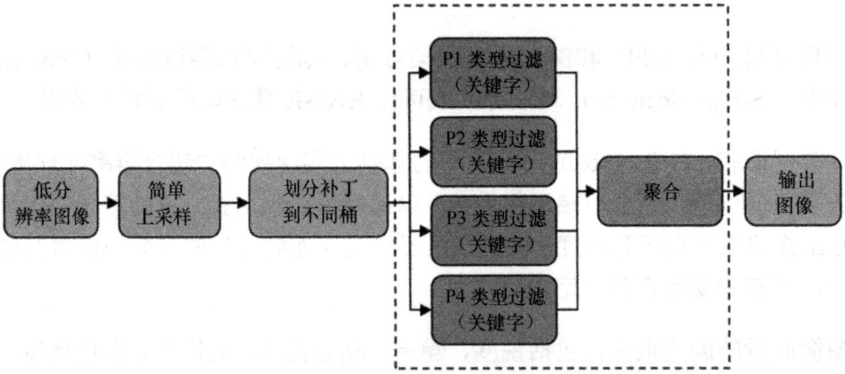

（b）Upscaling Stage

图6-30　RAISR算法（图片来自参考文章）

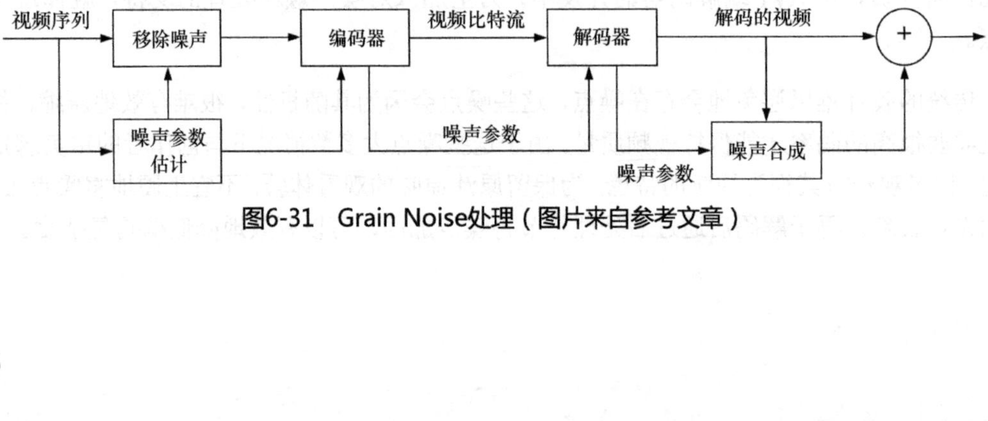

图6-31　Grain Noise处理（图片来自参考文章）

在秀场直播和视频通话类场景中，由于室内日光灯环境下，不同手机摄像头采集的视频质量差异较大，有时人脸也无法看清。微信研发团队对此进行了针对性优化，通过单帧的平均亮度和最大、最小亮度的统计分析，根据时间和连续帧的约束，推导出单帧合适的对比度与亮度增强幅度，同样可以看作提高主观质量的范例。

在一篇 2004 年发布、被大量引用的论文中，描述了一种无须精确的图像分割或区域跟踪，仅仅使用一个二次的代价函数，由少量的标注颜色指引，即可产生全彩色视频的工作。而在近年发布的一些工作中，借助深度学习算法和庞大视频库制作出来的训练集，足以构造出不需人工介入为电影完成上色的算法。更进一步的追求将是设法还原影片的原始色调和光影层次以及令声音真实立体，令老旧内容焕发新生，满足用户怀旧的需求。

视频公司面临的另一类问题与帧率相关。许多视频源来自于较老的隔行扫描时代，一个视频帧内包含所有的奇数行而下一帧则包含所有偶数行，我们所习惯的传统电影帧率是 24，而 48 帧/秒甚或 60 帧/秒采样的体育比赛常能提供更多细节，帮助用户沉浸其中。

相关的技术需求首先来自于将 24 帧/秒或 30 帧/秒的视频转换为 29.97 帧/秒、50 帧/秒或 60 帧/秒，例如，先从 24 帧/秒的电影放缓 1/1000 可得到 23.976 帧/秒的视频（因为 23.976/29.97 刚好等于 4/5），其次以 2:3 Pull down 的方式将 4 帧变换为 5 帧，即可将 24 帧/秒的电影转换为 29.97 帧/秒，符合美国电视标准的节目（见图 6-32）。从电视帧率转回电影帧率的方法可称作 3:2 Pull down，此外还有 2:2 Pull down 等方法，当需要将降低帧率时（例如向客户端提供不同码率和帧率的视频流），若能探测到初始的 Pull down 方法再进行帧重组，才能获得较好的观影效果。

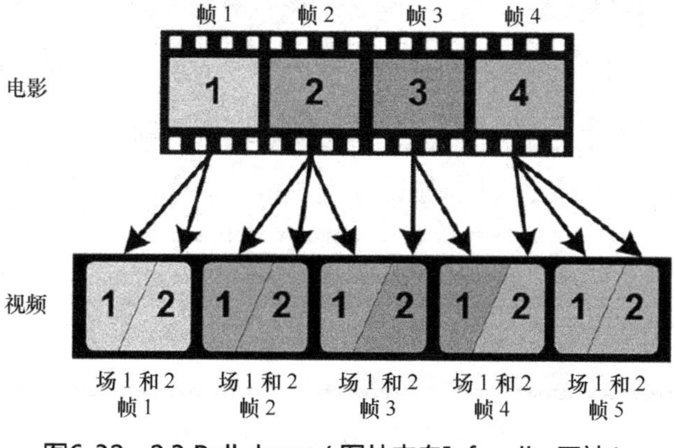

图6-32　2:3 Pull down（图片来自Infocellar网站）

6.6.2　QC 与内容审查

QC 即 Quality Check（质量检查），又可称为 Quality Control（即质量控制），广义而言

QC 的目标涵盖了编码质量的检查以及视频源的内容是否正确，是否从进入上存在编码错误，避免将存在错误的视频发布给用户。质量检查可以分为经由人工的主观检查和基于机器的自动化检查，由于视频服务规模庞大、来源庞杂，依赖用户生成内容的公司更倾向于采用自动化的质量检查技术。

在 QC 领域中，Interra Systems 提供的 Baton 方案广为知名，它给出了自动化质量检查的范例，涵盖了内容布局、元数据、时间码、图文电视、数据包大小、辅助数据、同步、码率、音量、扫描类型、量化参数、蚊式噪声、冻结帧、色带、裂纹、水印、相位等海量的指标，支持反转分析、字幕验证、音频语言识别、法规检测等许多特性，其系统容量能够横向扩展。

如 Baton 所示，大多数视频检查可利用图像处理技术自动化进行，例如亮度异常检测可以通过将彩色图像转化为灰度图像，再评估图像的平均灰度值得到，带状噪声检测可以由色度分量求取 DFT 频谱图，计算异常亮点数得到，信号丢失检测可由二值化图像求取偏色部分的连通区域完成，画面冻结检测可由相隔一定距离的两帧求取直方图相似度判定等。

图 6-33 给出了 Baton 的媒体播放器截图。

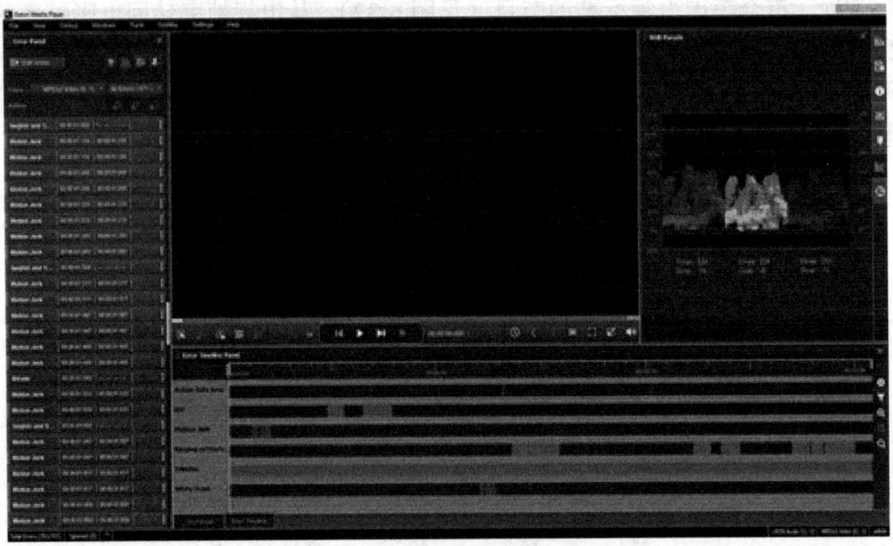

图6-33　Baton的媒体播放器

视频公司的一项常见需求是台标检测，由于许多视频节目购自电视台，后台需要支持的能力包括找到视频中嵌入的台标、跟踪其出现的位置、删除它或使用其他台标进行覆盖等。由于台标通常稳定出现在一定的区域且与背景较易区分，不论使用传统的方法利用 SIFT 等算法提取特征进行检测，还是利用基于神经网络来分割、检测和跟踪，弱监督甚至无监督地学习，均可以得到不错的精度。

在许多国家，电影和电视均需进行分级①，虽然在线视频公司较少地进行强制性的年龄限制，但对内容分级仍然十分重要，分级信息不仅用于在用户观看前予以提示，更被推荐系统注意并使用。分级信息除从内容提供商处获取以外，还可以通过内容审查环节评估。除分级目标外，在鉴别黄色、宗教、歧视、版权侵占、各类敏感问题上都有必要对视频进行审核，其方式包括但不限于：

1. 根据视频描述信息对照禁播作品列表和关键字表进行排查；
2. 对视频进行间隔一至数秒的帧提取进行人工审核，其中对同一视频帧可进行多人审核；
3. 通过比对违规库中的内容进行筛查，以及通过比对合同规定进行筛查；
4. 对 UGC 相关内容针对高危用户重点审核。

大部分视频审核工作仰赖人工核查作为最终判定方式，较大的视频服务均建立有审核团队，通常安置在人力成本较低的区域，采取倒班制度工作，小公司可以通过云审查公司获取相应服务（见图 6-34）。在人工审核之前，凭借自动化方式进行初筛以节约人力已成为通行的做法，近年来，由于深度学习在计算机视觉领域的强势提升，以卷积神经网络识别图像，

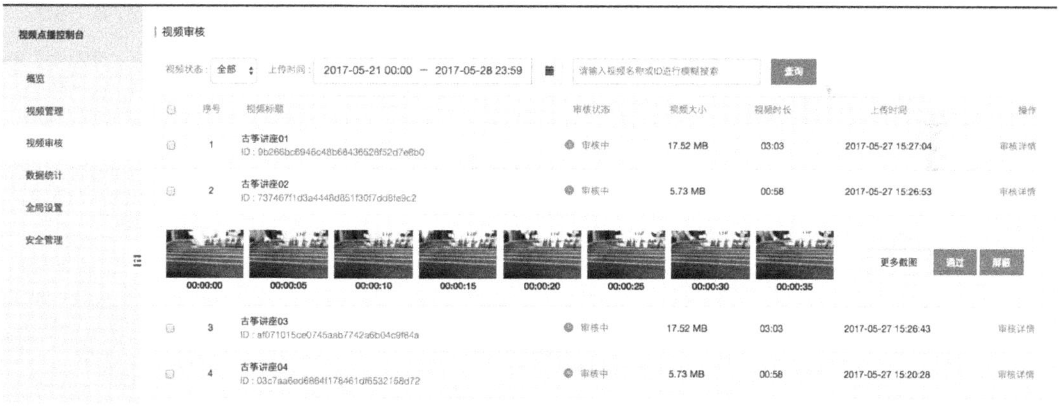

图6-34 视频审核页面（图片来自阿里云）

① 电影和电视的分级起到规范公开上映时观众群体的作用，譬如在美国，电影协会（MPAA）制定的影视作品分级包括了 G 级（大众级，所有年龄均可观看）、PG 级（普通辅导级，建议在父母陪伴下观看）、PG-13 级（特别辅导级，13 岁以下建议父母陪同观看）、R 级（限制级，17 岁以下由父母或监护人陪同观看）、NC-17 级（17 岁及以下年龄不得观看）。与之对应，美国的电视节目分为如下级别，TV-Y 级（适合所有儿童观看）、TV-Y7 级（适合 7 岁以上儿童观看）、TV-G 级（多数家长认为适合所有年龄）、TV-PG 级（部分家长认为不适合 8 岁以下儿童观看）、TV-14 级（家长认为不适合 14 岁儿童）、TV-MA 级（特别为成年观众制作，不适合 16 岁以下儿童）。

并结合内容数据库、描述信息和行为特征分析的方法，可以得到较好的准确率。

在国内，视频审核还可能为较高层面的目标服务，又或者需要及时根据社会舆论进行调整，譬如消除（移除）频道内某些不合适的内容，因此即使内容已经上线，仍需要设计一些机制，以保证当做出决定时，视频内容可以快速甚或立即从服务以及 CDN 缓存中撤出，并给予用户正确的提示，此处也具备图像处理技术发挥的空间。

第 7 章

通用技术：服务与数据

在线视频服务并非仅仅依赖于音视频技术，从本章开始，我们将讨论许多通用技术及其于在线视频服务中的运用，以及系统设计、工程实践等话题，这些领域本身广博浩大，头绪紊杂，如果详加解读足以写成几十本书，故而在这里只作简要描述，在某些话题上给出一二示例，如需进一步了解，还请阅读相应书籍并与专家交流。

7.1　服务器、虚拟化和云服务：用鸟枪还是排炮

对于战争中的士兵来讲，武器是首先需要关注的问题之一，使用鸟枪还是排炮，驾驶小艇还是航母，是否自行改造、标准化配备还是缴获即用，主要依赖于所处的情境和面对的敌人，随着在线视频服务的发展，在硬件、操作系统、虚拟机、容器、云服务等不同层面理解、选择、使用、构建并优化基础设施同样可谓技术体系建设的第一步。

7.1.1　服务器与数据中心

传统上，搭建视频服务需要购买服务器，部署于租赁的机房空间和网络上，机房租赁的考量因素包括位置距离、价格、网络带宽、运营商线路、机架空间、监控和辅助功能、扩展余地等。由于音视频流天然占据较多带宽，视频服务器无论内存、硬盘还是网卡的配置与普通网站服务相比都较高。

Google 在早期搜索引擎的竞争中，充分利用了自用服务器的优势，图 7-1 展示了当年 Google 自制的“软木板服务器”，因为机房按使用面积收费，为减小服务器体积，在同一机架上安放更多服务器，Google 甚至去除了开机键，将主板安装在软木板上，每层均可部署 4 台，更进一步，Google 让机架作为整体设计了对应的供电和散热体系。

当今的机房与 20 年前相比已经有了巨大发展，完善的水冷通道、冗余的 UPS 供电、后备发电机组已逐渐成为高标准机房的标配，而互联网与软件巨头在建立自己的数据中心方面走得更远。从服务器到机架，从交换机到空调系统，从管线设计到地质探测，所有组件均可

通过定制优化，Google 甚至宣称其在许多服务器上安装了 GPS 和原子钟，PUE（能效）管理①、气流管理、自然资源利用（环境低温，湖水或地热）成为极致优化的追求。

图7-1　Google的Corkboard Server（图片来自American History网站）

对普通视频公司而言，自行购买设备，建造机房、数据中心与 CDN 仍是主要的选择，虽然很难达到 Google 或 Amazon 数据中心的效率，但根据业务合理部署节点位置，定制专用服务器及其他硬件设备仍然可能比使用第三方服务取得更好的效率，打造竞争优势。

购买设备的选择原则并非选用完全一致的硬件配置，也绝非针对每种细分需求极致配备，因为互联网公司的业务需求并非一成不变，运维成本的降低可能被采购成本抵消，视频公司需要的机器用途可大致分为如下几类，为视频和照片使用的偏向存储的服务器，为网站和后台服务使用的偏向并发能力的服务器，大数据存储和分析使用的服务器等，每大类又可针对不同需求细分配置。理论上来讲，选择或设计一些可定义、模块可复用的产品或许更能达成整体成本的最优，其他影响因素还包括供应商选取、折旧年限、运输和部署成本等。

Facebook 与微软等公司建立了一个名为 OCP 的组织（即 Open Compute Project），目标是推动服务器、存储、网络、机架和数据中心的技术开放。国内的百度、腾讯和阿里巴巴也在 2011 年正式提出了名为天蝎计划的项目，从机柜层面开始规范定制技术。2017 年 3 月，Facebook 发布了 4 种全新设计的服务器，其中一款名为 Bryce Canyon 的服务器（见图 7-2）适用于照片和视频内容的存储，存储密度比普通硬件高出 20%以上，在构建计算中心的过程中充分评估，选用相应的开放平台技术可以帮助公司保持在效率的前沿。

与数据中心紧密相关的还有，除了更大、更快、使用特殊设计的交换机、路由器等设备外，以 SDN 为代表的智能控制技术作为过往几年的热点，仍在快速发展的过程中，是数据

① PUE 是 Power Usage Effectiveness 的简写，用于评价数据中心的能源效率，由数据中心消耗的所有能源与 IT 负载使用的能源之比，这个值越接近 1，代表了数据中心的绿色程度越高。由于数据中心以 7×24 小时的方式运行，在运营成本上基础设施和能源费用占据一半或更多的比例，降低能源使用（主要是以电力的形式）对整体成本的控制有重大意义。Google 曾声称他们的 PUE 若以通行的标准计算可低至 1.06，为达到这一指标，除服务器本身的优化外，主要的策略包括建立热力学模型、利用海水制冷、100%的循环、特定的变电站和 UPS 设计、冷热分离的空气回路等。

中心技术的重要组成部分。SDN 即 Software-defined networking，是软件定义网络的缩写，它利用已成为标准的 OpenFlow 协议，将路由器的控制以软件方式操纵包括转发表和转发规则，动态地定义和调配网络拓扑，更细粒度地决策网络包按照何种路径通过网络交换机。

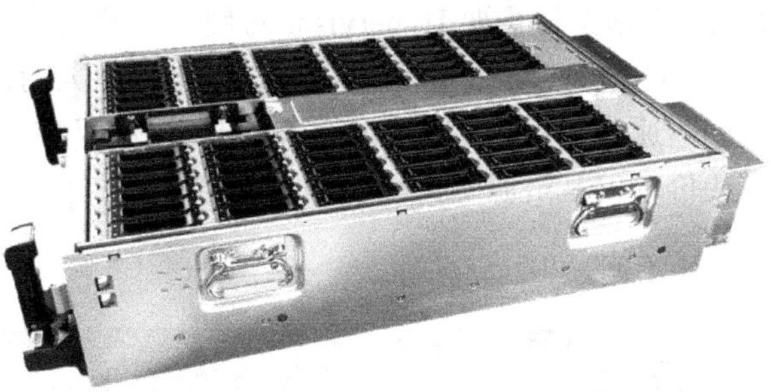

图7-2　Bryce Canyon（图片来自Facebook网站）

相比传统预定义的 ACL 与路由协议，SDN 可以得到更优化的网络性能，指引网络部署向按需定制、集中管理、动态监控、自动部署等方向发展，视频存储和转码集群之间，用户数据的存储、查询、分析等应用较高的吞吐量要求，多数据中心容量的管理，对内容分发源站和 CDN 节点内部的流量调控，这些因素无不昭示了 SDN 技术的用武之地。

7.1.2　虚拟化、容器化

如果说硬件是服务效率的基础，如何使用它们则直接影响最终成果，传统且易于理解的方式是研发和运维团队通过 SSH 等方式直接使用物理机器，在软件架构简单，对效率有精细要求的场景至今仍不失为可以考虑的选择。一个常见的用例是视频库的存储，往往每台服务器的首要任务是简单的读写和传输操作，则通过部署分布式文件系统即可管理起来，不需要加入虚拟层，又如在 Cassandra、Hadoop 等大数据集群的应用上，即使在今天仍可以采用同样策略。

但另一方面，针对后台服务、缓存、队列、关系型数据库等相对资源占用不显著，部署频率较高的部件，加入虚拟层在资源调配和集成部署上都有一目了然的优势。

虚拟化技术已发展有年，广义来讲，任何将资源抽象转化，允许自由地切割分配的技术都可称作虚拟化技术，我们下面讨论的重点在于虚拟机技术和容器技术。

虚拟机指通过软件模拟出具有完整硬件系统功能，运行在完全隔离环境中的完整系统，流行的虚拟机技术包括 Vmvare、Xen、KVM、Virtual Box、Hyper-V 等，在硬件使用、安装、部署和迁移上都有成熟的方案。早期的虚拟化分为全虚拟化和半虚拟化，区别在于是否可以不修改被 Host 的操作系统，于 2005 年 Intel 提出了由 CPU 直接支持的虚拟化技术，使敏感指令全部经过 VMM 层且模式切换的上下文由硬件完成，此后又支持了内存虚拟化，令页面映射也由硬件实现，支持了总线虚拟化，将外围硬件分割使用，效率与直接应用物理机已十分接近。

容器技术与虚拟机技术的主要区别在于，容器借助操作系统支持，直接运行在 OS 之上，使用 OS 分配的硬件资源，而虚拟机需要 Hypervisor 对硬件资源进行虚拟，且每一虚机之内都有独立的操作系统。容器比之虚拟机在启动和部署速度上有巨大的提高，例如虚拟机的创建速度以分钟计而容器创建速度在秒级，因此在服务的开发测试与部署上，使用容器可带来决定性的效率提升，而代价仅仅是资源隔离程度的少许劣势。

图 7-3 概括了二者间的不同。

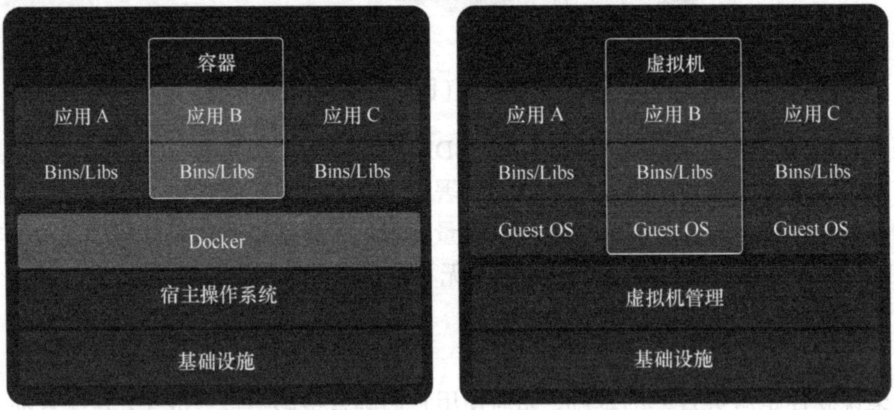

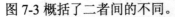

图7-3　Docker容器与虚拟机（图片来自SDxCentral网站）

以往 Linux 曾支持名为 LXC 的容器技术，而近年来最炙手可热的范例则是 Docker，Docker 基于 Linux 内核的 Namespace（隔离执行空间）、Cgroup（分配硬件资源）、AUFS（建立不同文件系统）、Netlink（连接不同容器）、Linux Bridge（允许不同主机上的 Container 通信）等多种技术实现，它更加轻量化，在一台服务器上能瞬间创建并运行数百到上千实例。

Docker 使用 C/S 架构模式管理，客户端向 Docker daemon 进程发送请求以建立或运行容器并获得响应。Docker 中存在 Image（镜像）的概念，容器系由 Image 生成，它如同一个特殊的系统，除运行需要的基本程序和库外，还包含为特定目标准备的文件和配置，它允许通过层级的关系构建出来，前面的层是后面的基础，可以使用已有的 Image 作为基础层再加入新的配置，Image 支持本地存储和集中仓库式的存储。

Docker 的使用方法大致如下。

1. 首先在目标机器上安装 Docker。
2. 使用 docker run 命令，通过 Docker daemon 建立容器。

> 3. Docker daemon 调用 Linux 内核建立独立空间。
> 4. Docker daemon 检查 Image 列表，从本机或远端的仓库中载入 Docker image。
> 5. 若要定制自己的 Docker image，需创建一个 Dockerfile，其中可指定基础 Image，可以复制可执行文件进入 Docker，也可定义编译环境或依赖库的安装运行命令，使用 docker build 命令完成定制。
> 6. 使用 docker attach 或 docker exec 命令，可以进入容器操作。

在少量物理机或虚拟机的情况下，使用 Supervisor 之类的进程管理工具可以帮助监控和维持服务存活，而在大量使用 Docker 容器的环境，如果服务出现问题，通常的使用方式是直接删除容器并重新创建，此时容器内运行无状态的服务将大为有利。

当系统中存在大量 Docker 时，对容器进行有效编排成为必须，流行的调度软件包括 Mesos、Docker Swarm 与 Kubernetes，其中 Kubernetes 随着 Docker 官方的支持，看起来已在流行度上占据上风。这是一个分布式系统的支持平台，具备多租户支持、自动调度、安全防护、服务注册和发现、负载均衡、故障发现和修复、在线升级和扩容等完备的功能，并提供全面的工具。

Kubernetes 的架构示意图可以参考图 7-4，分为控制节点和运行节点，其中支持多个控

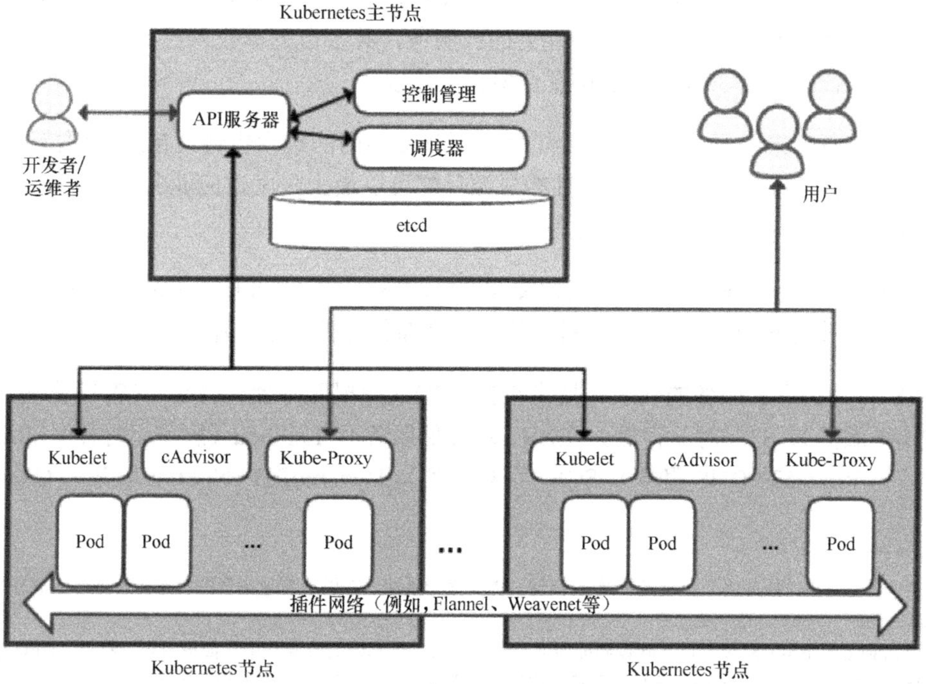

图7-4 Kubernetes架构示意（图片来自Wikipedia）

制节点，控制节点负责核心对外和对内的 API 服务，集群的资源调度以及控制器管理，使用 etcd[①]作为一致性存储；运行节点则用于部署业务容器，包含 Kubelet（控制节点运行状态）、Kube Proxy（网络代理、负载均衡）和 cAdvisor（监控代理）。在 Kubernetes 中存在 Pod 和 Label 的概念，Pod 是操作的基本单元，意味着一个或多个紧耦合的容器，Label 以键-值的方式标记不同对象的属性，进行管理和选择。

大型的视频公司在网站服务、内容和广告管理、视频转码等领域对扩展性都十分渴求，容器技术无疑迎合了这种期待。Netflix 在 2017 年 4 月宣称其运行中的实例已超过 100 万大关，其自研的容器编排系统 Titus 运行在 AWS 的 EC2 虚机之上，根据需求对 EC2 自动进行伸缩调配，并集成了其开发和持续集成工具，Netflix 已有的服务发现与基于负载平衡的 DNS 等组件，与 Mesos 配合 Marathon 的方案相似，其任务管理系统对长服务和批处理进行分别的处理。

7.1.3　使用公有云服务

云服务的概念已经兴起多年，如果按照 IaaS/PaaS/SaaS[②]的方法分层，当下包括在线视频公司在内较大的互联网公司往往更适用于以 PaaS 方式组织内部研发体系，其主要理由是 IaaS 使用过于繁复，以及 SaaS 应用灵活度不足，PaaS 系统处于相对平衡的位置，将 CI/CD 工具与容器结合，构建企业内部的 PaaS 服务足以应多大对数服务开发与部署的需求。

与自研、自建机房与数据中心相对，公有云服务当下方兴未艾，以 Amazon 的 AWS、微软的 Azure 为代表，首重提供 IaaS 能力的云服务，其各自的季收入已在 50 亿美元之上，且未来数年预计仍能以 30%左右的年复合增长率发展。

公有云服务带来的好处很容易理解，例如服务提供商的规模优势可帮助它们持续降低成本并提供与最佳水准接近的服务，弹性的资源分配可以最大限度适应业务变化，持续可预期的投入取代一次性大规模的资金占用等。

作为在线视频服务标杆之一的 Netflix，其技术选择是将 AWS 作为 IaaS 层提供基础服务，由自家提供封装的 PaaS 层服务，再基于其上安排部署各类应用、服务（见图 7-5）。

AWS 作为公有云服务的代表，提供包括 EC2（虚拟服务器）、IAM（密钥管理）、ELB（负载均衡服务）、S3（对象存储）、EBS（块存储服务）、Lambda（脚本运行器）、RDS（关系数据库）、Route53（DNS 服务）、SQS（消息队列）、DynamoDB（NoSQL 服务）、CloudFront

① etcd 是一个轻量级、持久化、分布式的键-值存储，提供强一致性，常用于管理集群的状态，也可用于消息的发布和订阅。

② IaaS（Infrastructure as a Service，基础设施即服务）通过网络提供基础的资源利用，如虚拟机、存储、GPU 或数据库等。PaaS（Platform as a Service，平台即服务）将用户意图使用的开发语言、依赖库和工具统一提供，可以直接部署用户的应用程序。SaaS（Software as a Service，软件即服务）提供应用程序由用户直接使用。

（CDN 服务）、Elasticache（缓存）、Elastic Transcoder（云转码服务）、SNS（通知消息服务）等在内的数十项基础和高级服务，并提供可靠的配置管理与监控能力，Azure 提供的功能也与此类似。与之区别的是，Google 的云服务 GCP（Google Cloud Platform）初始仅提供 PaaS 层级的 App Engine 服务，强调应用代码的直接部署，但近年来也已大幅完善产品线，同时以大数据和 AI 能力吸引更多用户。

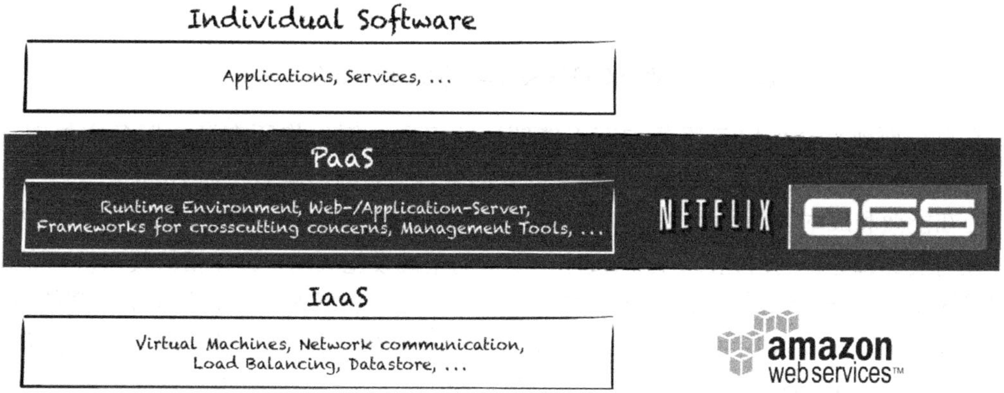

图7-5 Netflix的基础设施选择（图片来自参考文章）

AWS 在全球不同区域的数据中心被划分为不同的 Region，使用不同区域的 AWS 服务适于跨国共享的业务，由于区域之间的数据带宽等限制，跨区域的读写、复制、迁移等操作均需特别配置。在 Region 之下，AWS 为了高可用性定义了 AZ（Availability Zone）的概念，与自有数据中心相比有较大的不同，每个 AZ 是一个或多个数据中心的集合，AZ 之间的设计相互独立，在一个 AZ 出现问题时，几乎不会影响另外的 AZ，因此不同 AZ 之间部署同一应用可以起到冗余保障的作用。

Amazon 的典型数据中心包含 5 万～10 万台服务器，预置带宽在 100Tbit/s 以上，其 AZ 内部的网络延迟小于 1/4ms，而两个 AZ 之间的延迟通常小于 1ms，网络状况远好于普通公司自主设计的数据中心。当设计较大规模的视频服务时，这是一个不容忽视的有利之处，在后文探讨端到端方案时，我们可以看到使用 AZ 特性设计方案。

在基础服务之上，AWS 在数年前收购 Elemental 的基础上，提供了 Media Convert（点播转码）、Media Live（直播处理）、Media Package（内容保护和传输）、Media Store（媒体存储）、Media Tailor（视频广告）等多项视频相关服务（见图 7-6）。公有云服务提供商如 Azure、阿里云、腾讯云，专业视频服务提供商如 Brightcove、Bitmovin、Wowza、国内的七牛云，又拍云等均提供一站式服务，当公司规模和研发能力不足时，直接集成一些现有的解决方案可以较快地让视频服务本身达到不错的水准，允许公司把有限的资源集中在业务开发上。

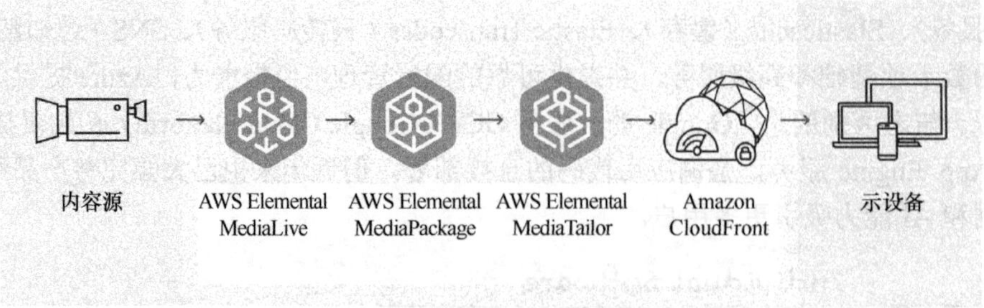

图7-6　AWS的OTT解决方案（图片来自AWS网站）

完全自研或完全使用云服务均有不能解决的问题，例如将所有源站服务完整部署于 AWS 上的 Netflix 由于与 Amazon Prime Video 的竞争关系略显尴尬，而 Hulu 完全自研的数据中心在能效和成本上与 Google 有明显差距。在线视频服务在上升到一定规模后，技术团队往往需要回答这样的问题：是应该投注于单一的基础设施策略，选择相信某家供应商或自家研发团队，但同时将公司的未来与其牢牢绑定，还是保持随时切换云服务提供商的能力，保持最大的商务和成本上的灵活性。反观国内的几大视频巨头，不论腾讯视频，还是优酷，如同 YouTube 与 Google 的关系一样，可以依赖集团的技术支撑，较少有这样的摇摆。

7.2　数据库与缓存技术：巧妇须为有米之炊

一切程序都可以被视为对数据的操纵，互联网服务也不例外，不论厨师技艺再高明，没有食材，或者食材排布不趁手，都很难做出好的菜肴。数据库和相应的缓存无疑是构建在线服务的基石技术，让我们的程序可以顺利构建，下面将概览式地介绍常用的技术和使用思路。

7.2.1　追本溯源：什么是数据库

作为通用技术的重要组成，数据库技术广泛地被在线视频服务使用，大致而言，举凡用户信息、服务权项、付费、分享、发言、评分、视频元数据、文件属性，以及各类衍生的业务数据，均需要数据库提供持久化与操作、查询等服务，而数据的挖掘整理、商务决策的支持同样离不开数据库技术的支持。

历史上曾出现基于树状和基于网状设计的数据库，但它们在数据独立性和抽象性上尚有欠缺。当前主流的数据库技术以 Oracle、MySQL/MariaDB、SQL Server、PostgreSQL 等为代表，它们都被称作关系型数据库，也即 RDBMS（Relational Database Management System）。包含以下基本能力：数据定义（用于创建和修改数据库、表、字段和索引）、数据操纵（增删改查）、数据查询和数据库控制（日志、访问控制、完整性检查等）。

当使用数据库之前，应当分析应用程序开发的目的，通常的分类有 OLTP 和 OLAP。前者是 On-Line Transaction Processing，即联机事务处理的缩写；后者是 On-Line Analytical Processing，即联机分析处理。在线视频网站中，数据库技术首要目的将是 OLTP 应用，追求即时处理和响应，提供日常运营的基础，下面将着重讨论相关内容，后文会再讨论 OLAP 方向的应用。

关系型数据库内部大多基于硬盘存储，由于读写速度的需求，往往使用内存缓冲最近读过的数据，此时需要 LRU 等算法和 Redo Log，以保证缓存使用的效率和数据持久性，以及 Undo Log 以保证事务回滚的能力。同时，为了保证原子性和隔离性，需要提供不同隔离级别并以锁机制①控制，为了性能，提供使用 B+树②等数据结构的索引，如图 7-7 所示。

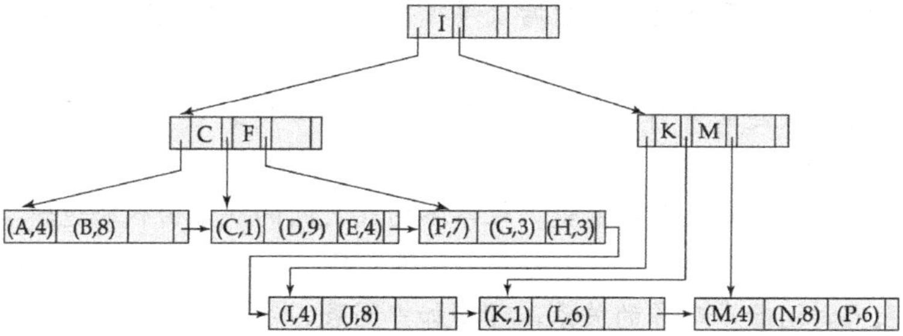

图7-7　B+树（图片来自参考文章）

1974 年，IBM 将关系型数据库的 12 条准则以关键字语法表现出来，提出了 Structured Query Language（即 SQL），1986 年，SQL 成为 ANSI 关系型数据库语言的美国标准，得到所有数据库的支持（不同的数据库在实现上仍存在一定区别）。SQL 分为子句、表达式、谓词、查询、语句等要素，涉及 Join、Union、主键③、外键④、索引⑤等主要概念。作为关系型数据库的必要功能，将 SQL 变为最终可执行的步骤需要通过词法分析生成抽象语句，以之生成逻辑执行计划和物理执行计划，考虑资源状况优化等步骤。

7.2.2　数据库的常规使用

通常，建立数据库的时候就应考虑一些关键设置，例如存储引擎的选择，以 MySQL 为

① 数据库中的锁是帮助协调并发访问资源的机制，不同锁的设计目的在于保护包括表、记录、页面在内的不同数据，不同锁的实现则可分为排写锁、读锁等。数据库如 MySQL 支持隔离性级别概念，包括 RU、RC、RR、Serializable 等，允许根据需要选择不同的隔离级别。数据库还需要考虑防止死锁的机制，包括防止事务“饿死”和相互依赖。

② B+树，常常用作索引的数据结构，由于其平衡性使得整颗树的高度较低，可以带来较少的磁盘 I/O 操作，其他常用的数据结构还包括 B*树、位图和 Hash 表等。

③ 数据库中的一条记录中有能唯一标识的属性即可成为主键。

④ 外键用于与另一张表的关联，能确定另一张表的字段，保持数据一致性。

⑤ 索引用于在排列存储外提供另外的方式组织数据，包括聚集索引（表数据按照索引顺序存储）和常规索引（包含索引字段值），通过索引的查询可以大为加速，而代价则是增加了写入数据时修改索引的时间。数据库通常支持建立联合索引。

例，最常用的有 InnoDB 和 Myisam，其中 Myisam 是默认引擎，它没有存储限制、不支持事务、外键和集群索引等，适合 Web 应用等读频率远大于写的场合，InnoDB 功能较为完备但效率稍差，更加利于事务处理的读写均高并发的环境，使用 MVCC①和行锁提供 ACID 的支持。

在线视频服务在使用关系型数据库时，与其他互联网服务类似，应尽量遵循以下原则。

1. 不在数据库中做运算。

2. 尽量不使用存储过程、触发器。

3. 根据业务职责设计数据库表和表项，令数据库表和表项各分别承担单独的细分职责。

4. 主键应对用户不存在意义，自增或遵循某种原则分配的 ID、UUID 均可以成为良好的主键。

5. 针对所有主键建立索引，针对常用表项及其组合建立索引，针对高区分度数据建立索引，评估索引密度。

6. 在产品服务中尽量不使用外键，维系不同表之间的联系由代码逻辑负责。

7. 把数据按有利查询的方式拆分为多个片段（例如用户的 First Name 和 Last Name）。

8. 设计表项时消除多对多的关系，可增加中间表、字段。

9. 控制单表的数据量和字段数，多定义数字类型、Enum 类型字段，避免 NULL 字段。

10. 使用 SQL 时使用多条简单语句代替复杂查询，限制返回条数、限制 JOIN、OR、UNION 的使用，避免负向和模糊查询。

11. 考虑使用无效标记而非真正删除数据。

当访问量达到一定的规模，对数据库进行集群配置，常规的方案是设计为读写分离的模式，通常 Master 数据库负责响应写操作而 Slave 数据库响应读操作，不同的请求可以通过应用层路由到不同的数据库节点，也可以通过中间（代理如 MySQL Proxy、Amoeba 等）进行路由。

读写分离的原理是 Slave 节点根据 Master 的 Log 文件在本地执行操作，由此可能导致延迟问题，只能保证数据的最终一致性。当从属于 Master 的 Slave 过多时，可以通过级联结构减少直接连接 Master 的 Slave 数量。当写请求规模超过单一节点负载能力时，可以采用多主架构即每个节点同时扮演 Master 和 Slave 角色，数据更新通过日志同步到所有节点。

当数据量达到一定的规模，可以考虑分库、分表操作，或参考后续大数据章节中讨论的各种 NoSQL 方案，分库和分表操作可以分为垂直和水平方向上的拆分。垂直方向拆分较易

① MVCC 即多版本并发控制（Multi-Version Concurrency Control），在许多情况下，MVCC 可以替代数据库的行级锁，提高系统性能，它通过保存数据在某一时间点的快照实现。ACID 是指数据库管理系统为保证事务的可靠性所必须具备的原子性、一致性、隔离性和持久性的统称。

理解，即将字段较多、不常使用或长度较大的字段拆至扩展表中（见图 7-8），或按照业务逻辑将用户、视频、产品、海报、推荐等数据放至不同的数据库中，利于容量的扩充；水平拆分则往往针对不同的数据行进行区隔，其区分的原则多为依据主键的取值（见图 7-9）。在分库分表时，条目数量最多的表将优先被考虑，其主键被作为路由策略，在数据库代理层、中间件层甚至应用层根据不同的键值路由到不同的数据库。

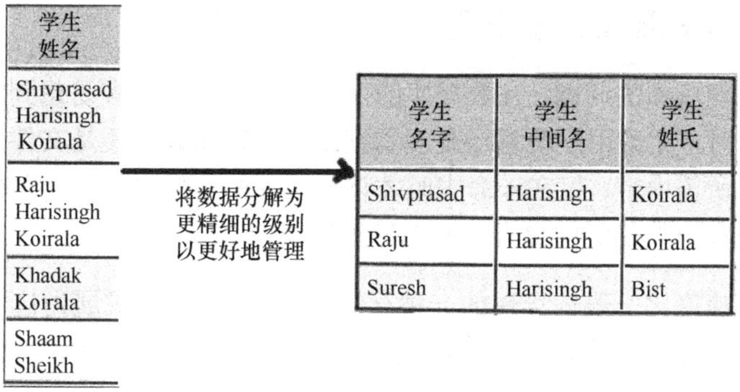

图7-8 表项拆分（图片来自LiveJournal网站）

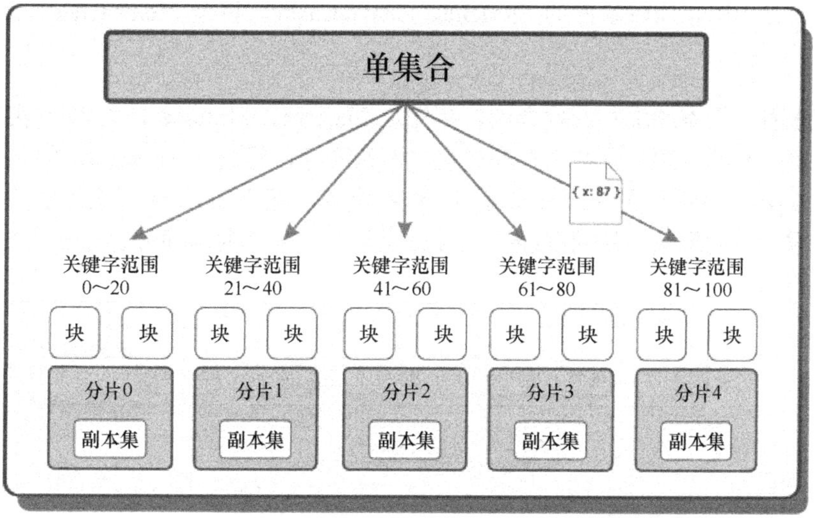

图7-9 依照主键拆分（图片来自参考文章）

为了避免在不同数据库发生过多的 JOIN 操作，拖累系统性能，可以考虑对某些全局信息放置在所有数据库中（此时应详细定义数据的持有者和消费者，持有者负责维持数据的准确并将更新及时发布给消费者），可以是单独的表或是冗余的字段，其他的方法还包括采用数据库以外的工具，甚至由应用本身更新和同步不同表中的相同字段等。

就稍具规模视频网站的应用场景来说，有必要将用户信息、订阅权限、支付记录、浏览记录、观看记录、播放数据、视频元数据、广告元数据、文件元数据、推荐素材、广告订单、广告库存、视频合同等拆分在不同的数据库提供访问。由于用户 ID 和视频 ID 是最常见的操作单元，以其作为路由策略是自然的选择，其他常见的策略还有按照时间戳分离等，针对播放数据的存储和查询，或许按照时间戳排列更见效率。

7.2.3　一个打十个的秘笈：使用缓存

对于数据库性能瓶颈的问题，在数据库的前方部署缓存是最容易想到的解决方式，当业务应用访问数据库时，无论用户信息还是观看记录，视频元数据还是文件元数据，都可以先尝试从缓存里读取所需内容，仅在未命中时才访问实际的数据库，由此大幅提升系统的整体吞吐能力（往往是多个数量级的提升）和响应速度。

缓存早先特指速度比一般内存快的一种存储，现在其涵义已扩展为位于速度相差较大的两个部件之间，用于协调差异的组件。缓存关注的主要问题包括命中率（也即命中数量和请求数量的比值）和清空策略［包括 FIFO（先进先出）、LFU（最少使用最先过期）、LRU（最近最少使用过期）、NMRU（非最近使用过期）等］。我们这里谈到缓存，往往指的是互联网团队中常用的与应用集成较紧密的 Ehcache、Guava Cache，以及 Memcached、Redis 等独立的缓存服务。

让我们来看一下本地缓存的代表们，首先是 Ehcache，Ehcache 是由 Java 实现的缓存管理类库，提供丰富的 API，支持内存和磁盘的两级缓存，提供与 Hibernate 的集成，其架构可以参考图 7-10。虽然它支持分布式缓存，但更常用于配合 Java 应用服务器的本地缓存，在一致性要求不高的场景下使用。Guava Cache 是另一个常见的本地缓存方案，它是由 Google

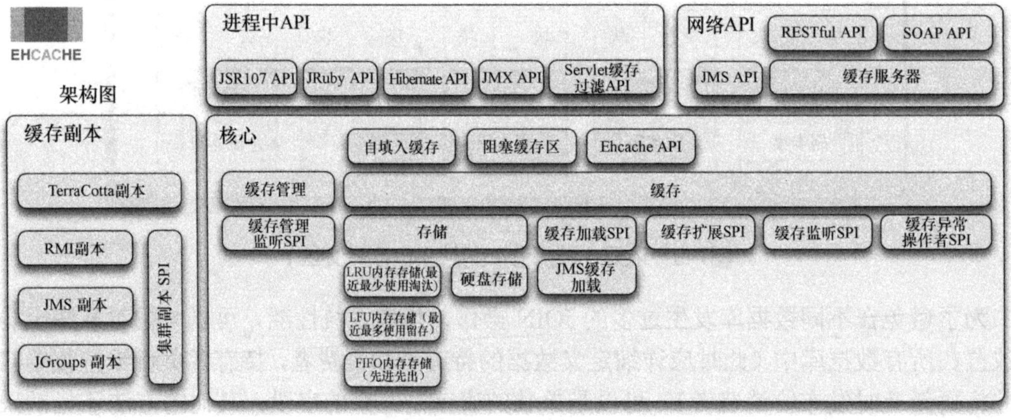

图7-10　Ehcache架构（图片来自参考文章）

开源的 Java 工具集 Guava 里的缓存工具，对高并发、需要线程安全的场景提供完整的支持。

本地缓存虽好，但面对高并发、大流量、需要一致性的情景，分布式存储才是不二之选。

Memcached 是一个最简单的分布式缓存代表，作为高效的内存缓存服务，它设计简单，仅支持 Key-Value 的数据存储。其原理是预先分配内存存储空间并自行管理，以单线程方式提供存取的安全性，网络方便使用 libevent 库保证并发性能，作集群使用时，需要应用层维护其访问逻辑，例如使用一致性哈希路由。单独来看，Memcached 是缺失持久化功能和集群功能的，可以认为其本身仅具备本地内存缓存的能力，但简单地堆积 Memcached 服务器并使用客户端路由，就可以将其扩展应用于分布式场景。

与 Memcached 相比，Redis 可被作为有限功能的数据库看待，应用更为广泛，其实现同样基于内存，但也支持按照定时快照或文件追加等方式持久化，便于缓存重建，它支持更多的数据类型和多种集群方案，如 Twitter 提供的集群方案 Twemproxy（原理可参考图 7-11），豌豆荚的集群方案 Codis，官方的去中心化集群方案等。不论作为简单的数据库访问缓存，还是应对一些特定问题的解决方案，如最新列表、排行榜、关注和投票、计数、消息泛洪等，均曾得到广泛的应用。新浪微博曾分享过可能是国内最大的 Redis 集群相关的实战内容，豌豆荚、微信等也各自有独特的实践。

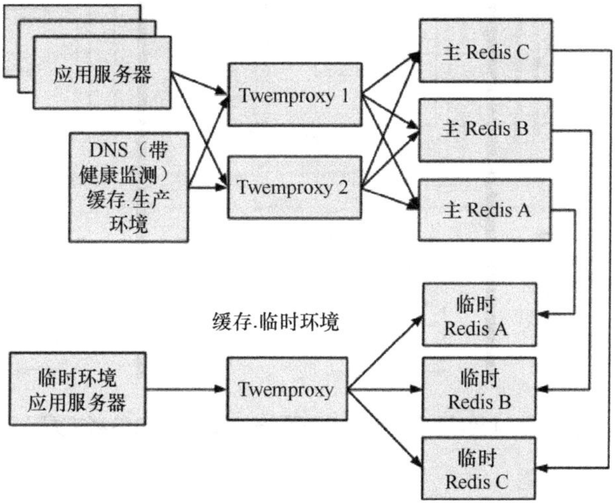

图7-11 Tweproxy和官方集群部署示意（图片来自参考文章）

Tweproxy 作为集群方案，支持 Redis 和 Memcached，后端的 Redis 和应用都不需要额外的改动，缺点是不能平滑增加 Redis 实例和不能自动进行主从切换。豌豆荚的 Codis 解决了这两个痛点，得到了广泛应用。Redis 官方的集群方案，直到 2015 年在 3.0 版本上才予以发布。采用了去中心化的设计，不同节点彼此互联，任何节点均可为请求进行路由，节点之间通过 Gossip 协议[①]交换状态信息，并通过投票机制决定主节点，但代价是客户端实现复杂。

仅仅在一个或少量的数据中心实现分布式缓存或许仍然不够。对于服务较大区域乃至全球用户的视频公司来说，从基本的视频内容和用户数据，到广告库存和推荐评分，均有必要做到多中心部署，包括支持多个数据中心和多个云服务区域之间的数据同步，Netflix 的 EVCache 是一个公开的范例。

EVCache 由 EVCache App（由多个 Memcached 实例构成的逻辑分组）、EVCache Client（介于应用和 EVCache 之间的组件）和 EVCache Server（运行 Memcached 和 Java 程序的一个 EC2 实例）的概念构成，数据在集群的不同节点上依据 Ketama 一致哈希算法[②]切分。每个 EVCache App 可以拥有多个集群，数据在不同集群之间需要复制。在跨区域（跨数据中心或 AWS 的区）的场景下，通过复制消息队列，EVCache 使用单独的组件进行区域间的复制。

EVCache 的整体架构示意可参考图 7-12。

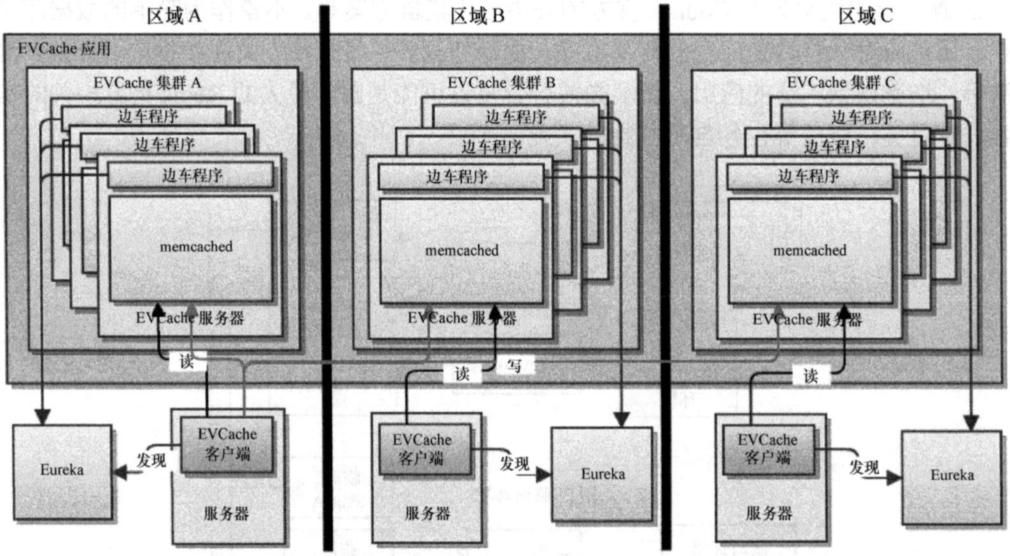

图7-12　Netflix的EVCache系统（图片来自参考文章）

① Gossip 是一个反熵（Anti-Entropy）算法，它用于保证数据的最终一致性和集群状态同步，并有很好的收敛性能。在一个有界的网络中，每个节点都与其他节点随机地通信，只要这些节点可以通过网络连通，经过一段时间的通信后最终状态都将达成一致。算法本身会按照固定进度表执行，每个节点定期按某种规则选择另一节点，按照 Push 和 Pull 混合的方式交换数据。

② Ketama 是一种较有名的一致性哈希算法，前文的 Twemproxy 中也内置了该算法，其大致原理是将服务器字符哈希到若干无符号整数，想象其分布在连续的圆上，每个数字链接对应到哈希来的服务器。从 Key 映射到一个无符号整数，其下一个最大数字指定的服务器即是目标服务器，由此构成 Key 到服务器的映射，这样当增加或删除服务器时，只有一小部分键会被影响。

由于在多中心的缓存中，冷热数据可能相当不均匀，而另一方面 SSD 的普及令网络带宽和硬盘 I/O 之间的差距有所缩小，Netflix 在近年又提出了名为 Moneta 的多级缓存架构（见图 7-13），意图对冷热数据进行分离，由内存服务热数据而 SSD 服务冷数据，对缓存的效费比进行了很大提升。

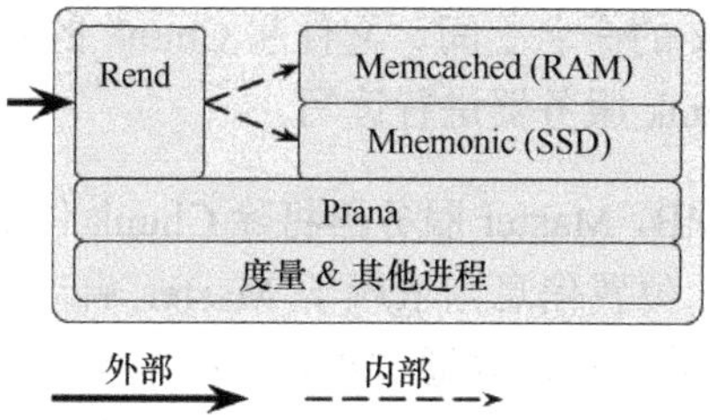

图7-13 Moneta架构（图片来自参考文章）

分布式缓存方向适用于前端数据库等对一致性要求不严格的场景，结合虚拟化的 CDN 节点，对提升服务速度极有助益，构建复杂的、网格架构的真正分布式缓存体系将可以有效应对视频服务的全球化、个性化需求。

7.3 大数据技术：征途是星辰大海

在 2005 年，微软的 Herb Sutter 在发表的文章中宣称，当互联网用户的数目以及由之产生的数据不断以指数生长，通过提高 CPU 主频的方式来提高程序性能的时代很快就要过去了，CPU 的设计方向在往多核和超线程的方向发展，随之而来，软件急需向并发编程方向发展，才能满足日以继夜增长的需求。今天，摩尔定律已然失效，即使是中小型软件公司的业务，也非单体服务器可以处理。在一艘登月飞船上，最基本的饮食、穿衣问题都需要特殊设计才能解决。当数据的量扩展到一定地步，哪怕是如何存储和管理，如何从其中获得想要的某条数据，这样最基础的问题也并不简单。

7.3.1 大数据的缘起

Google 于 2003 年、2004 年发布的 *The Google File System* 和 *MapReduce: Simplified Data Processing on Large Clusters* 以及 2006 年发布的 *Bigtable: A Distributed Storage System for Structured Data*，这三篇著名论文与 Amazon 关于 Dynamo 的论文一道，构成了我们今天所称大数据技术的基础。

Google File System 即 GFS 是一个分布式文件系统，其与传统分布式文件系统的区别主要在于它的设计假设极为不同。第一，组件失效被认为是常态而非意外；第二，文件的内容较以往的标准而言十分巨大；第三，绝大部分文件的修改是在尾部追加数据而非覆盖；第四，应用程序和文件系统需协同设计，例如放松 CAP 定理[①]中的 C 即一致性要求。

鉴于以上需求，一个 GFS 被设计为包含一个单独的 Master 节点（包括两台物理主机）和多台 Chunk 服务器，GFS 存储的文件被分为固定大小的 Chunk，并具有 64 位的唯一标识符，每个块都会复制到多个服务器上。Master 节点仅负责告诉客户端它应该联系的 Chunk 服务器，它存储文件和 Chunk 的命名空间、文件和 Chunk 的对应关系和每个 Chunk 的副本位置，客户端将直接连接 Chunk 服务器进行读写。

Chunk 的默认大小为 64MB，Master 服务器将除 Chunk 位置信息以外的内容通过日志方式在物理机器间复制，Chunk 位置信息则依赖于 Master 启动时上报。运行时，所有元数据信息都保存在 Master 服务器的内存，并通过周期性扫描实现垃圾收集、Chunk 迁移等。对 Chunk 的写通过主 Chunk 维护“租约”保证顺序一致性，另一方面，客户端代码需要将较大的写入（例如超过 Chunk 大小）进行分解。

图 7-14 展示了 GFS 开源仿写版本 HDFS 的架构。

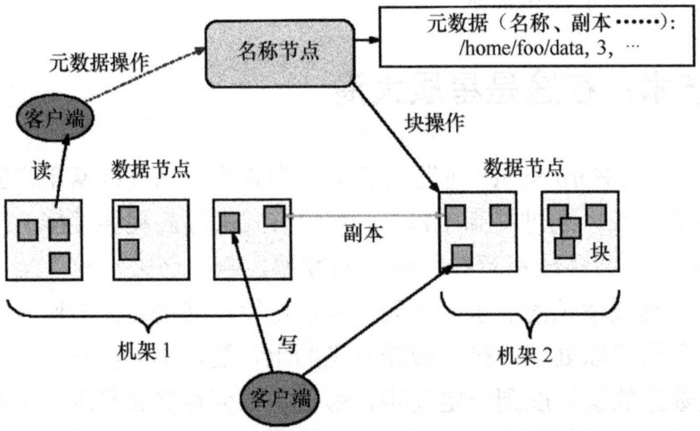

图7-14　HDFS架构（图片来自Hadoop官网）

MapReduce 描述了一种在符合 Key/Value 对的超大数据集上的计算模型，其主要思路是使用一个 Map 函数处理数据，输出中间结果，再由一个 Reduce 函数合并具有相同中间 Key 的 Value。这一模型适用于形如统计词出现次数、倒排索引、分布排序等，可以很好地在从本地计算机到数以千计机器组成的集群上运行。

分布式系统上的 MapReduce 计算框架，将通过将 Map 调用的数据自动分割为多个数据

① CAP 定理指出，对于一个分布式计算系统，不可能同时满足三点：一致性（Consistence）、可用性（Availability）和分区容错性（Network Partitioning），因此在设计时必须有所取舍。

片段，实现不同机器上的并行处理，计算框架由 Master 和 Worker 节点组成，用户将包含一系列 task 的程序提交给调度系统，不同 task 被调度到不同机器上执行。Master 节点需持有每个 Map 和 Reduce 任务的状态，以及 Worker 机器的标识，也包括中间文件的存储位置，整个框架的实现依赖于集群上的资源调度系统。图 7-15 给出了 MapReduce 的示意过程。

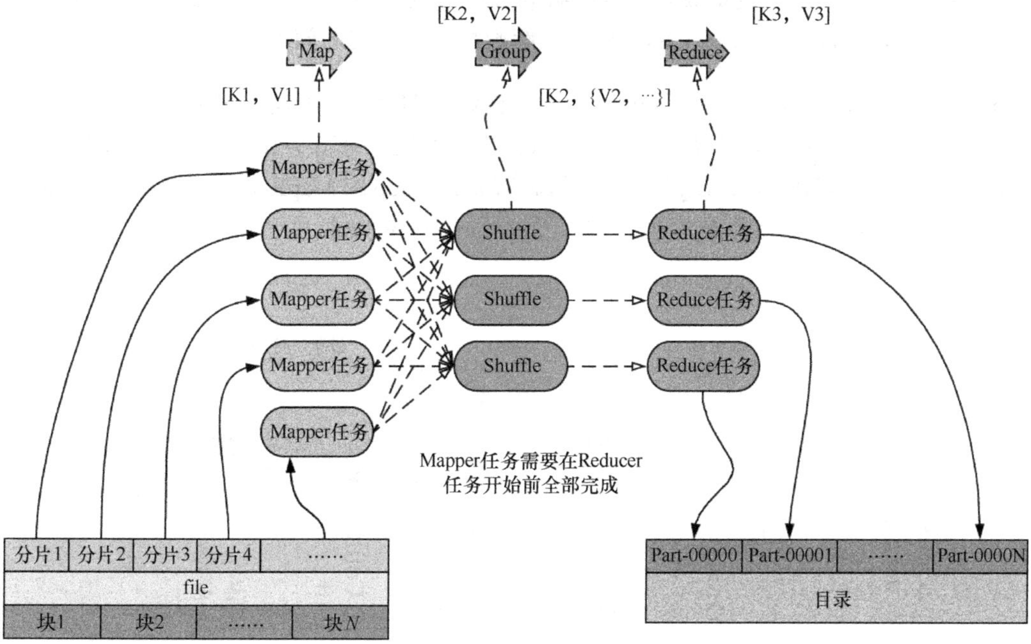

图7-15 MapReduce模型

BigTable 是 Google 开发的一个分布式的结构化数据存储系统，被设计用来处理分布在数千台机器上的 PB 级数据。BigTable 与关系型数据库不同，不保持完整的关系数据模型，它是一个稀疏、分布式、持久化存储的多维度排序表，其数据的下标是行和列的名字，行名、列名和时间戳被用于表的索引，包括名字在内的所有存储的数据都被视为字符串。

BitTable 的设计特点是，数据以列族的形式集合存储，只读取行中很少列时效率很高，但不支持条件查询，在表的每一个数据项都包含不同版本的数据，根据时间戳来索引，不同版本的数据依照时间戳倒序排列，而用户可设置只保存最近若干版本或最近若干时间的数据。

BigTable 内部的数据存储文件为 SSTable 格式，利用 GFS 存储，它包括一个 Master 服务器、多个 Tablet 服务器和客户程序库，Master 节点负责为 Tablet 服务器分配 Tablets，检测服务器的加入或退出，负载均衡和垃圾手机，以及 Data Schema 的修改，每个 Tablet 服务器管理多个 Tablet，负责直接的读写操作或 Tablets 的分割。

Dynamo 展示的是另一种大数据系统的范式，它是一个追求“永远可写”的 Key-Value 存储系统，由 Amazon 的核心服务使用，代价则是牺牲一些一致性，仅追求最终的一致性。Dynamo 的架构原则包括可扩展性、对称性、去中心化和异质性。首先，它以一致性 Hash 方式划分节点。其次，用户写请求返回前数据并不保证被同步到所有分片，Dynamo 的一致性协议类似于仲裁机制，设定成功读取的必须最少节点数 R 和成功写入的最少节点数 W，令 $R+W>N$，为此引入了 Vector Clock 概念缓解数据版本冲突的问题。

Yahoo 的 Doug Cutting 受到 Google 以上三篇论文的启发，组建了 Hadoop 项目组，与开源社区一道，逐步构建了基于 Hadoop 的大数据生态系统（见图 7-16）。对应地，HDFS 可看作 GFS 的开源实现，HBase 是 BigTable 的开源实现，Hadoop 的 MapReduce 功能相当于 Google 的 MapReduce，Cassandra 数据库则是仿照 Dynamo 和 BigTable 实现。

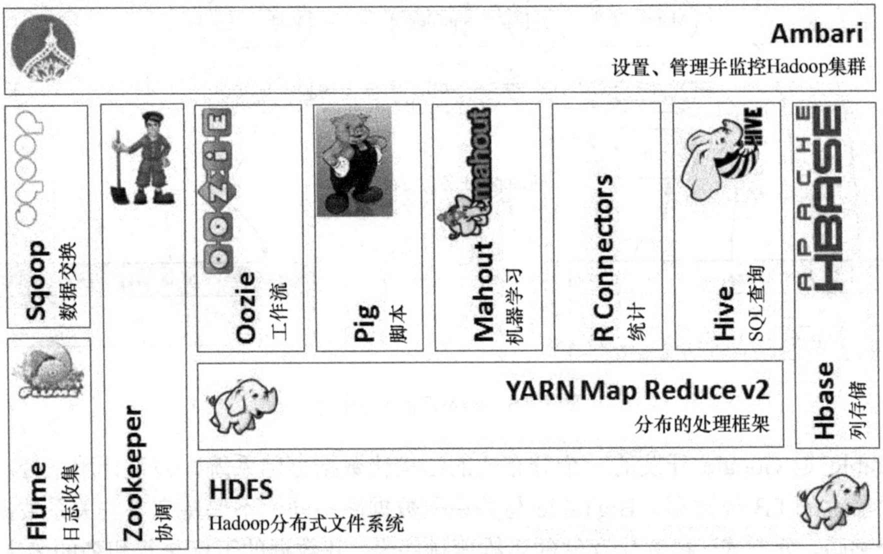

图7-16　Hadoop生态系统（图片来自AltencalSoftLabs网站）

Hadoop 项目经过十多年的发展，逐步形成了较完善的生态系统，如前面所描述的，过去十年中虚拟化和云计算技术同样如火如荼地发展，在 Hadoop 项目外，也同样有许多知名或不知名的开源项目，为处理不同的大数据相关问题设计开发，分布式理念正在逐步深入人心，以往为单机设计的软件也大多引入了分布式集群支持，前文介绍的 Redis、ElasticSearch 等均在此列，它们或相互竞争，或相互支持和促进，构成我们今天数据体系的全景。

7.3.2　大数据体系的常见方案

当前，大数据处理架构通常分为以下层次，后续将择要介绍。

1. 文件系统，如 GFS、HDFS 以及 Ceph、MooseFS 等分布式文件存储系统。
2. 键值存储，如 Dynamo、Cassandra。
3. 列存储，如 BigTable、HBase。
4. 图存储，如 Neo4j、Titan、GraphSQL。
5. 文档存储，如 MongoDB。
6. 事务存储，如 Spanner、Megastore、MESA、CockroachDB。
7. 资源管理，如 YARN 和 Mesos。
8. 资源协调，如 Zookeeper、Chubby、Etcd、Paxos 等。
9. 计算引擎，如 Spark、Flink。
10. 批处理框架，如 MapReduce。
11. 流式计算框架，如 Storm、Spark Streaming。
12. 分析工具，如 Pig、Hive、Phoenix。
13. 实时计算框架，如 Druid、Pinot。
14. 交互式计算框架，如 Drill、Implala、Presto、Dremel。
15. 分析类库，如 MLlib、SparkR、Mahout。
16. ETL 工具，如 Crunch、Cascading、Oozie。
17. 元数据，如 HCatalog。
18. 序列化，如 Protocol Buffers、Avro。
19. 数据导入，如 Flume、Sqoop、Kafka。
20. 监控管理，如 OpenTSDB、Amdari。

在一些场景中，当需要描述大量实体间的关系时（图数据模型可参考图 7-17），不论传统的关系型数据库，还是 BigTable 或 Dynamo 类型的列存储与 Key-Value 存储，均不能很好胜任，以 Neo4j 为代表的图数据库则为此目的而生。

Neo4j 数据库由 Lable 和连接节点的关系构成，如果希望在两个 Lable 间建立双向联系，则需要为每个方向定义一个关系。与其他数据库集群不同的是，Neo4j 与其他集群的横向扩展能力相较更为受限，所有节点均拥有全量数据，而 Master 节点负责写入，所有节点均可负责读取，可见 Neo4j 擅长应对的将是多读少写的场景，当 Master 节点失效时，新的 Master 将由选举产生。Neo4j 的节点数量大致只支持到亿级别，当需要数十亿乃至百亿以上节点时，可能需要考虑 Titan（及其分离出的 JanusGraph）、商用的 GraphSQL 等方案。

MongoDB 是一个十分流行、基于文档的数据库，由 10gen 团队推出，大致介于关系数据库和非关系型数据库之间，其结构非常松散，采用类似 JSON 的 BSON 格式，可以存储复杂的数据类型，并可支持对任意字段进行索引。MongoDB 的读性能非常出色，并有完善的集群支持，但并不适合需要高事务性的系统或传统的 BI 应用。

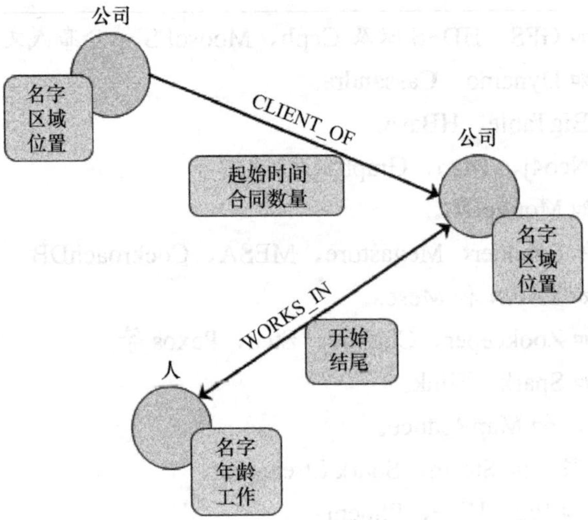

图7-17　图数据模型（图片来自参考文章）

Spanner 是 Google 最新一代高可用、多版本支持、全球分布式的同步备份数据库、可以支持数百个数据中心，扩展到百万级机器和万亿级数据，支持自动地在机器之间自动共享和迁移数据，用于负载均衡和失败恢复，其最大的亮点是基于 GPS 和原子钟实现的时间 API。

提供相近功能，可供开发者参考的选择包括 Spanner 的开源实现 CockroachDB，Spanner 的“前任”Megastore，以及同样来自 Google 的新型数据仓库系统 Mesa 等。其中 Megastore 是一个基于 BigTable 的跨机房高可用数据库，实现了 EntityGroup 内部及之间的事务性和跨 DC 的多备份一致性，Mesa 则能够支持原子更新、一致性和正确性、可用性、近实时的更新吞吐率、查询性能、在线的数据转换。

Mesos 是一个开源分布式资源管理框架，它从设备抽取 CPU、内存、存储和其他计算资源，向应用程序提供资源。Mesos 通过 ZooKeeper 实现容错，支持容器，并可通过 Marathon 或 Chronos 等上层组件支持服务和任务的调度管理。

Zookeeper 与 Google 的分布式锁服务 Chubby 相似，为大型的分布式系统提供服务协调，包括同步、配置和命名等（见图 7-18）。由于大多数分布式系统均无法放弃分区容错性，只会在一致性和可用性之间权衡，而 Zookeeper 的性质是 CP 的，即保证所有的请求均能得到一致结果，但不保证所有请求均能成功。与 Zookeeper 功能相近的还有 Etcd 等。

Hadoop/YARN，Hadoop 支持在集群上运行应用程序，每个 Job 通过 JobClient 类将应用打包成 JAR 包并提交给 JobTracker，JobTracker 负责创建每个 Task 并分发给各个 TaskTracker 服务中执行，TaskTracker 在每个节点上运行负责，负责执行 Task。YARN 是 Hadoop 的升级版本，它将 JobTracker 的资源管理功能和作业调度功能分离，资源管理器（即 YARN）负责所有应用程序资源的分配，每个应用的 ApplicationMaster 负责相应的调度和协调，此时的应用程序既可以是传统的 MapReduce 任务，也可以是一个 DAG 任务。

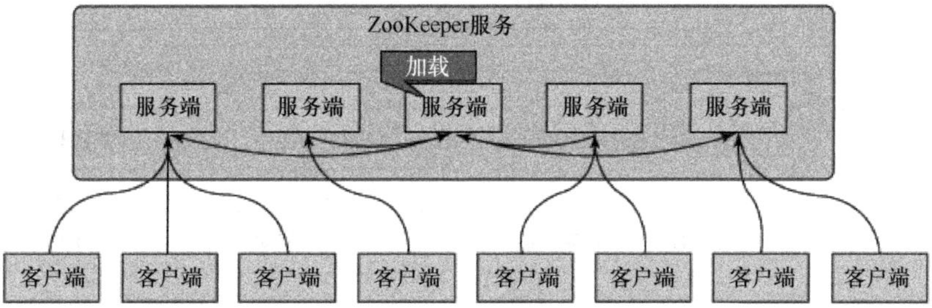

图7-18 Zookeeper架构（图片来自参考文章）

Spark 是一个大数据处理框架，与 Hadoop 不同，它的中间输出结果可以保存于内存中，具备更好的性能，但它大多数情况下仍旧基于 Hadoop 文件系统（即 HDFS）。Spark 支持 MapReduce 模式，而并不仅仅是 MapReduce 框架，它还支持各种各样的运算、迭代模型等。Spark 的基本概念是 DataFrame（包含列名称的数据集合，在早期版本中常用的是数据结构无关的 RDD），支持比 map 和 reduce 远为丰富的计算原语，按照 DAG 的方式组织，并提供大量的库，如 SQL、MLlib、SparkStreaming、Shark 等。

Flink 是一个针对流数据和批处理数据的分布式处理引擎，确切地讲，它会将所有数据按照流的模型处理，与 Spark Streaming 的 Micro-batch 方式不同，Flink 在数据到来时就对其进行实时（近似）处理，这点与 Storm 更为相似，但基于轻量级快照实现的容错机制有更好的性能。图 7-19 展示了 Flink 的 Checkpoint 机制。

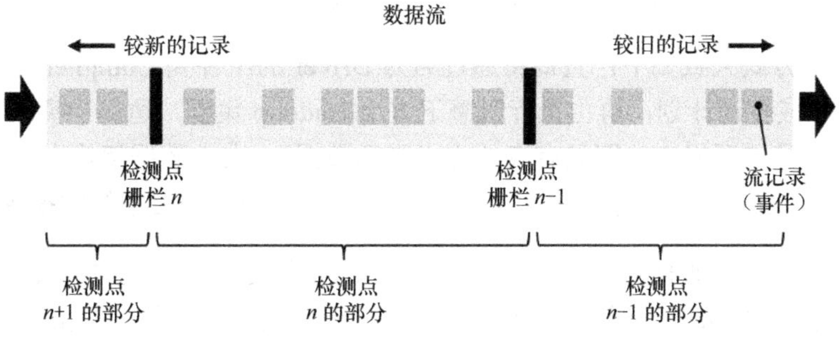

图7-19 Flink的Checkpoint机制（图片来自参考文章）

Pig 是 Hadoop 生态中的数据集分析工具，需要程序员以 Pig Latin 语言编写脚本，并由 Pig Engine 转换为 MapReduce 任务执行。

Hive 是 Facebook 打造的数据仓库工具，同样基于 Hadoop，在相似的层级上提供了解决方案，它通过 HDFS 存储，通过 Map Reduce 执行，使用 HQL（一种类 SQL 语言）作为查询接口。其架构示意可以参考图 7-20。

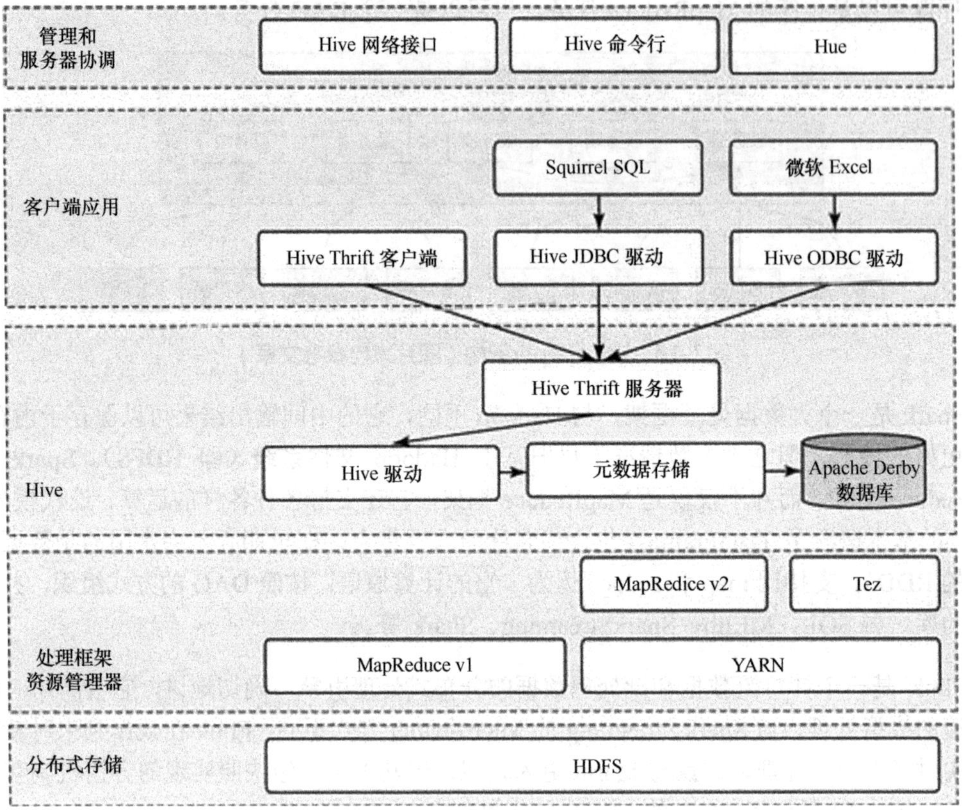

图7-20　Hive架构（图片来自参考文章）

Hive 的工作方式大致如下：查询将通过名为 Driver 的组件到 Compiler，通过 Metastore 获取元数据并生成查询计划，再由执行引擎下方给 Hadoop 集群，适用于离线的批量数据计算。Hive 中的表是纯逻辑表，即只有表的定义（元数据），在大数据架构中，Hive 常用于清洗、处理和计算原始数据，并将结果存储于 HBase，也可用于历史数据的挖掘和分析。

Druid 是一个用于大数据实时查询和分析的高性能分布式系统，其主要卖点在于实时，即允许事件在创建后毫秒内被查询到，并提供以交互方式访问数据的能力，非常适合聚合分析。它实现了 Dremel 的几乎所有功能，同时还支持为快速过滤设计的索引、实时导入和查询等功能。Druid 集群由 Historical、Broker、Realtime、Coordinator、Index 等节点组成，同时依赖 ZooKeeper、HDFS 和 MySQL 作为外部组件，组件之间的关系和工作流程示意可以参考图 7-21。

Pinot 由 LinkedIn 开源，同样为实时查询和分析设计，适用于给定数据集（Append Only）上进行低延时的数据分析使用。与 Druid 相似，Pinot 对数据进行历史和实时的划分，历史数据存储在 HDFS 上，依据时间分段索引，而实时数据从 Kafka 中消费，查询结果将自动合并。还有一个被广泛使用，基于 HBase 添加二级索引和 SQL 支持的工具称为 Phoenix，同样适用于实时分析需求，适于在海量数据集上建立索引查询少量数据。

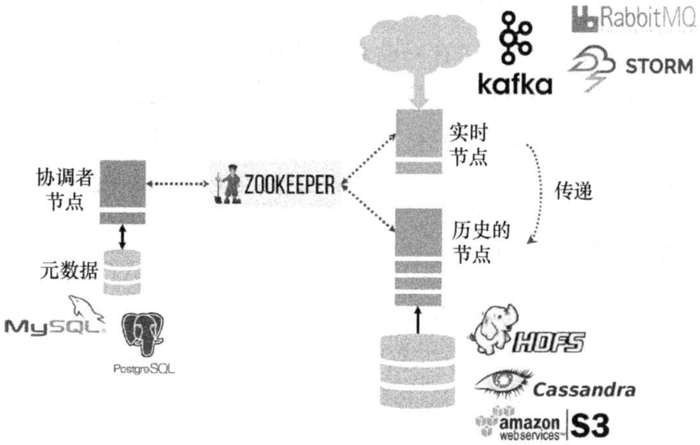

图7-21 Druid架构（图片来自参考文章）

Drill 是一个对大数据进行实时分布式查询的引擎，可以被视作另一个开源版本的 Dremel，它按照无主节点的方式设计分布式架构，每个节点都包含基于 RPC 协议的客户端接口、用于解析 SQL 语句的 SQL Parser，以及支持多种数据源如 HDFS、HBase、Hive 和文件的统一读写接口 Storage Engine Interface。

Impala 和 Presto 同样侧重于提供 SQL 支持，其中 Impala 由 Cloudera 开发，设计为直接从 HDFS 或 HBase 中用 SELECT、JOIN 和统计函数查询数据而非通过 MapReduce，与 Hive 相比，Impala 偏重于交互式查询，而 Hive 更适于长时间段的批处理查询。Presto 是 Facebook 开发的查询工具，同样支持交互式的 SQL 查询，其计算完全基于内存，直接针对 HDFS，也支持 Hive 或其他类型数据库作为数据源。

在 Hadoop 生态体系中，还存在许多可以帮助定制化开发的类库和框架。例如 Crunch 就是一个基于 Java 实现的，基于 MapReduce 的数据管道库，用于简化 MapReduce 任务的编写和执行，以及简化连接和数据聚合任务的 API。又如 Cascading 是一个架构在 Hadoop 上，用来创建复杂和容错数据处理管道的 API，如 Count、Group By、Join 等，依赖于 Hadoop 提供存储和执行框架。

Oozie 则是一个构建在 Hadoop 上的工作流调度管理系统，用户可将多个 MapReduce 任务提交给 Oozie 服务器并由其管理起来，常见与之竞争的调度管理器是以简单清晰著称的 Azkaban 以及 Airflow。

HCatalog 同样是 Apache 大数据生态体系的一部分，它是一个对表和底层数据管理统一服务的平台，因为所有数据均保存在 Hive 的 Metastore 中，故而需要 Hive 支持。由于用户往往在 Hadoop 上使用多种工具查询和分析，通过共享 Metastore 可以打通不同工具之间的访问，同时，注册数据本身即是发挥数据价值的必然步骤。

为 Hadoop 集群运行维护方便，还有一些相关项目可以帮助监控和管理，例如 OpenTSDB 是一个基于 HBase 的时间序列存储，适用于从大规模集群中获取相应信息并存储，常用于监控系统的实现。Amdari 则是 Apache 的另一个顶级项目，用于帮助创建、管理、监视 Hadoop 集群（包括整个 Hadoop 生态的各种组件，如 Hive、HBase、Zookeeper 等）。

7.3.3　大数据领域的发展和应用

Google 在 2010 年以来发布了后 Hadoop 时代的新三篇论文，分别是 Caffeine、Pregel 和 Dremel，描述了其新一代的索引系统，大规模图数据库和在海量数据上秒级别的 SQL 查询能力，其中如上文所示，Dremel 启发了 Drill 等实时查询引擎。除此以外，Spanner 作为具备高扩展性、全球同步复制能力的跨数据中心数据库，体现了 Google 近年来在大数据领域的成果。

随着业务的发展，视频公司的用户数量已在向亿级乃至十亿级发展，每天产生 TB 乃至 PB 级的用户行为、广告投放、播放测量、服务日志等数据，随着深度学习等技术的发展，对视频的分析也将产生以往难以想象的数据量，构建完善的大数据体系是研发必不可少的环节。

一个在线视频公司的大数据体系往往与其他互联网公司相似，由多种开源及自研组件构成，包括 HDFS、HBase、Hive、Druid 等基础和聚合存储，Yarn 调度系统，Spark、Storm、Flink 等计算框架，搭建于存储与计算框架之上的服务分析、行为分析、播放分析、推荐、广告、用户画像等业务系统，基于 Presto、PIG、Impala 等交互或非交互式的分析与查询工具，ETL、报表及 OLAP 工具等。其中业务系统面向的主要是研发团队，而查询与 ETL、报表等工具则往往面向销售、财务、市场分析与产品经理等多类用户。

通常大数据处理的系统应考虑依照 Lambda 原则设计，它将复杂的系统构建为多个层次，包括 Speed Layer（实时层）、Batch Layer（批处理层）和 Serving Layer（服务层），分别提供实时操作、批处理操作和查询服务，其中数据进入 Batch Layer 中持续增长的数据集并进行预运算，Speed Layer 仅负责实时地处理最近的数据，在 Serving Layer 的查询可以对批量和实时的数据进行访问和更新。符合 Lambda 架构的大数据系统示意可参考图 7-22。

Netflix 曾经从多个维度介绍过其大数据技术栈，因其基础架构完全基于 AWS，所以在存储上使用 Parquet 格式和 S3 服务，在数据查询计算上使用 Hive、Presto、Pig、Druid 和 Spark 的组合，覆盖各类不同需求。同时开发了一系列工具以帮助整个大数据体系的有效使用，包括但不限于以下 4 个。

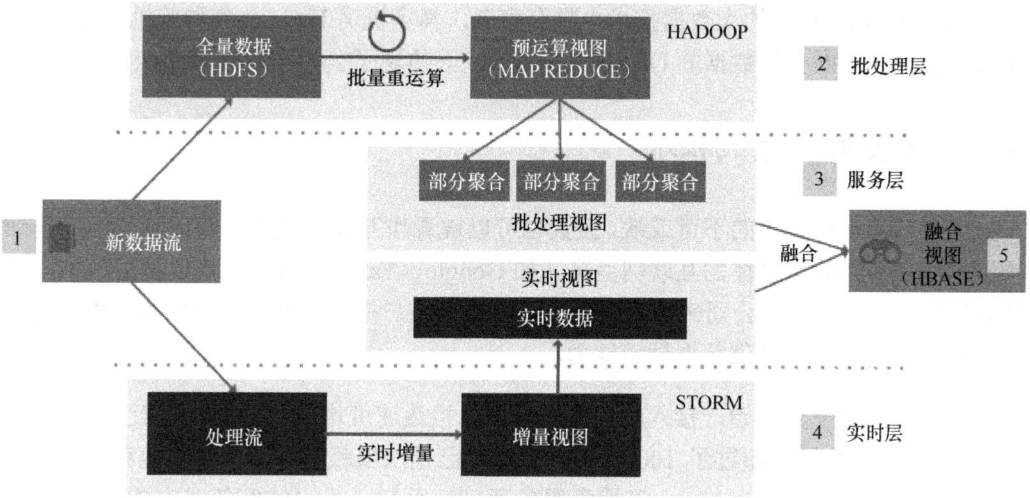

图7-22　Lambda架构（图片来自参考文章）

> 1. Genie：任务编排系统，帮助运行包括 Hadoop、Pig、Spark、Hive、Presto、Sqoop 等不同的大数据任务；
>
> 2. Metacat：元数据展示系统，通过 API 服务展示 Hive、RDS、Teradata、Redshift、S3 和 Cassandra 在内的各类元数据；
>
> 3. Lipstick：可视化 Pig 工作流的工具；
>
> 4. Inviso：轻量级的 Hadoop 任务搜索和集群性能可视化工具。

图 7-23 展示了 Netflix 的大数据技术栈。

图7-23　Netflix的大数据架构（图片来自参考文章）

除 Netflix 外，Hulu 的大数据技术也颇有声名，其多机房 Hadoop 集群跨机房迁移实践，自研的近实时导入嵌套型数据的 OLAP 引擎 Nesto 等体现了公司在此领域的积累。

7.4　搜索技术：空气和水

如同空气和水对人类的不可或缺，搜索也可以被看作互联网或者说软件领域中最基础的一项需求，许多当前和过往的互联网巨头（如 Google、Yahoo、百度）均以搜索起家，其技术体系深邃庞杂。对视频公司来说，搜索技术可以为用户提供可靠易用的站内搜索，也可以为内部人员或其他服务提供数据搜索能力。

从互联网的第一天开始，接入的服务器就在以指数速度增长，到 1995 年已有 500 万以上，而 Web 站点数量也超过了 100 万，普通用户已无法依赖手工方式容易地获取想要的信息，Yahoo、InfoSeek、AltaVista 等搜索服务商应运而起，于 1998 年成立的 Google，以 PageRank 技术①大幅度提高了搜索质量，抢占了绝大多数搜索市场，百度也于彼时占据国内市场的领先地位，其建立的市场格局延续至今。

如今 Facebook、微信、淘宝等许多自身持有海量数据的公司，正在尽可能地屏蔽搜索引擎，让用户只有在应用内部才能找到所需内容，但这区别不过是搜索服务由谁来搭建和提供而已，作为服务提供商，仍然需要设计和开发其搜索能力，作为技术体系中不可或缺的一环。

7.4.1　搜索引擎原理

一项搜索服务需要回答以下几个问题，用户想要什么（即用户搜索的意图），哪些信息允许用户搜索（即收集信息、判定它们的可靠性和完整性），以及如何令二者匹配，图 7-24 展示了一份相对通用的搜索引擎架构。

通常的搜索引擎，其“素材”是抓取的网页，服务通过网络爬虫将整个网络的信息抓取到本地，经过去重检测，存入数据库中。此后，搜索引擎将对网页解析，抽取主体内容以及指向其他页面的链接，通过倒排索引的结构保存，同时保存网页之间的链接关系。以上信息抓取、分析和存储系统可视为搜索引擎的后台部分，搜索引擎的前台功能负责当用户提交搜索请求后，对其查询词进行意图分析，查询缓存或直接查询后台得到信息列表，再由网页排序模块进行处理，最后为用户返回查询结果。

网络爬虫在搜索技术体系中占据关键的位置，对通用目的而言，爬虫服务将由一些起始网页出发，将种子 URL 放入待抓取队列中，抓取服务器将根据安排的进度对网页内容进行

① PageRank 由 Google 创始人在斯坦福大学时创立，由网络的链接关系确定网页等级，一个页面的得票数由所有链向它的页面重要性决定，是现代搜索引擎的基本算法之一。

下载，并存储到页面库中，已下载的网页将通过分析后将其内部的链接放入待抓取队列，抓取服务器实施抓取前，还将进行去重和反作弊等步骤，只至待抓取队列为空，则抓取过程结束。

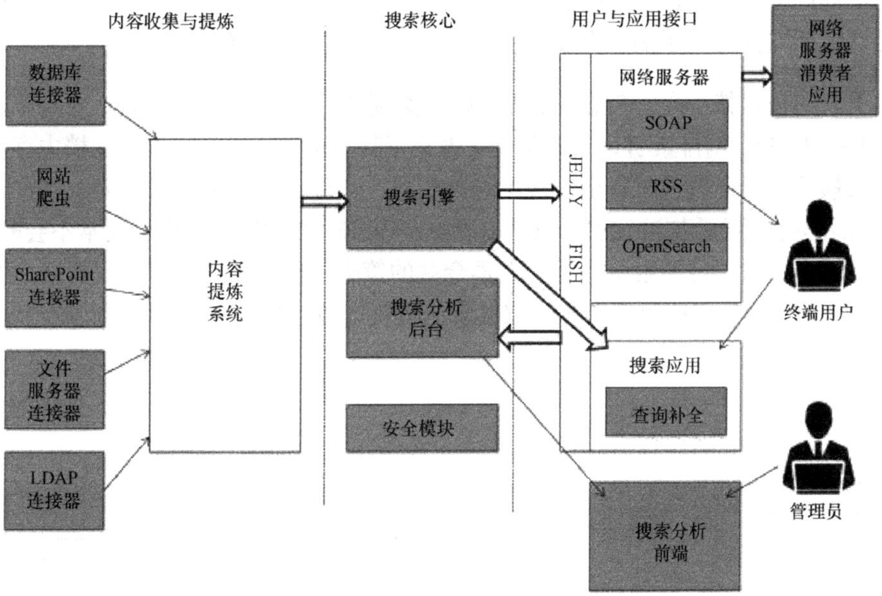

图7-24 搜索引擎架构（图片来自参考文章）

搜索引擎面对的网页浩如烟海，爬虫需要提供较高的性能（在较短的时间能够下载更多的网页，能够分析和找到更多的候选网页），智能的分析功能（避免各种重复抓取和作弊行为），容错性（避免各种不规范网页甚至恶意网站带来的错误），友好性（遵从爬取协议，较少占用网站资源）等。

好的抓取系统还可以根据权重调配工作，例如对重要网页于秒级时间内抓取收录而对次要内容仅按天更新，根据情况选择抓取策略（如宽度优先、大站优先、Partial PageRank①、OPIC 策略等②），以及网页更新策略（如历史参考策略③、用户体验策略和聚类抽样策略等）。

对视频服务而言，电影或电视的描述信息十分重要，大多来源于视频导入时内容提供商

① Partial PageRank 在爬虫运行过程中执行，当新下载的网页达到一个数量则重新计算，并可依据其他规则修正。

② OPIC 策略可视为 PageRank 的改进版，其假设每个页面初始给予同样的“Cash”，当下载了某个页面后，将其“Cash”平均分配给页面中的链接，对待抓取的网页根据“Cash”数量排序，此策略不需要迭代过程，计算速度极快。

③ 历史参考策略的假设是，过去更新迅速的网页未来也会频繁更新，用户体验策略则根据用户搜索时网页出现的频度调整抓取频率，与二者不同的是，聚类抽样策略不需要依赖过往的信息进行决策，其思路是首先根据网页属性对网页聚类，假设同一类型的网页更新频率偏差不大，则对新网页只需知道所属类别便可预测其更新/抓取频率。

或上传者的输入，有些公司也会进行人工校正和填充。IMDB、Gracenote、各类百科网站、专业的元数据提供商等均可以被视作数据源，对其进行爬取对照或订阅可算视频网站的日常。此外，许多时候用户观看视频的评论也将被计入，例如 Netflix 的内容介绍中就嵌有一些典型的用户评论和评星，虽然由于版权所限，上述网站的视频描述信息或评论信息不能被随意使用，但抓取并应用于后台分析和预测仍可能帮助提升服务质量。

搜索引擎的技术核心之一就是它的索引，多数现代搜索引擎均依赖于称为倒排索引的数据结构（见图 7-25）。倒排索引记录的是全文搜索下某个单词在一个或多个文档中存储位置的映射，它依赖于一个记录了所有出现过单词的词典，其中记载了单词对应的倒排列表。常用的词典数据结构包括哈希加冲突表，或是 B 树、B+树等。在实践中，索引通常不会静止不变，可以采用临时索引与正常的索引并行查询再合并的策略，但这种方法可应对的情境有限，作为服务还是需要支持索引的更新，可选取的索引更新策略包括合并、原地更新或混合策略等。

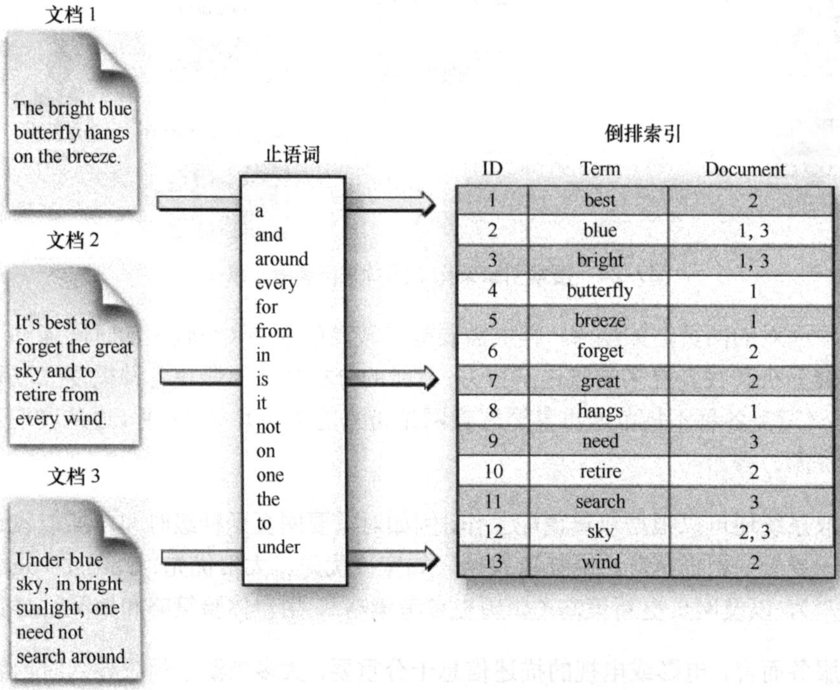

图7-25 倒排索引（图片来自Apple开发者网站）

在响应查询时，对单独单词，搜索引擎只需直接返回其倒排列表即可，对多个单词，问题则变成通过它们对应倒排列表的交集，此时常引入跳表数据结构（见图 7-26）以加速查询。其他索引相关的主要技术还有压缩算法，包括对词典和倒排列表的压缩，对文档 ID 重排序，对索引进行裁剪等。

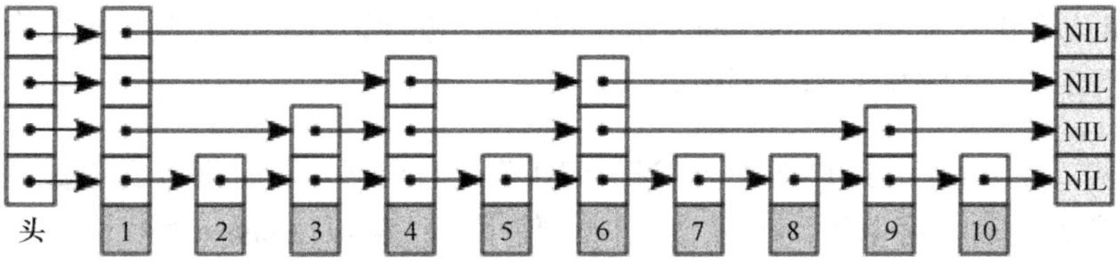

图7-26 跳表（图片来自Wikipedia）

搜索引擎的另一项技术核心是它的结果排序部分，当用户发出查询请求时，引擎将进行意图理解，根据检索模型计算内容相关度，并按照相关程度排序输出。常用的搜索引擎检索模型包括布尔模型、向量空间模型、概率检索模型、概率检索模型以及机器学习模型等，对搜索结果的评判标准将主要考虑精确率和召回率两个指标（关于相应指标将在后文数据分析的部分介绍）。

在开始大规模检索之前，如果能更精准地领会用户意图，往往能收到令人满意的效果。例如，当用户搜索“北京+天气”时，将北京的天气预报放在搜索结果前列，显然比仅仅返回含有关键字的网页更令人满意。为此搜索引擎往往需要先对用户输入的查询词进行意图分类，用户的历史搜索记录和点击图也可被分析，帮助生成查询方案。此外，不论商业搜索引擎，还是站内的垂直搜索，提示并自动补全搜索关键词，提供查询纠错等都是常见的需求。

7.4.2 在线视频服务中的搜索

除了上文介绍的通用搜索引擎外，还存在目录搜索引擎、元搜索引擎、垂直搜索引擎等分类，大多数时候，在线视频服务提供的搜索服务更贴近垂直搜索引擎。原因在于，首先，被搜索的数据（通常是电影、电视等视频内容的相关信息）主要由本站拥有，其结构化和有序化的程度能够得到保证；其次，需要考量的维度不同，如视频的名称、关键词、详细描述、系列信息、演员、导演、评论等都应视为被搜索的属性。

在用户意图理解方面，视频服务商拥有完整的用户历史观看记录可供分析，即使是匿名用户，其浏览行为往往也隐含有大量信息，成为系统聚焦的重点。与电商搜索系统类似，结果过滤也是非常重要的功能，但复杂程度远低于电商系统。最后，由于视频服务的搜索引擎，其搜索结果往往需要进行个性化呈现。若存在广告业务，还需考虑与广告系统相融合。

由于垂直搜索引擎与通用搜索引擎的不同，除自研外，许多公司都选择在 Lucene 引擎基础商进行封装，甚至直接使用 Solr 或 Elastic Search 等方案（二者底层同样基于 Lucene）。

Lucene 是一套用于全文检索和搜索的开源程序，由 Apache 基金会提供支持，只需将文本信息交给 Lucene 进行索引，然后将创建好的索引文件保存，即可通过查询条件在索引文件上进行查询。Lucene 建立索引的过程与通用搜索引擎相近，通过将文本分词并去除标点或 Stop Word（即 the、a、this、is、的、地、得等），进行语言相关处理（如变为小写和词根形式），随后即可生成字典和倒排列表。

在查询侧，Lucene 支持形如“…AND…NOT”的查询，对查询语句进行词法分析、语法分析和语言处理后，可以得到一棵语法树。使用语法树，Lucene 将找出所有相关的文档列表并进行合并等操作，再经过相关性排序返回给用户。

图 7-27 给出了 Lucene 的工作流程示意。

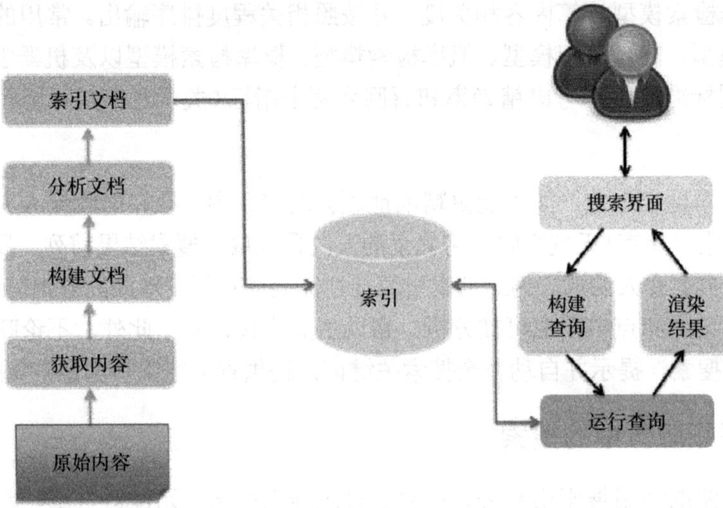

图7-27　Lucene的工作流程（图片来自参考文章）

Solr 是 Apache Lucene 项目的开源搜索平台，除全文检索的基本功能外，还提供了大量扩展，包括配置、查询、管理界面、文本处理、数据库集成、动态聚类等，还支持分布式搜索和索引复制，在互联网公司间得到广泛的应用。

Elastic Search 是另一套基于 Lucene 的开源搜索引擎，通过 RESTful API 隐藏 Lucene 的复杂性，同时支持分布式的实时文件存储，令每个字段都可以被索引并搜索，支持扩展到百台级别的服务器集群，处理 PB 级数据。Elastic Search 的集群设计为 P2P 类型（见图 7-28），即除集群状态管理外，所有请求均可发送到任意节点，每个节点均能够对请求进行路由，由合适的节点予以响应。自 2013 年开始，Elastic Search 的热度开始超越 Solr，成为最流行的搜索引擎技术①。

① Elastic Search 的逐渐流行除自身功能丰富，定位准确以外，ELK 的流行也功不可没，ELK 是 Elastic Search、Logstash、Kibana 等三个软件组件的首字母缩写，用于收集、存储、分析、查询、告警和展示等系列功能，被大量公司用于默认的日志系统。

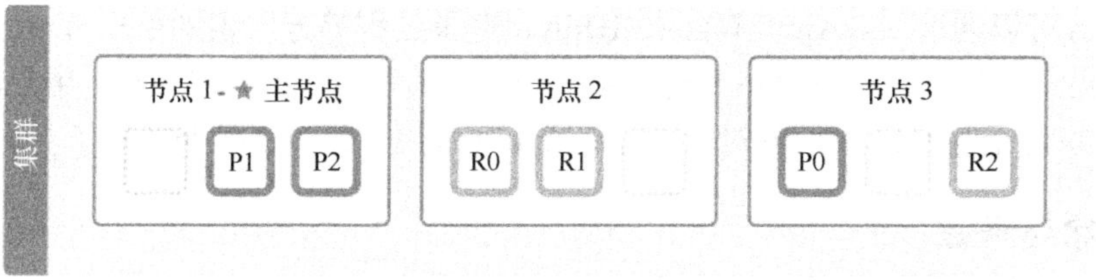

图7-28 Elastic Search集群的负载均衡（图片来自参考文章）

Elastic Search 方案除了用于视频内容搜索外，还可以在其他方向包括日志数据、运营数据、QoS 数据、广告库存数据、用户行为数据等，提供期限较短但高效快速的查询和分析（由于 Elastic Search 本质上基于内存进行服务，在容量较大的服务中成本过高，多配合其他大数据技术使用）。

“水能载舟，亦能覆舟”，在线视频服务中，站内搜索无疑是内容发现的重要方式和保险机制，由于当推荐或分享无法满足需求时，用户几乎只能寄希望于搜索，而如果搜索的体验稍有疏失，不能帮助找到用户想要的内容，将带来对体验的巨大伤害。

如前所述，视频网站的站内或聚合搜索服务，并非简单的关键字搜索，在内容搜索时评估搜索质量，除准确率和召回率的计算外，内容种类的多样性，视频库的展示机会也是重要指标，而就简单的点击率优化之上，链接用户其他激励指标（如观看时长、留存率等）可算作进阶的方向。

在意图分析和排序时，对用户 Profile（Netflix 和 Hulu 等公司均具备的功能，保证一个账号的多个用户可被分别追踪对待）行为的上下文进行分析可以帮助提升准确度。另一有价值的功能是对查询关键词的近义词同样进行搜索，依据隐式信息［如搜索发生的日期（季节或节日、体育比赛日）等］也可以获取额外的输入。当节目库中不存在准确或非常近似的内容时，应由推荐系统接手，例如依据用户的观看记录结合输入信息予以推荐。鉴于视频内容库搜索的特征和类别都在有限范围内，还可以使用深度学习的方法对搜索词进行语义识别，拟合相近的视频。

7.5 用户画像：知己知彼，百战不殆

在用户数量以千万、亿、十亿来计算时，如何记录和表示用户就成了极为重要的问题，有些服务在用户登录后才能提供，例如 Netflix 和 Hulu 仅允许注册用户观看，但匿名用户可以观看 YouTube 上的视频而没有任何限制，而爱奇艺和优酷这样的视频服务则同时支持匿名用户的观看和高级的订阅用户。

视频服务可以通过 Cookie、Token、IDFA、登录过程等方式识别用户[①]，在服务的后台则往往由 User ID 表示，但 Cookie 也好 Token 也好，其中蕴含的信息较少，用户画像技术则将用户不再视为无甚差别的抽象对象，而是试图理解用户之间的不同，给予更丰富的表达。

7.5.1　概念与来源

用户画像并非新颖的概念，但随着大数据时代的来临，根据数据勾勒用户的兴趣爱好、行为习惯，构建出用户的信息全貌已变得可能，构建用户画像即将用户信息做标签化处理，意味着从数据中高度精炼出用户的特征标识。倚仗用户标签，公司可以精确地找到用户群体，深入理解用户意图，以最佳方式满足用户需求，在精准营销、统计排序、数据挖掘、智能推荐、广告投放、效果评估、个性定制、经营分析等多个领域都有广泛的应用。

图 7-29 中给出了一种传统用户画像的模板。

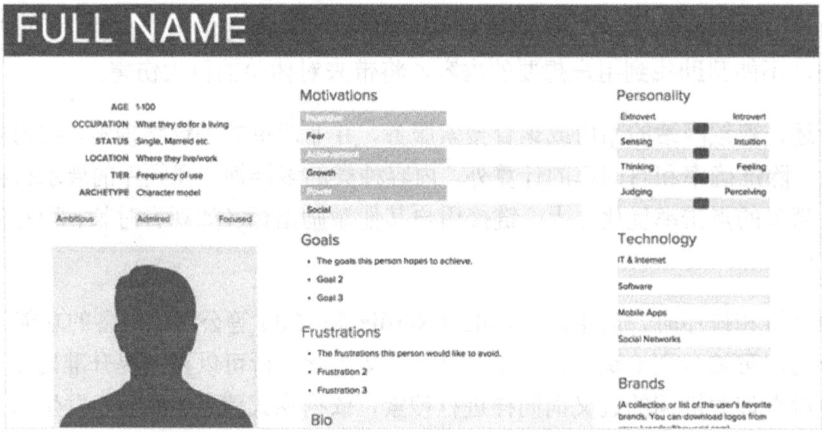

图7-29　用户画像模板（图片来自DesignHooks网站）

传统上的用户画像偏向于定性分析，往往偏重阐述用户需求，产品经理可以在研发阶段，模拟出一类典型的用户，代入其角度思考问题，便于想象用户的使用场景。例如假设一男性用户的婚姻状况为已婚，年龄区段为 35～39 岁，居住在北卡罗来纳州，性格外向，可能养有宠物，其观看视频的动机主要是跟上最新的时事节目，以便保持与朋友交流时的谈资，或与家人一起观看，常用的观看设备是机顶盒和平板。

由此推测，用户的痛点在于很难知道该看哪些节目，以及难以知晓孩子们看了哪些电视

① Cookie 又被称作"小型文字档案"，是网站为区别用户身份而存储在用户终端上的数据（通常经过加密），最初定义于 RFC2109，在存储内容上各家网站也都有各自的实现。Token 在一些场合被翻译为"令牌"，代表执行某些操作的权利，客户端和服务端之间通过令牌机制确认其身份，在交互过程中，Token 往往需要定期更换。IDEA 是 Identifier for advertisers 的缩写，其设计来自苹果，用于帮助开发者跟踪广告的投放效果。

节目，因而最需要的功能包括严格且易用的家长控制功能，可以控制孩子的观看范围，以及详细的导视词，帮助判断内容是否值得花时间观看。

新时代的用户画像较前述定性分析远为准确，首先收集累积的用户数据，再对数据处理，对用户行为进行建模，最后构建出用户的画像，并持续地根据新的信息修正，最后通过服务或可视化的方式针对不同目标进行利用。

用户数据的范畴很广，包括：用户的基本信息，即注册时提供的年龄、性别、职业、手机、邮箱等；使用服务产生的行为数据，例如订阅时间、页面浏览记录、浏览停留时间、浏览上下文记录、评论项目和内容、打开应用的时段和频次、收藏的视频内容等；视频的观看动作，例如观看时长、视频观看时的跳过记录、嵌入广告的点击、观看时的地理位置等。更进一步，还需要整体的统计数据，如促销转化率、试用期流失率、唤醒率、平台渗透率、分享率等。

图 7-30 很好地反映了用户数据来源的体系及其广泛性。

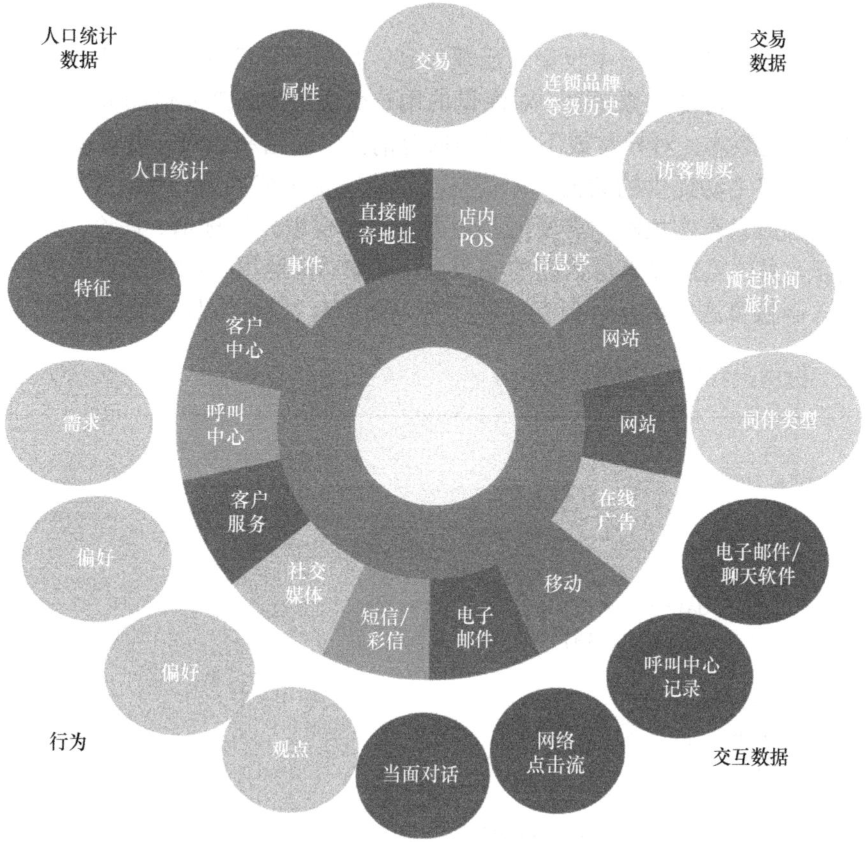

图7-30　用户数据来源（图片来自参考文章）

显然，仅有用户的信息、行为或属性不足以反映全貌，而且也难于应用，往往还需要和服务的维度结合起来，例如视频的类别、演员、介绍或隐式特征。

行为数据最好带有场景信息和上下文联系，例如用户的一次观影行为就可以包括用户找到影片的途径，是从收藏夹还是推荐列表，是从热点列表还是关键字搜索找到的，用户开始观看的时间和地理位置，观看过程中的暂停和快进记录，以及用户观影完成后的行动，是继续观看续集影片还是转向完全不同的分类。

用户画像在很大程度上具备时效特征，例如选择观看复仇者联盟的电影可能是因为其系列最新版正在火热上映，而短期内用户在智能电视上的观影大幅增加可能是因为其处于休假状态之中。

设备信息或者说场景信息，同样是重要的维度，在不同的场景下，用户的行为习惯和观看偏好将大为不同，当精细度要求较高时，甚至需要针对不同设备或场景计算完全不同的模型。

由于用户数据自多种渠道中收集和反馈得到，而视频公司业务往往飞速增长，服务或数据收集模块的定义可能频繁更新，对海量的用户数据而言，需要借助大数据技术进行存储时，要对其不同版本，对异常或不完整的内容清洗、纠错和应对，并提供高效的查询和计算能力。由用户主动提供的数据，即使格式正确，也可能并不正确。例如用户的性别，就并非每个人都愿意真实填写，需要借助分类算法综合用户的称谓、评论、浏览和播放行为来预测纠正。另一重挑战来自数据的安全性，例如，虽然用户的地理位置或运动轨迹信息可以被纳入画像算法的考量，但存储和查询方面则有必要予以限制或进行匿名处理。

下面是一份用户观看行为的示例。

```
{
    "uid": 100,
    "raw_attributes": {
        "email": {"value": "jack@hulu.com"},
        "gender": {"value": "m"},
        "signup_date": {"value": 1507359323},
        "age": {"value": 49}
    },
    "behaviors": {
        "watch": [
            {
                "cid": 9800,
                "duc": "Living Room",
                "dlc": "CONSOLE",
                "seventid": 800,
```

```
                "genre": ["Documentaries"],
                "video_type": "feature_film",
                "timestamp": 1273774176
            },
            {
                "cid": 9801,
                "duc": "Computer",
                "dlc": "CONSOLE",
                "sid": 801,
                "genre": ["Animation and Cartoons", "Family","Kids"],
                "video_type": "feature_film",
                "timestamp": 1373774176
            },
        ]
    }
}
```

7.5.2 表达与生成

用户画像可以通过标签、评分矩阵、向量表达（即 Embedding 表达，见图 7-31）等方式描述，其中最简单易懂而又用途广泛的即是标签方式。当拥有数据之后，即可为用户贴上标签，其中的主要思路是建立大量不同的模型，以应对用户不同的行为，而用户的整体画像可以由各个子画像综合计算得到。

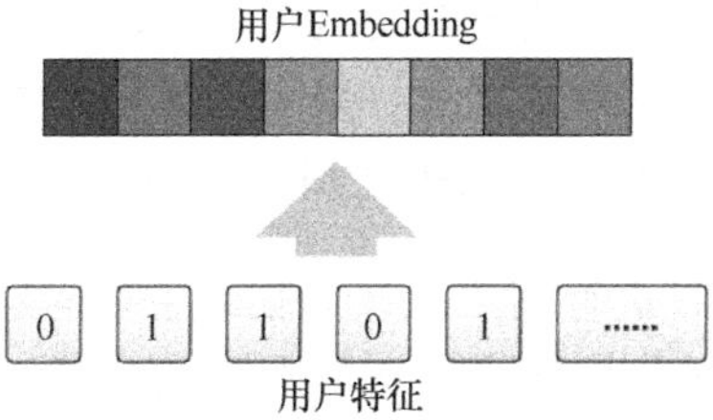

图7-31 用户的Embedding表达

贴标签也好，向量表达也好，其目的在于帮助计算机处理用户数据，例如只需通过统计带有“喜欢观看西部牛仔片”标签的用户，就能得到喜好西部牛仔片的用户数量，使用向量表达，计算机可以容易地计算两个向量之间的相似度，也即找到相似的用户。

模型的建立可以依靠显式的数据也可以依靠隐式的数据，例如“收藏了 NBA 直播预告”的用户标签可以被非常直接地用于推荐，但用户的品味或政治倾向则多半只能利用间接方式推断。一些需要推断的例子包括：

1. 根据用户的观看记录推断其是否是迪卡普里奥的粉丝；

2. 根据用户对风光纪录片的偏好推断其是否热衷摄影或摄像；
3. 根据用户对 CNN 或 FOX 节目的追看推断其政治倾向等。

建立模型的一项基本方法是建立词汇表，词汇表由服务涉及的所有概念组成，可以从百科、字典、行业网站等搜集信息，分词并去重后得到候选列表，在概念之间通常可以建立类别和层次的关系，例如视频下面含有电影、电视剧、综艺等多个分类，演职人员内包含导演、演员、编剧等分类，而不同层次的概念表达了包含和继承的关系，在同一层次的概念适宜保持最小的语义距离以利后续应用。

模型的提出除了上述基本概念的获取，基于层次与类别的概念联系外，多由需求方决定，并由计算或推断获得，例如上面不同段落中提到的促销转化率、试用期流失率、是否是迪卡普里奥粉丝、爱好摄影与否、政治倾向等。

较为复杂的是预测标签，例如前面提到的性别，又如根据用户的行为习惯是搜索多于遍历，抑或不断跳转，推测其浏览喜好，愿意直入主题式还是喜欢探索发现式的导览。模型的设计需要充分考虑心理学特征，预测标签需要使用较复杂的技术生成，包括分词、过滤、特征提取、利用机器学习算法分类等。

对于不同的网络服务，用户画像所侧重的模型和标签也非常不同。社交网络用户的常见行为包括点赞、转发、评论，其画像中将注重提取用户的社会关系模型，与哪些类型的用户关系紧密、是否意见领袖、交流兴趣等，电商服务中的用户行为有浏览、搜索、收藏、购物车操作、购买、退换货等，其画像则侧重的是购买习惯、日常需求。视频服务公司与其他内容公司类似，着重勾勒的是用户的观看类别、兴趣和习惯，同时根据投放广告的需要，也需要理解用户的经济实力、地理位置、生活条件和日常需求。

数据稀疏和噪声是基于标签进行用户画像面临的主要问题，一些解决的思路是借助传播好友或相似用户的标签，而通过知识图谱中已经存在的关联，辅以随机游走可以自动得到不存在的标签，基于最小描述长度等技术可以泛化标签。

模型的建立以往完全通过人工完成，但在用户量越来越大，数据越来越多的今天不能很好地覆盖全部需求，通过深度学习技术进行模型和标签的自动生成也是近年的趋势，二者互为补充。

通过标签，用户可以被详细地描述，然而在应用时，往往需要找到某一人群的共性，而非多样特征，例如将用户的向量表达作为输入，聚成有限的类别，在聚好的类中，如果某个类别占比较高，则以之代表整个群体的特征，例如前面的男性、35～39 岁、居住在北卡罗莱纳州、养有宠物即代表了某一类别的用户。

7.5.3 如何搭建用户画像体系

就像用户的行为深受环境和心态影响而时常变化，用户画像并非恒久不变，除了一些基本信息（例如性别），其他都可能发生改变，有些比较随机，有些是周期性的，有些持续向某个方向转变，有时则体现出新的特征。因此用户画像的构建也需要解决相应的问题，即如何及时获取实时变化，基于日志的数据管道或许不能满足要求，可能需要更加实时的消息传递系统，以及如何设置画像更新的频率，基于实时的画像可以在后续的推荐或广告投放应用取得更好的效果，但同时带来较大的计算复杂度和实时性要求，需要在其中取得平衡。

针对实时程度不同的需求，可以将用户画像相关的架构划分为三个部分：①离线系统，通常以周或天为单位更新；②近实时系统，能够以小时或分钟级别更新模型；③实时系统，允许秒级时间更新，将用户即时的浏览行为纳入考量。

用户画像的构建常常位于大数据系统之上，即由 HDFS、HIVE 等方式存储，使用 Spark、Flink 等引擎或机器学习框架计算。不同的模型将分别计算，并依据模型的依赖关系汇总计算结果。

如前文所述，常见的后台服务将不同用户使用 User ID 区分，即使匿名用户也可以通过 Cookie 或 IP 等信息辨识，但不论中国还是美国，视频网站的订阅账号都可能被多人共享，因此更进一步的方案则需要实现 Profile 功能，即用户在登录后仍然需要确认当前使用的 Profile，每个 Profile 对应一个实体的人。

计算结果将提供不同形式的访问，例如根据 Profile ID 查找其所属的全部标签的服务（见图 7-32），以及输入 Profile ID，判断其是否具有一个或一组标签，另一种形式可能会是提供根据给定条件查找用户群的服务，使用者通过选择可用的标签，获取 Profile ID 的集合，以确定投放用户通知的对象。在后者中，有时需要通过 NLP 技术对用户意图进行理解并匹配标签，再行搜索。最后，由于通过对用户画像的向量表示计算距离，得到用户相似程度，提供近似用户查找的服务同样是常见的使用形式。

当更新画像时，最简单直接的办法是全量更新，只需导入所有历史数据从头生成用户画像，而增量更新则略为复杂，常使用滑动窗口过滤方法，只需根据时间窗口移除旧的集合，使用新的结果即可。增量计算的要点在于，保存对历史数据进行计算的中间值，包括不同层次、不同步骤的结果，并维持从较细粒度到融合计算的完整触发树，以便在用户信息更新时，快速更新各个受影响的模型结果。

用户画像的合理和准确性需要经由验证，包括开发中的验证和基于线上测试与运营结果的验证。常用的模型验证指标包括查准率、召回率、特异性、混淆矩阵、ROC、KS、AUC 等。此外，还可以使用抽样验证和交叉验证的方法，例如年龄、收入和喜好等标签常存在较强的相关性，喜欢红酒和高尔夫的人往往经济实力不低。

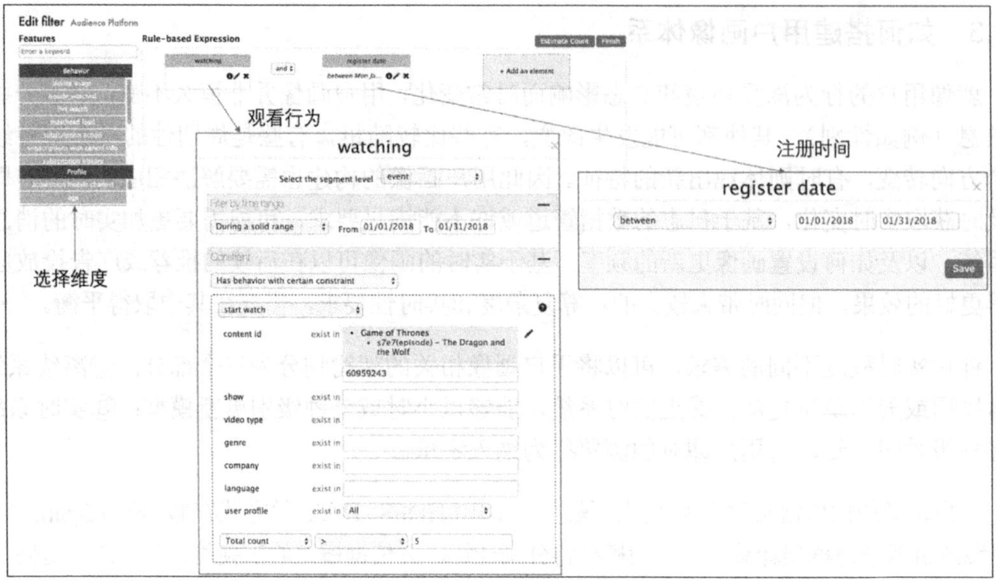

图7-32　Hulu的用户分析平台界面（图片来自参考文章）

针对链条较长的应用，例如推荐或广告投放，根据预先确定的 KPI（例如推荐点击率或观看时长作为标准），进行 A/B 测试。而整体有效性则可以通过比较推荐或投放的效果和用户画像预测之间排序的单调性验证，即若用户画像认为相关性由近到远的群体，其推荐和投放效果是否同样由高到低排列，否则说明模型可能不够准确有效。

用户画像和内容推荐、广告投放相似，不仅需要大数据能力和高效可靠的后台服务，UI 团队的设计模式与研发体系的融合将带来极大的价值。例如在操作流程中设计时专门的用户反馈点，保证快速地捕获用户兴趣和行为模式的转移。又如提供多样化的网页模板，根据用户画像展示不同的设计风格，给予用户个性化的服务体验。

7.6　数据分析：我思故我在

没有方法论指导的企业运作是危险的，而其中数据驱动理念正在成为现代企业的“标配”，上文所介绍的用户画像应用仅是其中之一，尽力摒弃主观决策的偏差，在运营、产品设计、技术方向、组织架构上依据数据指导行为，正在获得更多人的认可。

7.6.1　什么是数据分析

好的传统企业其实一直十分依赖数据，例如进行市场问卷调查，或从第三方公司购买行业报告，但由于获取数据的渠道限制，缺乏分析的意识和技术，数据并未能够发挥出应有的作用。而互联网企业，不论是在提供基础服务，还是聚焦于垂直领域，于传统企业的最大区别就在于拥有经营中各个环节的数据，且这些数据可以被记录和分析。

当拥有数据之后，随后可以进行的是数据分析、数据的应用，由此反馈循环，数据的分析可以通过各式描述和诊断报告体现，前文中描述的依据 QOS 数据进行流媒体分发，根据用户画像推荐个性化内容，后续将介绍的推荐和广告投放等均是在线应用的范例。

Intel 将企业数据分析的成熟度水平划分为五个层次（见图 7-33），最基础的是可以提供描述性分析，即针对运营数据理解历史绩效，例如每周的订阅用户增长。第二级的水平是能够对特定的问题找到原因，以此企业能够做出应对，例如用户的观看时长降低主要是由于对播放的失败率过高不满。更进一步，针对数据应能够做出预测甚至指导，如果周末有世界杯的开幕，告知技术经理应该提前部署足够的服务器支撑突然增长的流量。第四级是具备完整的离线测试或线上 A/B 测试机制，允许快速地得到任意的分析和决策。最后，企业可以支持实时地学习、洞察和决策，让绝大部分的运营决策过程自动化。

图7-33　企业的数据分析成熟度（图片来自参考文章）

7.6.2 数据分析方法

数据分析致力于将数据转化为知识，通过数据的清理、聚合、选择、变换、挖掘、评估和表示等步骤组合完成，整个过程也可以称为数据挖掘。数据分析找到的是数据的特征或规则，它们之间的关联和相关性，数据分析技术还包含回归或分类预测、聚类分析、异常分析等。高阶的数据分析能够帮助回答一些关于公司运营的本质问题，例如公司的运营状况如何，风险在哪里，应该对不同部门设立何种 KPI 等。

在现实世界中，数据的缺失、重复和错误十分常见，另一方面，数据的质量前置性地决定了数据分析的质量，可以想见，对数据的清理和预处理必不可少且将是一个持续的过程。

一般而言，针对缺失值，可以通过填充常量、平均值或中位值，或属性相似的其他用户群组的平均值，或使用所有其他属性值预测缺失值，在特定情形下，借助人工也是选择之一。对于噪声值，可以通过平滑、回归、离群分析等方式处理。

在聚合不同来源的数据时，如果存在不一致，可以通过数据源的可信度或预测值进行修正。对于离散和连续的数据，通过卡方检验、相关系数和协方差可以评估数据间的关系，找出冗余，对于同一数据属性，如果来自不同渠道，由于单位不同或含义不同，其取值也可能大为不同，有些偏差还可能存在嵌套，需要多次变换纠偏。当需要变换数据时，可以采用归一化（如缩放数据到 0～1 的区间）、离散化（如使用 0～10、11～20……代表年龄段）的策略。

当度量数据的时候，可以通过 Jaccard 系数描述非对称的二元相异性，通过欧氏距离或闵可夫斯基距离描述数值属性的相异性，对向量则可以通过余弦相似性描述。主成分分析可以用于降低原数据向量的维度，由转换后的数据代表原有数据集合可以保留重要部分。如果需要简单地得到代表性的数据，可以使用随机采样、簇采样或分层采样方法。

前文曾经提到数据库可以被分类为 OLTP 和 OLAP，提供给数据分析使用的通常是 OLAP 类型的数据仓库，其适用于存取多维度的数据，可以帮助分析人员从多种角度快速认识数据的内涵。

OLAP 的存储方式包括 ROLAP（即关系 OLAP）、MOLAP（即多维 OLAP）和 HOLAP（即混合 OLAP）等类型，其区别是 ROLAP 将数据存在关系型数据库中，并根据应用需要定义新表存储聚合信息，MOLAP 使用多维数组存储预先计算好的聚合数据，在响应查询方面快速方便，付出预计算较慢的代价，许多商用系统使用 HOLAP 方式（即在关系数据库中）存储详情数据而用 MOLAP 方式存储聚合数据，系统往往采用位图索引或关系索引等技术提升查询速度，采用数据聚合、从低层到高层、多路数组聚集等方式提升计算速度。

若将数据定义为记录具体事件的事实表和描述事件要素的维表，基于事实表和维表可以构造出包括星形模型、雪花模型或星座模型在内的多维模型。星形模型以事实表为核心，建立一组较小的附属维表，其中每一维用一个表表示，雪花模式的维表以降低冗余的规范化方式设计，星座模型允许不同的事实表共享维表。

多维的数据集常可被表达为数据立方体，常见对多维模型进行的基本操作有切片（Slice）、切块（Dice）、钻取（Drill）和旋转（Pivot）。切片可以理解为选取数据集的一个维度取值固定情况下的子集，例如选取某一个月份的新增订阅用户信息。切块意味着选择多个维度的特定值生成子集，例如只选取某几个月中订阅某种套餐的用户集合。钻取分为向上或向下钻取（Drill up 和 Drill down，见图 7-34），允许使用者在不同的数据级别之间进行观察。旋转允许分析人员在空间中旋转数据集，根据感兴趣的维度观察数据，例如某一产品套餐在整个生命周期中的数据，或者同一时间段内不同产品套餐的数据。

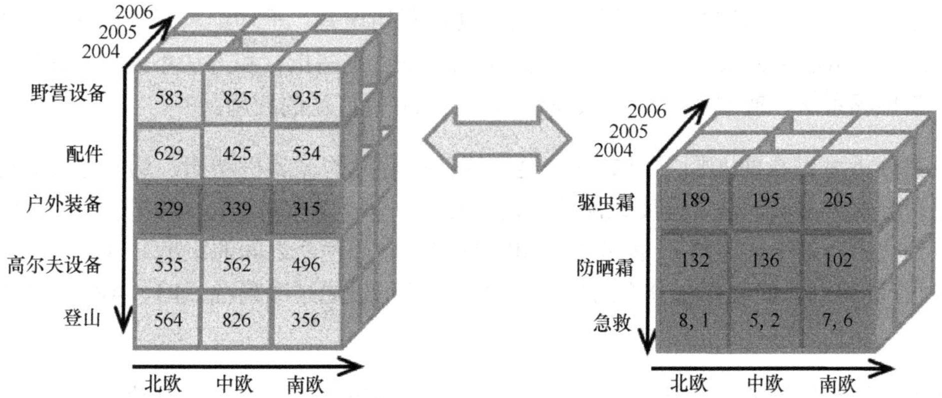

图7-34 Drill up和Drill down（图片来自Wikipedia）

从高度组织的数据中，分析人员可以发现频繁模式，例如同时出现在购物车中的商品，或用户看完新版异形电影后常会复习早期的某一部异形经典。常用的挖掘频繁模式的算法有Apriori及其变种、FP-growth、Prefix SPAN算法等，还可以通过支持度、提升度、置信度、Kulczynski度量、卡方和余弦等多种方式评估并滤除无意义的关联，此处不作过多介绍，可以参考相应领域的书籍。

除了频繁模式，从数据里还可以挖掘出多层模式、多维模式、稀有模式、负模式、巨型模式等多种不同的类型。假设某些属性存在层级，可以用高级属性替代低级属性，进行多层模式的挖掘，例如发现某些购买行为并无物品之间的直接关系，而是来自于品牌的好感度。假设数据中某两类取值都频繁发生，但很少一起出现，如百事可乐与可口可乐，则两类取值是负相关的。假设需要挖掘一些较长的模式（也称巨型模式），可以使用模式融合的方法合并大模式的子模式，从而跳过中小模式。

数据分析中一个重要的方向是使用包括机器学习算法在内的各种手段对数据进行分类和回归预测，如确定用户是否有兴趣观看NBA比赛，或者用户在黑色星期五期间有多少预算用于消费。度量分类的一些指标①和方法包括查准率、召回率、敏感性、特异性、ROC、

① TP、TN、FP、FN等概念描述了基本的判别事实，TP和TN意味着判定为正样本或负样本而结果正确，FP和FN意味着模型判定为正或负样本但结论错误，许多指标都可以表达为由它们计算出的结果。例如，查准率的含义是在所有找到的选项中有多少是正确的，在搜索的场景下指页面上所有的选项中哪些和用户的搜索意图相关。召回率（查全率）代表所有符合要求的信息条数占总样本的比例，例如广告投放时找到符合条件用户占全部符合条件用户的比值。前者即TP/(TP+FP)，后者则是TP/(TP+FN)。又如，总的准确个数ACC代表了正确识别数和总样本之间的比例，即(TP+TN)/(TP+TN+FP+FN)。敏感性和特异性，前者描述了模型对正样本的识别能力，即TP/(TP+FN)，特异性则表达了检验负样本的能力，即TN/(TN+FP)。其他常用的方法还有ROC曲线，它将FPR即FP/(FP+TN)定义为X轴，将TPR即TP/(TP+FN)定义为Y轴，选取不同的阈值绘出曲线即是模型的ROC曲线，不同的FPR和TPR而ROC曲线下的面积即AUC系数，AUC越接近1越好。

AUC、混淆矩阵[①]等，评价回归预测的结果可使用平均误差、平均绝对百分误差、均方差、均方根差、皮尔逊相关系数、一致性相关系数等方法，这些指标和方法不仅用于评价分类的结果，在推荐系统、搜索和广告投放领域的评估也有着广泛的应用。

聚类分析可以帮助人们发现数据中是否存在有意义的非随机结构，通常存在划分类算法、层次分解类方法、基于密度或网络类的方法等。聚类的好坏可以由类簇的紧密性（CP，即各点到类中心的平均距离）、间隔性（SP，即聚类中心两两之间的距离），以及 DBI、DVI 等方式[②]计算得到。如果存在分类的标注信息，则还可以通过准确性、RI、ARI、NMI 等指标[③]评价。

当数据已经通过清洗聚合，并由人工或自动方法完成分析，数据可视化这一较新类型的技术可以帮助人们有效地获得对数据和分析结果的直观认识，最常用的呈现方式有直方图、散点图、折线图、饼图、桑基图等。如果数据处于多维空间上，可以通过几何投影技术将其呈现于二维或三维坐标系上。对于更高维度，则可能需要采取层次化的可视化方法。

7.6.3　数据分析的应用

即使是较大的公司，也很少完全由自己开发完整的数据分析体系，更常见的是结合自身数据平台和商业的 BI（Business Intelligence，商业智能）系统为运营做出指导。BI 系统往往是一套完整的解决方案，涵盖数据提取、处理、分析、报告生成、可视化等各个方面。

对于由数据分析得到的知识而言，除形成报告，供公司高层进行决策外，在研发体系内部也可以直接进行消费。建立良好的分析模型，并将数据分析人员的 KPI 与对应部门的 KPI 整合是成功的关键。

对在线视频公司而言，一些常见的划分可以包括获客分析、转化分析、流失分析、用户激励分析等，与众不同的则是 QOS/QOE 分析、广告与订阅关系分析等。对数据分析人员来说，首要任务是建立简单可靠的分析模型。举例而言，在转化分析时，可以使用漏斗模型，对用户状态的每一步变化追踪其转化率和流失率，帮助市场人员、产品经理和研发工程师有效地理解和优化产品。其他广为人知的分析维度还包括细分分析、对比分析、同期群分析、来源分析等。

---

① 混淆矩阵由代表数据真实类别的行和代表预测类别的列构成，是很好地将模型结果可视化的方法。

② DBI 即 Davies-Bouldin Index（戴维森-堡丁指数），它使用任意两类别的类内距离的平均之和除以聚类中心的距离，并求最大值。DVI 即 Dunn Validity Index（邓恩指数），由任意两个类元素的类间最短距离除以任意类中的最大距离计算。

③ RI 即 Rand Index（兰德指数）的含义是属性一致的样本数与全部可能性的比值，ARI（Adjusted Rand Index）是在其基础上的改进，提供更高的区分度，NMI 即 Normalized Mutual Information（标准互信息），其思路是以熵衡量划分类别的不准确性，同样可以用于描述聚类的效果。

以决策和行动为导向的分析需求，在建立分析模型外，需要制订目标的详细定义，设计分析思路，使用的数据，潜在的分析变量，设计分析应用到的主要技术并准备备份方案，最后的行动还需要计划线上的 A/B 测试支持。

实际的数据分析中，某些挖掘出的关联关系可能需要和业务团队共同讨论才能得出解决方案，例如在转化分析中，可能得到诸如针对新用户“观看自制剧比观看电影转化率高 15%”的关联，但需要如推荐算法团队予以配合才能提高向新用户推荐自制剧的权重。又如，当发现某些用户的转化很低时，可能需要计算合适的时间、推送提醒消息或信件等方式增加其观看视频和留存的概率。

第 8 章 通用技术：算法

算法是计算机科学最重要的组成部分之一，在中大型公司的研发体系中，算法已经由开发中需要解决的一类特别问题，逐渐演化为独立的维度，在公司中设立专门部门，主导产品功能和架构，以致“算法无处不在”。当前人们讨论的算法，除基础的数据结构、排序、查找、规划、变换之外，更关注的是机器学习、深度学习、计算机视觉、自然语言处理等相关算法，后者力求在面对高复杂度甚至 NP 难的问题，面对无法清晰定义的问题时也能获得可接受的解。

8.1 降维攻击：机器学习

机器学习是一项起源久远，然而近年来才成为“显学”的技术，它建立在概率论的基础之上，并试图模仿人类通过学习获取经验，以做出正确的判断和预测。简要而言，机器学习期望从数据中学习到结果，如果可以获得一组特征和结果的对应关系作为数据集，通过数据集和预设模型的计算可以得到模型，而习得的模型可被用于分类和回归任务的处理，也即通过输入的特征值获得离散或连续的结果。

可以说，机器学习代表的是一种不同的范式，可以比喻为《三体》小说中描述的降维攻击，这就是不通过直接的分析和逻辑推理下手，而是通过数据和模型训练，用丰富的“经验”解决问题。

机器学习隶属于计算机科学中人工智能研究的范畴，传统上，使用逻辑推理解决智能问题或许利于专家系统解决问题，而机器学习则另辟蹊径，从统计和概率理论出发对问题求解，虽然在模型为何有效（也即可解释性）上尚存缺陷，但由于近年来大数据技术和计算能力的发展，数据样本获取和模型计算的成本大幅降低，成为在许多情况下超乎想象的有效手段。

8.1.1 常见的算法和研究分支

线性模型是机器学习最基本的算法类型，它试图学到一个通过多个特征（属性）计算的线性组合来预测的函数，简单的线性回归形式如 $y=ax+b$，其中，x 代表特征，而 y 代表结果，一旦 a 和 b 的值能到确定，模型即得以确定，此时若输入新的 x 就可以推算新的 y。如果变量仅有一个，则称为一元线性回归，若存在超过一个的自变量，即将 x、y、a、b 均扩展为向量，则称为多元线性回归。

用于确定 a 和 b 取值的过程，称为训练过程，训练过程需要一定数量的数据才能完成，也即是许多已知由 x 到 y 的映射，其中单一的一组映射称为样本，许多映射的集合则称为数据集。在训练过程中，通过数据进行一系列的计算，可以帮助确定 a 和 b 的值。

很容易想到，由于 a 和 b 的取值通过数据计算得到，不同的数据计算的结果并不保证相同，因此对 a 和 b 的计算也可以被视为一种逼近式的搜索，最终得出的取值应该被看作某种近似。一个模型在训练时的计算时通常包括两部分：首先是模型本身即由 x 得到 y 的算式；其次是损失函数，又称目标函数，用于描述系统在不同参数值下的损失，当使用数据训练模型时，参数的变化方向将向损失函数最小的逼近。

训练模型的目标应是使其善于应对新的数据，即泛化能力，当输入从未见过的特征值时，也可以得到满意的预测结果。为达成此目标，通常需要较多的数据，保证训练过程更可能对未知的分布有充分采样，而数据通常可被划分为训练数据和测试数据，用训练数据获取模型，用测试数据评估模型的效果。

使用线性回归能够预测数据趋势（见图 8-1），还可以处理分类问题。除线性回归外，经典的线性模型中还包括逻辑回归，逻辑回归可以视为广义的线性回归，其表现形式与线性回归相似，但使用逻辑函数[①]将 $ax+b$ 映射为一个隐状态，再根据隐状态的大小计算模型取值，其损失函数是最小化负的似然函数。

线性模型的缺点是难以预测复杂的行为，并容易出现过拟合[②]（见图 8-2，黑线代表普通模型的结果，灰线代表过拟合模型的结果）。

---

① 逻辑函数（即 Logistic 函数）是一种常见的 S 形函数，起初阶段以指数增长，然后随着开始变得饱和，增长速度变慢，逐渐停止。

② 过拟合指的是模型因为使用过多参数或冗余的结构，导致模型虽然与训练数据可以完美地拟合，但不能很好地预测新数据的结果，在泛化能力上较差。为避免训练出的模型过拟合，需要通过交叉验证、正则化等方式来发现和解决。 正则化是为损失函数加入正则化项的方法，可视为一种惩罚手段，引导模型的训练倾向于选择满足限制条件的梯度减少的方向，以限制模型的复杂度，解决过拟合问题。

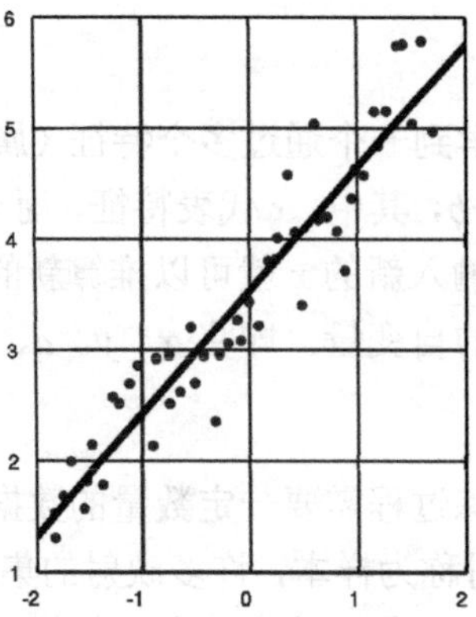

图8-1　一元线性回归模型

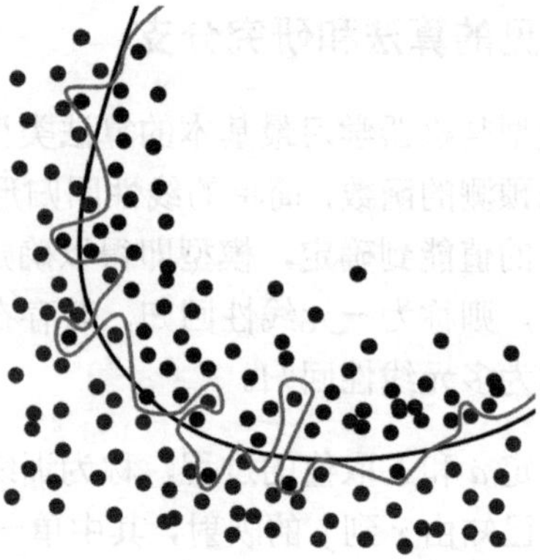
图8-2　过拟合模型和普通模型（图片来自Wikipedia）

决策树是另一类常见的机器学习方法，其模型是一个树型结构（见图 8-3），也可看作有向无环图，其中树的节点表示某个特征，而分叉路径代表不同的判断条件，数据将从根节点行进到叶节点，依据特征进行判断，最终在叶节点得到预测结果。常见的决策树算法有 ID3、C4.5 和 CART 等，其区别主要在于依据什么指标来指导节点的分裂。例如，ID3 以增熵原理来确定分裂的方式，C4.5 在 ID3 基础上定义了信息增益率，避免分割太细导致的过拟合，而 CART 使用的则是类似熵的基尼指数。

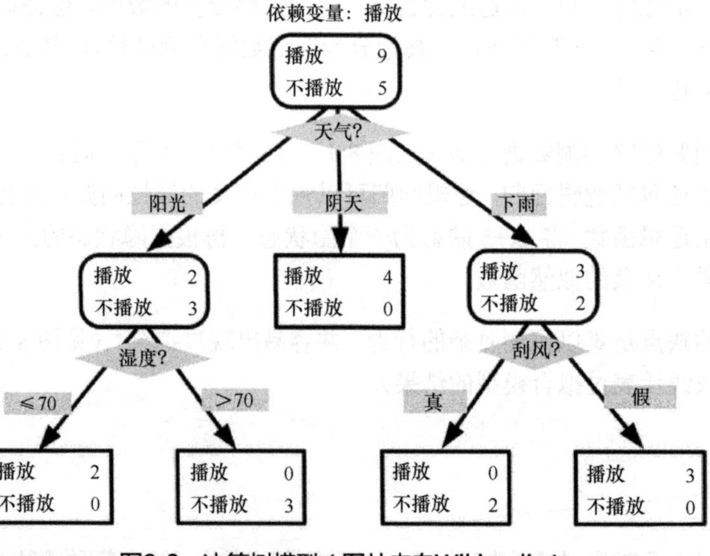

图8-3　决策树模型（图片来自Wikipedia）

与线性模型类似，决策树也包括分类树和回归树，其优势是易于理解、实现，也易于评测，但缺点是训练最优的决策树可以被证明为完全 NP 问题，因此只能使用启发式算法，并且容易过拟合，通过对特征的选择、对数据的选择和对模型的剪枝能够缓解。此外，决策树的平衡也十分脆弱，较小的数据变化训练出的树结构可能大为不同，这时可以通过随机森林等方法解决。

随机森林（Random Forest）是集成算法的一种，其主要概念是将多种训练出的模型集成在一起，将一些较弱的算法通过集成提升成为较强的算法，泛化能力通常比单一算法显著地优越。随机森林本身是一个包含多个决策树的分类器，其输出类别由个别树输出的类别决定，其多样性来自数据样本和特征的双重扰动。

与随机森林代表的Bagging方法（均匀取样）有所区别，Boosting方法意图根据错误率进行取样，对分类错误的样本赋予较大权重，可以看作集成算法不同的思路。此外，Bagging方法的训练集可以相互独立，接受弱分类器并行，而Boosting方法的训练集选择与前一轮的训练结果相关，可以视作串行，其结果往往在精度上更好，但难以并行训练。

Boosting方法的代表算法是GBDT（Gradient Boost Decision Tree，梯度提升决策树），这里GBDT学习的实际是之前所有树得到结论的残差。GBDT可以处理离散和连续的数据，几乎可以用于所有的回归问题和分类问题，常见的Xgboost库可以被看作遵循Boosting思想决策树的优化工程实现，除CART树外，它还支持线性分类器作为基分类器，增加了损失函数中的正则项以防止过拟合，在每一轮学习后会进行缩减等。

贝叶斯分类器是另一种常见的构造分类器的方法，追求分类错误最小或平均风险最小，其原理是通过某个对象的先验概率，假设每个特征与其他特征都不相关，利用贝叶斯公式算出其属于某一类的概率，选择具有最大可能性的类别。

在不对问题做任何假定的情况下，并不存在一种“最优”的分类方法，如果说在特征数量有限的情况下，GBDT和Xgboost应当是首选尝试方案的话，支持向量机（即Support Vector Machine，SVM）则是另一项利器，适于解决样本数量少、特征众多的非线性问题。由于期望区分的集合在有限维空间内可能线性不可分，SVM算法通过选择合适的核函数定义映射（从原始特征映射到高维特征空间），在高维或无限维空间构造一个超平面，令其中分类边界距离训练数据点越远越好，以此进行分类和回归分析（见图8-4）。

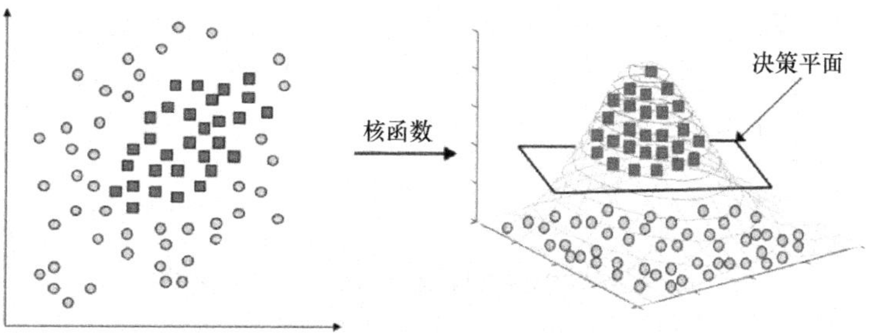

图8-4 SVM算法（图片来自参考文章）

与上述的算法不太一样，K 近邻算法是一延迟分类算法，即其几乎没有训练过程，相反主要的计算发生在预测过程。K 近邻算法的原理是在给定数据中，基于距离找出训练集中与其距离最近的 K 个样本，基于其信息使用投票法或均值计算进行预测，距离可用于计算的权重。由于训练数据的密度并非总能保证在一定距离范围内找到近邻样本，可以采取降维的方法，即将高维的特征空间转换为低维，常见的方法包括主成分分析、线性判别分析、拉普拉斯映射等，而降维亦可通过度量学习的方法习得。

不论是线性模型，还是 SVM，K 近邻，又或是决策树、随机森林、GBDT，均需要通过输入数据和输出数据的对应关系生成函数，属于监督学习的一种。依据数据集的不同，机器学习中的算法可被分为监督学习、无监督学习和半监督学习三类，无监督学习不需要数据标注，可直接对输入数据集进行建模。半监督学习则综合利用有标注和无标注的数据，得到合适的分类函数。

聚类是无监督学习的典型算法类型之一，聚类算法意图将数据集中的样本划分为若干集合，然而不同集合的概念并非预先设定，相反，属于同一集合的样本其特征取决于样本之间的相似性，也即距离长短，集合的特征可由使用者命名。常用的聚类算法有 K-Means 算法（见图 8-5）、高斯混合聚类等，其既可以用于直接解决分类问题，也可作为其他任务的前置任务。

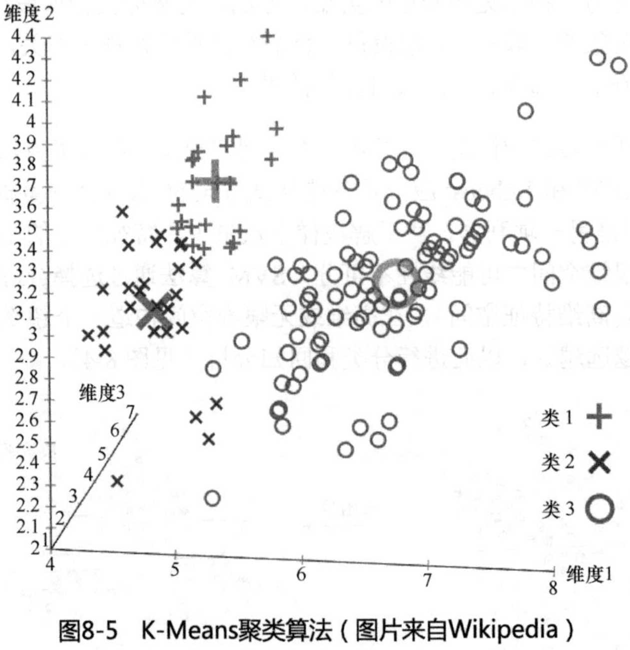

图8-5　K-Means聚类算法（图片来自Wikipedia）

机器学习依赖数据和特征，选择合适的特征将会对学习过程有重要影响，尤其是帮助降低对高维度数据的处理难度，特征选择的思路主要包括在训练前对数据集进行特征选择，将模型性能直接作为特征子集评价标准，融合特征选择与学习过程等几类。

半监督学习需要应对的往往是仅有少量标注数据的情况，此时，若从已标注数据和未标注数据之间的联系入手将是自然的方式。半监督学习常见的假设包括平滑假设，假定位于稠密数据区域的距离较近的样本属于同一分类；聚类假设，假定标注过的数据与未标注的数据属于同一集合时，它们也大概率属于同一分类；流形假设，假定高维数据嵌入低维时，当样本位于低维流形的局部邻域时，它们大概率属于同一分类。半监督学习的分类方法又有基于差异的方法、生成式方法、判别式方法、图方法等。

概率图模型是用图来表示变量概率依赖关系的方法，一幅概率图由节点和边构成，节点表示随机变量，边表示变量之间的概率关系。它们又可以被分为两类（见图 8-6）：一类是有向图模型，即节点之间的边包含箭头，指示随机变量之间的因果关系；另一类是无向图模型，节点之间不存在方向，常用于表示随机变量之间的约束。常见的概率图模型包括马尔科夫场、隐马尔科夫模型、条件随机场、学习推断、近似推断、话题模型等。图模型的主要好处是利于快速直观地建立描述复杂实际问题的模型，从数据中发掘隐含的信息，并通过推理得出结论。

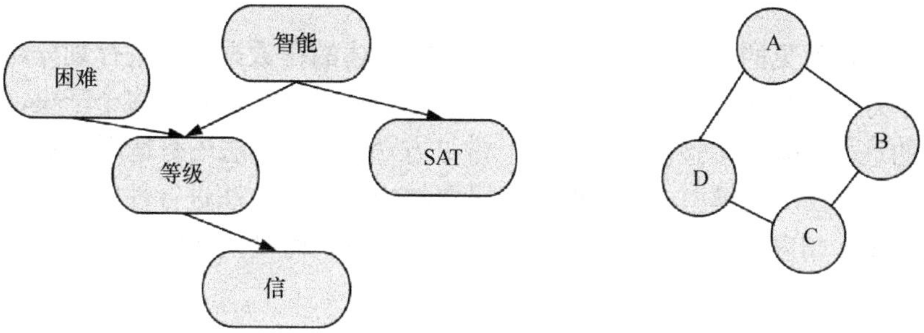

图8-6　两类概率图模型

强化学习是机器学习中另一较大的分支方向，不同于前文所处理的分类、回归、聚类等问题，强调基于反馈采取行动，以取得最大化的预期回报，即建立一个主体通过行为获得的奖励或惩罚，修正对行动后果的预期，得到可以产生最大回报的行为模型（见图 8-7）。

与一般的监督学习的模式不同，强化学习的反馈常常需要延迟获得，也即在多个步骤的行动之后才能获取到奖惩结果，其重要之处在于探索未曾尝试的行动和从已执行的行动中获取信息。可以想见，其适应的数据也将是序列化、交互性、带有反馈信息的。

考虑行动的模型可以马尔科夫决策过程（Markov Decision Process，MDP）的描述，即系统的下个状态不仅与当前状态相关，亦与当前采取的行动相关，需要定义初始状态、动作集合、状态转移概率和回报函数。由于立即回报函数难以说明策略的好坏，还需要定义值函数表明某一策略的长期影响，而求取 MDP 的最优策略，也即求取在任意初始条件下，能够最大化值函数的策略，对应的方法有动态规划法、蒙特卡罗法、时间差分法（结合动态规划和蒙特卡罗法的方法，如 Sarsa 或 Q-Learning 算法）等。

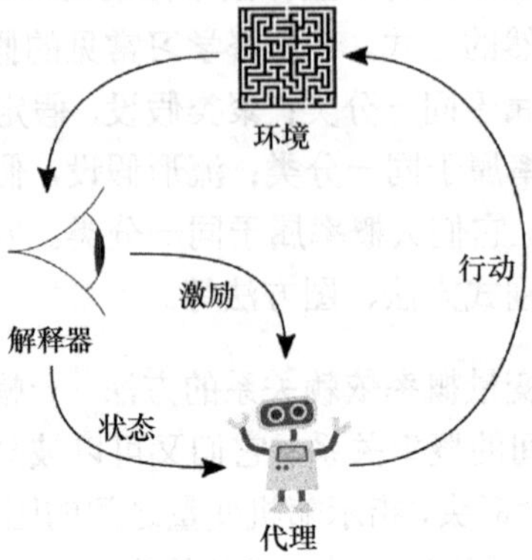

图8-7 强化学习（图片来自Wikipedia）

8.1.2 机器学习应用

在互联网服务中应用机器学习方法，摆在最前面的问题应该算是如何评估模型效果了。

就微观而言，常见的做法如下：首先，如前文所述的在数据集中进行划分，选择训练集和测试集，尽力保证其选择的随机可假设其具备相近的分布，而划分多个子集，并进行多次训练和测试的迭代，即交叉验证法也是另一常见方法，其余方法还有适用于数据量较小时的自助法等。其次，在度量模型的性能时，可采取如均方差等方法进行性能度量，可测量的维度则包括错误率、精度、查准率、查全率、代价曲线等，而模型之间的比较则可通过假设检验方法进行。

从宏观上讲，机器学习方法不论在前文提到的编码、流媒体、搜索等方向，还是后续将讨论的个性化推荐、广告投放等领域，均存在广泛的应用，并仍有极大的发展空间。机器学习不但可以帮助从数据中获得潜在的知识，也令许多以往难以实现的功能得以成为现实。因此，采用机器学习所依仗的不仅是设立商业上或组织上的目标（依据各自应用的目标不同而有所区别），也应当包含一些富含长期视角的研发体系建设目标。

构建有价值的机器学习应用将考虑几个主要的因素。

1. 获取有价值的数据，包括运行过程和结果。
2. 寻找可以被优化的目标，为目标优化可使用的指标。
3. 找到合适的算法和充分的计算资源。
4. 构造数据闭环，保证模型的可评估及可持续提升。

由于机器学习应用的多变性和复杂性，以及相应研发人员往往时间宝贵，为效率起见，搭建统一的基础设施，提供简单易用的工作界面和弹性的资源使用是业界趋势，建设机器学习平台需要考虑的问题将包括数据、分布式和模型等。

首先是数据问题，当下各个公司的数据量都以指数级的趋势增长，例如电商领域，如阿里的双十一交易一天之内产生的订单也在 15 亿左右。机器学习平台若具备应用如此巨大数据量的能力，意味着与大数据平台无缝的衔接，支持结构化和非结构化的数据接入。数据的清洗处理是数据工程的重头戏，同时数据的实时性接入也十分重要，大部分时候，不同数据来源的数据还需比对聚合，面向机器学习的特征也需要提前或实时计算，作为模型训练前的预处理步骤，高维特征可通过统一的元数据管理系统提供给用户使用。此外，提供某种程度的搜索功能也将帮助平台用户找到所需特征。

其次是分布式问题。由于数据规模、特征规模和参数规模均可能十分巨大，在单一机器的情况下，计算时间可能长达数天、数个星期或更久，令人难以接受，唯有利用并行方式提高速度。并行的方式可以是将训练数据划分给不同节点进行计算，每次训练需要同步权重值才能继续，也可以是将模型进行划分，不同节点计算后需要交换数据才能继续。

模型的本质上实际是节点的参数，由于巨型模型超过了单机的容纳能力，在此应引入参数服务器设计（见图 8-8，更多相关内容可参考后面章节），将模型分片。在此情形下，集群节点将可分为参数服务器和客户端（也即计算节点），其中参数服务器各自只存储部分参数并负责响应查询和更新，而客户端负责对分配到本地的训练数据集进行计算，并更新对应的参数。

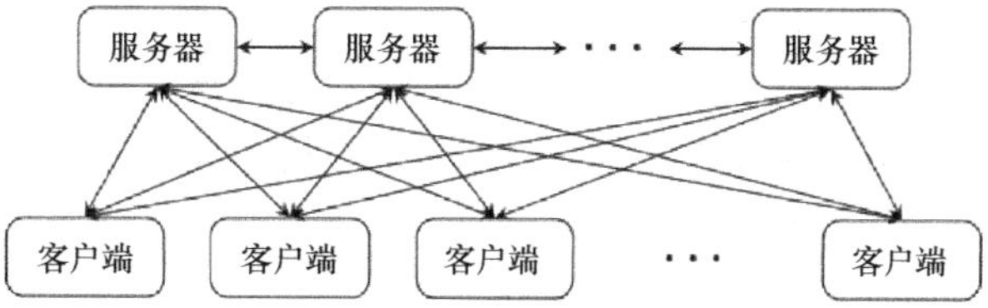

图8-8 参数服务器（图片来自参考文章）

冗余和恢复是参数服务器需要考虑的主要问题，当对巨大模型和数据集进行训练的过程中，少数计算节点的失败或错误将不可避免，因此每个节点的状态都有必要定期备份到其他机器（比如相邻节点）上，并在失败后由重新调度的任务自中断位置再行计算。

当利用机器学习平台训练模型时，用户将期待特征组合的自动探索，特征重要性的自动分析，模型参数的自动调节，甚至模型算法的自动选择。为训练提供的环境将与生产部署环境进行完备的资源隔离，与之相匹配，对训练获取到的模型提供模型市场，包含模型的存储管理、访问控制、灰度发布、A/B 测试等能力，都将大幅简化机器学习工作的复杂度。

图 8-9 以阿里巴巴的 TFX 平台为例展示了通常机器学习平台所涉及的功能和在整体系统中所处的位置。

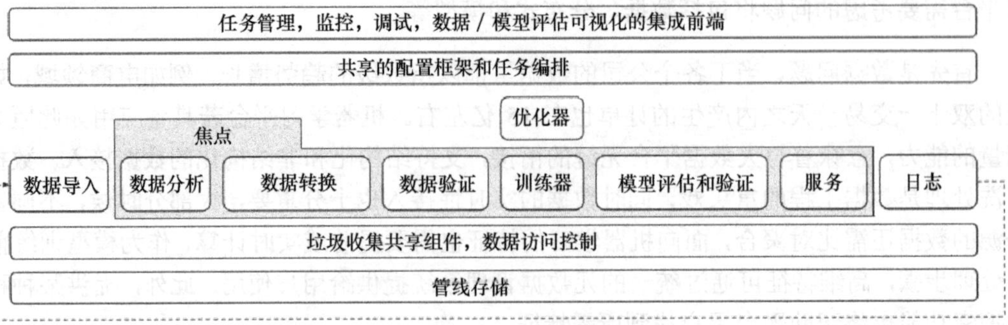

图8-9　TFX平台（图片来自参考文章）

对于算法本身，机器学习平台需要针对分布式特性进行改造，例如对逻辑回归算法，令其支持远超原始算法常见数千的特征范围，某些定制算法甚至可以支持上万亿的特征维度。对支持向量机、决策树、聚类等各种常见算法都有必要提供适于大规模数据、特征和分布式环境的算法版本。对各垂直应用领域，更有必要提供对应算法组件。

由于学习任务的宏大规模，增量学习在其中有很大的发挥余地，其概念是令已存在的模型可以从新数据中学习新的知识，而不需要保存和重复训练已处理过的数据样本，而挑战则是由于线上环境的复杂性，缺乏对整体风险预期的控制，以及不容易设计对以往数据有效的遗忘机制。

机器学习面对的挑战不仅需要通过离线计算预先获得模型，在大量用例中，还需要实时或近实时地训练。例如，在搜索或推荐场景中，将用户行为纳入考量，在秒级时间内进行实时机器学习。实时机器学习平台需以端到端方式设计，从接入实时用户日志或实时物品更新日志到更新在线模型全部自动化，通过流式计算引擎调度计算，将特征聚合、特征计算等置入流式计算框架中，同时需要各算法的实时化支持。

最后，为便于机器学习用户的使用，平台应提供基于 GUI、令用户可以通过拖曳或基于简单的脚本方式选取特征、构造模型、比对分析，构造出的工作流需由具备实时和高吞吐性质的任务调度和 DAG 管理系统编排执行，允许工作流的任意中断、恢复、中间结果保存和结果校验。

随着异构计算的发展，机器学习平台还应逐步支持各种异构计算能力，包括 x86 CPU、ARM、GPU 和 FPGA 等，甚至部分 Embedded 系统，一方面是提供高效的计算能力，另一方面则是拓展模型部署影响的范围。同一技术体系也不仅可以支持机器学习任务，数据挖掘、深度学习等方向同样可以共享。

8.2 点石成金：深度学习

机器学习中分支众多，其中近年来最为火热的当属肇端于神经网络的深度学习方向，由于其在图像处理、语音识别，自然语言处理等问题的解决上，爆发出比较于传统方法取得的压倒性优势而受到瞩目，由于其适用领域广泛，效果拔群，堪称一门点石成金的法术。

8.2.1 常见的算法和研究分支

神经网络（Neutral Network）的概念和数学模型从 20 世纪四五十年代就已提出，但直到 20 世纪 80 年代，使用前向结构和 BP 算法①的多层感知机（MLP）才被推广到广泛的应用场景。

神经网络的基本成分是神经元，其结构如图 8-10 所示，其中 a 代表输入向量的各个分量，w 代表神经元各条边的权值，b 为偏置值，f 为激活函数，而 t 为输出结果。多层感知机由多个神经元组成，每一层均有自己的输入（中间层或称隐藏层的输入为前一层的输出），与其他机器学习算法相似，神经网络的最终输出可用于解决分类和回归问题。

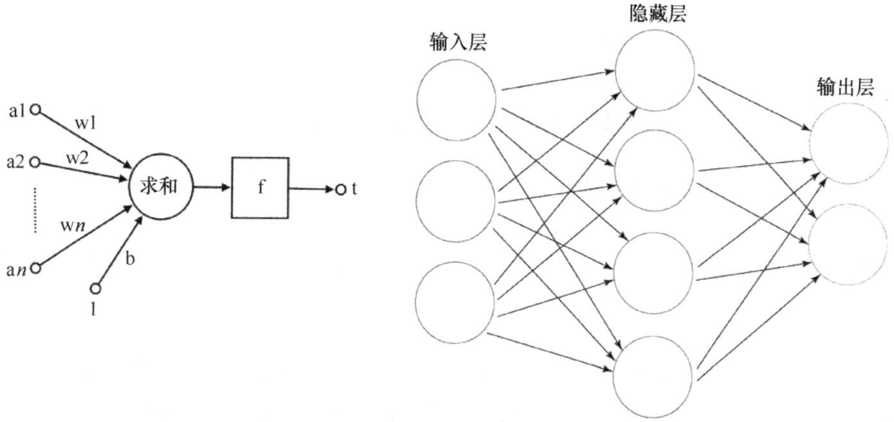

图8-10 神经元和神经网络（图片来自Wikipedia和IBM网站）

深度神经网络即 DNN，是至少存在一个隐藏层的神经网络，可为复杂的非线性系统提供建模，通常使用梯度下降算法和 BP 算法结合进行训练。与其他机器学习算法类似，深度神经网络同样容易面临过拟合和计算负载较高的问题，可以通过权重递减、稀疏化②、

① BP（即 Back Propagation，反向传播算法），是一种与最优化方法结合训练神经网络的常用方法，它对网络中所有权重计算损失函数的梯度，并反馈给最优化方法，用以更新权值，它可以帮助网络快速收敛。

② 稀疏化通常指只保留模型中一些重要的连接，通过权重值量化来进行一些共享等方法，可以降低计算的压力。

Mini-batch、Dropout[①]等方法缓解。

卷积神经网络（即 Convolutional Neural Network，CNN）是由一个或多个卷积层和深度神经网络连接组合，同时还包含池化层（Pooling Layer）构成的网络结构。卷积层由若干卷积单元组成，其用途是提取输入的不同特征。如果网络中有多个卷积层，则较前的卷积层往往只能提取较低级的特征，而后续的卷积层则更可能提取到复杂的特征。池化层则通常起到降采样的作用，通过计算子区域（如图像的 2×2 区域）的平均值或最大值，降低参数的大小。

卷积神经网络因其强大的特征提取能力和适于向量计算的特点，在提出后的时间里得到了长足发展，在此基础上变化出了多种网络结构，其效果也逐步提升，2012 年提出的 AlexNet（见图 8-11），2014 年提出的 VggNet、GoogLeNet，2015 年提出的 ResNet 等都是经典的网络结构。

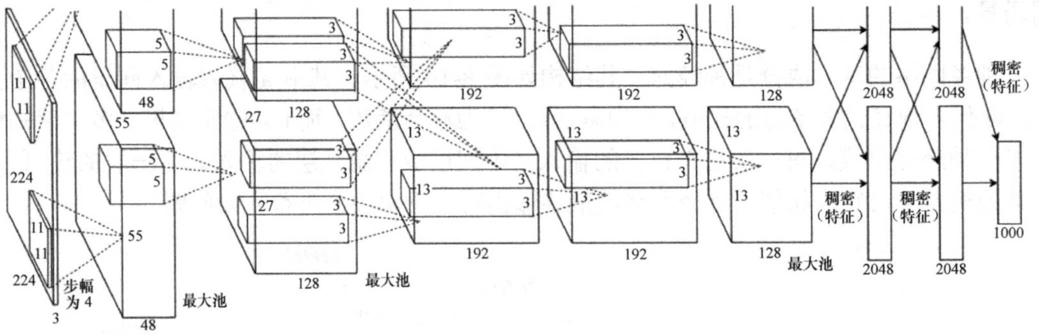

图8-11　AlexNet（图片来自参考文章）

AlexNet 在 2012 年的 ImageNet 上一举夺魁，掀起了深度学习的热潮。虽然后续的卷积神经网络结构更加快速准确，但 AlexNet 引入的许多方法仍然颇富教益，包括使用多个卷积层、仿照集成模型引入 Dropout、使用 ReLU 作为激活函数、局部响应归一化、重叠池化和使用 GPU 并行训练。

与 AlexNet 相比，Vgg 改进了卷积核的大小和深度，GoogLeNet 使用密集的网络结构以近似稀疏的卷积网络，以及使用全局均值池化层替代全连接层，ResNet 则设计了一种残差结构（见图 8-12）以应对梯度消失问题[②]，让我们可以设计深得多的网络。

① Mini-batch 是指在一次训练步骤中使用多个数据样本，可帮助加速模型收敛过程，而 Dropout 是指在训练中随机丢弃一部分隐藏层的神经元，以获取较好的泛化性能。

② 梯度消失问题，是指当使用层数较多的神经网络模型中，较前面的层的权值更新变得极慢，效果反而不如较少的层数。相应地深度学习中还有梯度爆炸问题，即由于初始化权值过大，较前面的层权值会比后续层变化更快。解决梯度消失或梯度爆炸问题的方法除了逐层预训练，使用 ReLU 等不易饱和的激活函数，正则化，Batch Normalization 方法以及使用残差网络结构等。

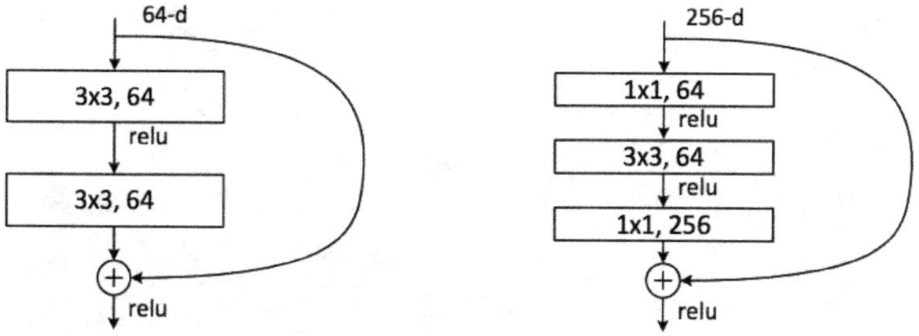

图8-12 ResNet（图片来自参考文章）

以上的网络结构在图像的识别问题上大放异彩，而视频的理解往往还需要较有效的目标检测、分割与跟踪算法。目标检测算法中，经典的方法有 Viola Jones 框架，也即各式数码相机中应用多年的快速算法，它使用 Haar 特征产生多个二进制分类器，并由 AdaBoost 算法选择特征并训练分类器，再通过级联的结构过滤检测窗口。

深度学习方法同样非常适合目标检测和分割问题，一些有代表性的网络结构包括 RCNN、Fast RCNN、Faster RCNN、SSD、RFCN、Mask RCNN 以及 Mask^X RCNN 等。RCNN 是一个三阶段方法，首先使用区域候选算法提取包含可能目标的区域，再使用卷积网络在每个区域上提取特征，最后使用 SVM 对区域进行分类。

Fast RCNN 是在 RCNN 基础上的拓展，其区别在于在整张图像上使用卷积网络提取特征并对感兴趣区域池化，再使用神经网络预测。而 Faster RCNN 则更进一步，增加了区域候选网络的概念，试图实现完全端到端的训练。RFCN 则在 Faster RCNN 基础上提出了包含位置信息的新型卷积层，由于所有感兴趣区域之间共享了计算的缘故，速度有成倍的提升。

Mask RCNN 是 2017 年新提出的新的卷积网络，在目标检测的同时，还完成了语义分割（见图 8-13）。算法也是在 Faster RCNN 基础上演进而来，主要变化包括将感兴趣区域的池化层替换为 RoiAlign 层，使得选择的特征图与原始图像对应更精确，并添加了并列的 FCN 层对每一个感兴趣区域分别预测分割。在此基础上，如 Mask^X RCNN 网络可以在大规模的分割（例如多达 3000 个类别）问题上，在近乎无监督学习的情况下取得好的效果。

与上述以先一步生成可能区域及提取特征，再进行分类的目标检测算法不同，还有一种思路是直接端到端地针对目标进行回归的方法，代表是 YOLO 和 SSD 算法，其运算速度往往更具优势。其中，YOLO 算法将物体检测处理成回归问题，首先将图片划分区域，再对每个各自预测边界框，SSD 算法则基于 VGG16 网络而去除了全连接层，使用改造的 MultiBox 构造边界坐标，取得了速度和精度的平衡。从 YOLO 和 SSD 算法出发，较新公布的 YOLOv3 模型还可以达到相似精度情况下 3 倍的速度提升。

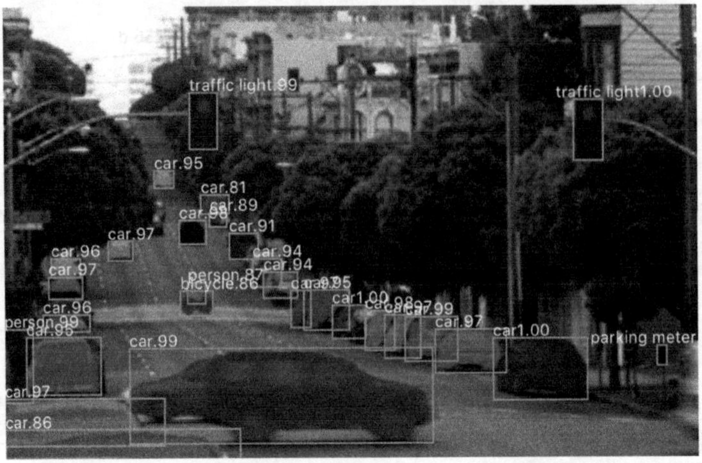

图8-13　MaskRCNN的输出示例（图片来自参考文章）

和目标检测和分割任务不同，因为在跟踪过程中可能面临遮挡、运动模糊、光照变化、外观变形、背景干扰等问题，且较难获取足够准确的标注数据，纯粹深度学习在目标跟踪问题上的发展速度略为逊色，更多地由传统的滤波方法和深度学习相互竞争和融合。目标跟踪的方法主要分为生成类型和判别类型，生成类型先对目标区域建模，再于下一帧寻找最相似区域，如卡尔曼滤波、Mean-Shift 等方法。判别类型方法则在当前帧以目标区域作为正样本、背景区域作为负样本训练分类器，再用分类器寻找最优区域。

当输入数据呈现序列特性时，恰好是以 RNN（Recurrent/Recursive Neural Network）和 LSTM（Long Short-Term Memory）为代表的另一类神经网络结构发挥作用的时候，典型适用的问题包括手写识别、语音识别等。RNN 在隐藏层会具备与下一时间隐藏层节点的连接，即下一刻的状态受到当前状态的影响。由于 RNN 的结构原因，在较深的网络层次情况下，非常容易遇到梯度消失问题，也即不能学到距离较远的上下文关系，LSTM 对此做出了优化，通过增加遗忘和记忆能力，可以部分地绕过长期依赖问题，不论 RNN，还是 LSTM，都存在非常多的变体。LSTM 单元如图 8-14 所示。

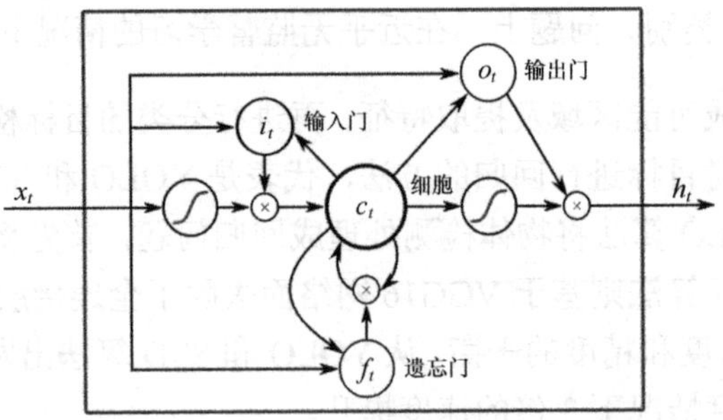

图8-14　LSTM单元（图片来自参考文章）

Attention 机制（注意力机制）是一种用于解决长距离依赖非常有效的方法，近年来在包括时间序列处理的诸多问题上发挥出巨大的作用，其灵感来自于模仿人观看图像时的目光焦点，当神经网络进行识别任务时，每次更集中于某些特征，可以有效提升结果的准确性。

Attention 最初的提出是在图像领域，而得到广泛认可和运用则依赖于像翻译系统一样同时具备 Encoder 和 Decoder 模块的框架（见图 8-15），通常的应用方式是在 Encoder 和 Decoder 之间加入，将 Encoder 的特征加权求和作为 Decoder 的输入，以得到更好的特征表示，在训练的过程中，除网络本身之外，同时学习 Encoder 输出特征的权重。

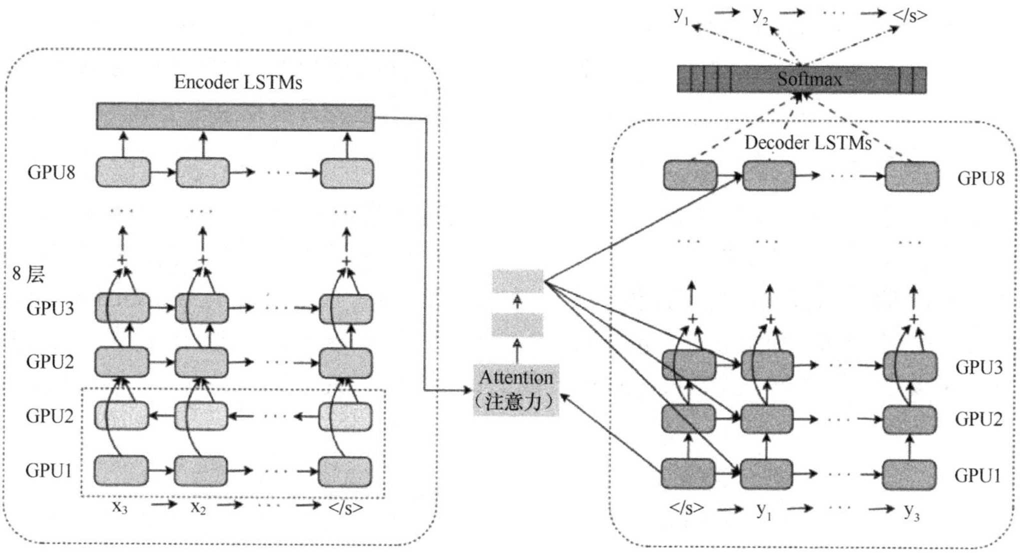

图8-15　Google的翻译系统架构（图片来自参考文章）

深度学习另一项重要的焦点是 GAN，即对抗生成网络，除了对已有数据内容的提炼，对新样本表现的预测，人们还希望深度学习可以帮助生成数据，即进行某种“创作”，在实际应用中，GAN 作为生成式模型的代表，常用于在缺乏数据的情况下生成样本，也常用于风格转移、图像编辑、聊天对话等。

GAN 的思考方式是对抗式的，包括生成器和判别器两个独立的神经网络。生成器输出合成数据，而判别器以真实数据或合成数据作为输入，输出样本为真的概率，二者训练目标不同，而经过训练后可以期望生成器产生足以乱真的数据。基于 GAN 框架的各种发展同样十分迅速，例如 WGAN、CGAN、EBGAN、DCGAN 等大量的衍生网络，既有为解决梯度消失问题所作的改进，又有针对特别问题的定制。

AlphaGo 在过去数年间缔造的声望，展示了深度强化学习的极大潜力，其主要思路是通过专业棋手的棋谱构造走棋网络和策略网络，通过自我对弈改进策略网络直到训练出估值网络，在对弈时，软件通过在蒙特卡罗搜索中嵌入深度神经网络以减少搜索空间。进一步，AlphaGo Zero 版本使用蒙特卡罗算法生成的对弈作为神经网络的训练数据，使用单一网络进行评估，效果较前者更佳。不论 AlphaGo，还是 AlphaGo Zero，都证明了在完全信息条件下的最优化问题深度神经网络的价值，料想在不完全信息状态下的最优决策问题上，深度强化学习也将有用武之地。

8.2.2　深度学习应用

就研发角度讲，深度学习的应用离不开框架的发展，从早期适于图像任务处理的 Caffe，已完成历史使命的 Theano，由 Google 发布并已占据近半壁江山的 TensorFlow，作为高层封装的 Keras，经由亚马逊认定的官方框架 MXNet，乃至微软提供的 CNTK，Facebook 开源的适于研究人员的 PyTorch 和适于工程环境的 Caffe2 等，大量的开源框架给予研究员和工程师多种不同选择。

深度学习框架不仅承担构造工作流的任务，还同时提供许多适于各类用户使用的功能。以 TensorFlow 为例，除支持低阶的 API 外，它还支持命令式编程环境、数据处理、抽象的模型架构、训练过程的存取、向量转换、分布式环境支持、可视化工具 TensorBoard（见图 8-16）、用于模型部署和服务的 Tensorflow Serving 等。而在学习框架之上，巨头公司还在其他开放层级上进行争夺，例如 Facebook 开源的目标检测功能平台 Detectron，试图获取生态系统的主导权。

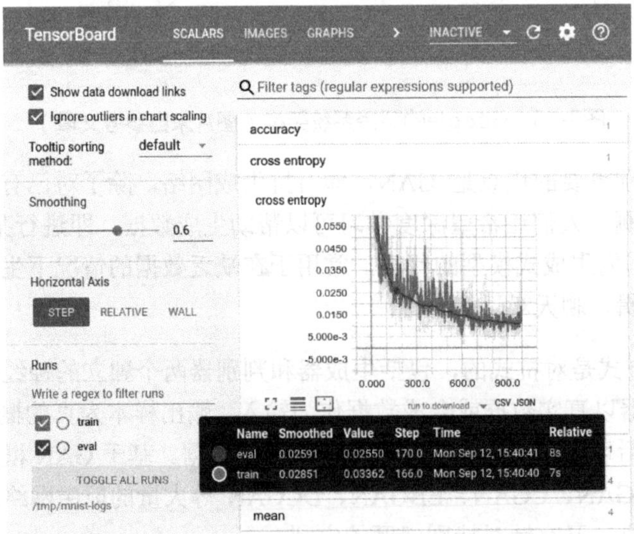

图8-16　TensorBoard界面（图片来自TensorFlow网站）

鉴于 Google 对 Android 系统和苹果对 IOS 系统的掌控，目前看来，苹果的 Core ML 和

TensorFlow 的手机版本 TensorFlow Lite 料想将占据某种主流地位，但 Amazon 和 Facebook 等公司也仍然持续在此领域发出声音。鉴于移动端的计算能力限制，模型准确率、速度和内存占用均是深度学习模型的优化焦点，近年的研究往往通过避免全连接层、减少通道数量和卷积核大小、均匀设置降采样、删除强度较小的连接等方式，令神经网络不仅在大规模后台服务中发挥作用，还可以部署于移动设备上，完成前所未有的功能。

在软件系统之外，深度神经网络还正在改变芯片行业，Google 自行研究了作为专用的神经网络芯片 TPU 系列，微软则大规模押注在 FPGA 方向，还有许多公司在尝试异构处理器，然而在短期之内，大规模应用深度学习的唯一选择是使用 GPU 集群，可以选择的除自建集群外，尚可以使用 AWS 等云服务。

作为在线视频公司，视频的分析、理解和处理天然对深度学习有着渴求，前文已约略介绍了一些在编码、质量增强等领域深度学习的应用，在 H.266 的标准化过程中，基于机器学习和深度学习的提案层出不穷，Google 也于 2017 年披露了其试图利用深度学习技术训练端到端的编码器的工作，其颠覆性想法和进展同样令人惊叹。此外，在大规模的数据和特征加持下，于图像处理、推荐、搜索、广告投放等诸多功能，深度学习都可以发挥作用。

总而言之，深度学习虽已得到飞速发展，但未来 5～10 年中，仍然可以期待其处理模型更加通用，预测准确性进一步提升，计算方法愈加高效，适合处理的问题越来越多，成为解决各类分类、回归、优化、生成问题的利器。在全自动训练（参考 Google 的 AutoML 项目）、多模态学习、更复杂的生成模型、元学习等多个方向都值得开发者持续关注。

8.3 搭建沟通的桥梁：自然语言处理

自然语言处理（即 Nature Language Processing，NLP）是人工智能的分支领域，其中涵盖计算机对人类语言的认知、理解和生成。自然语言处理的难点在于，在不同语境中，同样的词或短语会有完全不同的涵义，包括词句本身不同的涵义以及上下文中体现的意图，而人类的语言系统中，还存在一些天然地难以量化的因素，如习惯抑或品味。但是，不论机器对人操作意图的理解（例如搜索），机器对内容的理解（视频分析），还是人对机器表达的接受（翻译和对话），唯有解决这些问题，才能搭建起人与机器沟通的桥梁。

8.3.1 常见的问题和算法

自然语言处理相关问题的解决，早期多通过建立语法模型和符号化表达进行，但因为对于大规模的真实文本处理时力不从心而未成主流。同时，另外一些人由于认识到只有通过详尽的语料信息才能获得有价值的结果，提出了基于统计的自然语言处理思想，这一派别主导了当前相关领域的研究和应用。在这一派别中，问题往往被分解为语言模型和分类算法，也即如何提取文本特征，和如何应用机器学习、深度学习来求解。

语料库是在解决某一特定问题时用到的语言文本集合，将语料库进行简单的计算，已经可以带来许多信息，例如回答如“最常见的词”或“词汇的数量”等。将语料库中的文本切分成词，经常是进一步处理需要面对的首要问题。

在中文或其他无空格的语言里，分词也并不是一件容易的事，切分算法的思路包括扫描法，即按照特定策略将字串与词典中的此条匹配，以及基于统计的方法，对每个候选的切分点比较临近多元序列的频率和跨过此切分点的多元序列的频率，亦可对新的通用词和专业术语等进行识别，实践中往往两类方法结合使用。

语料库最原始的特征是词本身，其次有 TF 和 IDF，即词在文本中出现的频次和包含该词的文本中在所有文本中出现的频次。TF-IDF 的思想认为，如果词在文本中出现概率较高而在整体集合中出现概率较低，则意味着较高的区分度。对搜索引擎而言，它可以用于作为查询请求和文本之间相关程度的评判，缺点是它并未体现出词的位置信息且忽视了各种反例。

统计语言模型的思想是向文本赋予概率，假设语料库中含有隐含的概率分布，而基于历史模型可以推测新的样本，故而可以学习到一个拥有近似概率分布的模型，其代表有上下文无关模型、N-gram、N-pos、最大熵、条件随机场、HAL、LSA 等。

上下文无关模型定义一套上下文无关的语法以生成针对文本的语法树，由于语法树存在歧义，如果为不同规则定义其概率，可以从多个语法树中找到最可能的选择。

N-gram 模型的假设是某个词在文本中出现的概率只与前面的词相关，即将文本内容按照大小为 N 的滑动窗口切分成片段，对片段的出现频次统计并过滤，常使用 N 为 2 或 3 的值，称为二元或三元模型（见图 8-17），它基于一定的语料库可以评估一段文本是否合理，也可以评估文本之间的差异程度，还可用于对输入的自动补全等。此模型的缺陷既难以对较远的关系建模，也没有体现词的相似度信息。N-pos 模型与 N-gram 相似，但基于某个词出现的概率依赖它前面词的语法功能，也即词性信息。

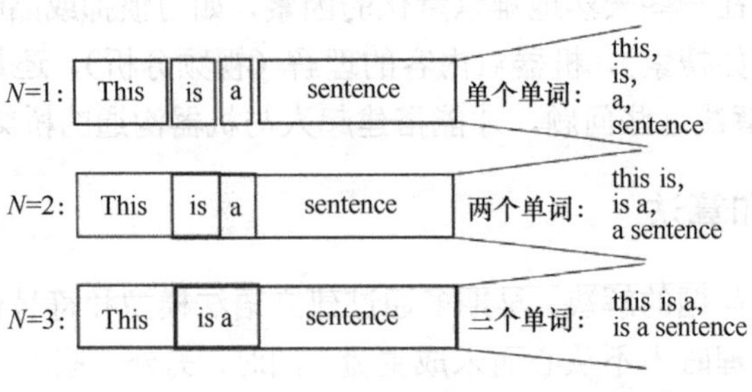

图8-17　N-gram的思路（图片来自参考文章）

最大熵模型的基本原理是，当对随机事件的概率分布预测时，应考虑全部已知条件而不对未知情况做任何假设，此时概率分布最均匀。在给定训练数据时，从样本中选取多个特定的特征函数，从满足特征函数定义的约束条件下的模型中，选取熵最大的模型用于分类，而学习最大熵模型的过程可以被转换为约束最优化问题。与最大熵模型相似，条件随机场也是概率图模型中的一种，适用于标注含有序列信息的数据，同样它需要定义特征函数的集合，特征函数可以依靠当前元素和之前元素的标签对序列进行评分，在给定数据上训练模型，而对新的欲判别的数据输出所有特征函数的评分综合。

HAL（Hyperspace Analogue to Lauguage）又称语义存储模型，其基本假设是意义相近的词往往反复共同出现，故而可以创立一个矩阵以描述词之间的相似性（见图 8-18）。这种方法非常简单，可以避免人为指定维数。在 LSA 模型（Latent Semantic Analysis，隐性语义分析）中，矩阵表示的是在文档中出现某词的频率，统计后将其正则化，再将稀疏的高维空间映射到低维语义空间，可以认为是在获取文档中抽象出来的主题。其他经典模型还有 COALS 等，在 HAL 基础上，将矩阵在进行关联的正则化，并将负相关置 0，可以进行快速降维。

- I like deep learning.
- I like NLP.
- I enjoy flying.

计数	I	like	enjoy	deep	learning	NLP	flying	.
I	0	2	1	0	0	0	0	0
like	2	0	0	1	0	1	0	0
enjoy	1	0	0	0	0	0	1	0
deep	0	1	0	0	1	0	0	0
learning	0	0	0	1	0	0	0	1
NLP	0	1	0	0	0	0	0	1
flying	0	0	1	0	0	0	0	1
.	0	0	0	0	1	1	1	0

图8-18　HAL建立的矩阵（图片来自参考文章）

在应用机器学习算法时，不论最原始的词特征、TF-IDF 获取的统计特征、又或者如 N-gram 为代表的考虑词序的特征，均缺乏对样本特征的压缩，很容易过拟合，许多人都认为有必要提取出数据集中没有过多相关性的一些关键特征，可以简单理解为文本中存在未曾明言的主题，而单词均围绕主题使用，由此发展出来的模型称为主题模型，其代表是 PLSA 和 LDA。

PLSA 即概率隐语义分析，在 LSA 的基础上定义了概率模型，给定文本集合后，以一定概率选择某一文本对应的主题，再以一定的概率选择主题中的词，可利用 EM 算法进行求解。LDA 即 Latent Dirichlet Allocation，隐含狄利克雷分布，它给 PLSA 添加了贝叶斯框架（即加入狄利克雷分布）作为先验知识，同样用于根据给定的文档推测其主题分布。主题模型去除了噪声，适于计算文本的相似性，或用于聚类等任务。

传统的模型对文本的特征表达始终存在各种限制，例如矩阵的大小随着数据增大可能飞涨，若采用词的分布式表示，让各个特征项不再相互独立，而是连续和稠密的数据，对文本处理将大有裨益。神经网络语言模型 NNLM 于 2003 年被提出（见图 8-19），其目标是求解当前单词在下文出现的可能性，而由模型获得的词向量矩阵可以用于后续深度学习算法处理。在相应的分支方向上，应用 RNN 进行建模的 RNNLM 利用了所有的上文信息而非一定长度的词窗口，理论上应有最好的效果，但在应用中十分难以优化。

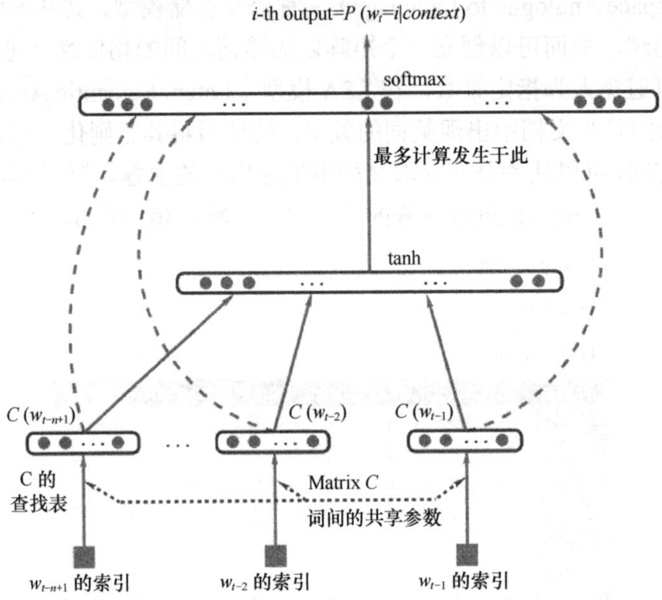

图8-19　NNLM（图片来自参考文章）

类比于 AlexNet 在图像领域的开拓效应，深度学习应用于自然语言处理的真正热潮，来自于 Word2Vec 模型的提出，它包含 CBOW 和 Skip-Gram 两个模型，CBOW 用于由上下文的词汇预测当前词，而 Skip-Gram 则由当前词预测上下文，每个模型又有两种训练方式。与 NNLM 相比，它在计算上大为简化。进一步进行文本分类的深度学习模型包括 TextCNN、TextRNN 等。

图 8-20 中展示了 Word2Vec 中 CBOW 和 Skip-gram 两个模型及部分细节。

TextCNN 使用的特征可以是静态或非静态的词向量，思路是首先将词以向量形式表示，而句子则可表示为多维向量的矩阵，随后进行卷积、池化、全连接和输出。更普遍用于进行文本分类的则是 RNN，形如双向 LSTM 的网络结构等，以及加入前文介绍的注意力机制后的网络。

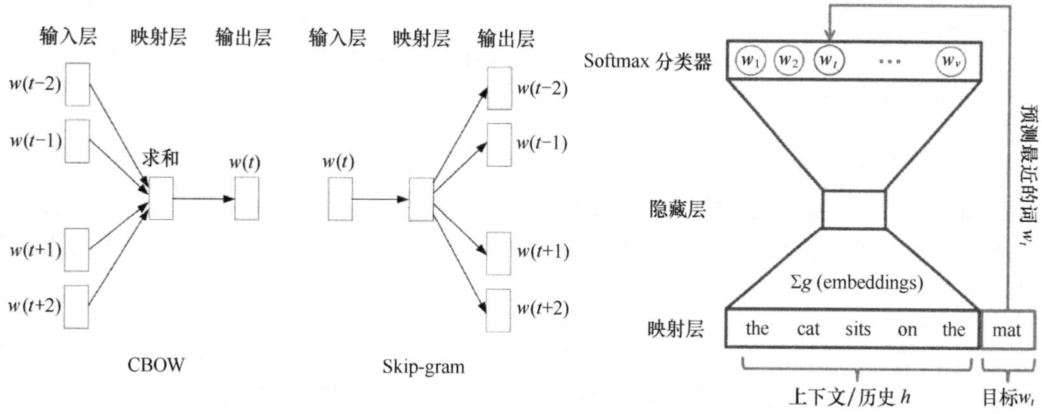

图8-20 Word2Vec的模型（图片来自参考文章和Tensorflow网站）

8.3.2 自然语言处理的应用

可以利用自然语言处理的问题，从简单的词性标注、句法分析，到已得到充分应用的信息检索，飞速发展的机器翻译、情感分析和观点提取，前景广阔的问答与对话系统等，时常要将多种技术融合使用。

首先是词性标注任务，即给句子中的每个词标记上词性，如名词、动词、形容词等，可被视为一项预处理过程。由于词性之间往往互相依存，基于规则的方法可以准确描述词性的搭配，但覆盖面有限，也难以应对歧义发生时的规则冲突和未知词识别等问题，当前常用的方法包括结构感知器模型和条件随机场模型等，也有许多基于深度学习的模型出现，将通盘考虑上下文而非仅考虑有限而固定的范围。句法分析是另一项基础的任务，包括依存句法分析，基于图、基于转移或二者融合的方法，将分析的焦点拓展到完整的句子。

信息检索的任务目标，是将用户的需求信息转换为文本列表，而文本中含有对用户有价值的信息，搜索引擎即是信息检索领域中最基础也最具体的应用，它需要应对以下问题。

1. 如何识别用户的搜索意图。
2. 如何比较不同文本之间的价值。
3. 如何匹配搜索请求和文本内容。

搜索意图理解是自然语言处理的主要战场之一，它的难点在于，用户的输入十分不规范，关键词时常重复，可能存在多种组合，以及受到搜索时段或其他隐含变量（例如在某场产品发布会前后的搜索可能指向新闻，而两个月后的搜索则很大程度上是意图购买）的影响，直接分词和查表虽然有效但适用的场景有限。

通过上文介绍的统计模型，搜索引擎可以计算查询词的分类及搜索其扩展分类（例如利用地点、近义词、同一点击的不同查询），进一步通过用户的历史搜索和本次搜索的上下文进行优化，在无法获得有价值结果的情况下，还可以考虑对查询进行部分删除或转换。在不同文本间进行相似性比较和搜索请求匹配，均可通过上文介绍的模型进行计算。

机器翻译任务，即试图自动地将一种语言的文本翻译为另一种语言，令其流畅可读，甚至词句雅驯，具备广泛的适用性。传统上的翻译系统使用基于规则的方法，需要人工设计翻译规则，即使基于统计的机器方法，也需要人工介入定义规则的形式，且在处理大的语料库时力不从心。

在上面的章节曾谈及利用神经网络的翻译系统，在有大数据集的情况下，由于对全局或较长的上下文信息进行利用，可以在准确度上较传统方法有更好的表现，而在语序顺序上，神经网络的强大特征抽取能力也带来很多优势。

Seq2Seq 模型是 Google 团队为翻译设计的神经网络模型，类似于 RNN 的结构，但允许多个输入和输出，且数量可以完全不同（见图 8-21），它是 Encoder-Decoder 结构的一个范例，其中 Encoder 负责将输入提取为一个向量，以此作为 Decoder 的输入，生成文本序列。

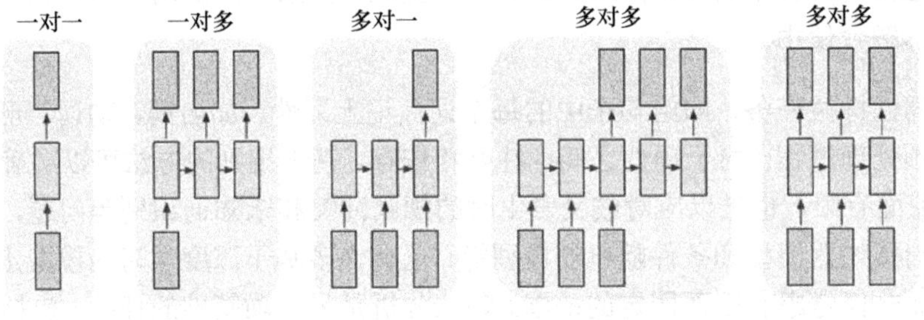

图8-21　不同输入和输出的RNN模型（图片来自参考文章）

情感分析和观点提取，即针对带有描述的文本，自动判断文本的情感类别以及相应的置信度，可以帮助公司理解用户的消费习惯和感受，帮助监督服务水平。简单的情感分析可以基于词典进行规则匹配，在复杂场景下，可以通过句子、段落、文档等不同层级的深度神经网络分析综合得出。观点提取可以考虑将情感分析和语义分析搭配提炼出关键的信息。

问答系统和对话系统由来已久，例如 IBM 的 Watson 系统很早就可以在智力竞猜节目中胜过人类选手，但只是随着大数据和深度学习技术的发展才逐步在消费市场成为可能，微软的 Cortana 和小冰，苹果的 Siri，亚马逊的 Alexa，以及 Google Assistant 均是其中的佼佼者。

简单的问答系统，取决于类似维基百科、百度百科等专项知识库的建立，例如用三元组“实体”“关系”和“实体”就可以表示一条知识：“贞德”“生于”“法国”（见图 8-22）。问答系统利用上文中提到的分词、词性标注、语法分析、关系分类等技术，从原始文本中抽取实体及实体之间的关系，对用户提交的问题进行语义理解，再从知识库中查询得到答案。其顺序是用户的问题构建语法树，找到问题词、问题焦点和动词，转换为问题图。若有多个候选答案，可以通过在问题和候选答案之间比较向量表达进行筛选。

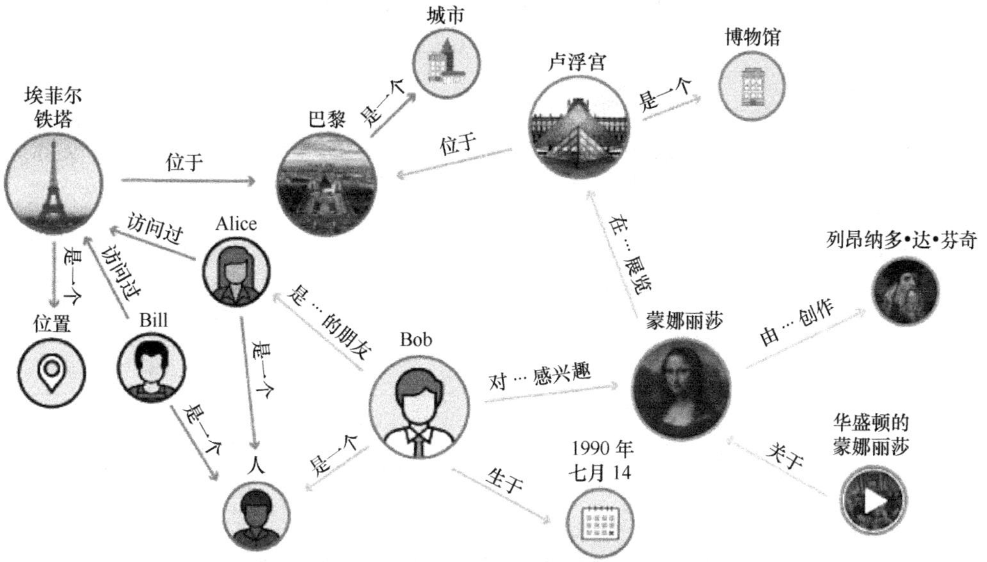

图8-22 知识图谱（图片来自参考文章）

对话系统可以大致区分为以任务为导向，或非任务导向的对话系统。以任务为导向的对话系统旨在帮助用户完成一项或多项具体任务，如播放音乐、接听电话、预定酒店等，通常由语义理解和语义生成为核心，其中语义理解的目标对应预先定义的分类，以便后续行动和回复，而语义生成对用户的文本回复。为了保持对话状态的健康，对话系统需要记录和管理每个回合的输入和对话历史，评估用户目标和当前的对话状态，并需要根据不同的分类决定后续对话应采取的策略，常见的开发方式可通过有限状态机定义，或由强化学习方法学习到决策模型，在数据充分时还可考虑基于神经网络的模型。

图 8-23 中给出了任务导向对话系统的范例。

针对非任务导向系统，也即目标为开放领域的聊天机器人，通过基于神经网络的生成模型可以构建相应的对话系统。与任务助手不同，对话机器人需要保持回复多样性，且避免过多无意义的回复，可通过注意力模型保持主题相关，通过对预训练模型的多样性微调缓解。此外，生成模型可以和检索系统共同运作，运用知识图谱进行对话匹配，再由模型构造回复往往能令对话更有吸引力。对话系统应对偏离设计的对话有足够的容错能力，对不同的场景之间能够继承和恢复必要信息。

包含语音能力在内的对话系统在某种程度上可视为语音识别与语音合成技术与前述的

文本对话系统的结合。首先人的话语经由语音识别转换为文本信息，而对话的生成结果经由语音合成转换成声音回复。在最新的一次 Google I/O 大会上，Google 展示了其 WaveNet 的语音对话订餐能力并声称其已通过图灵测试，其前景令人惊叹。

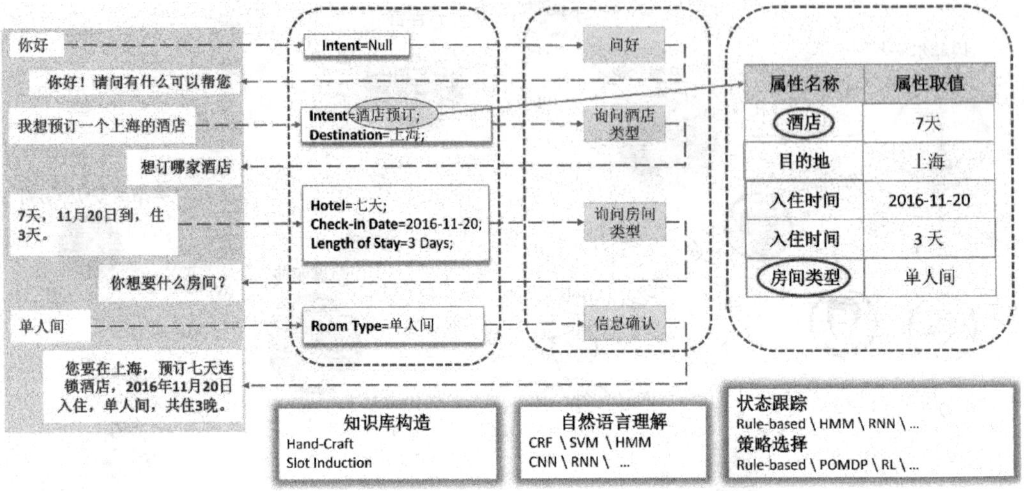

图8-23　任务导向的对话系统（图片来自参考文章）

由于自然语言处理技术多样，适用场景众多，技术挑战复杂，考虑到复用的要求，可考虑自下而上的系统设计方式，包括元数据（语料库）的清洗和服务化，知识图谱的建立，机器学习平台的构造和自然语言处理工作流的平台化，同时根据不同任务构建必要的离线或在线训练系统。

视频公司在自然语言处理方面的应用与其他互联网公司并无多少不同，首先是在节目搜索的时候，需要对搜索请求进行语义理解、内容匹配、匹配原因呈现，其搜索的元数据既包括较短的节目名称和分类、内容关键词、导演和演员信息，也包括详细介绍、剧情分析和用户评论。与第一方或第三方的知识社区合作，还可以获取角色关系、演员关系等信息建立知识图谱，此时内容的自动审核也将成为必不可少的环节。

面对同样的元数据集合，同样也是推荐系统发挥的时候，通过语言处理可帮助分析电影或电视之间的相似性，提供合理的推荐理由，为描述文本缺失的内容自动生成介绍，甚至可以生成个性化的导视语。

在浏览和播放的时候，自动翻译系统（包括文字介绍、演员名称和字幕的翻译）可帮助不同语言文化的用户观看，自动生成的描述式音轨也能帮助视觉障碍者享受视频节目。为包括机顶盒在内的视频客户端接入语音助手，帮助搜索、浏览和播放，避免操纵遥控器的繁琐，可以带来更好的用户体验。

在不同社交软件或网络社区中，自然语言处理技术可用于爬取对公司的建议和评价，与节目内容或导演、演员相关的新闻、评论、八卦，用于理解用户口味、补充内容、监测舆情、问题排查等方向，智能化的对话系统也可以作为客户服务体系的重要成分。

8.4 百闻不如一见：计算机视觉技术

有研究认为，人类所接受的信息，80%以上来自于视觉，一幅图像所包含的信息常常胜过万语千言。如同维基百科所介绍，计算机视觉是一门研究如何使机器“看”的科学，即令计算机可以代替人眼对图像进行识别、跟踪、判定和测量。与计算机图形学不同，计算机视觉技术可被看成是从图像（或视频）中提炼出知识，而前者则是依据一定的知识构造图像。

计算机视觉包括图像处理和模式识别，首先，它可以帮助人们把输入图像进行转换，通常被用于预处理，提取后续流程所需的特征。其次，根据从图像中获取的统计信息或结构信息，可将图像分成预设的类别，如辨识出形状、照片和色彩。计算机视觉领域使用多种技术解决一系列经典的问题，下面将择要介绍。

8.4.1 常见的问题和算法

图像和视频通过摄像机的光学器件，由传感器拾取并发送到模数转换器，由于传感器的限制和传感过程中引入的各种噪声，在转换为数字格式之后，摄像机将可能进行运算以增强图像，例如去除马赛克，调整白平衡，改善动态范围等。

由于香农定理，成像时在采样频率一半之上的频率将产生失真的信号，而在图像处理过程中，偏差也不可避免地产生，平衡和补救实质上不可或缺。例如对通过彩色滤波器得到的图像进行插值，在获取 RGB 图像的同时去除马赛克。又如将给定图像的白点调整到靠近纯白位置，对有色的强照明环境作用将十分明显。此外，对于由压缩引入的失真进行补偿，也是现代编码器的重要组成。

最简单的图像处理如像素运算，也即由原始像素计算得到输出像素，通过设计合适的转换函数，例如在像素的各色彩通道加入不同的正负数值，将改变图像的亮度、色调和饱和度。不同的函数将带来不同的效果，例如覆盖算子可以帮助合成图像，而亮绿色背景下的抠图常通过 Mishima、Bayesian 等算法实现，复杂背景下的抠图亦有多种算法，将提取出的部分对边缘处理，即可合成到新的背景中（见图 8-24）。

对于图像的色调调整，图像平滑、锐化或噪声去除任务，邻域算子能够利用给定像素周围的像素值决定目标像素对应的结果。例如带通滤波，可用于滤去低频和高频信号；导向滤波，只对方向上具备局部一致性的边缘起作用；中值滤波，常应用于对异常值进行过滤。

图8-24 绿幕抠图（图片来自参考文章）

当需要改变图像分辨率时，可以利用不同的插值（如双线性插值、双三次插值）进行上采样，利用二项滤波器进行下采样。若需要使用多种分辨率，常会构造一个图像金字塔（见图 8-25），即以金字塔形状排列的多张图像组合，其中所有图像均来自于同一张原始图片，通过梯次地进行下采样方式获得。例如高斯金字塔[①]和拉普拉斯金字塔，在边缘检测和图像增强上均有广泛应用。此外，还有小波滤波器，允许以平滑方式把信号分解为频率成分。

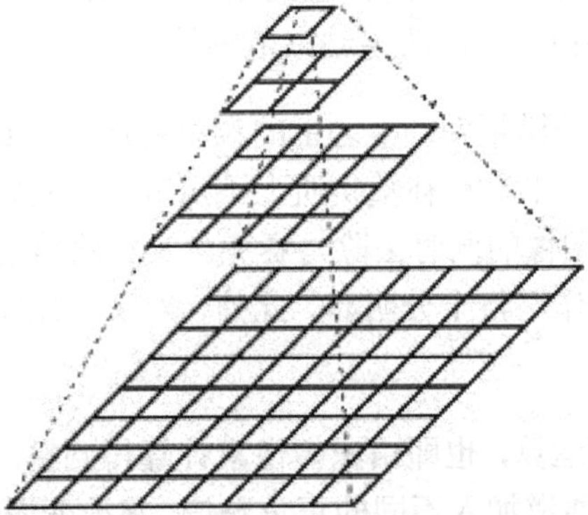

图8-25 图像金字塔（图片来自OpenCV网站）

倘若需要图像不同部分能够自由地变形，可将图像分解为三角形并由三角形顶点确定仿射运动模型，还可以使用四边形网络。有时图像有所缺失，例如对老胶片的划痕或水印、台

① 高斯金字塔将原图像作为底层图像，利用高斯核对其进行卷积，然后对卷积后的图像进行下采样得到上一层图像，如此反复迭代获得。拉普拉斯金字塔由高斯金字塔每层图像减去其上一层图像上采样并进行卷积后的预测结果得到残差组成，由拉普拉斯金字塔可以重建高斯金字塔。

标去除后的填充，可以沿等照度线传播像素值等方法解决，这些方法均借助了原图中的信息。

为提取图像中的信息，检测与匹配其中的特征十分重要，在图像中，一些特殊的位置即关键点特征，而目标的边缘则是另一类重要特征，对连续图像之间也即视频中的匹配又可称为跟踪。在图像的某个区域，如果有较大的对比度变化，包括亮度、颜色和纹理的信息，则较容易定位（如杯子或海水的边缘），传统而言有多种特征检测器被开发出来，但由于特征匹配面临的可能包括尺寸变换、旋转、遮挡或仿射后的图片，在不同状况下提取均有稳定表现的特征比较高效，例如 SIFT①、SURF、HOG②、LBP③、Haar④等算子，SIFT 算子的示意图见图 8-26。

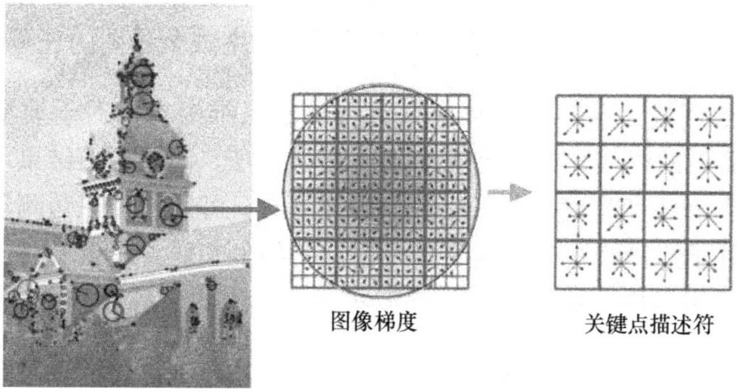

图8-26 SIFT算子（图片来自参考文章）

当提取到图像特征之后，接下来的问题是匹配和分割。匹配的问题在于解决需要在何种距离的范围内匹配，如何通过映射到某种索引结构中加速比对，分割则与聚类问题有些类似，即判断哪些像素应该被划分为同一区域，传统的分割方法包括基于活动轮廓、分裂与归并、均值移位、归一化切割等。

---

① SIFT（即尺度不变特征转换，Scale-Invariant Feature Transform）善于检测局部特征，通过搜索所有尺度上的图像位置，拟合尺度空间上的极值点，赋予 128 维的向量表示，其特征点十分稳定，往往不受尺度、光照、仿射或噪声影响，SURF 是对 SIFT 的改进，用盒状滤波器代替高斯核，速度快且稳定性更佳。

② HOG（即方向梯度直方图，Histogram of Oriented Gradient）通过计算图像局部区域的梯度方向直方图构成特征，算子首先将颜色空间归一，分别在水平和垂直方向进行梯度计算，在图像中划分区域并统计梯度方向直方图，对重叠区域内的块进行对比度归一化，将所有区域的直方图向量组合得到完整特征。它可以很好地描述局部的形状信息，但并不具备尺度和旋转不变性质。

③ LBP（即局部二值模式，Local Binary Pattern）致力于描述图像的局部纹理特征，定义在某个大小的窗口内，以窗口的中心像素为阈值，将相邻像素的灰度值分别与其比较，得到中心像素点的 LBP 值，作为纹理特征，窗口可以是方形或圆形，具备旋转不变性和灰度不变性。

④ Haar（即哈尔特征）可以分为线性特征、边缘特征、中心和对角线特征，反映出图像的灰度变化情况，通过改变特征模板的大小和位置，可以穷举出巨量的特征，但由于使用积分图结构，特征可以在常数时间内计算，对人脸检测十分适用。

除在编码器中的应用之外，运动估计算法还可用于解决图像拼接和视频稳定性、插帧、视频修补等问题，好的估计需要找到合适的误差度量方法以及快速的搜索方法。搜索时在较小搜索范围内可采用分层估计的方法，而较大范围则可考虑基于傅里叶变换的方法，在多个独立像素的情况下考虑光流方法，对包含大量遮挡的运动中使用层次运动模型，其中往往需要引入图像分割的知识，当已然逼近最近的像素时，可以利用基于图像函数泰勒展开的逐次求精法得到亚像素估计。

图像配准的目标是找到一种变换，令变换图像后两幅图像的相似程度达到最大，配准方法可基于空间维数，或者基于内部特征如点、面、像素，基于外部特征，如人为标记，根据变换的性质等分类。通过二维和三维方法对其进行变换，例如平移、旋转、仿射、投影、刚性、缩放等，基于其特征，能够完成形如从多幅图像中生成全景图的任务。

一个常见的特殊问题是从二维的点中估计物体的三维姿态，对于模型重建而言十分重要，此领域中包括简单的线性算法和追求精确的迭代算法，通过配准结果可以帮助推测摄像的位置和镜头的旋转和畸变程度。当存在多个摄像源时，可以通过三角测量法确定点的三维位置。当摄像位置处于运动情况时，需要同时估计目标的三维结构和摄像机位置，通用的方法有光束平差法等，可以广泛地运用于增强现实、机器人导航等场景中。

在图像配准之后，若需生成合成的图像（见图 8-27），则首先需要考虑拼接时的平面，针对较大的视角情况，圆柱面投影或球面投影将成为首选，当屏幕并非平面时，还需对合成的图像进行再转换以映射到屏幕上。在选择像素时，可采取的策略包括包括中心加权法、最大或最小似然度等，分别倾向于选择图像中心附近的物体，倾向保留重复出现的像素点或保留运动轨迹。最后，为在合成的图像中平滑其差异，可供选择的方法包括拉普拉斯金子塔融合、梯度域融合等。

图8-27　图像拼接（图片来自参考文章）

在推测物体三维形状的过程中，表面的阴影或纹理的透视变化、随焦距模糊的程度均可以提供方向和形状的信息，若能够使用可选择性开关的光源，其效果与多个摄像位置相似，根据不同光源的反射图，可以恢复出表面的方向估计。使用主动照明的方式同样可以获取足够的深度信息，包括使用变化的阴影，持续的高速扫描和特殊的感知硬件。

得到物体的三维模型后，最后的步骤将是重建纹理，由于重建时源图像常常不唯一，可以采用的方式有使用视图相关的纹理映射，即给定虚拟摄像视图，比较其与源图像在像素上的相似性并将源图像按照权重混合，其权重与虚拟视图和源图像角度成反比，或者为每个点均估计出其光场。

在深度学习技术成为热点之前，为所有上述问题找到解决的方法都极具门槛，预示着极为专门的知识和独立开发的算法，即使到现在，许多解决方式也仍然需要这些所谓“传统”的算法和深度学习方法共同作用。

8.4.2 计算机视觉的应用

由 Intel 最早发起并参与开发的开源软件 OpenCV 是图像处理领域内使用最广泛的视觉算法库。OpenCV 的全称是 Open Source Computer Vision Library，它实现的算法追求快速和实用，支持包括 Android 和 IOS 在内的跨平台编译和运行，主要开发语言是 C 和 C++，但也提供 Python 等高级语言的接口。软件支持通用输入输出模块处理图像和视频，各种动态数据结构，矩阵、向量和相关的数学操作。

OpenCV 最基本的数据结构称作 Mat，是 Matrix 的缩写，结构中包含 Header 和 Pointer，Header 中描述了矩阵的大小、存储方式和地址信息，Pointer 中则是指向像素值的指针。图片可以被定义为 Mat 类型，当使用的时候，若要复制数据，则需要调用深度拷贝的函数，Mat 类型按照逐行方式存储数据，可以通过形如 M.row、M.nCols 等成员可以轻易得到图像的行数和列数，通过 M.channels()等函数也可以容易地获知诸如通道数等信息，Mat 结构还可以按照连续的方式存储像素，方便遍历。

OpenCV 支持的模块包括各种基本的滤波、点和边缘的检测、采样和插值、色彩转换、直方图、图像金字塔、轮廓处理、距离变换、模板匹配、拟合、摄像位置标定、矩阵估计、光流、运动分割、跟踪、特征识别等。在实践中，OpenCV 可以涵盖大部分简单的场景，在特殊场景下，可能需要对其进行二次开发，以支持实际的情况或提升效率。

随着机器学习和深度学习的滥觞，在 OpenCV 中也加入了机器学习和深度学习模块，并且提供基于 Nvidia CUDA 的 GPU 加速功能。

计算机视觉用途十分广泛，不论是在 OCR、机器校验、零售，还是 3D 模型建立、医学成像、运动捕捉、安全监控、指纹识别，又或者自动驾驶、生物支付等领域，均可看到其发挥作用。于在线视频领域，其侧重在于包括视频压缩在内的图像处理，由视频获取信息的视频理解，海报与剪辑生成等几大方向。

Netflix 曾分享其在海报生成上的一些工作，他们通过找到图像中最有趣的区域（例如字符、人脸或最锐利清晰的部分），确定剪裁的方式，同时也能够找出文本插入图像或视频中的最佳位置，避免插入的文本和原有文本或重要区域重叠。由于图像很大程度上能够左右用户的观看决策，Netflix 还针对不同地区、不同用户进行测试，找到最能激励观看行为的图像，哪怕仅有大小、颜色、标题字体的不同，最终确定哪个图像更为有效。与之相近，Hulu 和优酷也都披露过类似的应用方式。

在较新的一些实践中，计算机视觉还常常用于个性化表情生成、超分辨率重建、自动化质量检查、台标检测与覆盖、用户生成图像的辨识等，有一些前面章节已经涉及，不再赘述。

8.5　垒土为台：视频理解

在线视频公司拥有其他互联网公司所不具备的资源，这就是视频本身。前面介绍过，不论长视频还是短视频，虽然已经历百倍的压缩比率，仍然占据巨大的存储资源，显然其中蕴含了庞大而宝贵的信息，而在传统的视频服务中，这些信息并没有得到充分利用。

如果分析视频公司所占有的数据，除去广告等附加值业务以外，在基本的视频服务方面，可以视为拥有三类重要的数据。

1. 视频的描述信息或称为内容元数据，例如一部电影的名称、导演、演员、关键词、导视语、剧情介绍等。
2. 用户数据，包括但不限于个人信息、浏览记录、选择记录、搜索记录、购买记录、观看记录，服务质量记录等。
3. 视频相关信息，其中既有视频元数据（即视频流或视频文件的多媒体信息，如编码器、码率、分辨率、语言、字幕），还有本章主要关注的视频内容本身。

一段视频中存有无数可资利用的信息，例如知晓在哪段镜头中有成龙展示高难动作，又在哪段纪录片中可以看到猎豹奔跑，并且具体到分钟和秒级，都可能支撑特定的搜索和推荐需求，作为计算机视觉的分支，视频理解着力于从视频中生成出有意义的知识（信息）并予以支撑各种各样不同的应用。

8.5.1　面临的问题和解法

视频理解通常有两种解决的思路：一种是将问题分解成不同层次、不同目标的子问题，按照知识生产的角度建立体系，图 8-28 描述了视频理解体系从低阶到高阶的示意图。

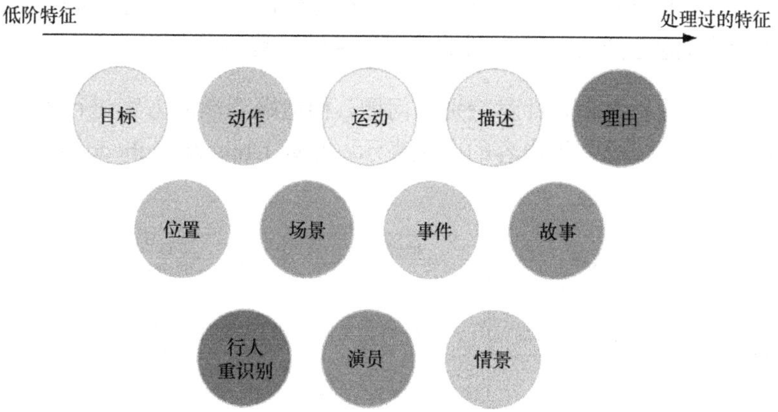

图8-28 视频理解体系

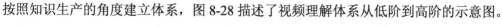

面向视频内容，显然，首先能够根据图像识别获取低层次的信息，例如人、物品、宠物、云朵等目标及其位置，看书、打球、跑步、开车等动作和姿态，比赛、集会、枪战、婚礼等事件内容，海滩、客厅、酒吧、写字楼等位置信息，以及根据画面风格、场景、对话、音乐、上下文的分镜等。

其次是情感信息和场景抽象，情感分析的目的是将视频片段在用户可理解的维度反映出来，同时也可增加更高级信息处理的维度。通过模型辨识出的情感信息可以直接或间接地应用，想象这样的场景，用户向智能设备发出指令“帮我放一些舒缓的片段”，应用可以从庞大的视频库中找到以舒缓的轻音乐配音的视频片段并连续播放。又或者在需要搜索和选择的场景下，将用户意图和视频内容进行情感匹配。

场景抽象致力于细致地反映不同目标直接的关系，例如“树位于庙宇旁边”“伞在人的上方”，有一些实践通过单独目标的识别和目标直接的关系图推理，于此基础之上，还可以进行目标关系的预测等应用。

基于理解场景的能力，应用模型还可以生成描述，包括对图像的描述和对视频的描述。通过 CNN 将图像或视频提取特征，再用时序神经网络（如 LSTM）生成文字，当图像或视频中有多个目标、多个事件同时发生时，可通过在不同区域分配注意力，分别进行描述并将句子结合成段落。

所谓低层知识，其分类颇为随意，但大致将意味着可以直接从内容中提取，而对其直接使用意义受限，相反，经由多项低层知识再做进一步处理或者提炼，可以得到用途更广泛的知识。完整的视频理解意味着利用包括视频流、音轨以及字幕在内的全部知识，同时利用内容的元数据，甚至囊括用户评论和弹幕信息等，由此构成称体系的知识。

当拥有由视频、音轨、字幕中提取出来的标签等形式的知识后，面向不同应用，可以选取单独的维度或不同的维度组合进行利用，或者再行使用融合模型进行联合处理，一项比较有想象空间的范例可能是借助对镜头图像的识别帮助改善字幕翻译。

另一种视频理解的思路是，针对特别的问题，构造端到端的方案进行求解，其典型范例是通过神经网络模型，获得关于内容的向量表示，也即 Content Embedding（见图 8-29），加以运用。

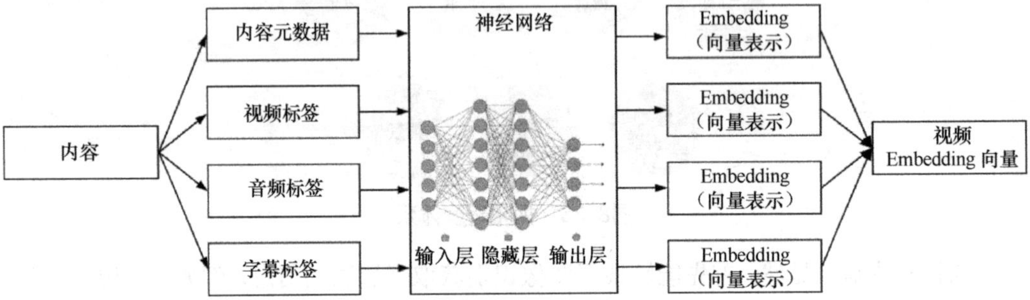

图8-29　内容的向量表达

在此类方案中，对视频、音频、字幕、元数据的理解并没有被构建成可解释的知识，但由于其理解的介质（即 Embedding）被学习到相同的空间里，不同 Embedding 的相似性实质上构成了“知识”，利用 Content Embedding 技术可以带来直接效益的是观看推荐和广告投放，帮助解决视频与视频之间的相似度，视频与广告之间的相关性等问题。

通常来说，推荐系统需要被推荐物品或者观看用户之间的相关性知识才能着手，当新上线某部电影（也即遇到推荐的冷启动问题）时，在针对电视直播节目进行实时推荐时，由于内容元数据可能十分缺乏，而用户的观看喜好数据并不存在，基于视频本身计算出的高维表示或许是推荐的唯一凭据。当投放视频广告时，衡量广告内容和视频上下文的能力亦带给投放决策系统更多的选择维度。

8.5.2　视频理解应用

根据视频理解获取的信息以及灵活的工作流构造能力，可以完成许多在线视频服务所需的工作。首先是关键段落识别，爱奇艺曾在数年前上线“绿镜”功能，用以提供综艺或电视节目的摘要功能，即分辨出综艺节目中，其实现方式更多地利用了自用户观看行为分析出的数据。

利用对电影段落或镜头构图的识别能力，即使没有用户观看数据，也可以预测对观众更有吸引力的片段，制作摘要，还能够在识别的基础上利用模板的方式自动制作多种片花。许多视频服务允许在浏览页面上内容由图像甚至视频呈现，经由视频理解生成的缩略图摘要或视频片花同样可以帮助用户对内容有进一步了解，以决定是否观看。

对视频片段的识别能力，还可以用于连续播放，其主要概念是分辨出视频中缺乏意义的开头和结尾部分，例如制作商和发行方的 Logo、前情提要、主题曲和片尾曲、演职员名单等，并予以自动跳过，播放后续节目，此类功能在用户观看以季为单位的电视剧集时尤为受到欢迎。

在具备理解能力之后，精确到视频片段的搜索将是一项可以自然实现的需求，普通的视频搜索仅依靠内容元数据中的关键词或详情介绍文本中的内容找到对应视频，而通过从视频本身提取的标签，对演员、对话或剧情均有更全面的信息，可以帮助观众搜索到更加合适的视频，还可以知晓视频的详细位置并直接观看，例如搜索“成龙+跑酷”将能够把所有成龙的跑酷镜头全部找到，自动连缀播放。

以视频搜索能力为基础，不论将视频库开放给创作者进行素材选择，还是如前所述，令视频服务扮演 DJ 的角色，提供观众所希望的音乐电视列表，更可依据模板利用现成的素材进行再创作。

当拥有了角色、演员、配乐或场景相应的知识，另一项可以实现的功能是在播放端提供嵌入到视频播放区域的知识链接，例如在观看电影《复仇者联盟》的画面时，如果观众将鼠标指针停留在人物上，播放器可以给出绿巨人、美国队长和钢铁侠及其扮演者名称，若单击图像及链接可以弹出或跳转到人物介绍、花絮片段、其他相关电影等内容。通常认为，用户在第一遍观看视频时更倾向于不受打扰地播放视频内容，而在第二遍或第三遍时，将更多地发掘未注意的细节，专注于感兴趣的部分，此时提供易得的周边信息和延展观看将获得理想的体验。

在电影宣传发行的时候，一项不可或缺的成分是电影海报，它负责第一时间吸引用户的视线，唤起人们的观看意愿。海报既有广而告之的意味，又有深层信息传递的职责，与之相似，在线视频服务的所有视频内容均需要静态或动态的封面。在有些场景下，需要特别设计的海报，而许多服务需要多种不同用途、风格的封面。

封面和海报均可视为对视频的某种提炼，而将工作自动化则面临多种问题。例如，由视频帧中抠取素材时，如何判定可以作为候选，封面设计中的美学如何转化为确定的约束条件，如何找到适合插入文字或图标的区域，如何令封面和海报的风格多样化，使用自动封面生成服务自动并匹配所需的场景，且能够利用用户的画像信息展示定制化的风格。

图 8-30 给出了一项通过身体探测找出聚焦区域的案例。

自电影或电视中获取的标签还可以梳理出许多有意思的知识。当视频库中包含有各种怪兽、人形机器人和超级英雄时，是否能够总结出包含它们的对比报告和图集以供玩赏？

当视频库中有不同时代的明星时，能否汇集每一代男神、女神最光彩照人的银幕瞬间？当视频库中具备充沛的新闻、综艺或访谈内容，能否发现知名艺人在实况直播中的黑历史？

图8-30　通过人脸和身体探测找出聚焦区域（图片来自参考文章）

当电影或电视节目中的语义和元数据中的语义得到充分挖掘时，我们不仅可以容易地建立表达演员、导演之间关系的知识图谱，还能够将角色关系添加其中，并发掘出有意思的知识，例如找到有哪些演员在银幕之上和现实之中具有相同的夫妻或父子关系等。

8.5.3　视频理解系统设计

许多在线视频公司、视频云公司和人工智能公司都在争先恐后地建设视频理解能力，图 8-31 给出了一份基础的视频理解应用架构的示意，系统通常应该考虑训练和推理步骤，考虑不同角色如工程师、标注和审核人员、用户等，合并通用的存储、数据库和基本功能。

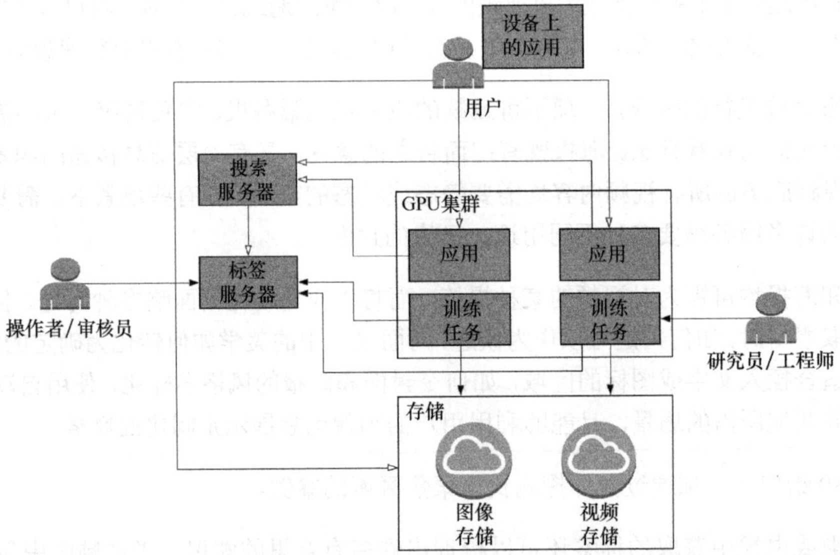

图8-31　基于深度学习算法构建视频理解应用的参考架构

由于视频解码或大规模的图像转换代价不菲，而视频理解和相应的图像处理任务在极大程度上依赖深度学习方法，故而与搭建大数据或机器学习平台的方式相似，应从最开始的设计中就对使用方式的效率加以关注。

第一，是数据和标签的共享。当认识到通过深度学习或其他方式从视频中提炼知识将成为理解的主流过程后，为理解过程提供可共享的数据集合，如原始视频集合、视频分镜集合、高清海报集合、缩略图集合、外部测试视频集合、外部开源图像集合等，统一管理其存储和访问将为研发人员带来较高的效率。甚至数据集合不仅限于原始视频或图像，而是包括了针对经过通用方式解码后的视频帧，或者分辨率转换后的图像。

第二，是输出的共享。如果说学习过程的输入主要由视频和图像构建的数据集合，输出则可以被定义为标签的集合。例如在某一视频帧内认出明星或物品，均可被视为附着于该帧的标签。虽然端到端学习方式的盛行可以帮助生成从文本长句到语音片段的结果，也仍可被标签所涵盖。面对数据集合和标签集合设计专门的集合管理系统，允许根据规则定义的集合被存储、管理、复用、共享和版本控制，同样是提高研发效率的利器。

进一步来说，对于以上所有标签，可能还需要面向搜索和查询进行聚合，Netflix 给出了他们的选择，即构造一个以视频时间线为核心的数据库，详细内容可参考其技术博客，但无疑也可以使用其他方式实现。

第三，是对于系统设计的考量。随着 GPU 计算能力的进步，单台服务器的单日图片训练需求可达到百万级别或更高，而用学习到的模型处理图片，吞吐量则高达千万张级别甚至亿级。与此同时，服务器能解码的高清视频则仍仅在数十路上下，为令数据供给不成为瓶颈，从架构设计角度而言，建立特定的小文件存储用于缓存视频帧或图像集是加速视频理解研发的必要步骤。

为充分使用系统的 I/O 能力，包括磁盘 I/O 和网卡 I/O，使用定制硬件令磁盘和网卡两者吞吐量尽可能匹配是设计的重点。例如，在 10G 网络下，在机器中使用多块单盘吞吐达到数百 Mbit/s 的 SSD 磁盘。此外，磁盘的 IOPS 限制可通过选用 PCI-E 接口的 SSD 解决，而文件系统的并发访问能力则可按照设计高并发服务器的原则改进。

在使用文件系统缓存视频帧时，与平常的高效小文件系统不同，将存在额外的信息可以利用，例如帧于视频的从属关系和帧与帧之间的顺序关系，故而在访问时，亦可通过合成的方式降低请求的数量。

第四，是算法和模型的共享。由某一特定问题引发出的单一算法，或者习得的某一模型，如果存在复用的价值，应该被封装成为库或服务的形式，可以由 API 或本地函数随意调用，甚至在不同服务间传递。

视频理解领域的应用日渐复杂，时常需要通过多个模型、多个数据集、多种步骤配合才能得到所需的结果（参考图 8-32，一个使用多个算法串行建立的本地工作流）。某一算法或模型将被视为预处理过程，其结果将提交给后续的环节另行使用，这里所需要的是模型接口的通用性和工作流的搭建能力。

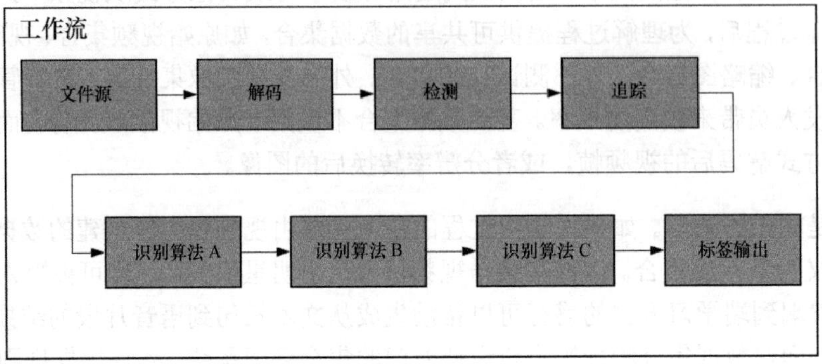

图8-32 算法工作流

一个容易理解的范例就是明星在视频中的识别，通过人脸检测可以从视频帧中找到待判定的人员，通过跟踪技术可以勾勒出其在视频中的行动轨迹，而通过识别技术则可以和数据库中进行比对，辨识出明星并得到相应的描述信息。

应用工作流应基于统一但轻量化的框架搭建，其中既包括每个工作节点的本地工作流架构，又包括完整工作流的组织。如许多广泛应用的框架所启发的，以图像和视频应用为主的本地工作流框架，应解决如下问题：首先是较好地封装视频和图像处理的库，帮助缺乏专项知识的人员顺畅地使用集成化的工具，例如 FFMpeg、GStreamer 或 OpenCV。其次是提供方便的工作流的搭建和管理能力，最后是保证工作流以标准化的方式交换数据，例如图像和标签组成的数据结构，并且以标准化的方式驱动工作流运转。

在分布式的环境下，使用与本地工作流搭建相近的原则构造大型工作流，能够带来更大的灵活性，包括将具备模块化价值的处理环境服务化，使用开源（例如 Airflow）或定制开发的工作流管理系统，规范化各个节点中数据交换的规范等。

由于图像处理和视频理解方面技术复杂，头绪众多，在某些功能上找到且评估效果最佳的第三方方案，集成到自身服务，可以加强自身模型准确率，加快产品上线速度。一个第三方案的范例是 Google 基于 REST API 调用的视频元数据提取的服务（见图 8-33），它允许用户上传需要分析的视频，搜索每个视频中的每一分钟，帮助识别出视频中的关键目标，建立索引，还可以帮助在视频中确认适当的广告插入位置。

未来的视频是以用户为中心的视频，当某人希望扮演电影中的主角，通过视频合成技术就能帮助其得偿所望，倚仗计算机视觉中的场景重建技术，令观众徜徉于虚拟场景中，在《魔戒》的刚铎城中游览，在《哈利波特》的古堡中流连，均可成就难忘的体验。

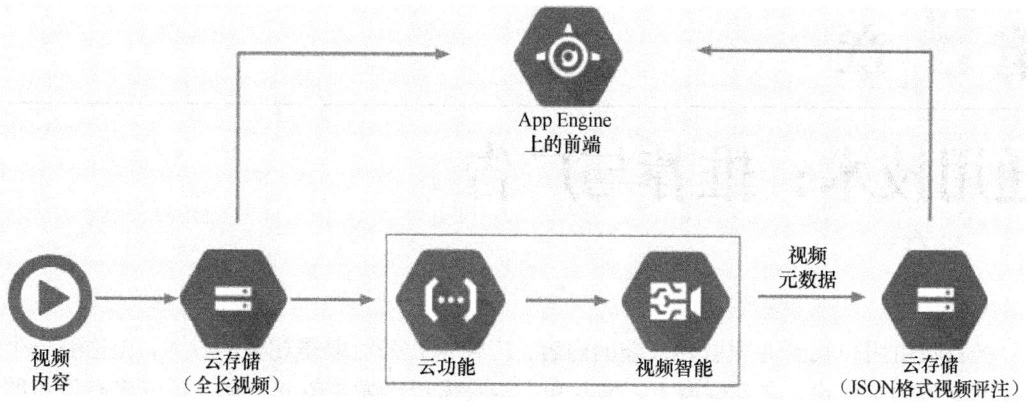

图8-33　Video Intelligence API（图片来自Google网站）

在向人类学习能力贴近的过程中，不论 YouTube，还是 Netflix、Hulu，抑或爱奇艺、优酷，都在视频理解上投入了许多努力，这一方向上仍有产生杀手级功能，构建竞争门槛的巨大空间。

第 9 章

通用技术：推荐与广告

推荐吸引用户找到并观看感兴趣的内容，广告帮助公司取得期望的收入，无论哪一个都是视频服务的重头戏。在互联网上，推荐和广告技术已经发展有年，形成了许多有价值的实践甚至生态体系，其中最重要的概念是个性化，于在线视频领域又有其独特的场景和待解决的问题。本章将讨论的，是如何给予用户个性化的推荐和广告体验。

9.1 推荐技术：天眼窥红尘

如果说搜索是用户主动发现内容的方法，推荐则向用户提供了被动获取信息的方式，解决的问题是，如何在用户没有明确需求的情况下，从大量信息中让其看到并选择其感兴趣的内容。传统上，人们如果想找到合意的信息，除预先设定或主动寻找外，别无他法，如果有一种方式能够在用户表达意向之前就猜到，就只能用“开天眼”来形容了。

推荐技术在电子商务、社交网络、新闻、阅读、视频、外卖、点评等领域具有广泛的应用基础，无论是向用户推荐可能感兴趣的商品、用户、内容，还是地区服务，都极大地拓展了用户的接触面，帮助用户发现自身的需求，让服务不再千人一面。

9.1.1 传统推荐技术：协同过滤

如果试图以最粗略的方式把握推荐技术的脉络，可能应该将其分为协同过滤、矩阵分解和深度学习三代。

较早通过推荐技术构造独特用户体验的网站是亚马逊，远在 1998 年，亚马逊就上线了基于物品的协同过滤算法，在百万级用户和百万级商品的规模上进行推荐，算法简单明了，容易理解，能给出令人惊讶和有用的推荐，还可以随着用户的行为实时更新推荐。图 9-1 展示了亚马逊根据用户浏览行为作出的推荐。在亚马逊主页的主要位置上根据用户的购买历史和浏览行为展示，在搜索结果页面给出和搜索意图相关的推荐，购物车中推荐捆绑或补充购买的选择，在订单的尾部出现关联的商品。

协同过滤算法可以算作最为基础的推荐算法，它分别包括基于用户和物品的协同过滤算法。基于用户的协同过滤算法模拟了真实世界中常见的一种情形，当一个人准备为新生婴儿购买奶粉前，会向周围其他具有抚养经验的年轻妈妈询问她们选择的品牌。从妈妈们那里得到的反馈将对奶粉选择具有决定性的作用，因为这些妈妈们相互认识，具有相似的经验，对认识的人的背景、选择动机充分地信任。

图9-1 亚马逊根据用户对拍立得相机的浏览作出推荐（图片来自亚马逊网站界面）

基于用户的协同过滤算法又称作 UserCF，其主要思路是在用户 A 需要个性化推荐时，可以先找到兴趣相似的用户 B，把该用户感兴趣而用户 A 未曾关注的物品推荐给 A。推荐的过程分两步：首先是找到兴趣相似的用户集；然后过滤出这个集合中用户 A 可能喜欢的物品，提交给他。

计算用户兴趣的相似度，主要是依据他们行为之间的相似度。假设用户 A 所有有过正反馈的物品集合为 $N(A)$，用户 B 对应的集合为 $N(B)$，则可以通过 Jaccard 公式或余弦相似度进行计算。由于许多用户之间并没有共同的行为，可以根据用户行为建立物品到用户的倒排表，对所有相关的用户之间计算相似度，随后 UserCF 给用户推荐和他兴趣最相似的 K 个用户喜欢的物品，其中用户对热门物品的兴趣应予以降低权重，生僻物品增加权重。

相较于 UserCF，基于物品的协同过滤算法更为主流，它又称为 ItemCF。其基本的思想是给用户推荐与他之前感兴趣的物品相似的物品，例如因为用户刚刚观看过《异形》电影而推荐《异种》。ItemCF 方法并非直接计算物品内容，而是通过用户行为分析物品之间的相似度，此时推荐理由可以得到很好的解释。

与 UserCF 相似，ItemCF 同样分为两步：首先是计算物品之间的相似度；然后根据相似度和用户的历史行为生成推荐列表。基础的相似度计算方法可由同时喜欢两件物品的用户数量除以喜欢其中某件物品的用户数量，即喜欢物品 A 用户中有多少也喜欢物品 B。和 UserCF 一样，在计算时也需要对热门物品的权重进行惩罚，降低干扰。

在实际应用时，建立物品到用户的倒排表，以扣除不相关的物品相似度计算，建立起物品之间的相似度列表。最后，ItemCF 通过对用户历史上感兴趣的物品最相似的物品计算兴趣程度（以用户行为中对物品的兴趣程度作为权重），对用户提供推荐列表。

和惩罚热门物品权重的思路相类似，对活跃用户进行忽略或惩罚其权重可以避免一些无意义的关联和比较。此外，对物品的相似度矩阵按最大值进行归一化，将提高推荐的准确率、覆盖率和多样性，其原理是，避免由于不同类别物品之间的相似度不同，而仅向用户推荐类内相似度最高的物品。

协同过滤的算法，其倚仗的数据来源是用户对网站所提供服务采取的行为，不同的行为可设置不同的权重，与商品的长尾特性相似，用户的行为也满足长尾分布。除通过用户行为在用户和物品之间建立联系外，还可以通过用户和物品所具备的特征在其中建立起关联，进行推荐。

特征最简单也最主要的表达方式是通过标签，在许多服务中，网站允许甚至大力鼓励用户给物品人为地打上标签，标签可以由网站预先定义，也能由用户自由生成（见图 9-2）。于物品，最容易被贴上的标签包括表明物品是什么（例如是否是电脑）、物品在不同维度上的分类信息（例如是否是动作片，是 20 世纪 70 年代还是 80 年代）、相关人物信息（例如是否是导演、演员或作者）、用户的体验（例如是否好用、有趣）、地点、奖项等。

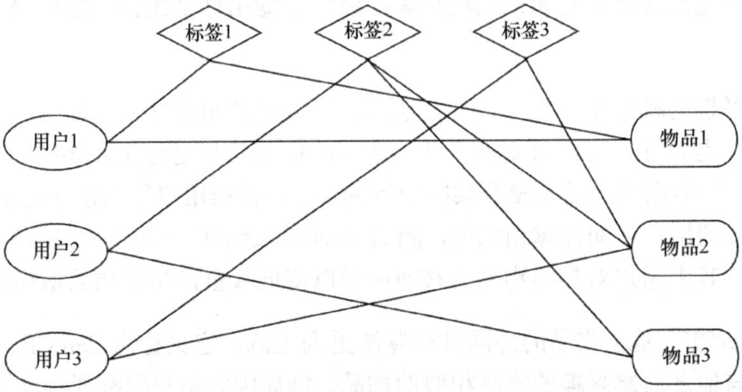

图9-2　用户、物品和标签（图片来自参考文章）

对于用户自由生成的标签，需要经过清洗才能使用，例如对“可爱”“可耐”等标签进行合并。标签既描述了物品，用户与物品之间的联系又反过来为用户作出了标识。网站拥有了用户最常用标签信息，就可以在被打此标签最多的物品中找出用户并未见过的物品并推荐给他。为避免热门的标签和热门物品权重过大，可以使用 TF-IDF 近似的思路建模，为规避标签的稀疏性，可以将一些相近的标签通过相似度计算，或利用预建词典和主题模型的方法加入进来。

复杂一些的方式也是基于图模型的推荐。用户的行为可以被表示成二分图的形式，即用户和物品之间由行为连接，并根据与用户之间没有连接的物品和用户间的相关性进行推荐，也即计算图中用户和物品之间相连的数目、长度和经过的路径计算得到相关性。若绘出用户、物品和标签间的连线，同样可以计算所有物品节点相对当前用户节点的相关性，按照相关性排序并选出 TopN 的结果。

使用自由生成标签的方法进行推荐时，为了降低用户贴标签的代价，往往需要系统预测出较为相关的一些标签供用户“所见即所得”式地选择。

虽然基于用户和物品的协同过滤颇有成效，但仍有一些问题没有得到解决，譬如用户的行为往往导致不同热门领域的物品其相似度非常高，比如购买《魔戒》的人同时也购买《三体》，但显然二者属于不同分类的图书，此时唯有加入物品内容之间的相似性信息才能得到正确的结果。这就引出了第二代的推荐方法，矩阵分解。

9.1.2 第二代技术：矩阵分解

传统上，推荐系统的任务被人看作两类，即评分预测问题和 TopN 推荐问题。协同过滤方法解决的是 TopN 推荐的问题，而评分预测问题是通过已知的用户历史评分预测未知的用户评分记录，从而预测用户是否会打算购买某种商品或喜欢某部电影。

图 9-3 截自 Netflix 的网站，网站设计了一些用户反馈机制，如按照五星级评分，输入评价等，并可以向其他用户展示。

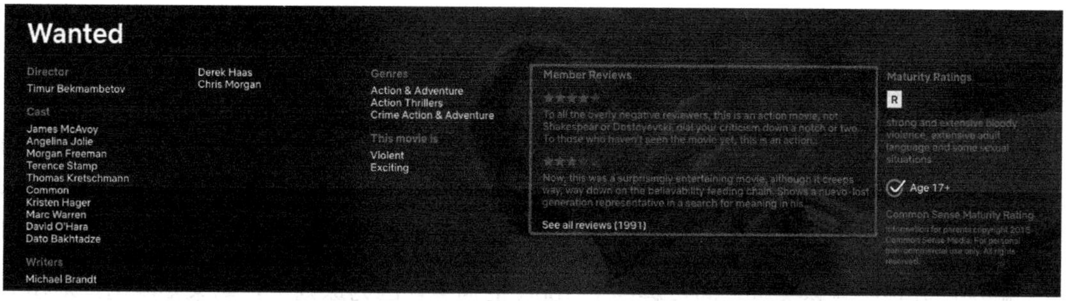

图9-3 用户评论和评星推荐（图片截自Netflix网站界面）

假设用户和物品已被分成不同的类，则同类用户对同类物品的评分进行平均，即可得到基准的评分预测值，基于邻域的算法同样可被应用于评分预测问题中，譬如参考相似用户对物品的评分，或参考用户对相似物品的评分，但像上文提出的问题一样，如果不能更直接地衡量用户之间的相似性或物品之间的相似性，就很难在推荐效果上更进一步。

在前面自然语言处理章节中提到的隐语义模型很适于解决这方面的问题。对于某个用户，首先确定其兴趣分类，再根据分类从不同物品中挑选可能喜欢的物品，其中隐语义模型根据用户行为统计的自动聚类，可以将物品划分为任意维度和数量的类别，并知晓其在各个类别的权重。模型通过学习每个用户喜欢和不感兴趣的物品数据，获得用户兴趣和某个类别之间的关系。

更进一步说，隐语义模型中的矩阵分解方法在解决相关问题上效果十分显著。针对评分预测问题，倘若将用户评分视为一个矩阵，由于用户不可能对所有物品进行评分，矩阵必然存在大量缺失，通过降维的方式将评分矩阵补全，也即完成了对用户评分的预测。常见有效的矩阵分解模型有 SVD，其改进形式 Latent Factor Model 一度是最常用的推荐算法之一，其思路是假设评分矩阵是用户和物品两个低维矩阵相乘，两个矩阵可以通过数据集中利用最小化评分误差学得，从而求得用户对物品的评分（见图 9-4）。

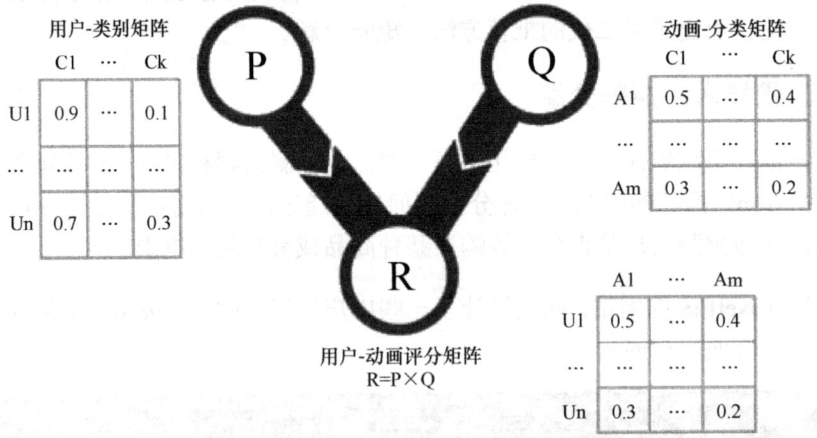

图9-4　隐语义模型（图片来自参考文章）

评价预测的准确程度可以通过预测评分和真实评分之间计算均方根误差获得，如果再引入隐式反馈，将用户历史行为、物品的历史信息加入 LFM 模型，就成为近年来大为流行的 SVD++算法。

解决评分预测问题实质上间接解决了 TopN 的问题，因为原则上，如果知晓用户对所有视频候选者的评分，准备推荐给他的视频集合也自然就呼之欲出了。

除用户打分外，用户的评论可能更加重要，因为它反映出了更多的信息。买家在通过网络购买时因无法实际观察物品导致的不信任、不可靠的感觉可以通过浏览用户具备肯定含义的评论在很大程度上消解，其影响于贵价商品尤其突出。在内容推荐服务中，评论的价值也不遑多让，不论是评星，还是观后感，常常直接决定了后来的用户会不会观看。

如果将用户的倾向定义成正面、中性、负面，则一条用户评论可以视为用户对物品或物品的某些方面发表了不同倾向的意见，而此类意见的强度可由其他用户对其的评论调整，对应可考虑尝试的算法包括 LDA、JAST、HASM、SpecLDA 等，随着深度学习的流行，在方向（Aspect）提取中可以使用 CNN、RecurrentNN、LSTM 和引入 Attention 机制的方法，有兴趣的读者可以依据关键词查找阅读。另一方面，用户的需求往往在于如何比较少量的选项并做出决定，此时筛选出最相关的评论展示给用户将可能起到决定作用，故而将评论归并成有意义的集合，再行过滤也是不错的思路。

利用评论信息无疑可以增强推荐的准确程度，在应对冷启动问题、稀疏性问题、流行度偏差，提供可解释的推荐理由等方面都有很好的效果，值得关注尝试的方法包括 HFT、RMR、EFM、SULM、D-Attn 等，这里不再赘述。

9.1.3 推荐效果评估

不论基于协同过滤，还是基于矩阵分解的方法进行推荐，都需要能够评估其效果。如果一次商品推荐导致了用户购买，又或一次电影推荐导致了用户观看，都可以视为准确的预测，但需要注意准确的预测可能不一定是好的。例如，如果推荐的结果是不进行推荐用户也会购买或观看的物品，并不能提升用户和网站双方的体验。互联网服务与线下服务的很大区别就是拥有极低的物品展示成本，如果推荐系统不能帮助发掘海量物品中的价值，满足用户自己甚至都没有清晰意识到的需求，则并不能算作高水平。

因此评价一个推荐系统应从多维度入手，包括准确率、召回率、流行度、多样性、新颖性、惊喜度、信任度、覆盖率、健壮性、实时性等。其中，推荐的准确率（Precision）代表了准确的物品数与推荐条目的比值，即在 TopN 的物品中，最终用户感兴趣的数量。召回率（Recall）是另一项重要的指标，意味着所有感兴趣的物品中有多少被选出并推荐给用户，也即用户有兴趣的物品被推荐到的概率。图 9-5 中 A 与 B 为两个圆，而 C 为两圆重叠的部分，则 C 与 A 和 B 的比值即是召回率与准确率。

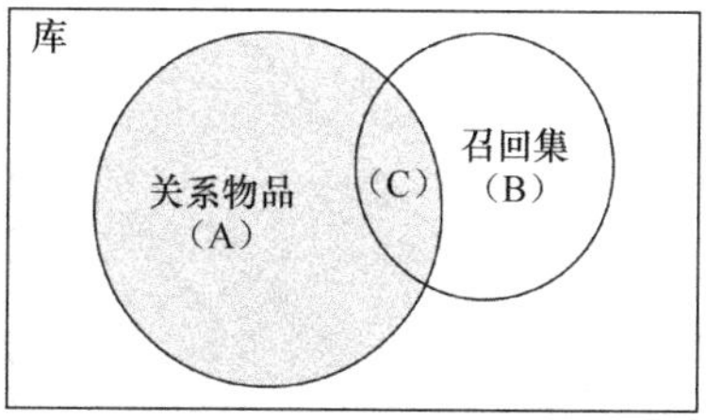

图9-5 准确率与召回率

上述的准确率计算时，除了数量上的评判，还有一个维度是排序的准确度，即用户感兴趣的物品被排在越靠前的位置则推荐算法越好，可以通过平均排序分（RS）、平均倒数排名（MRR，即 Mean Reciprocal Rank）等指标衡量。

推荐系统需要满足用户各种不同的兴趣，因此多样性也是评估推荐系统的重要指标，由于用户的兴趣在某一时刻有所聚焦，提供多样化的推荐结果可保证用户的意图不至于完全不能匹配，通过计算用户获得推荐列表中物品的相似度可作为衡量多样性的标准。此外，对不同用户提供不同推荐列表的能力，也可通过计算用户列表间的汉明距离获得。

新颖性意味着给用户推荐他们从未听说的物品，基本的做法是滤除用户已经看过、浏览过介绍或多次推荐但并未获得用户停留的视频。但由于网站服务不可能完全知晓用户所知道的内容，因此根据物品的流行程度进行度量，尽量从流行度较低的物品中选取推荐较有可能得到具有新颖性的结果。更进一步，不同用户对流行度的感知是不同的，根据不同用户的行为推测其知识范围，再予推荐将可能得到更好的结果。

惊喜度与新颖性有所不同，区别在于推荐和用户行为历史相关，但用户从未注意到的物品，称作具有新颖性，而推荐与用户历史完全无关，却能得到用户认可，称作惊喜度。在评价的时候，可能需要进行一种替代，即计算推荐结果和用户历史兴趣的相似度。在维持推荐结果准确度的时候，如果该相似度越低，则惊喜度指标越高。

覆盖率可以被定义为推荐系统能够推荐出来的物品占物品全集的比值，没有商家希望其商品库或内容库中有一些物品完全不能被用户看到，由于物品有不同的流行度，将物品经由推荐系统推荐到列表中次数的分布，计算信息熵，可以用于评估系统的覆盖率指标。

相关地，基尼系数可以作为流行度的评估方法，将物品按照热门程度从低向高排列，构造曲线表述最不热门的 x%物品的总流行度占系统的比例，如果将该曲线与 $y=x$ 曲线之间的面积计作 A，与该曲线代表的面积称作 B，则 $A/(A+B)$即基尼系数（见图 9-6）。如果经由推

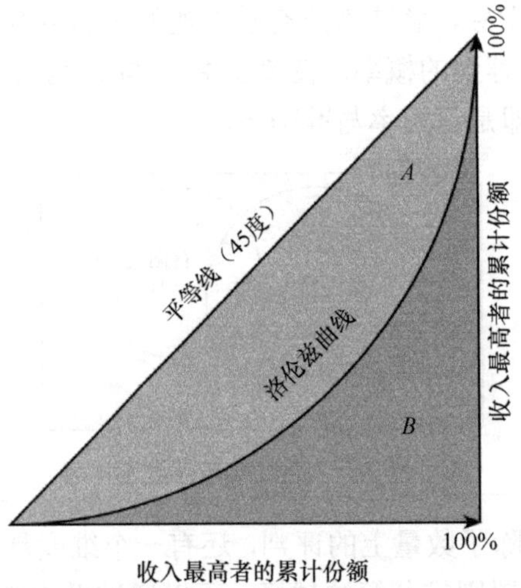

图9-6　用于表达贫富差距的基尼系数（图片来自Wikipedia）

荐算法介入得出物品流行度的基尼系数越大，则意味着推荐系统的马太效应越高，而这是优化算法所需避免的目标。

9.1.4 第三代技术：基于深度学习的推荐

若要预测某一用户对特定物品的意向，则知晓越多用户或物品的信息（特征），就越有机会预测准确，这与广告系统的 CTR/CVR 预测十分相似（后面章节将予以详述），然而在互联网服务上，用户和物品的数量都已发展为以百万、千万甚至亿级、十亿级计，用户和物品之间的稀疏比公开数据集上要低好几个数量级，基于矩阵分解等算法不容易很好地捕捉特征，效果往往较低。

应对稀疏问题，传统上可以通过扩散相似性、添加缺省值等基础方法提升，也可通过聚类、降维、主成分分析等方法改进。

Google 于 2016 年公开了适用于多种场景的 Wide & Deep 模型，通过结合使用非线性特征的线性模型和用 Embedding 特征的深度学习，并使用联合训练，可以同时获得记忆性和泛化能力（见图 9-7），适于解决特征稀疏、高秩的问题，在整体的预测效果上能带来明显的提升。

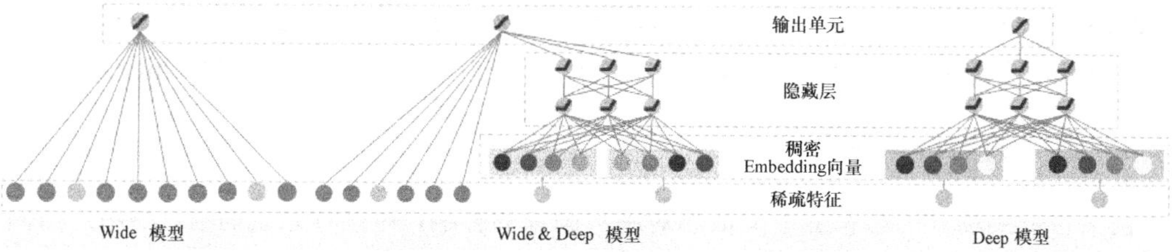

图9-7 Wide & Deep模型（图片来自Tensorflow官网）

特征工程可以帮我们自动学习到用户行为背后的复杂特征关系，例如著名的“啤酒与尿布”之间的关联就隐藏在数据之中，常用的特征工程方法有 Poly-2，直接对二阶特征组合建模即以乘积方式构造特征，其次是 FM/FFM 等低秩模型，对特征进行低秩展开，构造隐式向量以建模特征之间的组合关系。

在巨大的数据规模面前，很自然的思路是不再依赖人工提取特征。

Wide & Deep 模型仍然依赖于人工特征工程的准备，而华为发表的 DeepFM 模型更进一步，吸收了 Wide & Deep 模型的优点，以 DNN 架构和 FM 组合，从 Embedding 层共享数据输入，联合训练（见图 9-8），不需要人工即可学到从低阶到高阶的各种特征，在工程上具有很大的优势。

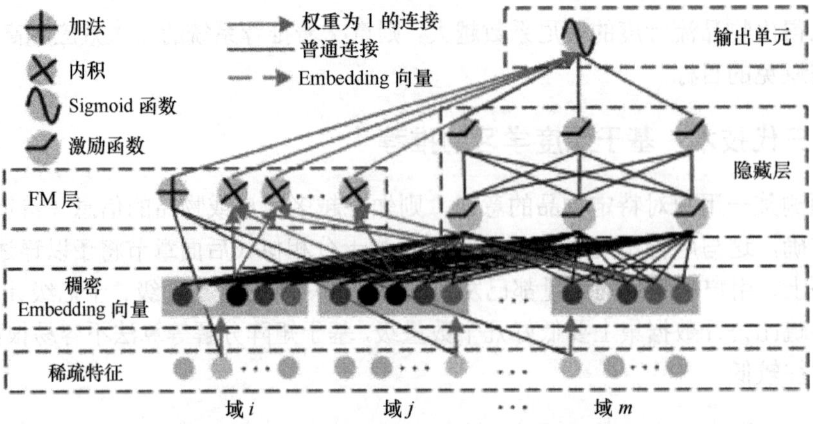

图9-8　DeepFM模型（图片来自参考文章）

深度学习在推荐系统算法中正在占据越来越重要的位置，神经网络结构天然地适合处理大量、多维度的特征，适合处理异构数据，Word2Vec、Doc2Vec 模型可以帮助生成向量表示，其他相似模型还有 Item2Vec、Prod2Vec、User-Prod2Vec、Meta-Prod2Vec、Content2Vec 等，RNN 类型的网络擅长处理时间序列相关的问题，例如基于用户会话的推荐。其他基于深度学习而值得深入了解的推荐系统模型还包括受限玻尔兹曼机（即 Restricted Boltzmann Machines，RBM）、深度玻尔兹曼机（即 Deep Boltzmann Machines，DBM）、Deep & Cross①、NFM（Neural Factorization Machiens）②、AFM（Attentional Factorization Machine）③等。

9.1.5　不同的推荐场景

前文曾提到场景信息和上下文信息对用户画像的影响，对推荐系统而言，将用户访问服务的时间、地点、设备、所处的心境纳入考量，可以明显地提升推荐的准确度。简单地说，于夏天推荐羽绒服，在儿童节推荐恐怖片，显然并不合理，如果点评类服务探测到用户处于三里屯，向其推荐周边的餐饮可以让用户满意，用户在晚餐和深夜时感兴趣的电影往往也存在明显的不同。

---

① Deep & Cross 网络（DCN）来自于 Stanford 和 Google，对比于 Wide & Deep 模型，DCN 不需要特征工程即可获得交叉特征，又比 DeepFM、NFM、AFM 等模型提取更高阶的特征。

② 与 Wide & Deep 和 DeepFM、DCN 等并行的特征融合方法相比，NFM 和 AFM 模型选择的是另一种思路，即串行建模，其中 NFM 模型的思路较为简单，和其他许多模型类似，首先由稀疏的输入特征向量连接 embedding 层，其次是连入称为 Bi-interaction 的一层，让各个 field 两两进行元素级别的乘法后求和，以此进行特征交叉，将隐层的输入规模直接压缩到预期的 k 维，网络参数甚至少于 DeepFM。

③ 由于不同特征交叉对 CTR 结果的贡献其实并不相同，AFM 引入了 attention 机制，当各个 field 的特征进行元素级乘法后，将其接入 attention 网络得到注意力权重 a，而对特征乘法的结果进行加权求和，得到 k 维的向量，和 wide 部分一并求取输出。

图 9-9 给出了一个 O2O（即 Online to Offline，线上到线下）推荐需求的范例。

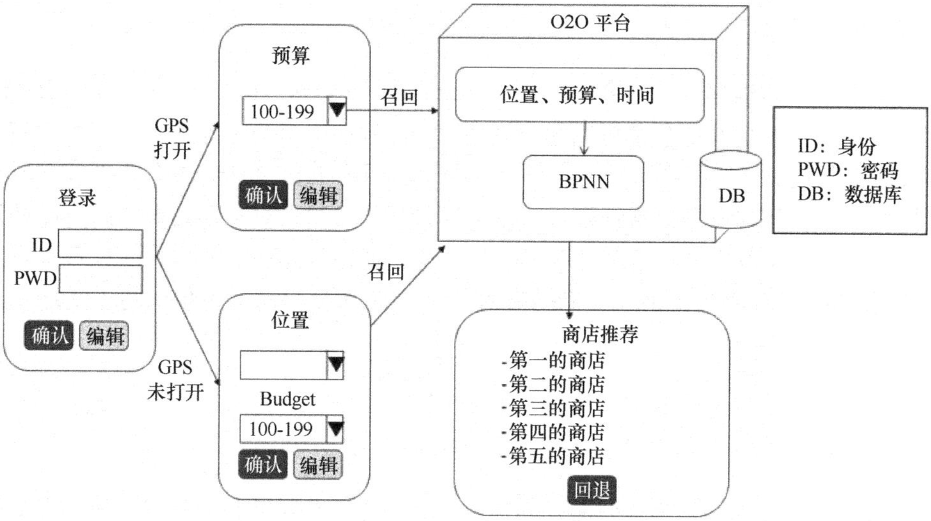

图9-9 O2O推荐（图片来自参考文章）

那么推荐算法如何才能将场景和上下文信息纳入算法当中？以时间为例，用户历史行为发生的时间，需要从推荐系统获取列表的时间均十分紧要，前者在于，用户的近期行为相较两年前的记录更能反映现在的喜好，后者意味着绝对时间在用户兴趣上的影响。此外，物品也同样存在生命周期，一部电影或电视剧在初上线时往往关注度最高，但已归平淡的节目也可能由偶然的传播热点带动，在短期内引来很大的热度，不同的节目类型也可能有不同的表现，电影可能在一两个月内成为话题，但按季播出的美剧则能持续半年以上。

将推荐系统变为时序系统，需要推荐算法平衡考虑用户的短期和长期行为，需要度量用户的活跃度，计算物品平均在线天数，相隔 N 天物品流行度向量的相似度等指标，若目标是推荐最近最热门的内容，定义合适的时间衰减参数，令热门度按时间衰减并计算流行度。

时间相关的 UserCF 算法，在比较用户相似度的时候，若两个用户同时喜欢相同的物品，则给予更高的权重，用户最近的行为比以前的行为权重更高。同理，经由时间效应改进的 ItemCF 算法，应该在物品和用户行为两个维度加入时间权重。

位置信息与时间信息有一定相似但又有很多不同。首先，用户在注册时将给出国籍、国家、城市等信息，电商服务掌握的地址甚至精确到邮编和门牌号。访问网站时，通过 IP 等信息可以帮助确定其当时所在的位置。其次，物品也同样具备空间属性，不同国家、城市间的用户习惯常体现出巨大的差异，用户的日常活动范围则可能局限在更小的地理区域之内。

针对用户间活动位置不同，一种简单的算法是将用户按照行政区划分为不同的子集，再由不同的层次的区域数据集合生成推荐列表，最后依照不同权重融合各个层次的推荐列表。针对物品间地理位置的不同，可以在推荐列表中调整物品的权重，例如计算物品位置和用户表示过兴趣的物品之间的距离。

社交网络中可谓蕴含数据的金矿，不论 Facebook、Instagram，还是 Twitter，抑或 Reddit，通过爬取用户相关的公开信息都可以知晓许多信息，包括用户的个人情况、位置、好友列表、关注和发布的话题、转发和评论的内容等。一种切实可行的借重社会关系的推荐采取的思路是，维护每个用户基础的物品推荐列表，并于其访问服务时，对推荐列表中的物品通过好友权重计算重排，如果用户表示出对某个物品的兴趣，则将借此加入其本人的推荐列表和关注他/她的好友的推荐列表中。由于人们抱有对好友的信任度远高于不相识的人，这一过程也很自然地表达出了易于接受的推荐原因。

还有一类常见的问题是捆绑销售，多见于电商领域，如何评判捆绑销售的收益最大，可以通过 BPR 模型①对各种类型排序，找到较好的捆绑组合。

冷启动是大部分推荐系统都会遇到的问题，首先是在没有用户行为数据或标签数据积累的情况下如何进行推荐，也即整个系统的冷启动。其次是在新加入用户或物品的情况下如何进行推荐，即用户和物品的冷启动等。

应对冷启动的一个大的方向是寻找常规数据之外的信息，譬如利用用户注册时的信息进行简单推断，利用第三方数据如社交网络信息，只需得到用户的一项或多项人口统计学特征（年龄、性别、学历、地理位置、国籍）进行推荐，相较于完全随机的推荐，效果就会有很大的提升。而如果在使用流程上专门设计，要求用户给予其喜好的分类或给某项物品打标签，也可以较直接地得到用户的喜好信息。

针对新加入的物品，计算其内容相似度，譬如利用电影的描述信息生成向量表达，再计算向量间的距离，将其加入关联列表，向量表达既可以由特征直接构成，也可以通过模型计算得出。物品相似度不仅可以被用于冷启动问题，也可以与协同过滤算法融合得到更好的精度。

推荐知识在许多情况下是可以迁移的，例如在新开启某项业务时，如果和原有业务具备一定相关性，则在原有业务上，不论用户，还是物品的数据，都可以在新业务上使用。例如在新启动直播业务时，Hulu 就利用了原有点播业务的用户数据进行推荐，取得了相当不错的效果。

---

① BPR 即 Bayesian Personalized Ranking，贝叶斯个性化排序，是一种用到矩阵分解的排序推荐方法，但并非做全局的评分优化，而是针对每个用户自己的物品喜好做排序优化，需要用户对物品的喜好排序作为训练数据，尤其适于在海量数据中推荐少量的数据。

对于用户的行为，有时不能得到负向的数据，即用户对什么物品不感兴趣，可以通过对其所有没有行为的物品中采样出一些较热门的物品作为负样本，同时保证每个用户的正负样本数目大体相当。由于模型需要对所有用户的行为进行计算，较难根据实时行为进行推荐。针对新闻和体育节目内容，由于其生命周期较短，需要及时展示给用户，冷启动问题较为明显，也可以通过全量用户数据训练的模型和近期用户行为学习到的模型融合进行推荐。

个性化推荐并非万能，许多时候类似热门排行榜、新品排行榜、好评排行榜等非个性化的推荐起到更基础可靠的作用，当用户数据累积后再予以替换或融合是务实的选择，也是冷启动问题的很好解决方式。

群组推荐是个性化推荐的一个有趣分支，探讨如果一个包含多个用户的群组需要获得整体性的推荐，该如何处理。一个典型的例子是多个不同口味的人打算聚餐，则该推荐哪些餐厅给他们，在拥有圈子的社区环境下，向圈子用户推荐新的音乐专辑或团购的电影票也属此类。

与个体用户推荐不同的是，在群组推荐时，需要考虑的问题包括如何处理不同类型的组，如何收集和辨别单一用户和群组的兴趣喜好，评分预测时基于用户还是基于群组，如何将每个用户的兴趣合并成群组的兴趣，针对群组的推荐结果如何解释等。用户群组的形成是具备联系抑或随机组合，用户兴趣获取的渠道和场景，用户之间是否存在交互均对推荐的方法和结果有重要影响。常见的建立群组模型的思路有许多种。在评分预测问题上，采用某种群组模型融合兴趣，以之建立群组预测，归并或聚合单一用户的预测，都有许多可行的例证。

有时，推荐之前已经存在一些意向，例如在搜索场景中，根据用户输入的不词汇甚至字母，给出推荐的分类和视频，图 9-10 展示了 Netflix 根据关键词所推荐的视频分类。

图9-10 搜索时根据关键字推荐的分类（图片来自Netflix网站）

并非所有推荐场景都是纯粹的主动推荐或被动推荐，交互式场景就是一类介于主动和被动（搜索和浏览）之间的推荐问题。交互式意味着双向的信息交互，其中含有隐式或显式的反馈。

之所以需要设计交互式的场景，一则可以更有针对性地理解和满足用户的需求，二则可以建立服务与用户间的信任关系。一个典型的交互式场景是视频服务首页上常见的分类信息，传统上，导航页面的视频类别是分层且固定的，例如“电影”“电视”“儿童”“动作片”“灾难片”等，但是提供个性化的导航分类将可以简化用户的选择，用户可能直接在前几个分类中看到自己想要的分类，从而避免了在树状分类结构中的多个查找步骤。

与普通的推荐相比，交互式推荐多出了一个维度，即找出合适的时机，呈现合适的交互方式。由于用户提供的反馈通常充分地表达了当时的意图，对推荐的动态性和实时性要求非常高。

9.1.6　构建推荐系统

打造一个高效、适应性强的推荐服务，从系统层面出发，首要自然是可以获得高质量的数据。其次，根据不同的场景、不同的需求嵌入模型，搭建服务。用户画像、物品特征作为推荐系统的输入，推荐列表作为推荐系统的输出，在不同的问题上可以采取不同的模型，甚或融合算法。

通常，建立一个推荐模型时，如果能够运用的信息越多，且信息与推荐目标具有相关性，则推荐越容易得到较好的结果。因此，除用户针对物品的购买，对视频点赞、收藏、贴标签这样直观的信息外，许多时候推荐系统所关注的是，是否可以从用户和物品数据中找出更多相关的信息，以及如何将它们应用到推荐系统中去。

在推荐时常遇到这样的问题，在展示机会一定的前提下，如何能最大化推荐的效果，这里效果可能是收入、利润、观看时长。单纯地根据每次用户请求推荐最相关的物品可能并不是最优选择。例如，倘若某个用户支付能力不强，可能仅当优惠礼包出现时再向其推荐。另外，推荐并非应该完全将展示过的物品从列表内移除，适当的重复推荐可能反而增加购买或观看的概率，最大化预期的总效果。

当存在多个推荐模型时，将多个模型进行融合，可以提高预测的精度，譬如设计级联预测的模型，使用回归算法对多个模型结果进行融合等。

融合模型的构造通常有加权混合、根据场景作算法切换、以前面算法作为后续输入、特征组合等模式，不同模式之间又可以自由组合。鉴于实际系统往往规模宏大、千头万绪，服务引擎也可由多个小的推荐引擎构成，每一个推荐引擎处理一种或多种数据，负担一类任务，将复杂的任务分解为简单任务的工作流。当所有引擎产生结果列表时，再通过规则式的过滤才能呈现给用户。

在多样性和准确性之间取得平衡，是“好”的推荐系统的必备素质，过度的相似性可能导致用户只能持续地获得信息量极低的内容，视野逐渐狭窄。虽然多样性和准确性大体上是跷跷板的两端，仍然存有一些方法可以同时提升多样性和准确性，例如多种算法的混合。与以短期点击或购买为导向学习模型相比，以更长期或价值链更长的 KPI 为指标训练平衡性可能更好。

在实践中，推荐系统的健壮性不容忽视，于电商场景中尤为突出，而视频网站中 UGC

模式或平台服务的模式也较容易受到攻击。与搜索引擎面临的挑战很像，恶意的用户可能通过作弊的手段提升物品于推荐列表中出现的次数和展示的位置，常见的作弊方法有使用账号恶意评分，购买或浏览对应物品，同时访问意图建立关联的热门物品等，需要设立健壮性指标，则用以衡量推荐系统抗作弊的能力。

一些基础的提升系统健壮性的方法包括提高代价较高的用户行为的权重（例如购买商品或点击电影并观看较长时间），进行模拟攻击，并保证算法在攻击前后的结果没有发生较大变化。

推荐算法的开发模式大致如下：在研发人员获得数据集后，按照机器学习的常用流程划分训练集和测试集，可以依据规定离线指标训练算法模型，并测试其效果，如果效果良好，则可以进行线上的 A/B 测试，以确认其在生产环境中的状况，再行调整，与传统上功能开发注重从有到无的模式不同，更是一个持续不断迭代、分析、重新定义、调整和改进的过程。

总而言之，推荐系统的效果评测受到多种因素影响，但在推荐算法能够大规模使用到生产环境前，以往软件开发方法中，仍有许多原则应予保留，例如保证其测试结果的可重复、可重现、可复制和可推广等。为此，算法中应尽量不含有任何 Magic Number（难以解释的固定数字），所有特征、参数都应具备详细无歧义的说明，工作步骤中也不应包括随机部分。

9.2 在线视频服务中的推荐

推荐系统的终极目标是根据公司运营目标给予用户个性化的体验，其发展方向包括提供全方位的推荐和搜索结果、引导用户完整生命周期中的行为、平衡不同的优化目标以及构造灵活并富有延展性的数据与服务体系。

9.2.1 在线视频服务的推荐体系

如何为在线视频公司搭建有力的推荐体系？

与前文谈及推荐系统搭建时的侧重不同，在研发实践中，首先应当关注的应是评价层面。如同写文章首重“立意”，任何公司想要规范化其运作，都需要设立评估的标准，对互联网服务来讲，则是找到关键的运营指标。不论是针对用户初始访问引导，付费订阅转化，还是针对用户留存和营收等方向建立完整的评估模型，都可被归纳到这一层次之中，其核心目的是找出正确、合理的优化目标，以此来指导从推荐乃至整个研发体系的建设，否则就算推荐系统本身运作良好，但与商业目标不相匹配，也会差之毫厘，谬以千里。

例如，从基本的运营指标来说，Hulu 类型的视频网站可能设置为“最大化用户的观看时长”，但 Netflix 类型的网站也许不完全一样，可能是“最大化订阅用户留存率”。区别在于，Netflix 型的公司可能像纯粹的会员制服务一样，会非常喜欢用户负担按月订阅的费用，但并不太多地进行观看，利润率可以很大，但另一方面，如果用户并不常观看，则过一段时间后就可能取消订阅，所以需要取一个折中。而 Hulu 类型的公司因为需要从用户身上获取广告收入，观看时间越长，则广告播放机会越多，收入越高，优化目标或许很不相同，采取的激励方式也不相同（以上均仅为推测，并非实际指标）。

其次，应注重对推荐功能进行完整的归类和设计，例如界面布局、搜索、分类导航、流行度推荐、人工推荐、评论展示、自动续播①等，基于功能设计开发对应的推荐算法。对功能的分类，目的不仅是收集所有相关的需求，更多地是深入地理解和认知问题，以此合理地分解任务，找到切入和拓展的方向，并覆盖不同任务之间的相互联系，避免陷入局部的优化，而推荐系统的认知，也能够反馈到产品一侧，帮助设计更合理的服务方式和流程。

举例而言，假设运营目标是最大化用户的观看时长，将目标分解为几个部分，包括播放时间、有效点击率和展示次数，三者的乘积即是用户的观看时长，对三个维度分别考量，即可以对生命周期分类，据此设计不同的服务流程、展示方式和推荐模型。

在网页或应用界面上对于视频的展示，可以被看作最基本也最重要的推荐功能，是否提供电影和剧集分类，是否提供推荐的分类，各种分类孰先孰后，在每个分类中该如何推荐和排序，都可以视为相近的问题。关于如何设计模型，前文已有许多讨论，通常的路径从基本的协同过滤算法开始打造基线，随后可以尝试矩阵分解方法求解以及神经网络。

实践中，推荐服务执行一次 TopN 推荐，结果可能由多个不同推荐模型混合而成，在合并多个推荐列表并经过排序和反向过滤之后获得聚合的结果。

用户的兴趣焦点可能时时变化，例如用户在搜索和观看了几部动作片后，被某一部展示的科幻片吸引，转而浏览起科幻片的内容来，意图选择合适的电影来播放。如何捕捉用户的兴趣，选择不同的推荐模型（或调整权重），可以被视作展示问题的一个子问题。②

自动续播则代表了另一类型的推荐功能，当用户已观看完某个节目进入片尾阶段时，利用 RNN 类型的时间序列神经网络可以捕捉和表达播放决策的时序信息。由于知晓用户播放选择和观看行为数据，很大概率上能够找出下一部最有可能播放的电视剧或电影，自动进行播放，然后根据用户的反馈来评判推测是否准确。例如在用户看了某个电视剧的第三集后，

---

① 即在一次播放接近完成，且用户没有操作之前自动猜出用户愿意观看的下一部视频并播放。

② Hulu 对上面的问题采取了一种名为多臂老虎机的策略，这种策略模拟了一种赌场的情境，即赌徒可以在不同的时间选择不同的摇臂，每个摇臂胜率不同，对视频推荐而言，就是推荐服务扮演赌徒的角色，按照一定策略推给用户视频，用户的点击和观看就是摇臂奖励，以最大化回报为目标。

使用剧集的观看完成度特征，系统将大概率发现直接进入第四集播放是最佳选择，可以节省用户的操作，提供一种近似沉浸式的体验。

前面章节提到，为一次推荐提供明确的推荐理由可以帮助提升用户的信任度，则提供推荐理由也往往被定义为一个重要的功能方向。

推荐理由通常可以借由推理获得，例如使用 UserCF 的算法作为规则，如果用户属于某个群组，群组内的人大多都看过某个视频，则认为用户可能对视频也感兴趣。如果采用知识图谱的方式，当建立出由规则连接的推理树，就可以用它来找到一条连接路径（也即一种推荐解释），如果有多种解释，还可以通过权重判断得分最高的路径。

对展示来说，如果展示结果来自于不同的推荐模型，可能给出不同的推荐理由，具体对某一部视频来说，通过倒查即可得到初始的理由并展示给用户。

除上述在主要用户服务路径上的功能外，还有明显或隐式的其他功能分类。例如，在用户的搜索过程中，推荐与关键词相关的内容而非刻板地匹配，可以被看作一个较大的功能类型。同理，针对用户推荐其可能喜好的评论，在合适的时间推荐给用户适合的订阅链接等均应列入整个推荐体系的功能集合。

一些情况下，我们需要由推荐系统的需求出发，驱动服务进行专门的流程设计，较容易想到的例子是，在新用户注册过程中，在界面上设计一些询问的环节，请用户输入他或她喜好的视频类别，帮助后续的推荐，如在 7 天或 30 天的时间内探索用户的需求类型比较成功，展示更多用户感兴趣的内容，无疑将更好地激励用户付费订阅。

在许多情况下，不同服务功能对总体目标的实现都会有相互影响，如果不能从全局的眼光看待，而局限于各自的领域设计、优化，很可能导致事倍功半的结果，而更多提升推荐系统效果的可能性也许不是来自于算法，而是服务方式和流程的改造。例如，在首页推荐上，用户未曾显露兴趣的视频，如果在搜索中仅仅因为关键词相近而得到展示，可能白白浪费位置。又如，对有强烈观看偏好的用户，在网站首页上摒弃如电影、剧集等固定分类，而是使用不同的展示模板和加强倾向性的推荐结果，可能会更好地达成商业目标。

在功能设计和分类下面的一个层次是对数据知识的收集和整理，即包括用户画像、用户的 Embedding 表示，视频的标签、视频的 Embedding 表示等。如前文所述，想要推荐系统效果良好，获取高质量的数据，其作用甚至还在选用模型之上。

数据的来源既包含第三方购买获得，又包括自身服务中所记录的信息，包括场景信息、位置信息、时间信息、上下文信息、用户播放、浏览、收藏、点赞、电视节目列表、标题、导视介绍、演员名单、获奖信息、视频分类、专家评分、用户评价等众多维度。数据体系往往构建于大数据架构之上，并和其他领域（例如内容展示、广告投放等）形成交叉。

最后，是服务架构和基础设施的层次。良好的系统设计、可重用、可扩展，完整的线下、线上体系，自动化的测试和评估、模型部署能力，无疑将帮助最大化研发的效率。下文关于 Netflix 推荐系统的介绍部分恰好可以给出架构和工作流程设计的示范。

9.2.2　Netflix 和 YouTube 的推荐系统

在 2006 年 Netflix 首创的百万美元大奖比赛，首次将在线视频服务对推荐系统的重视暴露在公众视野当中。大赛历经三年，吸引了 4 万多支参赛队伍，将推荐效果提升了 10%（见图 9-11），为公司带来难以计数的利益，如今的大型视频服务中，往往有三分之二的观看行为来自于推荐系统。

图9-11　BPC团队首先达成Netflix推荐比赛设定目标（图片截自比赛界面）

Netflix 的业务模式较为单一，即提供长视频的点播订阅服务，其称为 Cinematch 的推荐系统，起步较早，功能完善，在许多技术分享中都有对该系统的详细介绍。和许多基于算法的服务体系相似，这一推荐体系由离线计算系统、近线计算系统、在线计算系统和在线服务系统组成，架构示意图可参考图 9-12。

离线系统往往以批处理方式运行，在使用数据和计算的规模上较为宽松，在分钟、小时或天级别的时间运转，在不影响服务的情况下重新部署也十分容易，在线计算系统则重视快速获取用户最新的数据并纳入模型。推荐体系的一个关键问题是如何无缝地组合和管理在线与离线计算，包括了数据模型和中间结果，近线计算则处于二者之间。Netflix 使用 Cassandra、MySQL 和自研的 EVCache 作为主要的数据存储，既可以使用流式计算等与在线系统相近的工作模式，又留出了快速响应的空间，将计算的结果缓存，允许使用增量学习算法便于后续进行更复杂的处理。

计算速度是推荐体系中重要的一环，因为包含用户行为在内的大量信息都含有时效性，好的推荐系统将快速充分地利用拥有的信息，如果不能在预期的 SLA（Service Level

Agreement，服务层级协议）内得到服务，在线服务系统需要考虑降级推荐。推荐系统的精度依赖于大量的数据，另一方面，增加数据的使用又可能触及硬件限制，拖慢模型的计算速度，为提高速度，对使用的算法模型进行分布式开发，使之按可横向扩展的方式训练势在必行。

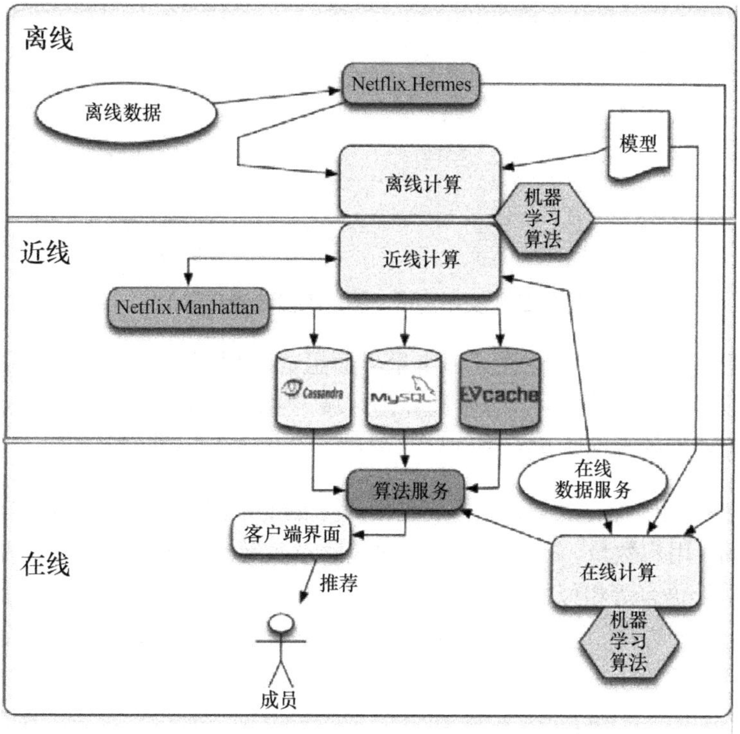

图9-12 Netflix的推荐体系（图片来自参考文章）

“工欲善其事，必先利其器”，从工程上为算法迭代和评估打造快速完整的工作流程可以帮助打造出最佳的推荐结果，Netflix 采用了一种称为交错式（见图 9-13）和 A/B 测试两阶段并行的方法，可以比传统的 A/B 测试使用更小样本的数量，大为加速实验过程。传统上，通过将挑选出的实验用户分为两组，对每一组用户只提供某种算法的结果，最终测量二者对照的结果。由于推荐系统问题的特殊性，交错性展示得以成立，它并不区分被测试的用户，可以通过在同一展示界面上展示不同算法的结果，以此获取对照信息。

交错式算法的原理虽然容易理解，但实践中还需要做出调整，譬如不同算法的推荐结果展示在前或在后将对评估产生很大的影响。

在算法上，Netflix 也披露过一些重要的见解，例如，他们在实践中认定近期趋势是影响用户观看选择非常重要的因子，因此使用特定算法生成 Trending Now 的推荐结果，对类似圣诞节、情人节、自然灾害、重大新闻等导致的用户观看偏好有很好的捕捉效果。

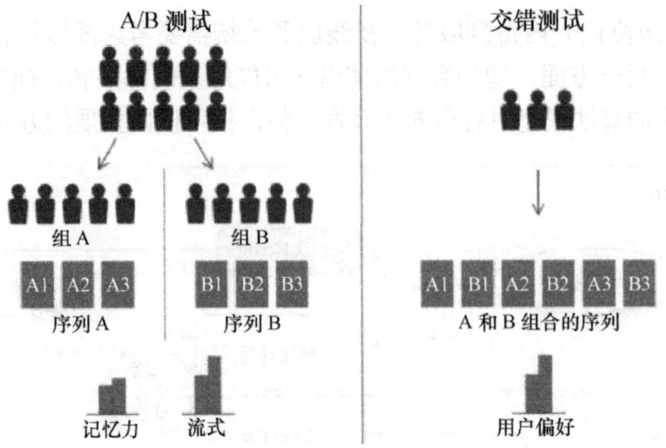

图9-13　交错测试（图片来自参考文章）

用户所能看到的在线服务往往只由少量界面组成，根据不同的用户生成不同的页面框架，例如选用不同的页面模板，或者不同界面区域、主题的排列组合，Netflix 在这方面开发了一些针对推荐要素的页面生成算法。

Netflix 不仅在美国拥有业务，还扩展到国际上数十个国家，针对不同的国家，由于不同区域在上线时间、用户数量、行为习惯等方面差距过大等难以解决的问题，现实的解决方案可考虑采用了基于语言等相似性人工地分为不同群组，在推荐时按照每个群组使用不同推荐模型的策略。但另一方面，区域的划分会导致在某些区域数据的缺乏，引入全球化的推荐来优化尤其对冷启动问题上非常有价值，反而比纯粹使用本地数据推荐效果要好。

Netflix 和 YouTube 于在线视频服务中往往被认为是一时瑜亮，这其中既有对业务成绩的认可，也包含对技术水准的赞美。

很多人都认为，在使用 YouTube 的时候，作为注册用户登录和作为访客，看到了仿佛是两个完全不同的网站，这可能是对其推荐系统的极大恭维。每一分钟都有成千上万用户将他们的视频上传到 YouTube，许多都只有几分钟的长度，到 YouTube 观看的用户期待十分多样化，但和专业生产的电影、电视内容不同的是，用户上传内容只含有很少的描述信息，视频的“保鲜期”更短，用户兴趣也十分嘈杂。

在 2010 年左右 YouTube 公开的推荐系统介绍中，推荐视频通过使用用户的行为作为种子，在基于共同观看的视频图谱中扩充得到，找到推荐的视频集合后，使用各种信号进行排序。YouTube 推荐系统使用原始的说明、标题等内容，以及用户显式或隐式的行为数据作为输入，在获得推荐列表后，通过视频质量、用户独特性和多样性分为三个步骤进行排名筛选。这里视频质量考虑了视频观看时长、收视率、收藏、分享等，独特性环节用以增强推荐结果与喜好的相关性，考虑的内容包括视频在用户历史行为中的相关性，在后续的多样化步骤中，与单一种子关联的推荐视频数量被抑制调整，最后给出推荐结果。

在这套体系中，主要的思路是把用户观看视频的关系构造成图的形式，把用户喜欢看的视频当作标签，从其出发进行随机游走，推广到与其联通的其他视频，Pinterest 也采用相似的方式实现，效果很好。

近年来，YouTube 又公开了其基于深度学习，由两个神经网络组成的较新一代推荐系统架构（见图 9-14），第一个神经网络用于生成推荐数百级别的推荐视频候选，而第二个神经网络用于对推荐视频候选做出排名，两个神经网络合力搭建出一个漏斗状结构，得到最终结果。

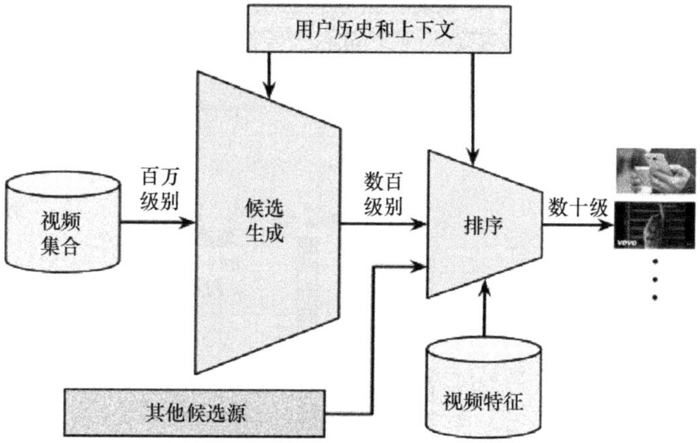

图9-14　YouTube的推荐算法框架（图片来自参考文章）

第一个推荐网络将选择 TopN 视频作为分类网络来处理，将观看、搜索、地理位置等用户信息使用高维的向量进行表示输入，神经网络负责输出分类，使用用户观看完成度作为约束条件进行训练。训练数据不仅从推荐的观看收集得到，还使用了全量的观看记录。而如果每个用户的训练数据相当，也会对模型的精度大有益处。

排序网络意图校准视频的符合程度，不同来源的排序信息（如语言使用、观看行为的时间等）难以直接比较，故而使用与推荐网络结构相似的神经网络为视频独立评分，排序后输出给用户。在排名中可能被用到的特征数以百计，使用 Embedding 表示的特征可以减轻人工的特征工程操作。

YouTube 的推荐网络和排序网络可以参考图 9-15。

9.2.3　他山之石，可以攻玉

为做好在线视频公司的推荐，在主要的视频公司之外，一些以推荐技术闻名的公司也值得关注。例如 Facebook、阿里巴巴、字节跳动等公司近年来都在推荐系统上建立了卓越的声望，由于服务的性质，应对千万级的物品、十亿级别的用户、千亿级的评论均是日常任务，借由需求倒逼技术的成长，这些公司的推荐系统在特征规模、模型规模、准确率、召回率、实时性等方向均有出色表现。

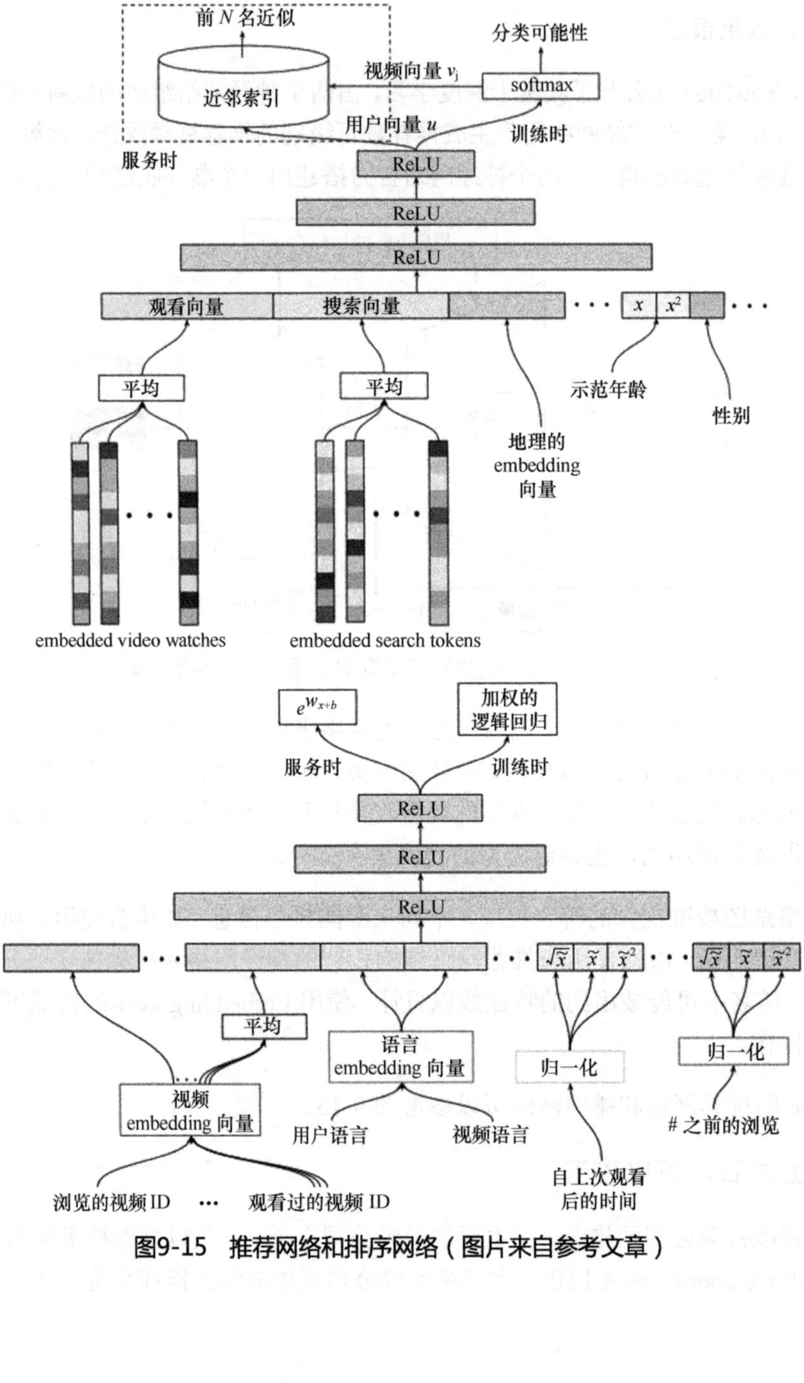

图9-15　推荐网络和排序网络（图片来自参考文章）

Facebook 曾公开其推荐系统 Giraph，用于页面、组的推荐，它采用协同过滤的思路，通过 SGD（即随机梯度下降法）和 ALS（即交替最小二乘法的变种）求解。由于特征数量过多，Facebook 将全图划分成若干个 work，每个 worker 都同时包含物品集合和用户集合，在每一步迭代时，worker 沿顺时间方向把物品更新的信息发送到下游，因此每一步只需要解决有限的通信和计算。

阿里巴巴的推荐系统面向电商场景打造，特征属性非常繁杂，考虑到大规模的样本数量，总量在千亿以上，因此阿里巴巴开发了分布式特征设计的机器学习平台 XPS（见图 9-16）以及专门设计的 XNN 网络，XPS 平台支持动态特征扩容，可以实现多级分区增量训练以及流式的数据处理和评估模式，并对稀疏矩阵进行了通信方面的优化，将 Key 和 Value 分别置于连续的空间。

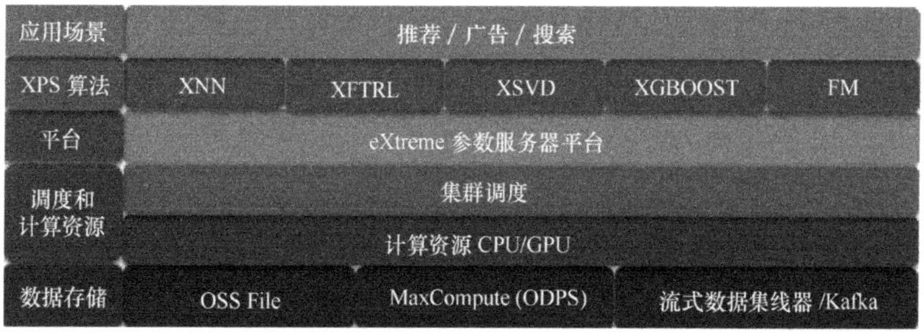

图9-16 XPS平台（图片来自参考文章）

XNN 网络的主要优点在于自动地统计特征在各个时间单位的统计值并作为连续特征加到输入层，以及在计算时对历史参数进行衰减处理，保证新样本的权重。

字节跳动的推荐系统可以算作内容分发领域的代表，其系统的特点在于优化目标众多，譬如对低俗内容的打压，重要新闻的置顶和加权，低级别账号降权，在优化时兼顾用户指标和面对作者的生态指标等。

在头条的推荐中，因为其信息流的分发模式，大多采用实时训练的模式，以获取较快的反馈。系统采用 Storm 集群处理样本数据，每收集到一定数量的用户数据就更新推荐模型，内容主要是提取文本特征，使用层次化的文本分类方法。由于内容的数量很大，通过模型计算进行推荐的代价对比服务模式而言过高，需要额外设计多种召回策略，即从内容中先行初筛，得到千级别的推荐候选。头条采取的方式是维护倒排列表，根据不同的兴趣标签对内容搜取。

总而言之，在线视频的领先公司们正在向着“推荐一切”的目标进军，在此过程中，其他领域的推荐系统也极富教益，打造更加个性化和用户中心的体验，至少在未来许多年里仍将是视频服务的焦点目标。

9.3　在线广告技术：身是眼中人

在线广告指以互联网为载体的广告行为，利用网站上的展示、视频、信件等方法发布广告。比起传统的报纸、杂志、电视等手段，在线广告有着许多无可比拟的优势，如形式更加灵活、交易更加方便、定位更加精准、投放更加迅捷、评估更加容易。

图 9-17 列出了 YouTube 和传统媒体广告之间的对比。

从形式上看，在线广告除形形色色的网页、弹窗、浮窗、链接、视频、音频、信件、站内消息外，还包括许多新颖的方式，例如推荐转发、优惠券、返点、拼单、文本嵌入、视频嵌入、软文、游戏等。

从交易的角度来说，网络的便捷使得广告主可以轻易地选择投放的种类、渠道、付款方式、支付条件等，并允许以更低的成本进行多方对比，是一个十分自由的市场。从投放方式来说，广告主的大部分投放都会通过一个或多个平台，选取希望展示的方式、投放类型和投放渠道，后文将更详细地解释。

YouTube广告	传统媒体广告
精准投放到目标人群 效果透明量化	广告投放范围宽泛 效果模糊无量化
成本低，好管控	成本高，不好管控
广告展示内容丰富	广告展示内容单一
轻松和观众互动 方便收集信息 直接为网站导流	很难和观众互动 收集信息难 很难为网站导流

图9-17　新广告形式的优势（图片来自参考文章）

不论展示广告的网站支持的是匿名访问抑或登录访问，只要发生广告投放和点击，服务端总有办法追踪访问记录，比起只能展示，却无法确认观看和后续行动的传统广告，更有种用户被“天眼”锁定，无从逃遁的感觉，从价值评估角度，在线广告具备无与伦比的优势。

9.3.1　在线广告的分类和指标

作为互联网公司最重要的变现手段之一，在线广告的成型至少可以追溯到 Google 的竞价广告 AdWords 诞生的岁月（见图 9-18）。通常来说，广告可以分为品牌广告和直接效果广告两大类，顾名思义，品牌广告希望宣传品牌形象，提升用户对品牌的认知，许多时候只要用户建立了某个品牌比较“高贵”或“舒适”的印象就代表了成功。直接效果广告则寄望于用户在观看广告后受到吸引，直接阅读、试用甚或直接购买。

展示合约广告是一种比较基本的广告形式，网站提供网页的某个区域，允许在一定的时

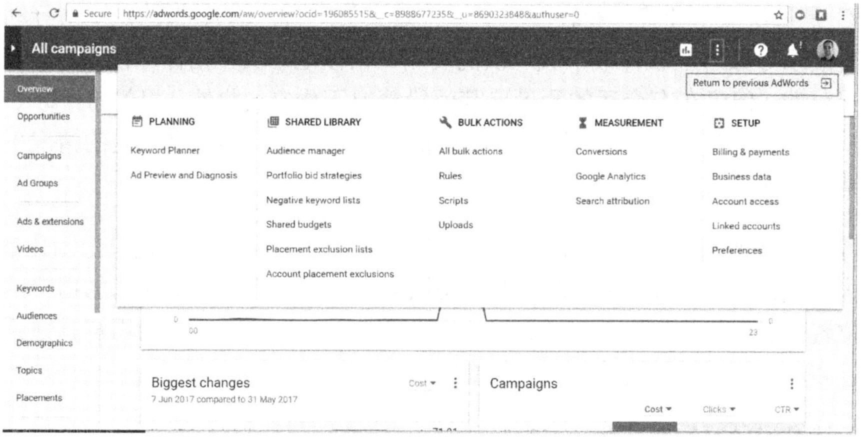

图9-18 AdWords（图片来自Google网站界面）

间范围内嵌入广告主希望展示的文字或图像，双方在一定的价格上达成交易。由于广告的收入大致上由展示空间和访问流量两大因素限制，增加访问网站的流量以及广告的展示空间不足以满足提升营收的需求，与个性化推荐相似的逻辑相似，个性化的广告投放是提升流量价值的第三个重要维度，一项早期的研究认为，基于用户行为定性的精准广告推广效果是非定向广告效果的 2.7 倍以上。

将购车广告展示给小孩子或将游戏广告展示给老爷爷都将带来显而易见的浪费，而依据用户画像投放广告，当一次展示机会面对的用户同时满足多个广告主的预设要求时，选择出价最高的广告主，这一思路即构成了竞价排名广告，也即 Google、Facebook 等互联网巨头的核心商业模式。实践中，许多竞价排名系统最终采用的是第二高的价格作为成交价，这种机制经证明可以打消出价者的疑虑，为广告服务谋取最大化的收入。

虽然竞价排名貌似可以最大地满足广告售卖方的需求，但广告主并不完全买账，不论高端品牌广告主还是中小企业，或对广告投放的可预期性有很高的要求，或对不停地竞价博弈力不能为负，又或者存在品牌覆盖和独占的期望，一种保证投放数量的担保式投放帮助满足了这部分需求，也是相对常见、高阶的广告合约方式，对互联网服务而言，有必要更精准地依照小时、天、周预测流量的多少和类型，卖出合约销售的广告并确保投放成功。

为同时追求合约广告的高质量与高确定性，以及实时竞价的便捷性，PMP 即私有交易市场模式变得流行，其交易方式包括贴近传统的直接购买，以及优先展示、私人竞价等。直接购买即确定广告位和价格，由广告主直接选择达成交易，优先展示允许服务商不予保证展示的流量，也允许广告主依据自身需求退回一定的展示数量，私人竞价则可视为具备广告主准入门槛的实时竞价。

广告系统的常见价格计算方式有 CPM、CPC、CPA 等，其中 CPM 即千人次广告展示的价格，CPC 是每次点击计费，相较展示更适合效果类广告，CPA 指的是单次行动计价，譬如通过广告展示导致对应软件被下载一次的费用。相似地，CPS 指标即按销售计价，可谓完全地按效果付费，但仅在有合适的测量追踪手段情况下成立。此外，相关的指标 CTR、CVR 和 ACP 意味着点击率、转化率和平均点击价格，在展示数量和价格一定的情况下，需要通过提升这两个指标提高收入。

与推荐和搜索面临的问题相似，由于广告投放致力于针对每个人提供定制化展示，它也是典型的大数据问题，即通过对全量数据的处理解决问题。在个性化上，如用户的搜索关键词、地理位置信息、年龄与性别信息、使用场景信息，乃至基于标签的用户画像系统都是广告产品设计以及广告主与服务方之间沟通的重点。

9.3.2　在线广告的价值链条

与以往看似单纯的广告主、服务方以及广告代理构成的三方关系不同，在线广告的生态环境中，为实现个性化投放和程序化交易，除广告主和服务方外，构建了长得多的价值链条，其大致角色分类包括 ADN、DSP、ADX、RTB、SSP、DMP 等。

图 9-19 展示了异常复杂的在线广告生态。

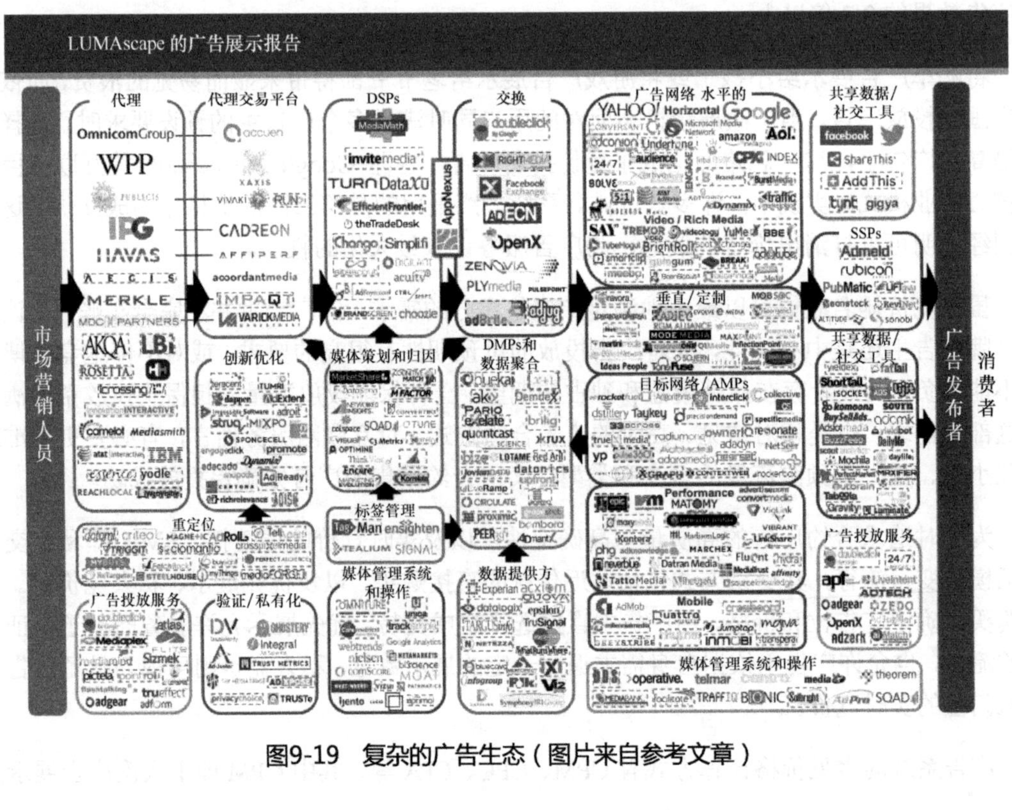

图9-19　复杂的广告生态（图片来自参考文章）

广告服务商通常的策略是：首先完成基于担保合约的广告投放，然后将剩余流量交给AND，即 Ad Network（广告网络），ADN 可大致分为通用和垂直领域两类，以 Google Display Network 为代表，通过临时合约或竞价排名方式销售。对于小广告商来说，由于缺乏独立销售合约的能力，甚至可能将全部资源都交给 ADN 进行变现。

DSP 即 Demand Side Platform（需求方平台），由于多个 ADN 共存，各自提供不同的广告展示机会，DSP 接入了大量广告产品，允许广告主跨服务地投放广告。一些大的 DSP 公司有 Criteo、AdRolls 和 AppNexus 等。

RTB 即 Real Time Biding（实时竞价系统），这是 ADX（广告交易系统）的一种，针对广告展示位置进行实时评估，并令广告主可以通过实时竞价的方式撮合成交。

SSP 又称 Supply Side Platform（供给方平台），广告服务方可以通过接入 SSP 发布自己的广告位库存，管理定价。

由于不论 DSP、RTB 还是 SSP 都需要广告位和用户信息的支撑，DMP（数据管理平台）扮演的就是这样的角色，其中既包括数据提供商，从特殊的数据源头（如媒体、社交网站等）获取数据，提供给他人使用，也包括数据管理平台，负责整合所有多种数据和资源。典型的 DMP 公司有 Oracle 旗下的 BlueKai，BlueKai 是这一细分领域的开创者之一。

此外，为方便广告主进行优化购买，还存在一类称为 Trading Desk 的系统，类似以往的广告代理公司，帮助广告主合理选择展示用户的条件和在不同人群上的出价和投放数量，争取最佳的整体 ROI 表现。为帮助数据的流通，数据交易平台同样从第三方数据的角度，嵌入整个价值体系之中。

不论合约广告，还是实时竞价系统，都不得不为争取用户公开更多的数据。显而易见，如果广告服务商不能将用户的数据尽力暴露给广告主，令其能找到所需要的人群和展示方式，更精准地投放，并提供灵活的投放方式，就不能优化自己的收入。

实时竞价广告情境下，广告服务商可以将流量整体委托给一家 ADN 或切分委托给多家 ADN，通过 ADX，DSP 交易，ADN 也可以接入 SSP 进行投放优化，较大的服务商自己就可能具备 SSP 能力。合约广告情境下，许多大的广告主本身就建有私有市场，并提供 SSP 和 ADX 功能。

数据是个性化广告不可缺少的一环，数据来源包括广告主的数据，广告服务拥有的数据以及第三方数据。首先对于广告的投放，相互之间一定程度的数据开放是必不可少的。其次，在展示以及结果的测量评估时，也需要引入信任的机制，才能让整个体系运作。

DMP 主要帮助广告主回答如下问题：在广告主的用户群体或者说希望吸引的用户中，

有哪些特征属性更能描述他们？如何对不同来源的效果评测工具统一观测，以便实时调整和优化？如何将用户进行细分才能更好地指导投放？DMP 需要和 DSP、ADX、ADN 等系统对接才能发挥最大的作用。

通常，DMP 在广告主的网站上部署网页代码，甚至跟踪代码管理，以便获取第一手的用户数据，允许导入线下，且将它们与其他来源的数据放置在统一的地方进行比较。DMP 应提供快捷方式供使用者对用户数据进行详细地分类，并允许自定义细分人群，以及进一步分析用户的偏好和响应情况。人群的细分数据可以在其他对接的系统中运用，同时 DMP 可以分析细分的人群和广告投放策略的表现。

图 9-20 以 Bluekai 为例展示了 DMP 在广告价值链上的位置。

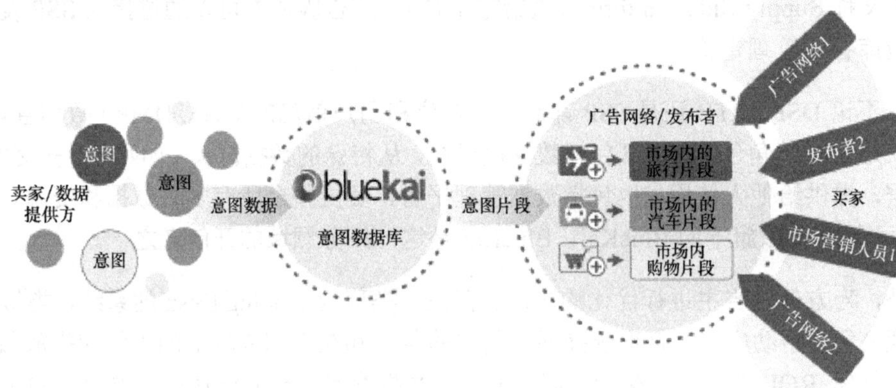

图9-20　DMP在价值链上的位置（图片来自Gigaom网站）

在数据的使用上，隐私是必须考量的问题，既需要确保平台的数据收集符合法规要求，譬如允许用户自行清除对应数据，又需要在参与体系的不同角色之间进行数据交换的时候进行必要的遮掩、映射和清除。

不同的公司依据其提供的互联网服务不同，构建自己的广告技术体系，其中可能部分或全部地依赖于第三方。一套个性化广告体系与推荐类似，都可能由在线和离线的系统构成。最基本的广告系统成员是广告投放系统，负责实时响应广告请求并进行投放决策，由于展示还需要一定的时间，留给决策的时间可能只有百毫秒级。与投放系统相对应，日志系统也必不可少，因为投放的记录将决定后续的统计、收费、评估和优化。

投放追踪系统是最有可能自研与第三方方案并存的部分，广告服务既需要自研方案给予自身完整的记录，在计价收费方面，同时具有买卖双方信任的第三方。通过引入 Nielsen、comScore 这样的公司在服务端埋点或客户端集成 SDK，计算展示、点击、观看等行为，得到具有公信力的交易凭据。当广告体系渐成规模，例如用户画像、广告搜索和排序、订单管理、库存管理、流量预测、反作弊等组件也应逐一完善。

图 9-21 展示了 Nielsen 水印技术的架构原理。

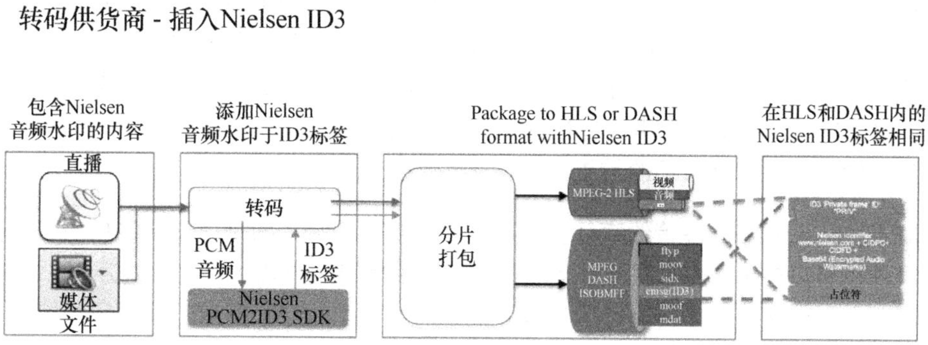

图9-21　Nielsen Watermark（图片来自Nielsen网站）

9.3.3　在线广告的关键技术

在线广告面临的主要是匹配和优化问题，例如在展示量合约的场景下，DSP 需要预估点击率、点击的成本和回报，找到最佳的投放组合。

合约广告的投放依赖于用户定向、流量和点击率预测、在线分配的能力，下面将分别介绍。首先是用户定向，用户画像技术可以将用户的特点提炼成特征标签，通过规则分析、关键词分析或主题模型分析展示广告的页面能够判断展示场景，广告主也可以提供期待的用户标签，还可以通过提供种子用户集训练模型，判断一个用户是符合广告主期待用户类型的可能性。

为找到对特定广告点击率可能最高的群体，往往把用户的行为和特征选择步骤结合起来作为特征，并选择合适的指数族分布描述目标求得最优解，特征选择步骤可以将用户行为映射到一组标签上，特征则是根据一定时间周期内行动在标签上的重要程度。

流量预测的目的是在给定用户标签的情况下，预估将来某个时间段中，符合这些标签条件的用户访问有多少，即有多少机会广告合约能被履行。流量预测的主要思路是利用历史数据猜测未来，需要服务正确地找到历史数据中的周期规律，将历史流量中所有满足标签组合的流量数值分别计算，并建立倒排索引，当进行决策分配时，只需提供标签组合，就能立刻获得预估的流量大小。

对广告投放进行点击率预测对广告主或 DSP 都十分有意义，在竞价场景时，使用回归模型预测点击率，进而计算预期的回报，只有当预期回报高于价格时，才考虑出价，以及使用合适的价格竞得合算的流量是生存的关键。在预估点击时，常针对展示的广告内容、展示位和用户数据三方面数据提取特征，再通过机器学习模型习得算法。点击率预测问题的难点在于，观察到的是点击与未点击的离散数据且多半样本极不平衡，因为竞价获胜的结果将覆盖失败的结果，数据往往不能反映预测结果的好坏。

实践中，由于合约广告和竞价广告很可能是广告服务两个不可或缺的组件，投放服务多半是一个混合决策系统，即按照一定优先级顺序进行投放分配，并分层进行优化。由于广告合约常有总的投放量限制和针对单一用户的投放频次限制，投放分配即可看作是在多项需求和多项供给之间撮合的算法，满足各项约束并令广告效果最优。在投放广告的时间点所依据的供给是流量预测并实时修正的结果。

投放系统实际面临的决策约束往往更加复杂一些，例如，如果广告合约横跨三个月，广告主肯定希望用户展示在整个周期中都能保持一定的强度而非集中在合约初期，以及在分布式服务集群中如何保证整体目标最大化等。

如果使用基于历史流量的估计当作实际流量，上述的投放过程可以被看做最优化问题，即某类流量分配给某个合同需求的比例，由线性规划方式求解，但由于计算量过大，即使使用对偶法，计算量可能也难以承担，可以参考 SHALE 算法，求解需求约束所对应的对偶变量，再通过数学变换得到供给约束对应的变量和分配比率。

另一个有效的投放算法是由 Yahoo 提出的 HWM（见图 9-22），其大致的思路是离线根

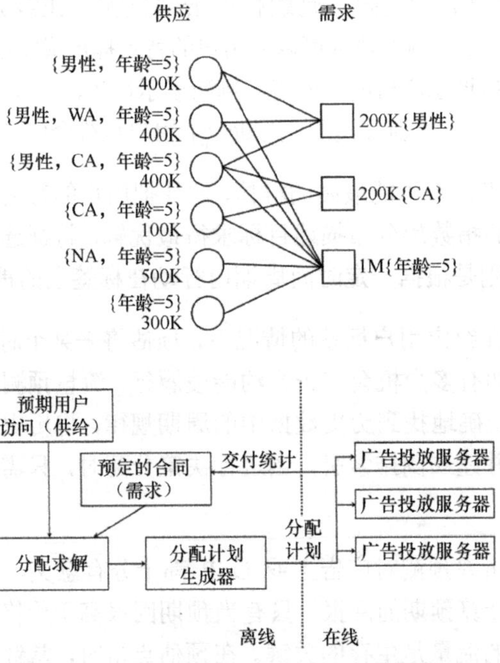

图9-22　HWM算法（图片来自参考文章）

据广告合约计算分配方案，并将分配方案发送给所有投放服务器，服务器根据局部的计算结果投放广告，同时离线计算部分将根据展示量动态调整，定期重新计算。在离线计算部分，除展示比率外，算法还根据可行流量计算出分配顺序，以便投放服务器在流量不足时据此分配。由于计算十分依赖对流量的预测，根据实际流量频繁地再优化可以起到很好的效果。

实时竞价与合约广告不同，它面临的主要问题是，出价者如何找到候选的广告集合，以及如何对候选的广告集合进行排序选择，这里存在 eCPM 的概念，也即千人次展示预计的收益，eCPM 可以被认为是点击率预测和点击效果预测的结合，排序将根据广告位的 eCPM 进行排序。

竞价策略有很多，例如固定出价、CPM 动态出价、受限点击成本出价、ORTB 出价等，其中 CPM 动态出价主要基于模型预估成交价格，再用实时竞价的成功率修正，适用于追求曝光率的需求，受限点击成本出价主要利用设定的最高点击成本 mCPC（见图 9-23），通过

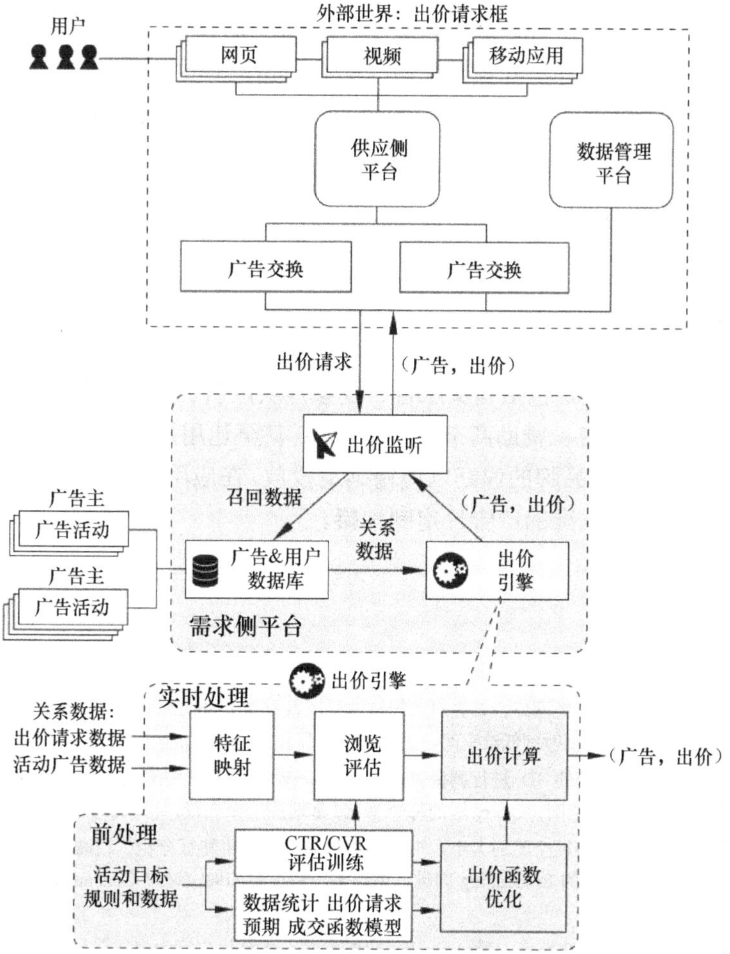

图9-23 实时竞价系统（图片来自参考文章）

历史数据预测 CTR，再计算 mCPC×CTR 来出价，适用于流量较为充足的情况，ORTB 出价是一个非线性的策略，考虑了预算限制和竞价胜率，适于低预算的用户。

与其他服务子系统相同，广告系统也正在不断深化机器学习和深度学习应用的路途上，例如为解决 CTR 预估问题，可以考虑前文提出的 Wide & Deep 方法，DeepFM 方法，阿里、微软等公司的 MLR①、DSSM②、GwEN③、DIN④等模型也曾给予人们很好的启发。

9.4 在线视频广告

在线视频广告一向是在线广告中的“高端”领域。

在线视频领域广告的主要形式包括视频和非视频两类，由于 Netflix 并不开展广告业务（据称其近期亦在试水一些广告功能），Hulu 和 YouTube 即是在线市场上最大的服务提供商，而且二者各有偏向，前者主打长视频，是最佳的高质量品牌广告投放地，后者则相对综合，适合移动平台，且具有很强的国际化属性，可以参考的数值是，Hulu 的 CPM 大约是 YouTube 的数倍，而后者也大幅高于普通网站广告的价格。

图 9-24 展示的是 Hulu 在 2018 年的 Upfront 盛况，这是一个为高端品牌广告商准备的在线视频销售大会。

9.4.1 视频广告的常见形式

YouTube 的主要广告形式包括刊头广告、视频片头广告、插播广告、搜索结果广告、网页展示广告、视频叠加广告、赞助商卡片等。Hulu 甚至让用户主动地在多个广告选项中进行观看选择，让用户选择对品牌的偏好以便精确地投放，在应用内提供深度定制的购买渠道，还为广告主提供了好莱坞水准的广告片定制拍摄。

① MLR 算法很像使用一个隐层的神经网络，首先对大规模的稀疏数据做 Embedding 操作，分为聚类 Embedding 和分类 Embedding 两种，将其按分片数投射到低维空间，之后通过内积操作进行预测。

② DSSM 的思路是试图为大量稀疏的 ID 进行稠密表达，把 Query/Doc 中的关键信息提取并进行 Word Hashing，把 Query/Doc 域投影到 300 维的子空间，Query 里的每个 Word 都对应一个向量，再求和得到汇总的向量。

③ GwEN 网络的思路是，为控制特征空间的大小，借鉴局部感知野，先将特征分组，用映射为低维稠密的向量，然后进行求和或池化操作，得到分组的 Embedding 向量，再由多个特征组的向量通过 Concatenate 操作连接，构成完整的表达。

④ DIN 模型的核心是基于数据的内在特点，受 Attention 机制启发，先从用户行为中捕获与待选商品相关的子集，对该子集再做向量化操作，可以帮助在多峰分布的空间中较好地找到最匹配的结果。

图9-24 Hulu的Upfront 2018（图片来自参考文章）

针对电视直播节目，在线视频服务商依靠其用户理解能力和较高的单位广告播放定价，发展出另一种模式，即对直播流中的不同用户，使用不同广告替换原有电视节目中的广告，搏取更高的利润。

随着时代的发展，广告服务方和广告主都希望可以具备更有吸引力（也即更有效果）的广告形式，有一些业界的尝试提供上下文广告，即当用户正观看到某类场景（比如飙车镜头）时，择机插入跑车的品牌广告或在电影中出现畅饮时给出饮品广告。随着图像技术的发展，实时地将广告嵌入视频，例如使用可口可乐替换电视中角色手中的饮料也并非不可实现。

单一的广告影响力毕竟有限，实现在多种形式上联动的广告“战役”可能提供非常独特的体验，例如针对同一用户观看某部电影时，于电影的不同广告位上插入具有上下文关系，具备悬疑性或故事性的同品牌广告，将可以给广告主更好的宣传平台，也可最大化服务方的利益。

9.4.2 视频广告的相关技术和标准

视频广告播放需要多种技术予以支持，首先是基础的视频播放技术除时长较短，往往只有数秒到数分钟以外。视频形态的广告，与普通的视频内容并无本质的区别。但由于投放何种广告都几乎是在用户请求时实时地确定，不能在后台将广告与视频编码到一起。假设视频内容根据平台不同有 H.264 和 HEVC 两种编码形态并存在多种码率，广告最好也采用相同的 Codec 和码率处理。否则，在设备端播放时，可能引入不必要的 Codec 切换的延迟。

在视频内容播放之前的片头广告无需对视频额外处理，但在长视频的中间插播广告则至少需要解决两个问题：一是找到合理的镜头切换位置作为插入点，避免过于打扰用户的观影体验；二是插入点应该以关键帧分隔，保证广告前后两侧均能独立解码。

上文提到的其他需求各自需要克服不同的技术难点，例如广告替换，需要根据打包格式和流媒体协议不同，在服务侧或播放侧实现时间轴的对齐。又如上下文广告，可能需要的重点技术是对视频进行实时的内容分析，并能够提取为向量形式进行相似性查找。

较少有人注意的一件事是音量归一技术，即探测不同视频段落中的音量大小并予调整，这并非广告场景的特殊需要，但由于广告的篇幅较短，声音往往与视频本身的音轨很不搭调，有惊扰用户之嫌，在转码时进行音量归一甚至对前后区域内的音频加进淡入淡出效果可解决此类问题。

视频广告可以按照任何形式发布，但如果希望能在不同的服务之间自由交换，需要大家认可的标准，当前扮演这一角色的是由 IAB（Interactive Advertising Bureau）制订的开放协议 VAST（Video Ad Serving Template），较新的版本是 4.0。

图 9-25 给出了由客户端和服务端驱动的广告投放示意。

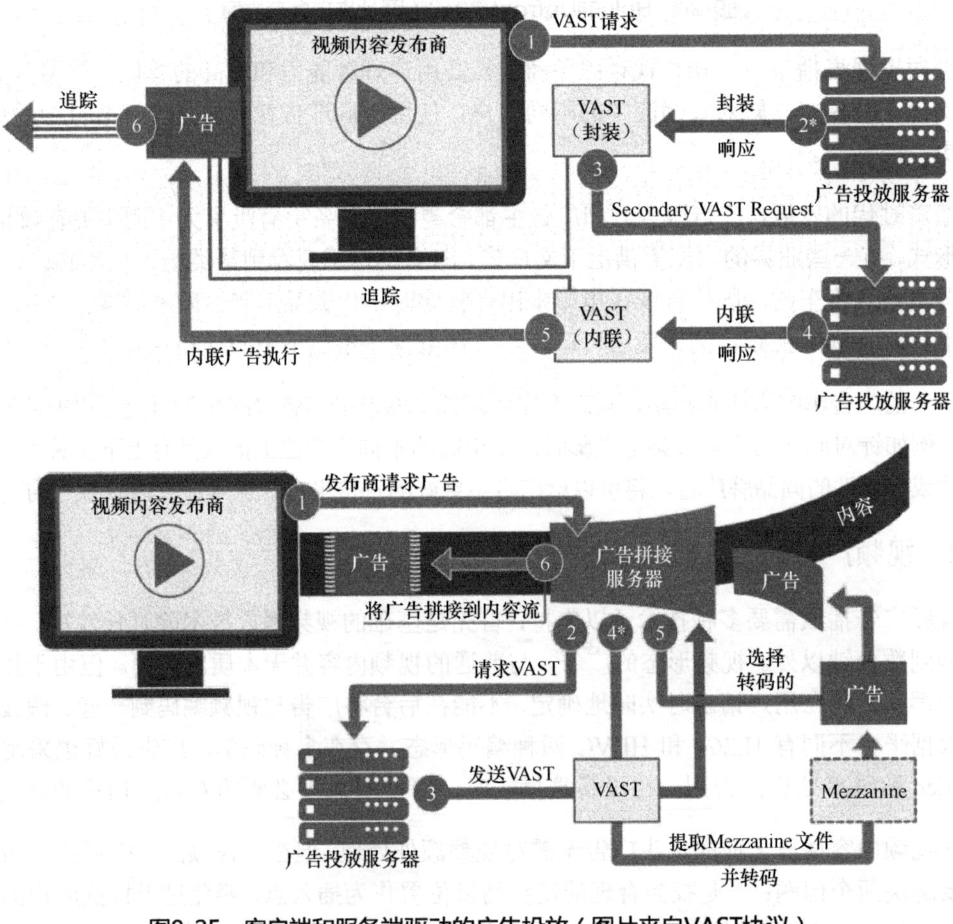

图9-25　客户端和服务端驱动的广告投放（图片来自VAST协议）

VAST 协议采用 XML 格式但有自己的 Schema，它通过 XML 文件主要定义了如何描述视频播放过程中的广告，包括位于电影之前、之中、之后的视频广告，视频的层叠广告和伴随广告，描述了广告是否可以被跳过等。一次 VAST 的请求可能连接到不止一个广告服务器，而且可以被重定向到其他广告服务器。通常广告服务商自行销售和投放的广告并不一定需要遵循 VAST 协议，只要广告被导入服务商的存储中进行处理，并通过类似广告 ID 的方式定位播放即可。但如果广告是通过外部平台销售，或存储于外部服务之中，需要按照 VAST 协议方式获取，构成额外的挑战。

一份 VAST 的例子如下。

```
<VAST version="4.0" xmlns:xs="http://www.w3.org/2001/XMLSchema" xmlns="此处应填写VAST文件的xmlns格式链接，具体请查阅VAST标准">
    <Ad id="20001" sequence="1" conditionalAd="false">
        <InLine>
            <AdSystem version="4.0">iabtechlab</AdSystem>
            <Error>http://example.com/error</Error>
            <Impression id="Impression-ID">http://example.com/track/impression
</Impression>
            <Pricing model="cpm" currency="USD">
                <![CDATA[ 25.00 ]]>
            </Pricing>
            <AdTitle>Inline Simple Ad</AdTitle>
            <AdVerifications></AdVerifications>
            <Advertiser>IAB Sample Company</Advertiser>
            <Category authority="此处应填写iabtechlab的categoryauthority链接，具体请查阅VAST标准">AD CONTENT description category</Category>
            <Creatives>
                <Creative id="5480" sequence="1" adId="2447226">
                    <UniversalAdId idRegistry="Ad-ID" idValue="8465">8465
</UniversalAdId>
                    <Linear>
                        <TrackingEvents>
                            <Tracking event="start"
offset="09:15:23">http://example.com/tracking/start</Tracking>
                            <Tracking
event="firstQuartile">http://example.com/tracking/firstQuartile</Tracking>
                            <Tracking
event="midpoint">http://example.com/tracking/midpoint</Tracking>
                            <Tracking
event="thirdQuartile">http://example.com/tracking/thirdQuartile</Tracking>
                            <Tracking
event="complete">http://example.com/tracking/complete</Tracking>
                        </TrackingEvents>
                        <Duration>00:00:16</Duration>
                        <MediaFiles>
                            <MediaFile id="5241" delivery="progressive" type="video/mp4"
bitrate="2000" width="1280" height="720" minBitrate="1500" maxBitrate="2500"
scalable="1" maintainAspectRatio="1" codec="0">
                                <![CDATA[https://iabtechlab.com/wp-content/uploads/
2016/07/VAST-4.0-Short-Intro.mp4]]>
                            </MediaFile>
                            <MediaFile id="5244" delivery="progressive" type="video/mp4"
bitrate="1000" width="854" height="480" minBitrate="700" maxBitrate="1500"
scalable="1" maintainAspectRatio="1" codec="0">
```

```
                    <![CDATA[https://iabtechlab.com/wp-content/uploads/
2017/12/VAST-4.0-Short-Intro-mid-resolution.mp4]]>
                </MediaFile>
                <MediaFile id="5246" delivery="progressive" type="video/mp4"
bitrate="600" width="640" height="360" minBitrate="500" maxBitrate="700" scalable="1"
maintainAspectRatio="1" codec="0">
                    <![CDATA[https://iabtechlab.com/wp-content/uploads/
2017/12/VAST-4.0-Short-Intro-low-resolution.mp4]]>
                </MediaFile>
              </MediaFiles>
              <VideoClicks>
                <ClickThrough id="blog">
                    <![CDATA[https://iabtechlab.com]]>
                </ClickThrough>
              </VideoClicks>
            </Linear>
          </Creative>
        </Creatives>
      </InLine>
    </Ad>
  </VAST>
```

更多示例可以参考 Github 上 VAST 的 Sample。

IAB 的视频广告指导共包含六个部分，VAST 仅是其中之一，其他几个部分包括广告测量指导、播放器广告接口定义、广告列表定义、数字视频广告格式指导、流媒体广告指标定义等，其中对播放器广告接口定义 VPAID 在此稍作介绍。

VPAID 定义的是一组需由播放器实现的接口，既可以是 Flash，又可以是 Silverlight、Javascript，播放器负责向广告服务器请求遵循 VPAID 规范的交互广告程序，按照播放进度与该广告程序不断交互，并发送监测数据。除直接获取 VPAID 广告程序外，还可能支持从 VAST 的广告中获得 VPAID 的 URI，访问后再持续与交互广告通信。

VPAID 的工作流程可参考图 9-26。

9.4.3　视频广告的后台架构

在线视频公司的后台广告架构通常以投放为核心，如前文中所描述的，其主要逻辑在于找到候选的广告集合，以及从候选广告集合中选取合适的选项投出。在选取广告集合时，需要首先匹配用户信息和广告信息，之后可能需要由反向规则进行筛选，譬如控制广告在不同的发行伙伴之间的限制。例如禁止在迪士尼的节目上播放酒精广告，使用抗疲劳过滤，不让投放同一广告频率过快，不给用户连续看多个同类广告等，以及进行投放速度控制，在相对均匀的速度将总量投放完成。

当得到了一个候选的广告集合，通常将经过一定的规则排序选择，需要考虑的规则可能包括剩余的库存，投放的进度，为距离投放期限更近的广告分配更高优先级，给予更高 CPM 的广告更多权重，对能够投放更多广告的合约予以照顾，针对较特殊的投放需求给予照顾等，最后根据广告得到的权重予以排序，做出投放选择。

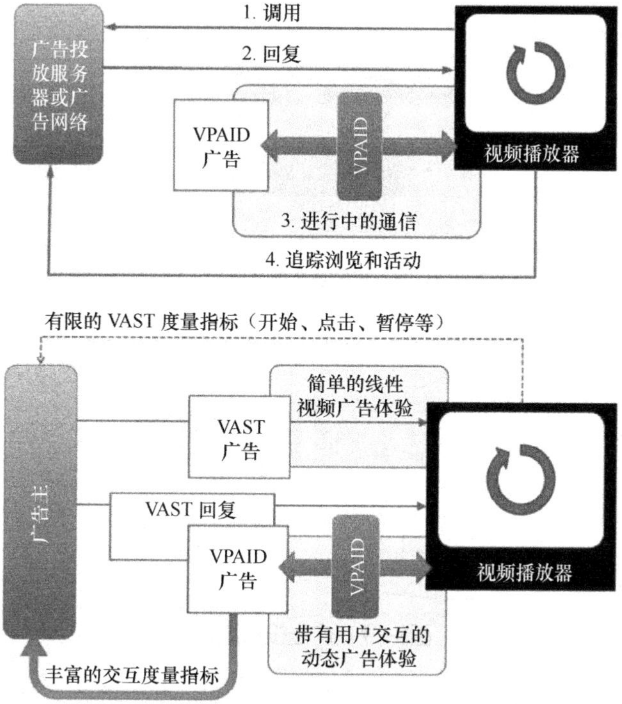

图9-26 VPAID工作流程（图片来自VPAID标准）

通常广告服务器将和负责订单管理的 CRM 系统对接，理解当前的合约状况，还需要和目标用户服务关联，以便实时地获取符合条件的用户，目标用户服务系统可能与 DMP 平台关联，得到更多的用户信息。由第三方平台售出的广告将代替服务方对投放何种广告做出选择，仅仅由第三方服务器托管的广告则不在此列。广告服务还需要能够快速地更新投放记录，避免出现不一致的状况，收费服务将根据第三方的投放监测数据结账，第一方数据能够帮助纠正其中的错误。

在线视频服务会在手机或其他移动设备上提供离线播放能力，由于服务方自己的投放计数很难得到广告主认可，通常会采取变通的方式，例如对多个广告点一次性决定投放的内容并与视频本身编辑为一体，又或者在下载时就预先要求观看不同的广告。

图 9-27 给出了广告投放架构的示意图。

对广告投放进行优化意味着从多个维度深入理解商业逻辑，并予以数据模型或算法上的迭代。首先将是整体广告体验的设计，决定在服务中使用哪些广告形式，用户能够承受多长时间的单次以及整体广告，这需要广告体验的模型和用户体验的模型。其次，对不同广告形式进行合约定价是十分紧要的任务，可以通过传统的市场调查，使用竞争定价法、市场导向定价法等定价，也可以通过算法反馈，实现动态定价。

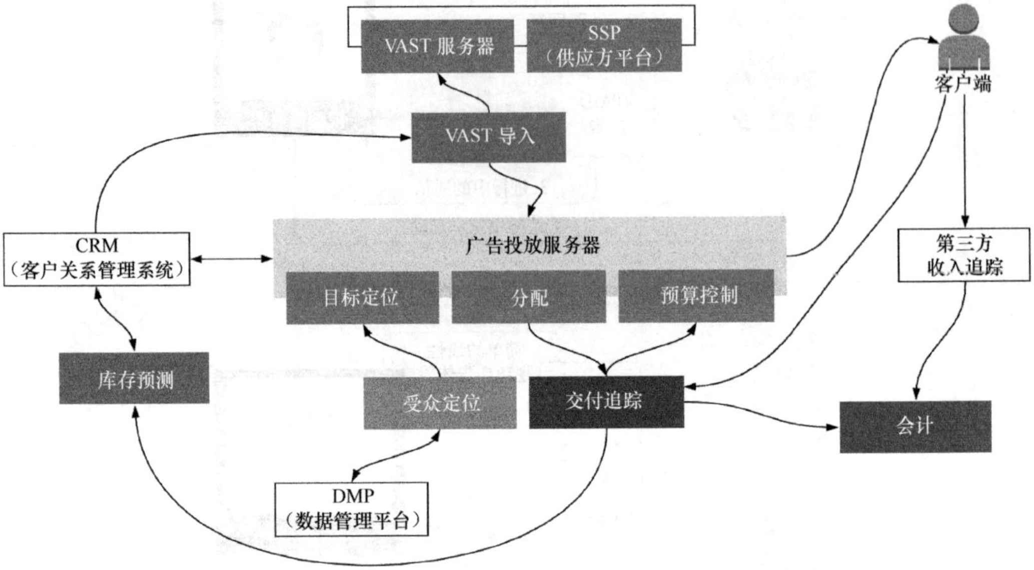

图9-27　广告投放架构

从研发的角度看，广告系统和推荐系统类似，其重心在于借助算法进行持久地优化，某种意义上说，广告也可被看作问题定义得十分清晰的一种特殊推荐系统，因此二者之间离线、近线和在线的系统设置也同样有效，在 CTR、CVR 相关的算法上也大多能相互借鉴。

除投放外，广告系统中库存管理、定价、信息流位置选择等问题也十分重要，不同问题之间的相互影响和全局优化可能带来后台架构的更新设计，同时，综合用户推荐体验、播放体验和广告投放效果的优化尚缺少通行的范式，可能是未来发展的方向之一。

第 10 章 视频公司技术体系

如今主要的在线视频服务公司，其技术体系虽然博大深闳，千头万绪，但仍有脉络可循。“纸上得来终觉浅，绝知此事要躬行”，不同于前面章节以列举各方面技术为主，这一章始于音视频方案的选择，终于服务架构、研发体系的演进，更多探讨的是基于音视频技术和其他通用技术，构建高水平在线视频服务的一些关键点和心得体会。

10.1 音视频方案设计：确立建队基石

显而易见，音视频能力既特殊又基本，想打造一个在线视频服务，首先要解答的问题可能就是如何选择音视频方案，如同建设一支有竞争力的球队，要做的也是找到球队的基石，下面将依次阐述方案选取的原则，列举一些点播服务面临的主要技术挑战，以及讨论直播和 CDN 方案。

10.1.1 选择方案的原则

由于音视频技术的特性，视频处理的环节和播放环节相互影响较大，在线视频公司搭建端到端的音视频系统时，在准确评估用户需求的基础上，应合理地划分处理环节，选择合适的方案并进行通盘考量。

首先，较小的视频公司在起步时完全可以直接集成现成的视频云服务，譬如使用 AWS、Azure、Brightcove、Bitmovin、阿里云、腾讯云等。图 10-1 是腾讯云的视频点播方案。

通常视频云都支持将内容上传、管理、转码、分发甚至客户端 SDK、广告自动销售和插入等功能，在监控报警服务上也较完备，研发团队只需将对应的 SDK 集成在网页或客户端程序中，并实现浏览、选择、调用 SDK 等操作即可完成全部功能，工程师可以集中精力在登录、支付、网页和内容导入等独有部分的开发，视频部分最快仅需耗费数周级别的工期。

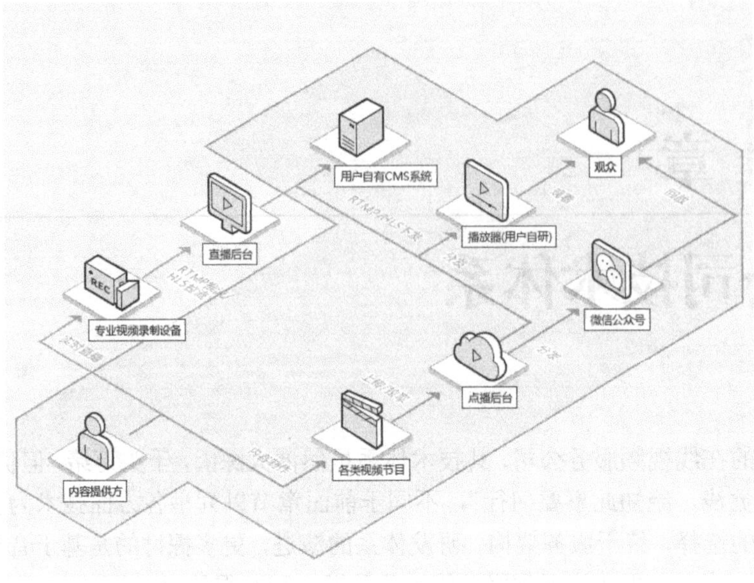

图10-1　腾讯云的视频点播方案（图片来自腾讯云网站）

略为进阶的方式是选择半自制的端到端方案，即在大部分环节上选用第三方软件或服务，但仍保持定制的端到端服务把控，给予服务扩大和质量提升充分扩展的可能。例如，租用 IDC 机房的主机或使用 AWS 的 EC2 虚机，部署内容管理系统，在转码环节选用 AWS 的 Media Convert 服务，分发时选择自行部署的 Wowza 服务器，CDN 则接入 Akamai 或 Level3，客户端基于 JWPlayer、Exoplayer 等开源方案。此时，监控和部署需要较多的自定义开发，若在某一环节上使用多家不同供应商，还需对流量进行调控。

采用半自制的体系往往需要十人以上规模的团队积累多个季度的开发才能运转无碍，好处也十分明显：一则避免对供应商的路径绑定，且能货比三家，或增加谈判砝码，或汰弱留强；二则增加了应对空间，提高对服务质量的把控；三则建立研发团队对服务整体性的理解，为进一步优化和扩张奠定基础。

对方向明确，规模巨大的视频服务，多数应采取完全或接近完全的自行研发模式，意图在于构造竞争优势，带来最高的回报，Netflix、YouTube、Hulu、爱奇艺等是其中的典型。为构建这种级别视频公司的端到端方案，需要考虑的因素十分复杂。

首先是厘清公司战略，公司的发展方向是长视频为主还是短视频为主？是点播业务还是涉及直播？是否考虑涉足游戏直播、秀场直播？公司的商业模式和对存储和视频数量的估计将很大程度上影响到相应架构，而需要支持的客户类型将影响视频协议和客户端使用何种技术（例如国内由于老旧浏览器部署量过多，Flash 可能仍处在必须支持的范畴），若涉足语音交互场景，传输节点可能需要同时支持 HTTP 下载和 WebRTC 转发等。

其次是划分处理环节，大致需要内容导入、审查和管理，视频存储、转码和分发，CDN，客户端几个基础的方面，对整体 QOS 的衡量往往独立拆分出来，形成独立的数据团队。上述不同环节虽然相对独立，其方案又互相影响。例如，若决定以 MPEG-DASH 作为流媒体协议，在机顶盒客户端上引入 Chromium 支持可能是经济划算的选择。

10.1.2 服务设计的挑战

如何搭建好的互联网服务在多年的实践中产生了一些通行的原则，大多数都能够适用于音视频服务，此处不再赘述，下面更多地将列举点播服务中一些特别的挑战。

在线视频公司的内容存储是一大挑战，与其他数据不同，单独的花絮、垫片、视频广告或短节目需要以数 MB 到数百 MB 不等，高清长片的文件大小往往以 GB 计，一份完整视频库动辄数十 PB 乃至 EB 级的存储不论在源数据中心还是 CDN 边缘节点上，都理应获得特别对待。

亿级以下的长视频存储只需要简单的主从架构就可以处理，由主节点存储元数据而从节点负责文件的实际读写，即使数量亿级以上（譬如 Netflix 宣称其在视频文件数目在数十亿级别，YouTube 很可能还超过此数），或许应部署主节点集群进行文件管理和路由管理，其中的技术重点在于冗余备份机制的设计。

作为很可能是公司最重要资产的视频，如果发生丢失、混乱或暂停服务将导致覆灭级的灾难，故而其服务可靠性和备份安全性理应获得特别对待，首要的需求将是保障视频文件以多副本状态存在，且分布于不同的数据中心（倘在 AWS 应保证不同的 AZ 或 Region）。同理，视频文件的元数据（即主节点）包括数据库亦应分处于不同数据中心，且数据库应考虑具备冷拷贝。存储系统需要对删除操作有详细记录，并在一段时间内可完全恢复，下面给出一份示意的设计图（见图 10-2）。由于视频文件较少改动，接口无论选择对象存储或者文件系统都是常见方案。

由于服务规模的增加，电商和社交网站首先注意到，对于海量小文件的存储也应该被作为单独课题研究对待，由于上亿或数十乃至数百亿的文件，其元数据的索引和访问消耗很大，令本就繁重的硬盘访问雪上加霜，业界对小文件存储给出的方案可以参考 TFS 和 SeaweedFS，其主要思想是利用单独的数据库而非文件系统存储元数据，从而使用大文件分割存储小文件，降低单一系统中的文件数量。

对视频公司而言，无疑在小文件存储上也有类似痛点，鉴于缩略图之间的顺序关系并未被充分考虑，其存储和访问效率或许还能够进一步提高，假设从视频中产生了一系列缩略图，在许多场合下，它们也将被按同样的顺序批量读取，此时合并读取请求可以降低 IOPS，而合并多个小文件为少数大文件返回也能有效降低网络响应时间。

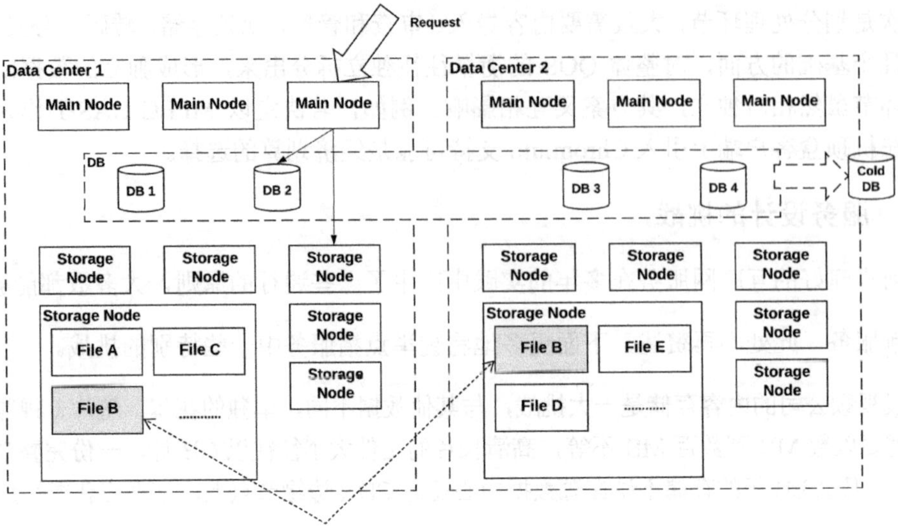

图10-2　跨数据中心文件存储服务示意

存储服务的瓶颈通常在硬盘而非网卡，因为较新的服务器容易成为访问热点，在设计时提供集群的再平衡功能是简单有效的选择。

与存储相对应的挑战在于计算，不论是视频转码，还是图像处理，都既是 I/O 密集型，也是计算密集型应用。

转码任务意味着将导入的视频转为不同码率，并按照不同格式和加密方式进行封装。Netflix 曾宣称他们每过几个月就会使用最新的编码技术成果将全部视频重新编码，以获得更好的表现，其引入的计算负载十分可观。对许多视频网站而言，存储节点的 CPU 往往利用率不高，视存储使用的硬件而定，空闲率甚至可达 95%以上，使用存储节点进行转码任务应该属于自然的思路，并且考虑到视频文件的大小，若能将其在同一节点转码后即行存储，对节省带宽和传输时间都不无益处，国内的 Stream Ocean、华数等公司均进行过相应尝试。

另有一些公司则独辟蹊径，采用定制甚至自研的存储服务器，乃至专用的 http 服务器和路由器组成“存储局域网”，此时转码任务需要专门高计算能力的集群完成，这种方案的优点是对存储和转码方案的容量可以分别规划，但需要着意关注存储和计算集群之间的通信连接，不令其成为系统的瓶颈。

爱奇艺几年前曾对外分享了其基于 Docker 的转码集群设计，其系统基于 Mesos 和 Chronos（见图 10-3），每周启动数百万转码任务，令集群的 CPU 资源利用率峰值超过 90%。

总体而论，转码服务的演变趋势在向复杂化、精细化发展，针对每一个源视频提供多种参数，多种质量水平的转码结果，并针对不同平台给予多种封装，不同转码任务也可能面目完全不同，例如根据视频类型甚至内容添加预处理、后处理等步骤，不同处理步骤还可能与自动或人工审核环节结合。由于前述原因，预先定义固定划一的转码流程或变得不可行，令转码自动化，使不同的视频根据其内容、类型、来源等信息，由预先设置的约束生成编码参数和编码过程将是未来转码平台的基本需求。

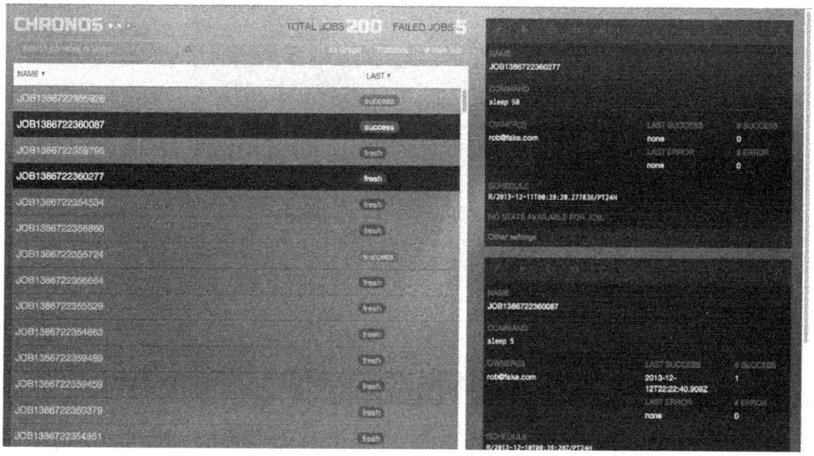

图10-3　Chronos界面（图片来自Mesosphere官网）

在连接播放端的设计中，采用一致的数据 Schema，约束不同的功能并进行配置和流式管理可能更能应对上述变化。考虑到算法在视频质量优化中的核心位置，播放端的设计可能需要打破以往固定、嵌套的模式，面向算法进行设计，例如设计数据通路、抽象决策行为、设立上下文传递机制等，将可能提供最大的灵活性和经济性。

10.1.3　直播架构设计

由在线视频公司而非有线公司提供直播服务，带来的最大变化首先是对多屏的支持，用户可以无缝地在手机、平板或电视上切换（同时）观看的节目。

其次是独特的播放选择和极高的性价比，例如 Hulu 提供的直播服务（见图 10-4）整合了多家媒体集团的上千路频道，较之有线运营商 Comcast 一倍以上的月费，优点十分明显。

最后，是个性化定制的播放体验（包括广告体验）。在线视频公司常常弱化频道的概念，将直播节目的组织呈现围绕用户需求设计，例如在一场 NBA 直播的前后提供推荐观看的花絮短片，为比赛提供回放、时移、录像等功能，对直播中的广告根据个人好恶进行替换等。

直播系统的后台设计与点播颇为不同，由于直播的时效和延续性要求，很难允许哪怕是秒级的服务宕机，且希望在可靠的基础上，尽量缩短节目延迟时间，故而在转码系统上，往往选择硬件转码器，尽量提高单节点的可靠性，并提供交叉冗余设计，同时就 GOP 的长度较点播进行削减，并选择满足编码实时性要求的参数设置。为节约成本并增加可控性，也可以自行研发编码器，由于基础的 x264、x265、libvpx 等已较为成熟，基于其上开发可以获得不错的灵活性。

图10-4 Hulu的电视直播服务（图片来自Tomsguide网站）

谈及可靠性与备份，除前面章节中给出的直播流冗余备份示例外，DASH 或 HLS 等基于 HTTP 的协议将天然具备优势，因为所有流媒体分发行为都可以被视为下载，服务端会话中断、时序错乱和抖动均可以稍多的缓冲为代价避免。图 10-5 给出了 Hulu 搭建在 AWS 上的直播方案，Hulu 的直播流当前由第三方服务商给出。首先不同的服务商将提供同一频道的节目源，互为备份。其次在重新打包和分发的过程中，方案使用了不同的 AZ，以达到数据中心多活的效果，单独机房甚至 AZ 失效不会影响整体服务。

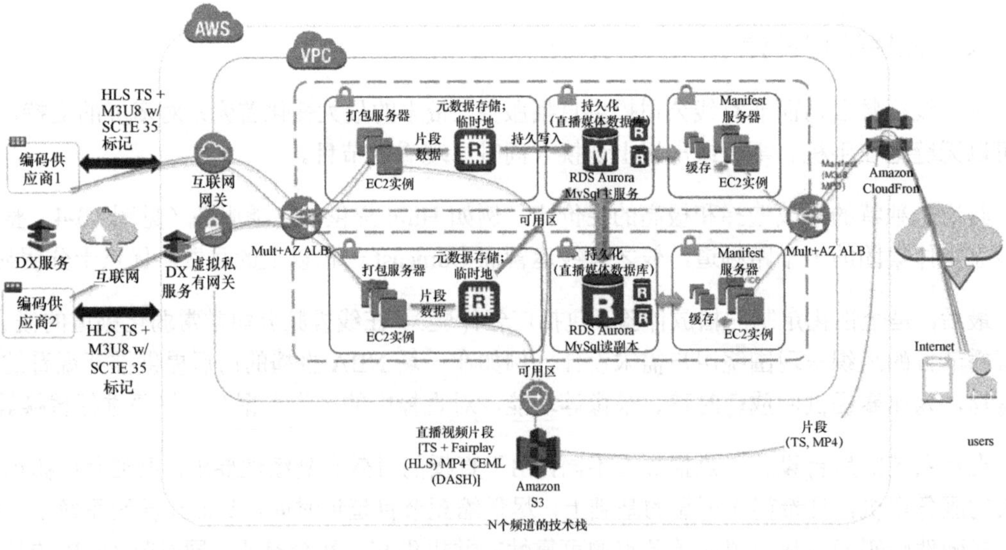

图10-5 Hulu部署于AWS的直播方案（图片来自Slideshare网站）

10.1.4 CDN 方案选择

在线视频公司使用一家或多家第三方 CDN 服务是常见的选择，可以免去部署和管理大量分布在各地的节点的负担。然而当规模扩大时，自建 CDN 将是在线视频公司的必由之路。

首先，自建 CDN 可以完全按需设立节点和服务容量。其次，能够与视频公司统一资源分配目标并实时获取整条播放链路上流媒体分发的运行状态。最后，大量基于大数据进行的，对服务质量精细地优化（例如算法决策、分发调度、缓存调配等）仰仗于视频公司对 CDN 的拓扑以及所有节点上的服务器有完全的控制能力。上面的 Akamai 架构图中描述了常见的 CDN 搭建方式。

Netflix 因为很早就欲图扩展全球业务，打造了其独树一帜的名为 Open Connect 的 CDN 架构，其主要概念基于 OCA，即 Open Connect Appliance（图 10-6）。Netflix 在各类符合条件的机房或数据中心中安装 OCA，服务器硬件由 Netflix 提供而 ISP 提供电源、机架和网络等部件。

OCA 服务的运行过程如图 10-6 所示。

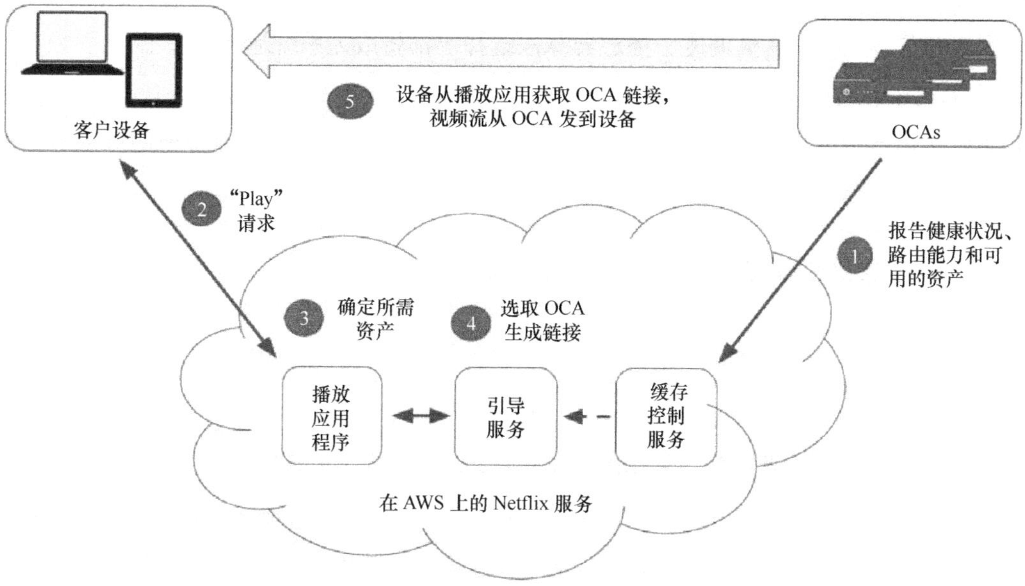

图10-6 Open Connect原理（图片来自OpenConnect网站）

1. 已部署的 OCA 定期将健康状况与缓存数据等上报。
2. 当客户端访问某一视频内容时，请求发送至源站。
3. 应用程序检查播放许可，找到对应的视频内容。

4. 根据用户的设备、地理位置、网络状况等信息选择提供服务的 OCA 并生成 URL。
5. 对应的 OCA 为用户服务，开始视频分发。

Netflix 定义 Open Connect 标准的主要优势在于标准化第三方提供的服务，得以快速地在各个国家和地区部署，同时享有自建 CDN 的主要好处即优化整体网络分发的能力。在此架构下，将所有节点的服务器进行虚拟化，部署视频缓存甚至部分服务、数据库都将成为可能，而由于全部 OCA 都处于完全可控状态，可以轻易地根据 BGP 路径或地理位置、OCA 本身属性等，分层或改变拓扑，构建出类似传统 CDN 的多级架构，令整体成本最低。

由 Netflix 的实践可以推断，视频 CDN 的发展趋势在向云化和智能化发展，具体体现在网络拓扑方面和在算法调度方面的进化。

于网络拓扑方面，底层的节点管理从树型结构正在过渡到网状结构。在流媒体分发路径的设计上，为 C 端直播、视频会议、连麦等需求，设立边缘融合节点以对视频或音频流进行实时处理，甚至任意节点均可承担融合处理任务，此时分发路径将不再固定，且允许动态变化。

拓扑的进化得益于调度管理方面的进化，于算法调度方面，综合考虑 DNS、ECS 和 HTTPDNS 请求的 DNS 资源调度，结合 CTR 点击预估、峰值流量预测、用户 QOS 反馈进行内容缓存预热调度、流量调度、播放器算法选择等都将成为系统运转的核心。

最后，CDN 不仅提供静态下载和简单的边缘计算，急需解决的问题还有大体量下为了得到最快的响应速度，如何将核心的动态服务部署到边缘服务器，并保证数据读写的一致性，这或许需要新的编程模型。

10.2　人工智能体系：打造明星箭头

人工智能又称作机器智能，通常指由人制作出来的工具实现的具备智能的技术，达到甚至超过人类水平的感知、学习、推理、规划、预测、创造和行动能力。由于机器学习和深度学习的有效性，近年来，这一领域的技术往往成为人工智能的代名词。

在前面算法章节中，我们择要介绍了机器学习、深度学习、自然语言理解、计算机视觉、视频理解等算法方向及相关的工程需求。对于许多互联网公司、部门来说，当前的焦点是构建自身的算法能力以创造新的功能，释放数据价值，磨刀不误砍柴工，由于场景不同，对算法的需求千差万别，建立统一、完善的工程体系将极大地加速研发的进展。

10.2.1　人工智能平台

在线视频公司对算法的要求与业务高度重合，大致集中在以下几个方面：视频编码、流媒体分发、推荐、搜索、广告、视频分析和内容制作。以此为前提，应考虑建设满足以下多个目标的人工智能平台。

1. 解决数据标注、清洗和分享的问题。
2. 解决特征选取、组合和分享的问题。
3. 解决模型连接、保存和分享的问题。
4. 解决巨型模型的训练与部署问题。
5. 解决海量数据的训练与部署问题。
6. 解决在线与离线的模型效果评估问题。
7. 解决在线与离线模型的融合问题。
8. 解决机器学习类算法和其他算法的融合问题。
9. 解决不同执行场景下的复用问题。
10. 解决自动构造特征和选取模型参数的问题。
11. 解决仿真测试的问题。
12. 解决在 AB 测试等情形下的多团队协作问题。
13. 解决可视性、易用性问题。
14. 解决在线过程可追踪、离线过程可修改的问题。
15. 解决弹性扩展和资源利用率问题。

除此之外，考虑到算法模型对已有研发链路的影响，从产品角度设计个性化的功能，将算法进行模块化、便于替换和重用，允许单机、分布式、嵌入设备等多场景下的部署等均为应有之义。

图 10-7 描述了一种人工智能平台的架构抽象。

为什么需要统一的人工智能平台？设立统一的平台不但可以提供规模化的处理能力、允许数据和模型的复用、便捷化开发，还肩负整合资源，增强透明度，避免分别的行动导致过多技术债等职责。

图 10-8 试图给出的是一种定性的分析，即真正的算法开发任务在人工智能任务中所占比例极为有限，更多的是解决不同维度的工程开发问题或数据处理问题，而平台化将使得此类工作大为缩减，令在很多问题上利用算法优化变得可行且有利可图。

此外，Google 在 2015 年曾经发表一篇论文，论述了大规模算法应用将带来比以往更加困难的设计挑战，引入更多的技术债。

举例来说，模型的输入特征混合在一起，没有任何特征是严格独立的，如果改变了其中一个变量，则其他特征的权重都可能改变。再如模型的嵌套依赖问题，倘若模型 A 依赖于模型 B，而模型 B 又依赖于 C，则被依赖的 B 和 C 的改变将可能对整体系统带来损害。此外，针对模型输出的结果，未声明的消费者将其作为其他系统的输入，也将带来额外的耦合，甚至破坏性的反馈循环。

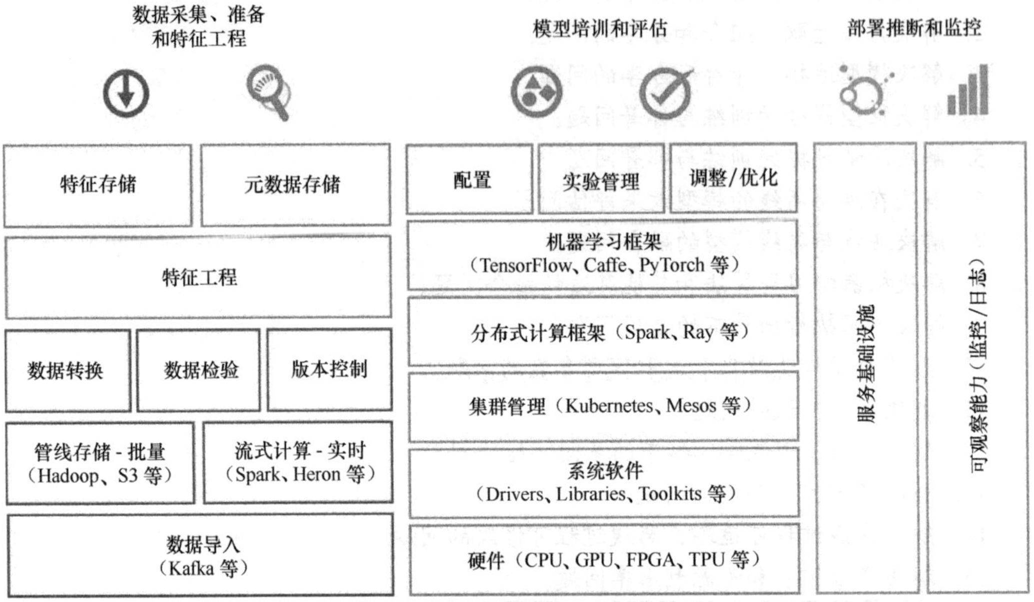

图10-7 人工智能平台架构抽象

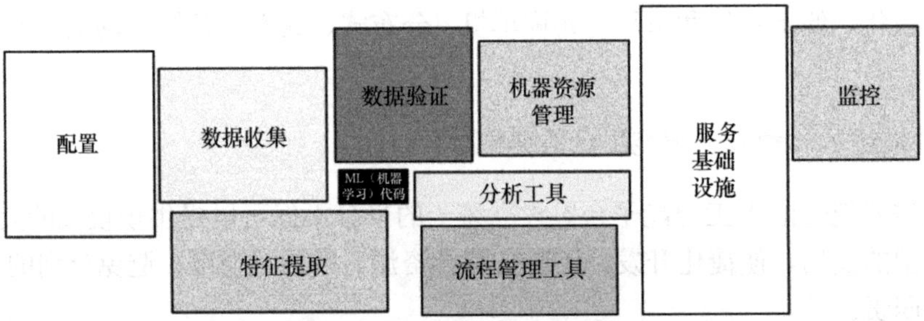

图10-8 机器学习任务的占比（图片来自参考文章）

在经典的软件工程领域，复杂的代码可能带来依赖债务，在人工智能方面，数据的依赖问题将更难解决，直接使用原始数据可能代价昂贵，但使用经过处理（尤其是由其他团队处理生成）的数据，则需要承担丧失维护、含义变化、版本变迁的影响。可能的解决方式是提供版本控制和每个环节的自动化验证。其余常见的问题还包括，过多的胶水代码难以维护和测试，隐藏的不同系统间的相互影响，多个系统的配置成本等。

10.2.2 平台的主要服务组件

一个完善的人工智能平台可能由数十甚至上百个服务组件构成，下面介绍一些常见、基础的服务，首先是模型管理和部署。

作为基础服务，模型服务通常需要能够统一管理模型并部署运行，具体来说，它需要支持多种模型格式，支持服务管理、服务内 DAG 管理、计算资源管理、广播更新等能力。不论模型使用手动还是自动更新模式，都需要进行版本管理、支持自动验证和回退等功能，一些有益的进阶的功能包括支持定时快照、依赖更新、批量更新等。

模型服务的架构示意可以参考图 10-9。

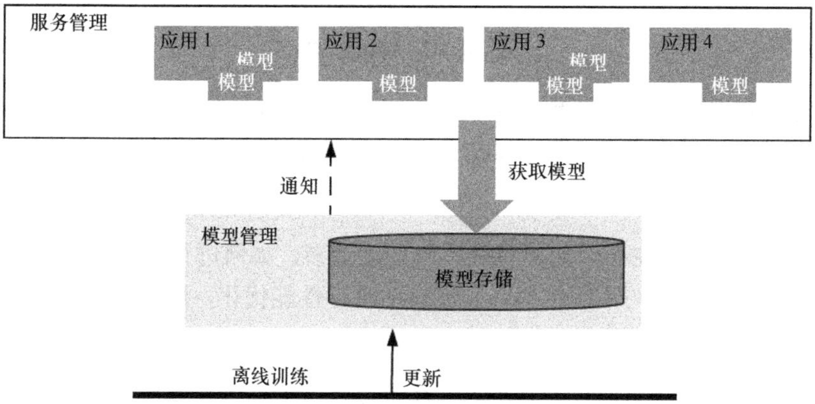

图10-9 模型管理和部署

与模型管理相匹配，统一的特征管理也必不可少，与大数据应用和模型计算类似，采用 DAG 方式的工作流程管理是通行的做法，支持定时计算、快照、版本管理、有效期管理等功能可以大幅度节约工程人员的精力。

特征管理服务的架构示意可以参考图 10-10。

许多机器学习和深度学习的应用场景需要快速地依据较新甚至实时的用户行为数据，这就需要支持增量学习（也即在线学习）的方式。在线学习的要点在于模型训练和部署过程的结合，训练数据不再由存储系统得到，而是来自于流式处理渠道，而通过计算需要更新的模型分片直接更新到参数服务器。

在此过程中，需要考量和抽象的环节包括对数据样本通过采样或权重等方式处理，对特征的选择和整个模型的效果进行持续的评估和调整，同时训练多个模型以便对比，动态调整并校准学习速率，有意识地给出少量概率较低的结果以获取反馈等。其中需要注意由于特征可能动态调整，参数服务器的模型与计算任务也需要支持动态调整。

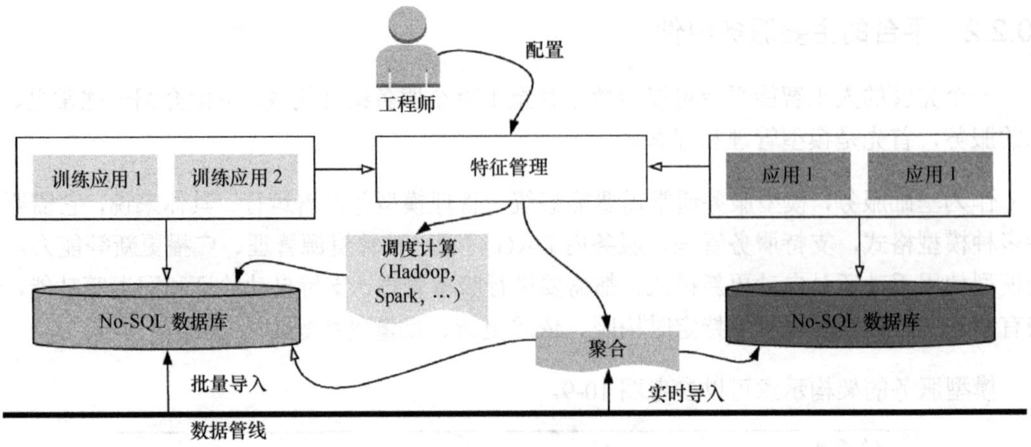

图10-10 特征管理

理想的平台产品应该尽可能地减少甚至取消编码即可得到服务，即使对于中大型互联网公司而言，构建算法应用也是昂贵耗时的。作为人工智能平台，为降低算法使用的门槛，AutoML（即自动机器学习）是必不可少的发展方向。

AutoML 的主要思路在于，如何有效率地自动调参，如何进行自动特征工程，如何根据数据和问题特性选取合适的模型结构，如何自动进行性能优化，最后，如何自动发现可求解的问题。

在整个平台中，测试的支持必不可少，且需要支持多种评估方式和算法，依据应用场景和模型特性，以及是否为在线模型等维度选择使用。较为进阶的方式是搭建辅助的仿真系统，利用历史数据和仿真环境进行验证，图 10-11 展示了自动驾驶领域仿真测试系统。对视频公司来说，在码率切换、错误处理、缓存调度、搜索效果、推荐效果、广告点击、流量分配等方向均应考虑建设支持算法自动评测的离线测试环境。

多团队、多频次、支持自动发起的在线 A/B 测试支持同样是平台不可或缺的能力之一，一般的测试请求期望被测用户的分布符合整体的分布特征，亦或期望选取符合某些特定特征的用户，通常可以考虑实现后台基于用户 ID 的测试配置系统，这里的技术难点在于如何选取被测人群并避免交叉影响。在流量充分的情况下，只需保证测试请求分层，同层之间互不相交即可。倘若流量不足，则考虑试用广告系统常用的流量分配算法或者其他启发式策略进行计算。

最后，并非所有算法应用都以 API 形式运行在数据中心，在许多场景中，手机、机顶盒或其他嵌入式设备才是模型最终落地的地方。由于内存和计算力受限，期望模型可以有较小的尺寸和较快的运行速度，其中既可以使用专门设计的适于移动的模型，也可以使用形如 Learn2Compress 等技术（见图 10-12），对在服务端生成的模型进行定制压缩。当模型准备好之后，平台应有能力对设备适应性进行覆盖测试，将轻量化甚至定向生成的模型部署到不同设备并自动化测试，对模型的效果和执行性能进行详尽的评估。

图10-11　自动驾驶的仿真测试系统

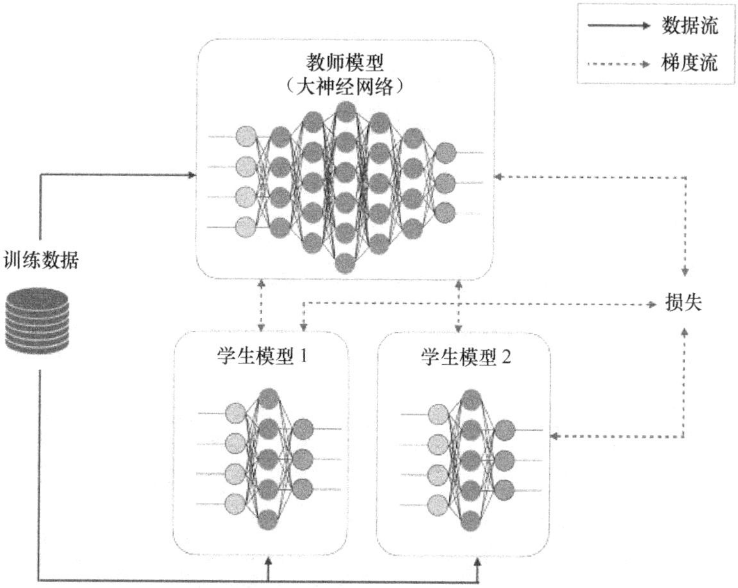

图10-12　Learn2Compress（图片来自GoogleBlog网站）

10.2.3　大规模人工智能的挑战

机器学习问题通常可以视为一个设立目标函数，再利用优化算法进行求解的问题，复杂的模型带来了强大的表达能力，但相应地对数据和计算能力的需求也水涨船高。在单机难以于合理时间内求解的情况下，多核乃至多机并行计算是自然的发展方向。

并行化可以分为数据的并行化（见图 10-13）和模型的并行化（见图 10-14）。数据并行化很容易理解，当数据样本较多的情况下，让不同机器使用不同部分的数据进行训练，每台机器运行相同的模型，并持续更新模型参数，其中又存在同步和异步进行更新的不同方式。

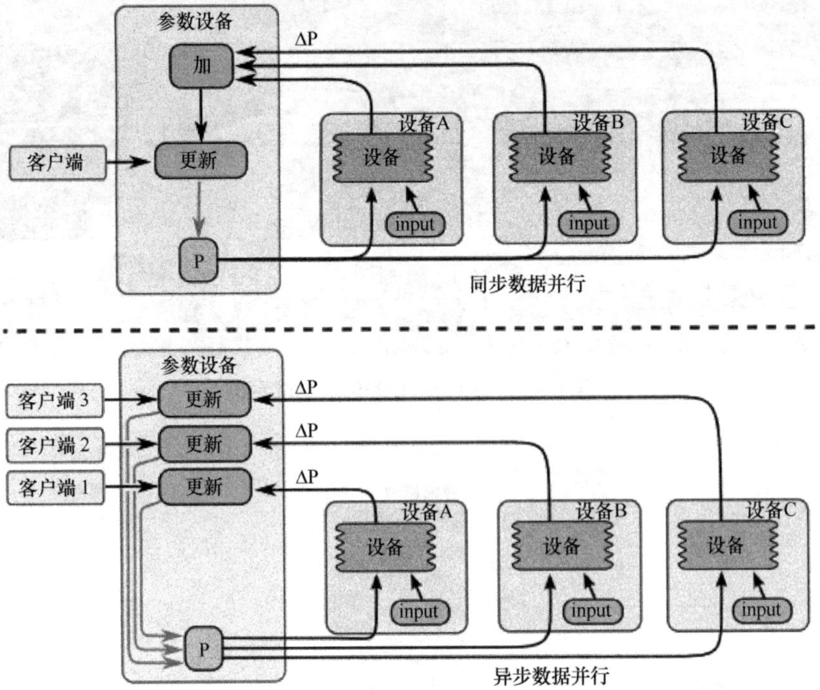

图10-13　数据并行（图片来自参考文章）

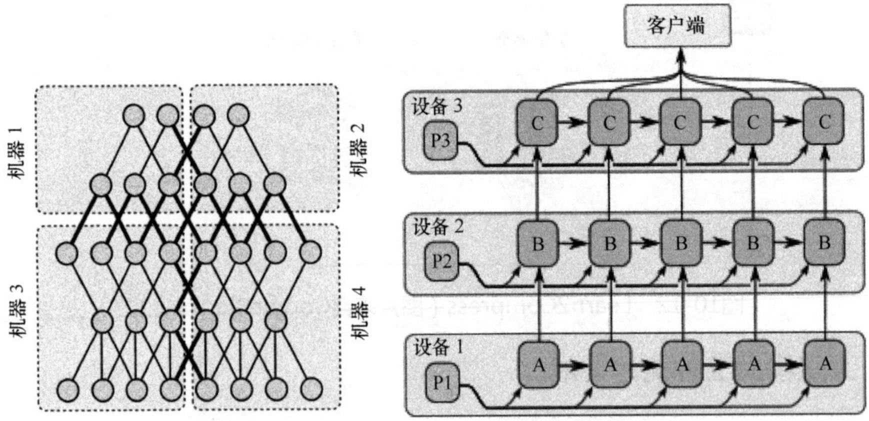

图10-14　模型并行化（图片来自参考文章）

当模型的规模超过单机、单 GPU 的容纳能力，即可以将模型切割放置到不同的机器上。由于模型参数之间存在依赖关系，需要在不同机器之间进行并行控制，其机制有些类似 CPU 的流水线。例如图中的模型分片 A、B 和 C 之间存在依赖，则在进行 A 分片的第一轮计算后，才可以依次启动 B 分片和 C 分片的计算，但同时 A 分片的第二轮计算又可以开始。

在前面的机器学习章节中，我们已经提到过参数服务器的概念，在工程应用中，参数服务器即是模型并行的一种体现。除了弹性、易用之外，较现代的参数服务器应该着重考虑一致性和容灾相关的设计。

参数服务器成立的基础是，模型的计算可以被切分，模型片段计算时所需的其他参数的值可被单机容纳。参数可以按照 Key-Value 的模式表示，不同服务器之间共享的部分既是一组 K-V 对，又可被视为向量进行更复杂的操作，支持基于范围的推送和拉取有助于优化效果。作为平台式服务，持有模型的服务器和用于计算的工作组可以分别服务于不同的任务，而不同的工作组也可以用于相同的任务以增加并行度。

图 10-15 展示的是一种参数服务器设计的原理，能够支持数据和模型并行。

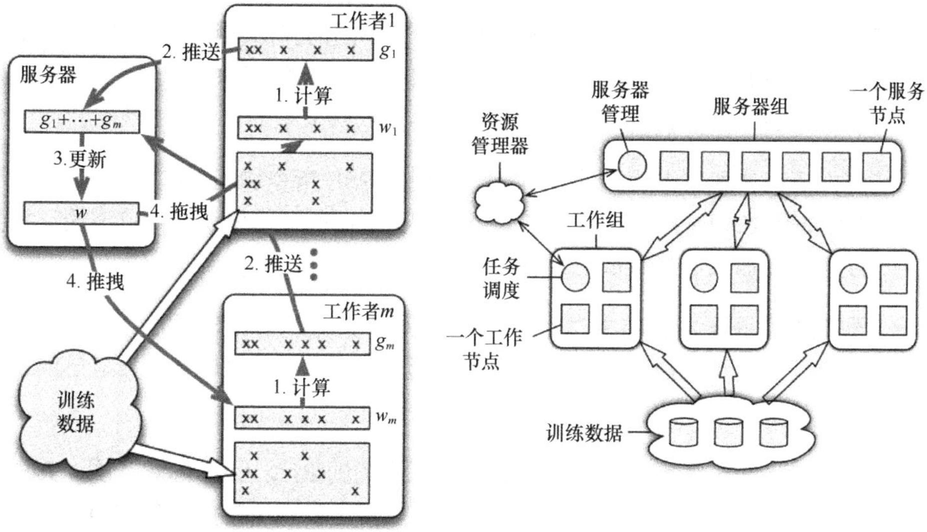

图10-15　参数服务器设计（图片来自参考文章）

对于不同的工作服务器而言，其计算任务可以有不同的一致性模型：顺序一致性（即每个任务只能等待前一任务完成）、最终一致性（即所有任务可以同时开始）以及有界延迟（即新的任务需要在某个时间窗口前的所有任务完成后再开始）。顺序一致性和最终一致性可以被看作窗口大小为 0 和无穷的特例情况，而窗口的大小也应按照计算的收敛情况增加或减小。更进一步来说，对于不同的参数，也应进行细粒度的控制，采用不同的窗口大小（可参考 SSP 协议，见图 10-16），或者只推送变化超过阈值的参数，或者对参数进行近似压缩。

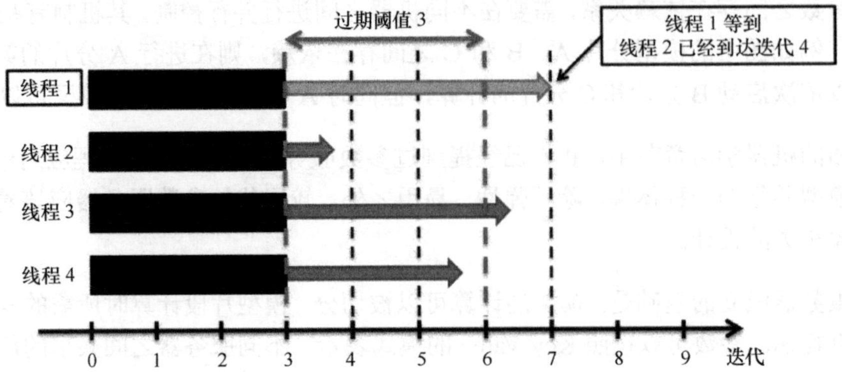

图10-16　SSP同步协议（图片来自参考文章）

在分布式系统中，容灾是必备的考量，如果一些计算任务失败，则有必要根据记录恢复运行。但记录每个节点和对应每个参数的状态或许并不可行，仍应依据通信的范围记录相应时间戳，同时，每个模型分片的副本都应被及时保存到相邻的服务器。

当在参数服务器的框架下开发算法模型时，由于不同的算法难以抽象，往往需要任务管理器将解析整个模型成为 DAG 的形式再行调度，如果单一工作节点无法容纳一份完整样本，则还需要支持数据的分段，也可按照工作组切分具备依赖关系的任务。

从系统层面还有许多值得优化的项目，例如使用 SSE 指令加强 CPU 并行速度，部署绕过 TCP/IP 协议栈的 RDMA 网卡通信，自动分析任务所需的运算资源，将较小的计算节点融合以避免调度消耗，加大数据拉取的吞吐能力等。

由于上面的参数服务器架构中，数据分片涉及的参数分片很大可能分布在不同的机器上，网络相较于计算更可能成为规模变大之后的瓶颈。另外，GPU 的算力与日俱增，通信和内存交换的时间更可能导致资源的浪费。

一种可能的改进在于使用通信成本与计算节点无关的 Ring Allreduce 算法，其思路是利用环路通信方式分片地更新模型参数，最终将所有更新同步到所有的计算节点。在中小规模模型的情况下，每个计算节点都可以拥有全量的模型并使用环状通信进行训练，能够显著地降低通信时间的占比。

在使用超大规模的模型时，将训练好的模型进行导出可能耗时甚多，可行的优化是依据全量与增量并重的方式进行存储和更新。与训练模型不同，部署模型的挑战通常在于如何扩展为处理成百甚至上千万的请求，以及如何能在实时地返回结果。在针对部署的模型进行请求时，定制的序列化方案，并发的计算请求能力都有助于帮助性能目标的实现。

近年来，金州勇士队在 NBA 的成绩有目共睹，如果拿音视频方案的选择与设计，比拟于勇士队确立库里作为建队基石，那么人工智能体系的建设则应类比于将他们招纳到杜兰特，奠定了将整个队伍带到更高高度的基础。

10.3 社交网络与内容获取：左右护法

在线视频服务并非生长在温室当中，只需注意展示和播放就能屹立不倒，提供带有社交属性的功能帮助引流和增强黏性，在内容获取上运用技术手段帮助提升运营效率，这两个领域传统上并非视频服务的主航道，但在头部公司中没有人会对其轻忽，这将引入一些其他方向的技术问题与挑战。

10.3.1 社交网络

作为互联网最基础的服务之一，社交网络已是上网用户生活中不可缺少的组成部分，鉴于社交是人类与生俱来的自然需求，在线视频服务不可避免地需要考虑人们的天性，以进行更好的产品设计，主要包括利用社交网络进行产品推广，建立评论或弹幕为主的交流体系，以及打造专属的社区等方向。

传统的社交网络甚至可以追溯到第一封电子邮件的发明（见图 10-17），新闻组、BBS、同学录、聊天室、ICQ、博客、维基百科、QQ、MSN、Facebook、Instagram、Twitter、Spotify、Tumblr、贴吧、人人网、微博、微信、陌陌、知乎、Google+、WebApp、Line、Snapchat、快手、抖音，这些数目繁多的社交服务或已渐趋式微，或如日中天，而悄不知名的服务更不知凡几，可见社交服务的形式多样，而建立成功的社交服务需要克服重重难关。

从技术上考量，利用社交网络进行产品推广并不为难，例如允许观众将喜爱的视频分享到网络上，推荐给朋友观看，需要考虑的问题包括不同网站之间的账户登录方式，适于社交网络展示的分享页面设计，分享的海报或动图是否需要添加水印，视频是否允许直接播放（依赖于未经 DRM 加密的流媒体支持）等。官方的 Facebook 或 Twitter 账号，微信公众号等同理，需要数据分析人员进行转发效果评估，如果产品流程上考虑对某些用户在观看结束后，提醒其将视频或观看体验分享出去，则需要推荐团队介入，找到最合适的用户、视频和观看场景。

允许用户针对视频发表评论同样在技术上挑战不大，评论内容可以由用户和视频两个维度组织起来，并可以聚合在季或系列的条目下，如果允许互相回复，则利用树形结构组织存储即可。

弹幕指观看视频时弹出的叠加于视频画面之上的评论性字幕，与传统小说阅读时所作的批注相似。Bilibili 是当下最流行的视频弹幕网站，用户通过观看视频时同时消费或发送弹幕构成了实际上的社区，在网络直播的场景中，许多时候同时在线观看的人数高达十万、百万计，保证弹幕的实时传送可依赖、可扩展实质上代表了一类设计问题，即大规模消息传递。

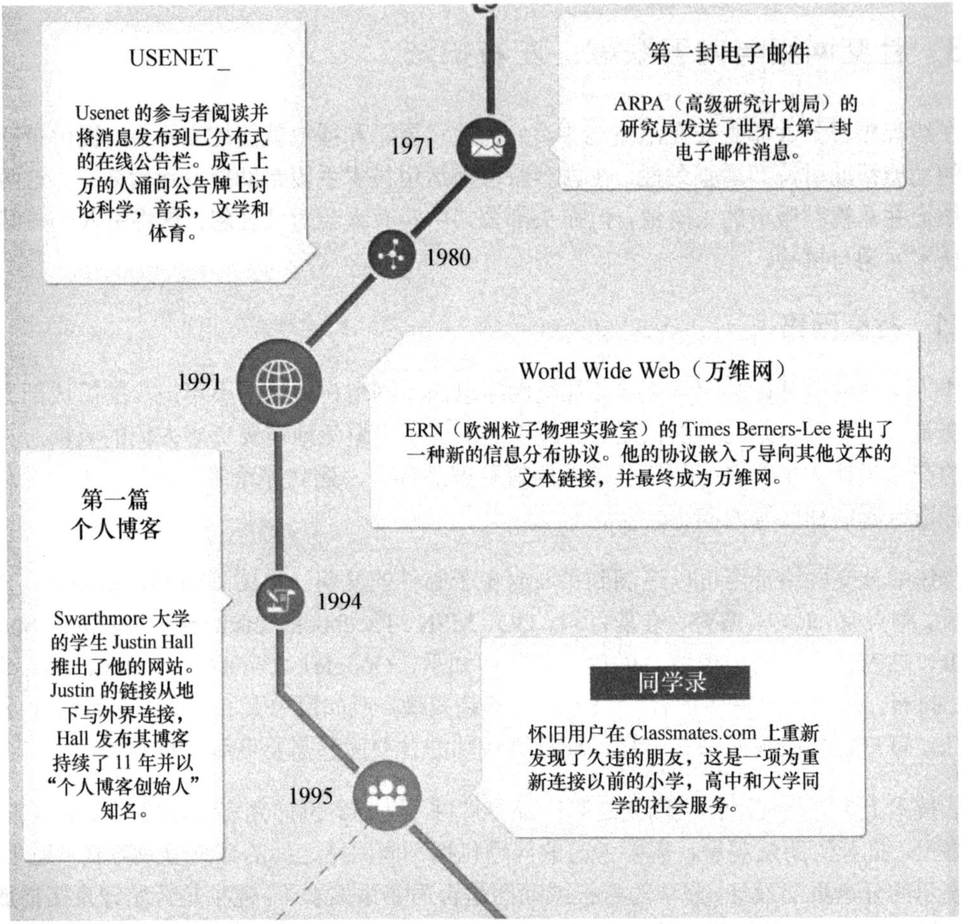
USENET_
Usenet 的参与者阅读并将消息发布到已分布式的在线公告栏。成千上万的人涌向公告牌上讨论科学，音乐，文学和体育。
第一封电子邮件
ARPA（高级研究计划局）的研究员发送了世界上第一封电子邮件消息。
1971
1980
1991
World Wide Web（万维网）
ERN（欧洲粒子物理实验室）的 Times Berners-Lee 提出了一种新的信息分布协议。他的协议嵌入了导向其他文本的文本链接，并最终成为万维网。
第一篇
个人博客
1994
Swarthmore 大学的学生 Justin Hall 推出了他的网站。Justin 的链接从地下与外界连接，Hall 发布其博客持续了 11 年并以“个人博客创始人”知名。
同学录
怀旧用户在 Classmates.com 上重新发现了久违的朋友，这是一项为重新连接以前的小学，高中和大学同学的社会服务。
1995

图10-17　社交网络之肇端（图片来自参考文章）

关于视频公司在社交方向的发展，爱奇艺设计了名为“泡泡”的粉丝社区，很好地利用了在线视频网站所固有的视频内容优势和包括院线、明星在内的各种资源，对其他公司具备很高的参考价值。泡泡社区的主要模式是打造以明星、内容、兴趣为中心的圈子，聚合有相似诉求的粉丝，每个粉丝一登录，就可以看到自己关注的圈子的内容，这里可以引申出另一类设计问题，即如何快速有效地构造和呈现用户的时间线。

不论是消息传递还是时间线构建，首先需要解决的技术挑战是 ID 生成问题，每一个消息或推送最好有一个全局唯一的 ID，此外该 ID 最好还能达到某种程度的有序以增强查找的效率，而数据库的自增方法可能难以应对可扩展性方面的需求。

一种思路是结合用户 ID 给予消息不同的用户空间，仅对某一个用户的消息 ID 需要稳定递增，例如微信的消息 ID 在内存中存储最近分配出去的序号和当前分配上限，每次序号请求只需加一，如果分配超出上限，则依据某种步长修改上限并存回硬盘，若机器服务失效后，备份机器则从当前分配上限继续分配。针对推送或帖子这类需要全局可见且序列要求不精确的 ID，可以考虑使用 UUID 或组合的算法（如本地时间加用户 ID 等独特信息）计算 ID 等方式。图 10-18 给出了微信序列号生成服务的架构。

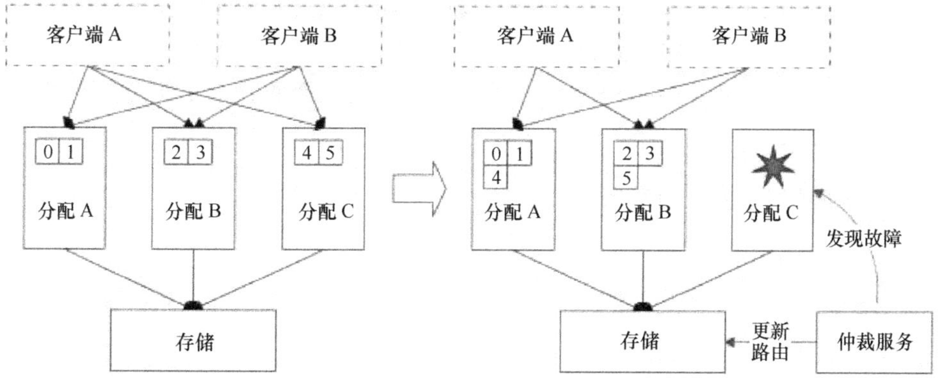

图10-18 微信序列号生成服务的灾备切换（图片来自参考文章）

其次消息的可靠送达在许多场景都非常重要，这里需要考察单对单的场景，即针对在线的接收方可以立刻收到消息，离线的接收方可以在上线的第一时间收到消息。

与真正的 IM 类软件不同，视频客户端较为重视登录状态和访问权限的维护，但对社区应用而言，对保活和心跳的需求就变得重要起来。保活可以通过 GCM（Google Cloud Messaging，即 Google 提供的设备消息机制）或进程间相互唤醒做到，而以 TCP 长连接辅以应用层心跳机制则可以保证消息投递的可靠和及时。

在群聊或多用户评论场景中，保证接收方展示顺序的一致是主要的挑战，故而需要如前所述采用有序并支持精确一致或趋势一致的 ID，由单点保证消息的序列化一致，即每一个群聊或用户评论会话由同一服务器处理，再行发送给不同的客户端。

带有社交属性的应用通常会提供好友功能，且允许知道好友的状态，假设一个系统中用户的平均好友数较多，则频繁的状态变化可能带来服务器向客户端通知的消息过多，而若完全由客户端程序轮询拉取，同样可能因状态不常改变造成冗余的请求。

如果把时间线上呈现的内容都看作某种意义上的消息，则需要处理的问题也颇为类似，即从发送端的视角来看希望将一条消息发送给所有人，而从消费的一方来看，希望能既实时有序又富有效率地获取与己相关的所有更新，在此过程中，服务的拆解和异步化必不可少，例如对好友关系列表使用独立服务，并根据用户场景对消息的散播采用 Pull 与 Push 等不同的方式处理。

最后，许多社交应用都存在访问量、点赞、评论数等多个维度的计数需求，可以针对单条消息或推送的统计信息考虑统一存储并由单一无状态的机器负责更新与服务，对已然时过境迁的消息或推送使用冷数据存储以节约成本。

在超大规模的用户群面前，原本设计用于物联网的 MQTT 协议或许可以帮助优化系统设计，MQTT 系由 IBM 设计的即时通信协议，允许一对多的消息发布，屏蔽负载内容，提供“至多一次”“至少一次”“仅有一次”三个等级的消息发布质量水平并支持客户端异常中断的通知等特性。

图 10-19 为 MQTT 协议的架构。

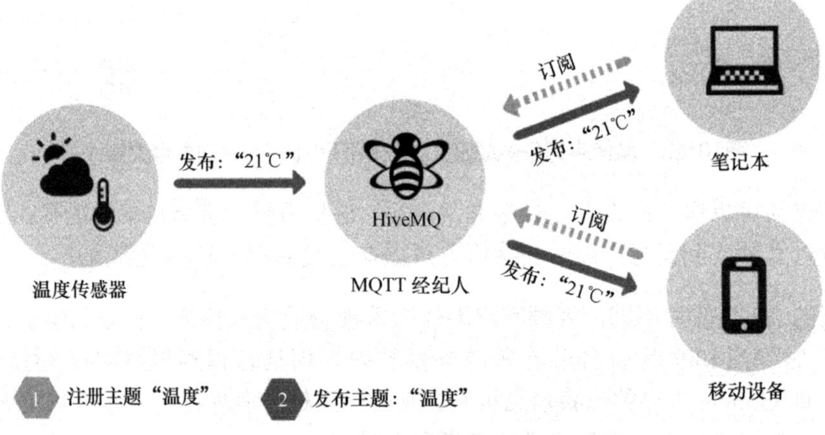

图10-19　MQTT架构（图片来自参考文章）

拥有自身的社交网络体系对在线视频公司来说好处很多，既能够具有针对性地进行内容的推送，例如从用户的关注、发言或评论中知晓其对某位明星或某部影片的认可，则在相似内容上线时可以精准推荐，也可以利用社交的网络效应吸引新的用户，社交网络往往能与视频的宣发或电影的票务工作进行极好的融合。此外，在电影或电视剧拍摄之前，还能够通过人工调查或算法计算的方式预估其观看情况。

10.3.2　内容获取

在线视频公司通常都信奉“内容为王”，但通常研发团队关注的焦点都在于如何获取用户和如何进行更好地分发，是否可以从内容获取的方向出发，让技术发挥更大的作用？

当前长视频通常由较大的媒体公司、工作室等专业机构制作完成，技术首先可以应用于帮助制作方提升制作效率和节约制作成本，其次，技术还能够用于预测视频内容的受欢迎程度，进而对拍摄投资与采购进行决策。

构建演员数据库不仅可供用户浏览，供社区追踪，在选角上同样可以发挥作用，若在导演选角时根据一些基本的约束对演员提供相似性搜索进行初筛，可以节约大量的时间，其中可以根据演员的文本特征进行匹配，也可以加入演员曾经拍摄的视频中的信息。

另一项足以帮助提升巨大效率的是素材选取和编辑系统，在综艺类节目中，由于素材繁多，往往成片长度仅有素材长度的零头，为在时间线上依据导演所需找到可用的素材，譬如当嘉宾富有感染力的表达之后，给出反映适当观众情绪的镜头，可能要在数十甚至上百个机位中人力查找，如果有视频理解技术的帮助，只需给出导演的要求，就能够很大程度上缩小候选范围。同时，音视频技术在编辑成片的时候通过自动检测进行音画同步，同样能大幅提升手工操作的效率。

在大型综艺中常见的歌舞排练中，或是电影的大场面镜头拍摄前，技术仍可介入发挥作用，例如通过 AR 技术虚构演员所在的位置和姿态，供导演查看并调整效果。

在拍摄过程中，许多事情需要决策，例如拍摄地点和拍摄方式的选取，又如根据演员日程和场景准备对镜头拍摄进行排期等。理想状况下，如果我们具备完全的知识，这些问题可以根据优化的目标，譬如成本最低或拍摄周期最短，计算得到最优解。

但由于此类问题的历史数据多半较少且极为稀疏，又因为许多因素（如演员档期可能动态调整）难以控制，传统的决策方式往往由资深人员凭主观经验决定。据称 NBA 的赛程至今仍由人工根据某些限制条件编排而成，一旦摄制组的工期编排需要考量的因素维度增多，其问题的复杂程度并不逊色。故而构造分类、分层的数据模型并允许摄制人员编辑和查看不同的假设结果可以为其提供很好的决策依据。

此外，由于当前电影中，后期制作带日益复杂，将其同样纳入编排可以帮助人们在时间和成本上得到进一步的优化。

Netflix 曾公开其在拍摄成本模型上的一些实践，其成本模型参考图 10-20。

一部电影或自制剧在拍摄前许多信息已大体固定，例如制片人、导演、原作者、主要演员、剧本或故事大纲、投资，预计的拍摄风格等，根据已知信息推测预期播放量，进而推测视频的价值。爱奇艺宣称其在收视率的预测上，电影准确率可达 81%，电视剧准确率可达 88%，使用此类预测数据，不论在调整拍摄计划，还是影响视频公司的购买决策，又或宣传安排和推荐策略选择上均有很大作用。

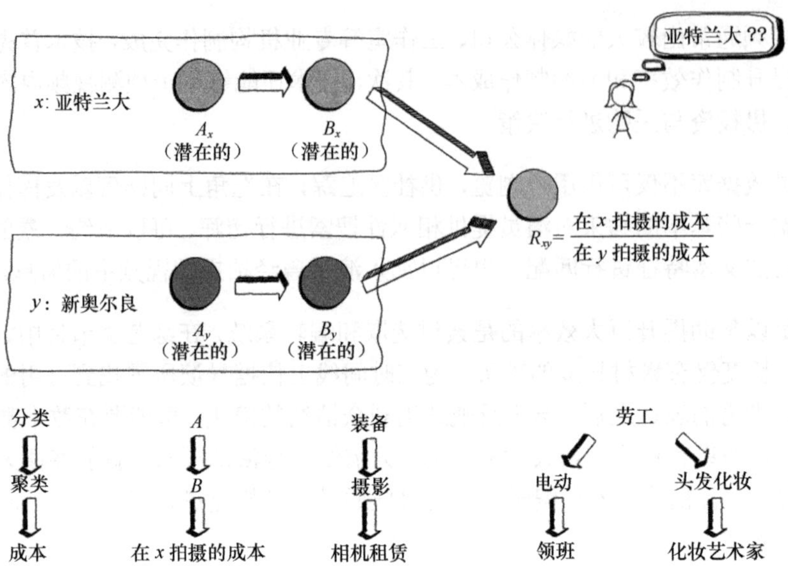

图10-20　Netflix的拍摄成本模型（图片来自参考文章）

在这种预测任务中，通常存在使用模型对视频的特征直接进行预测和根据视频相似度预测两种思路。对于有些视频，根据其类型可能需要不同的模型，譬如改编自流行小说的自制剧和完全原创的拍摄，抑或购买较新上映的电影大片，其数据特性或差异极大，提前对任务进行分类可能得到更好的预测精度。

同时，针对不同的预测，还需要针对时间维度进行调整，距离播放时间半年还是一年，播放窗口在暑假还是新年都会带来影响。在国际化的场景中还有一些特别的维度，例如对不同节目预测其不同语言版本的播放，预测不同文化背景下对同一节目的评价口碑，预测不同社交平台的宣传发行效果等。

对内容采购进行全方位的数据分析，能够帮助视频公司决策层理解并调整其战略，由于大多数在线视频公司的营收倚仗用户逐月的订阅费用，为用户持续提供有吸引力的节目可谓重中之重，所购内容是否可以足以覆盖用户喜好，是否存在某一领域的冗余投资，均可通过视频内容与用户特征之间的匹配分析得到。

最后，许多视频公司仍然在探索利用人工智能技术进行某种程度的创作，包括剧本创作中故事情节的生成，即利用自然语言处理技术将已有的小说或电影提炼故事情节，并予以重新排列组合供导演选用。以及根据需求从文本库或音乐库中进行配文或配乐的搜索，甚至根据情感和风格的约束自动生成配乐，利用视图搜索和视频生成技术即依照剧本自动产生候选的镜头样式等。

10.4　视频服务设计：庙算而胜

如今，互联网服务的开发一方面来说已极尽简洁，最少只需数十行代码就可以搭建服务，赋能播放。另一方面又远比以往任何时候都复杂，为满足用户的功能需求、质量需求不遗余力。作为内容服务的一大分类，在线视频服务的核心使命是连接内容与人，设计一个视频服务，其招式颇有范式可循，如果能够在最开始就对问题有一些全局性的把握，那么胜算将大为增加。

10.4.1　点播服务流程

以点播服务为例，其后台核心将是内容的处理，在导入、审查环节之后，无疑可以分成着重元数据处理的内容链路和负责视频处理的播放链路，而用户向的发布、分享和评分等功能，可视作由社区承载（见图 10-21）。服务的设计由功能决定，而功能则由所需处理数据的特性决定，在上述划分中，根据数据的流向，原始的视频信息显然应由导入方持有，元数据信息由内容链路持有，而视频信息由播放链路持有。

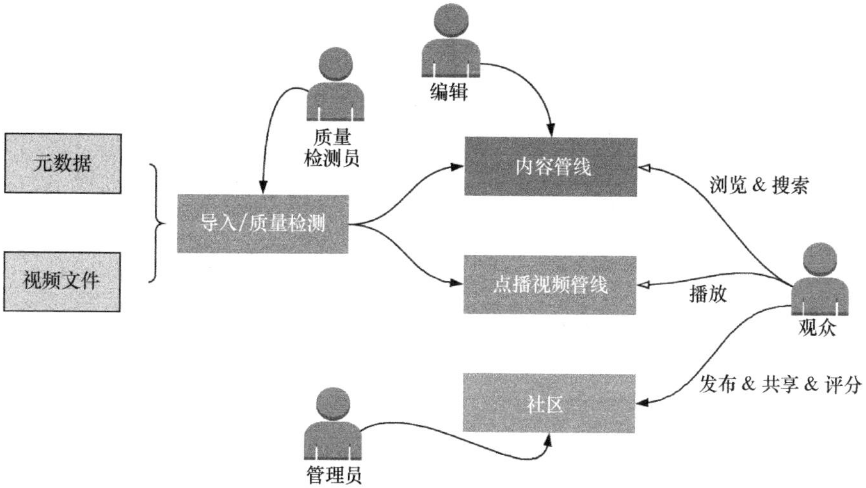

图10-21　视频服务的大致流程

在技术架构设计中，为了能够有效地管理并降低复杂性，降低冲突，增加复用，一些简单但重要的经验如下。

> 1. 设计全局性的数据结构，对局部数据记录其户口；
> 2. 明确定义数据的角色含义；
> 3. 根据数据的处理流程设计服务的流程。

设计全局性的数据结构意在让所有服务涉及的数据以合理的关系相互连接，例如剧情数据和视频数据，用户评论和播放记录，通常视频资产的 ID、用户 ID 等都是较自然的关键字。定义数据角色，例如原始数据、标准数据、经过处理的数据、聚合数据、索引数据等，意在锁定架构，避免歧义，更可以因此划分职责。数据的处理流程往往与服务的处理流程相合，如果能够确认数据的处理流程设置合理，则服务环节和处理流程即使并非最优，也已局限一隅，不至于拖累整体的服务体系。

如果能够做到数据设计全局呼应，同一份数据含义清楚、并无冗余（不是持久化意义上的冗余），相关的处理流程自然明晰，就可算作理想的服务架构。当服务规模较小时，梳理服务架构貌似意义不显，但一旦规模扩张，若能自然地扩展和切分，可以大幅度地降低开发成本，减少令人痛苦的重构频次。

图 10-22 给出了一份示意的数据角色定义和处理流程。

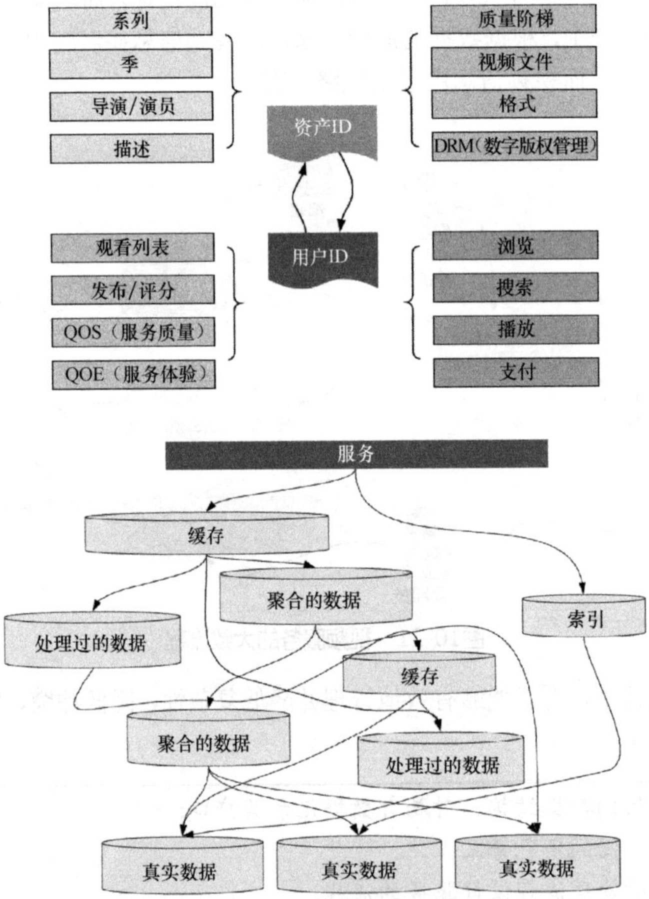

图10-22　数据角色定义和处理流程

10.4.2 高水平服务

在过去 20 年间，视频服务的用户已进化到千万上亿的数量级，如 YouTube 这样的网站甚至拥有超过 10 亿用户。为了在大规模的用户面前提供高质量、高可靠的服务，同时完成快速和高并行度的功能开发，在服务端设计上，不论负载均衡层面、服务设计和拆分层面，还是数据服务层面，都需要仰仗与单机或较少流量极为不同的设计。

首先是负载均衡，单点故障是高可靠服务要避免的状况，如果一项服务仅能够通过单一机器服务，则无法保证当机器出现问题的时候客户还能获得服务，另一方面单台服务器处理能力十分有限，也无法支撑用户的需求。因此需要使用多台相同功能的服务器，通过负载均衡方式提供服务，常见的负载均衡手段如支持 DNS 轮询，使用 Nginx 作反向代理，使用 HAProxy 或 LVS 配合 Keepalived 平衡负载，或使用硬件负载均衡器 F5 等。

Nginx 作为广泛应用的 HTTP 服务器，其负载均衡功能也工作在网络的七层之上，支持对 HTTP 或 HTTPS 流量进行分流策略设置。相对地，HARProxy 可以针对 TCP 或 HTTP 层进行负载均衡，一般而言，在中小规模的服务上使用 HAProxy 和 Keepalived 就能达到很好的效果，LVS 通过 VRRP 协议实现，工作于内核态，在四层上提供负载均衡能力，稳定性和吞吐量均十分突出。F5 作为硬件解决方案，单一设备约能达到 LVS 的一倍性能。

由于单一机器用于负载均衡仍然能力有限，可以使用 DNS 功能将域名映射给多个 IP 地址，并在域名解析时，针对不同请求提供不同 IP 进行第一层的负载均衡，再于每个 IP 地址背后配置对应的负载均衡器，将流量分发给服务的不同实例响应。

多层次负载均衡的架构设计可参考图 10-23。

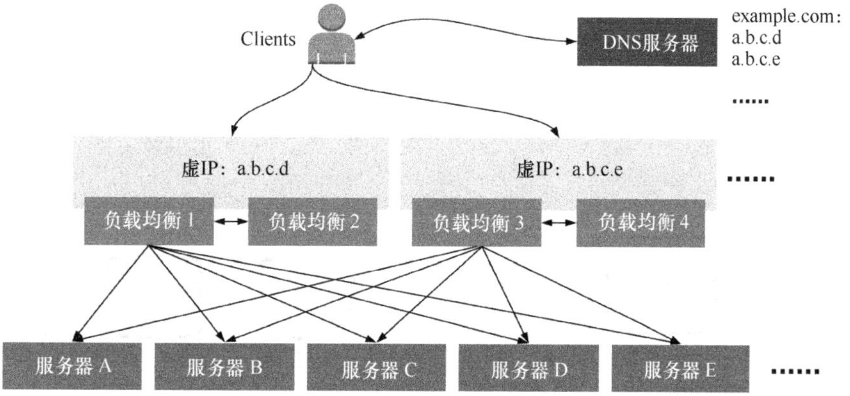

图10-23 多层次负载均衡

在提高服务容量的道路上，一直存在两条不同的路线：第一个方向是提高单个硬件设备的处理能力，允许有极高的计算、I/O 和存储能力，其代表是 IBM 的小型机；另外一个方向则是使用多台硬件水平普通的服务器，通过开发支持水平扩展的服务软件来提升整体的处理能力。在计算机技术发展的早期，第一条路径是演进的主要方向，但近 20 年互联网飞速发展的历史证明，第二种路径的适应面远为广泛。

支持水平扩展的一大要素是每台服务器均能够提供相同的服务，并且不需要记录会话状态，也即提供无状态的服务，这是因为当会话状态影响回复结果，而一个会话及其涉及的数据处于中间状态时，如果服务器宕机，客户端再次请求时将很难继续原来的服务过程。如果让服务本身并不需要考虑会话状态，而是将状态独立置于数据层（例如缓存甚至数据库），则服务本身不论部署 10 个实例还是 100 个实例，都不存在任何问题。

实践中，虽然无状态服务有很多好处，在一些场景下仍然需要考虑开发和部署有状态的服务，原因在于无状态服务缺失了数据的 Locality，不同层次的缓存可能存在不一致，以及可能需要分布式锁的支持保证对同一数据片段的并发访问。有状态服务的设计要点在于设计流量路由的策略，使得用户请求能够被路由到持有相应数据的节点，路由能力在客户端或服务端均可实现。

无状态和有状态服务的架构对比可参考图 10-24。

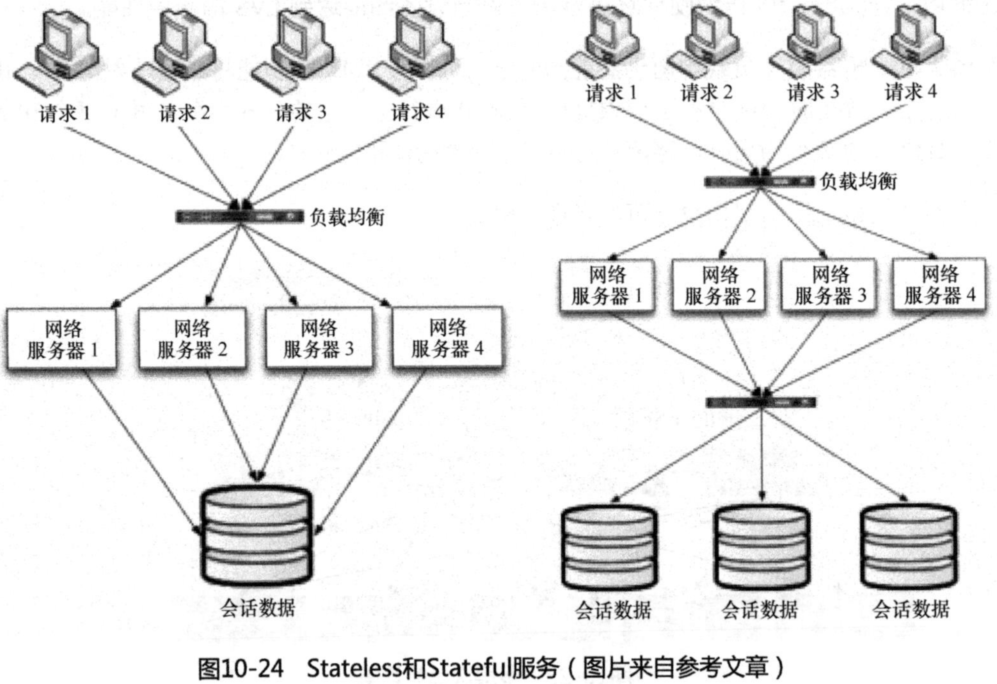

图10-24　Stateless和Stateful服务（图片来自参考文章）

随着服务规模的扩展，仅仅在水平方向上复制和增加服务实例不足以解决问题，首先是服务软件代码的规模扩大到难以理解和改变的程度，其次是版本冲突和部署冲突可能大幅拖慢新功能上线的速度，此外，应用程序对第三方库，新的语言和技术框架的使用和升级也倍受限制。与将单体软件模块化和层次化相仿，对服务的拆分和解耦，步入微服务架构是研发人员普遍的选择。

10.4.3 微服务

微服务架构可视作 SOA 思想的延伸，将复杂的系统拆解为专注单一功能的小型服务，利用 API 和队列作为相互通信的基础，每个服务都设计为尽量独立完成工作，对其他服务有最小的依赖。研发人员只需关注开发和优化当前的服务。

Netflix在2016年的一篇技术文章中提到其整个后端包含600个以上的不同服务，在Hulu这个数字甚至超过了 1000，所容许并行工作的人员上限因此得到了很大的提高，由于逻辑的解耦，每天都可以有数百次发布上线，且当出现问题时，通常仅有较少的功能或用户受到影响。

由于每一项单一服务都可能调用其他多个服务并持有本地化的数据，对数据模型和流程的全局性理解与设计不再是可有可无，而是微服务架构成功所必须的前提，服务应当首先明确数据处理的流程，保证服务和数据的角色清晰，并遵循某种原则进行层次划分和垂直划分（见图 10-25），去除循环依赖，才能避免陷入混乱。

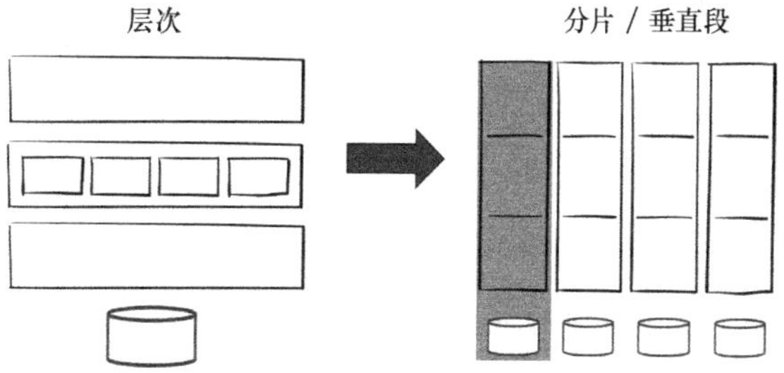

图10-25 水平和垂直切分（图片来自参考文章）

举例来说，对于存储演员和视频内容的知识图谱，或者用户画像服务显然应作为基石服务供推荐、广告和数据分析等领域的服务使用，因此相关的原始数据应该先导入知识图谱或用户画像服务而非从下游服务中导入。又譬如定义某个服务持有视频文件的元数据作为 Ground Truth，其他服务需要依赖该服务才能改变这类数据，则上游负责产生元数据的服务和下游负责消费该数据的服务之间不应进行此类数据的交互。

在数据模型设计的角度也存在一些进阶的实践原则，可以帮助微服务体系更好地工作，也帮助单一服务提供更好的性能。首先，如果能将核心数据尽力按照 KV 的方式组织，其简单明了的结构将对开发过程和响应的性能都有很大好处。其次，如果关键数据（譬如用户评论数量）较大，又存在一定数量的维度，难以查询，可以考虑利用 ElasticSearch 等技术建立外部索引。又如数据的维度可能需要频繁、动态地增加，则使用二进制存储整个对象，并由服务代码负责读写和解析可能是应该考虑的方式。

当服务的数量不断增加，不同团队之间的相互理解也变得更加困难，除对数据提供服务的一方在接口和代码之外，或许还应该提供数据的详细说明，厘清其中的基本假设，以作为数据拥有方和数据消费者之间的约定，避免错误的数据使用逻辑阻碍未来的改动。

通常而言，根据不同硬件性能，软件优化状况和业务逻辑，单体服务器可以支撑的 RPS 在数百到数万不等，当面对亿级以上的日活用户，百千万亿的请求量，决非普通地数台或数十台服务器所能涵盖，对服务容量的提前预估必不可少。

一般而言，根据近期的日活用户评估访问量并不为难，更具参考价值的是根据以往访问曲线评估的峰值访问量，较有难度的则是评估某些活动的需求，例如转播世界杯将显然引入非常大规模的临时流量。此外，对视频服务来说，评估中除并发数量的支持，还需重点注意带宽的问题，以及采用非 HTTP 的方式作流媒体分发大幅增加的 CPU 资源消耗。对服务方式的深刻理解同样重要，例如通过 DASH 或 HLS 协议下载直播视频会导致规律性的访问，在整个播放周期内，用户将按数秒为单位持续发送请求到后端，将针对同一视频片段的请求时间进行随机化处理将帮助免除更高的峰值访问压力。

与上述场景相似而瞬间压力更大的是类似抢购或秒杀的情形，其设计要点是为不同用户提供不同级别的服务，仅允许部分流量进入后面的服务。其次是利用缓存和异步的方式将瞬时流量转换为一段时间内的流量，提升系统处理能力。将前端页面尽力静态化，交由 CDN 提供服务，以及由前端页面控制用户操作频率同样可以帮助减轻系统负担。

后台服务可以提供 HTTP 和 RPC 的不同访问方式，为追求更高的性能，可以选择二进制的 RPC 方式，例如 Thrift、Protocol Buffer 等。RPC 即远程过程调用，按照调用本地方法的形式使用，网络交互被屏蔽在方法内部，通常能够提高交互效率，但可能带来一些代码和库的依赖问题。

服务异步化是削峰填谷的利器，消息中间件如今已非常成熟，常见的实现有 RabbitMQ（架构参考图 10-26）、RocketMQ、Kafka 等。消息中间件选取时，鉴于其设计特性各不相同，应根据具体需求深入理解选用的组件。通常消息中间件之间比较的维度包括基本的特性，如保证消息顺序或幂等性的支持，功能上是否支持优先级、延迟队列、异常处理、重试、广播、推拉模式、持久化、消息追踪和过滤、多租户、流量窗口等。

使用消息中间件能够将服务解耦，但应用前需要详细论证其本身特性与其上下游服务需要承担的职责，包括谁应当负责重试，谁应当处理异常，谁应该负责一致性与幂等。

除却专门设计的高峰流量应对策略之外，如果在日常的场景中遇到突发的瞬时流量，或遇到由于某些服务失效引发的雪崩效应，常采取的机制主要是服务降级和熔断。其中熔断类似于日常电力使用中的熔丝，如果某些指标达到阈值，则暂停服务，降级则是在服务水平上做出妥协，换取对响应能力上的保障。通常而言熔断会被设计为针对每个微服务起作用，而降级可能需要从整体上进行层次设计，例如从最外围的服务开始降级。

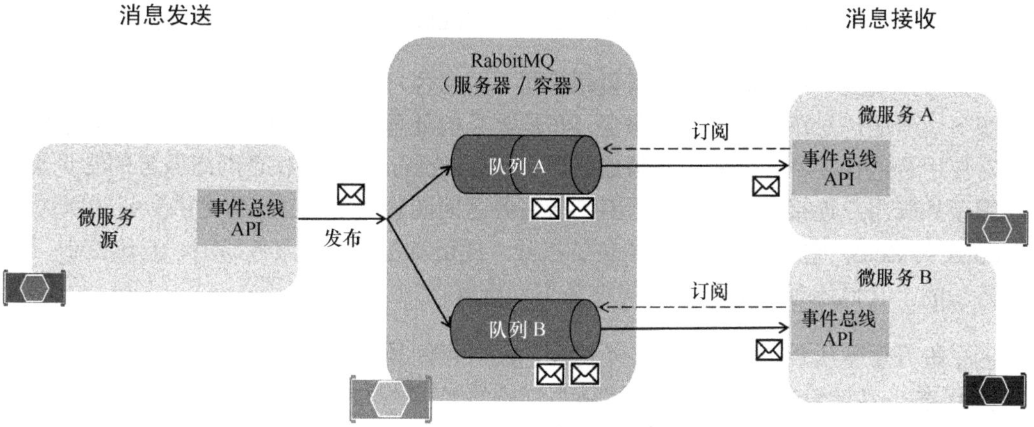

图10-26 RabbitMQ（图片来自微软网站）

简单的熔断器设计会有几个不同状态，例如当调用失败在某一时间段内累计到预定次数则启动熔断，同时持续探测调用的成功与否，当成功调用数量达成一定累积条件则认为服务恢复，进而关闭熔断器。Netflix 曾开源其熔断组件 Hystrix（见图 10-27），在许多公司的微服务环境中得到广泛使用。

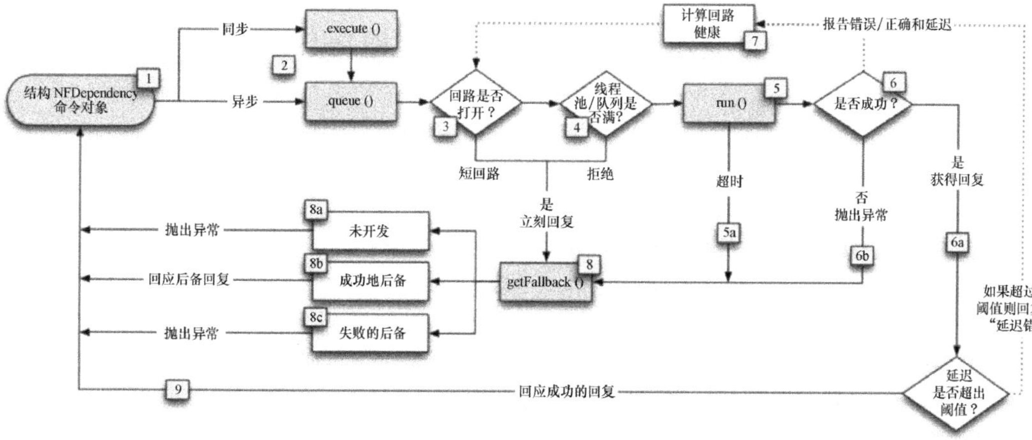

图10-27 Hystrix的熔断机制（图片来自参考文章）

对于完整的微服务体系架构而言，除遵循以上原则和机制外，还需要得到很好的框架支撑，解决如何发现彼此，如何路由和鉴权，如何管理配置，如何发布和测试以及如何监控和调度这些问题。

与单一服务不同，在微服务场景下服务的运行位置必然需要支持动态迁移，服务发现可谓微服务架构下最先要解决的问题之一。常见的服务发现有两大流派：一种是通过服务端发现；另一种是由客户端进行服务发现。不论哪种发现方式，必不可少的环节都是需要统一的服务注册与管理机制，可选择的方式包括 DNS、Zookeeper、Etcd、Consul 等。

由于客户端并不希望服务变化其调用地址，面向客户侧提供访问网关，由其将 API 请求根据服务注册的信息路由到不同的服务，亦是常见的处理方式。任何服务都不能应对所有场景，对使用者进行某种程度的限制势成必然，采用 Token 方式鉴权是网络服务的常见策略，且不限于外部用户连接服务的鉴权，还包括服务之间的鉴权等场景。常见供参考的网关实现如 Netflix 的 Zuul，它以 Filter 的形式负责权限，提供身份验证、服务路由、流量控制、错误处理等功能，其他还有 Tyk、Kong 等许多不同选择。

为了提升服务质量，测试环节必不可少，面对可能是跨数据中心的微服务部署，每个服务的无状态、容量设计、熔断与降级是否能在生产环境中正常工作，谁也不敢打保票。Facebook 给出的答案是定期地关闭一些服务，测试范围包括直接物理上无通知地关闭服务器、机架，甚至涵盖某个数据中心的全部服务。像 Netflix 也开发出其开源组件 Chaos Monkey，随机杀掉运行中的实例甚至整个服务，以测试整个系统是否还能正常运行。

上述的服务发现、路由、鉴权、网关、测试以及未展开讨论的发布、配置管理、监控等需求大部分可以通过使用集成化的 RPC 框架帮助达成，例如阿里开源的 Dubbo，微博开源的 Motan 等，在中小规模的微服务应用场景下是比较实用的选择。

近年来，由于微服务化的逐步深入，Service-mesh（见图 10-28）正在逐渐受人关注，由

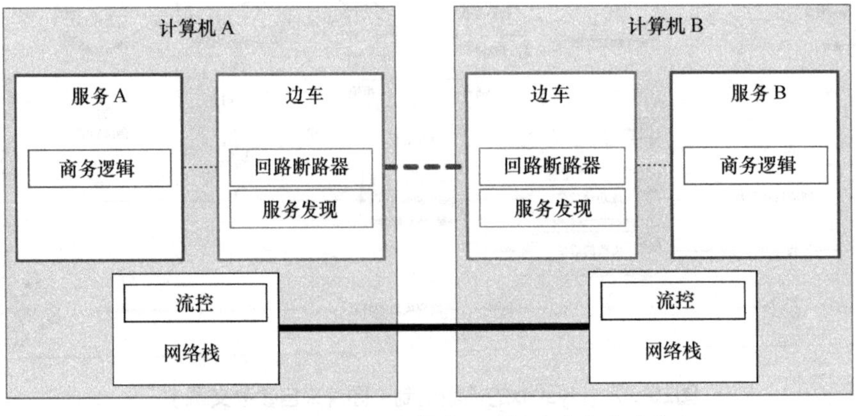

图10-28　Service Mesh概念（图片来自参考文章）

于框架中微服务使用的功能众多，并行开发与维护成本仍然较高，且多语言 SDK 的开发成本也较高，于是浮现出新的思路即将与微服务相关的各项功能放置到 Sidecar 组件的方式，将业务代码和微服务框架 SDK 代码彻底解耦，可以关注的解决方案有 Istio 和 Linkerd 等。

10.4.4 完整的服务体系视图

以 Netflix 或 Hulu 类型的长视频公司为例，可以想见在整体的服务中，主要的子系统将包含前台的网站、用户注册系统、支付系统、视频浏览系统、个性化推荐系统、视频播放系统、广告投放系统、评论和消息系统、客户服务系统和后台的视频导入系统、内容管理系统、元数据导入系统、转码系统、制片方平台等。每个子系统原则上可以较容易地划分自己持有的数据，并通过视数据或视频文件处理的走向设计各个子系统的服务关系（见图 10-29）。

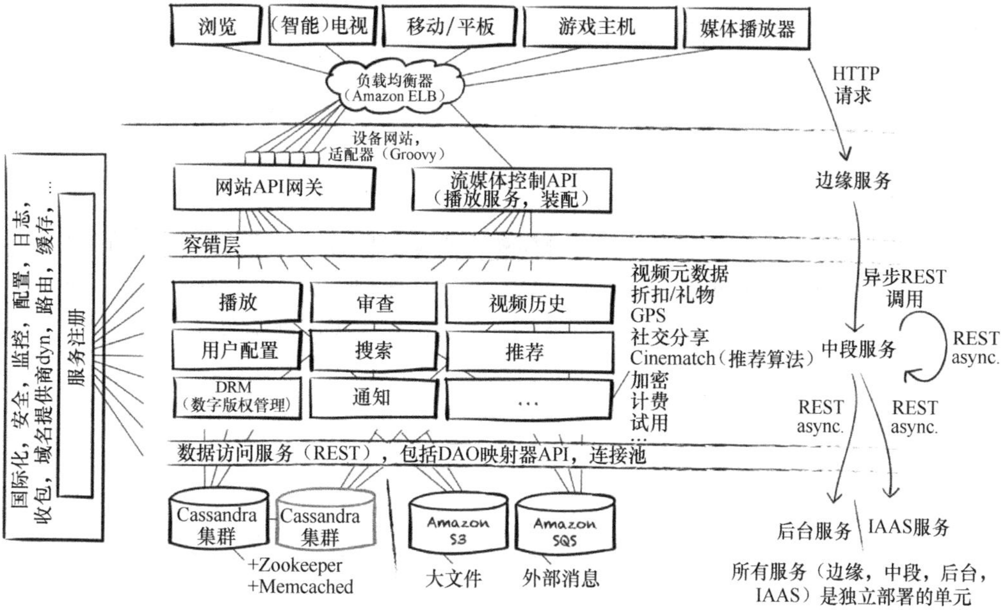

图10-29 Netflix架构简图（图片来自参考文章）

此外，服务体系中的第二个维度是离线的、平台化的通用支持，涵盖从最底层的数据中心和硬件、CDN 节点，基础设施层的负载均衡、运维工具、微服务框架、中间件、大数据系统、大型的分布式文件存储到中层的计算框架、调度系统、分布式数据库、查询引擎、数据仓库，以及构建于上层的离线计算任务、模拟测试平台、数据清洗、数据分析、可视化等应用。

不论在网页、客户端应用、后台服务、数据分析，还是基础设施的层面，可以观察到算法都在发挥日益重要的作用，从简单的排序到大规模的规划调度，从编解码、图像处理到深度学习，鉴于算法在技术体系中日益重要的地位，软件开发必须考虑面向算法进行架构设计。

传统上面向算法设计意味着算法提炼成为组件供上层调用，将算法集合为引擎，并以构造工作流的方式供人使用，或将算法固定输入和输出类型，按照服务形式提供给他人等，为支持算法应用的开发，基于大数据技术的数据处理和提炼同样必不可少。

在未来的时代，算法可能从更多的方向上阐释其影响，例如考虑到个性化的需求，不同用户看到的应用页面可能完全不同，这就要求应用页面的设计组件化、动态化，甚至可通过配置更新等方式随时调整，又譬如服务之间的组织关系，数据的属性均可能需要支持动态地添加，且由算法自动决定。或许可以推测，在前所未有的概念关系上支持动态化，即允许通过算法规划或优化，可能成为服务体系的第三个维度。

10.5 研发体系：一切归因到“人”

技术终究是由人来把握和实现的，因此，服务设计的问题最终应该归因到“人”的问题。

10.5.1 服务设计与研发体系

在上文我们谈到大中型在线视频公司的整体服务架构设计，或许应该分为数据与服务、平台支持和算法设计三个维度（见图 10-30）。通常而言，服务的架构和整体研发体系息息相关，服务始终是由人来开发、维护和演进，二者相互影响的程度绝不比任何技术因素逊色。

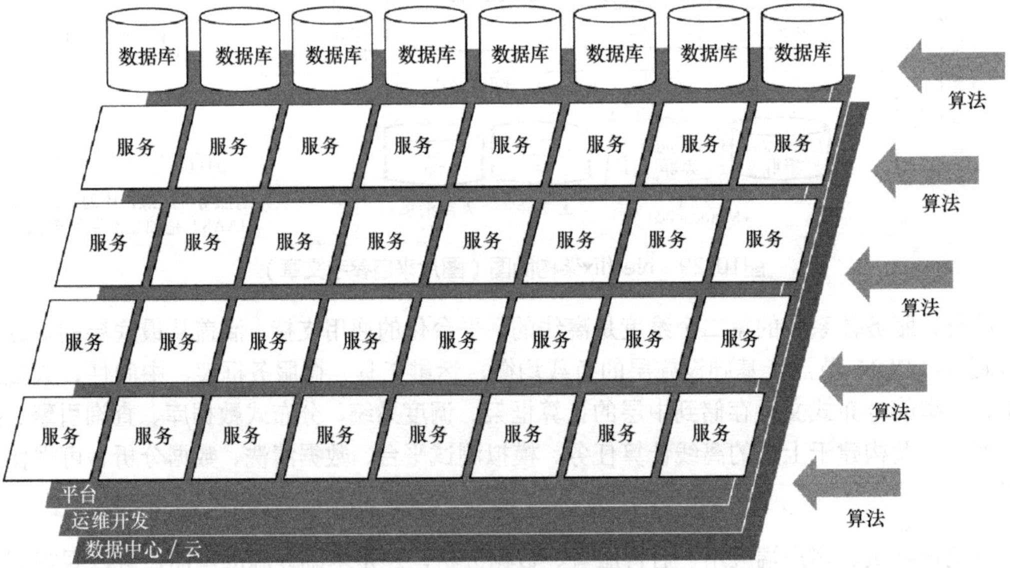

图10-30 服务架构示意

试举例如下：首先任何公司的技术体系设计都绕不开一个重要问题，哪些部分应由自己组建团队开发，哪些部分可以使用外包人员开发，哪些部分需要直接购买第三方服务甚至收购外部公司。影响答案的几项主要因素包括：第一，此类评估和决策由谁做出、如何作出；第二，决策做出后的有效性和影响面多大；第三，公司的人才战略、预算和时间规划是怎样的。

原则上公司应在自己最核心和最应掌控的方向上投资，但这条线画在哪里仍然值得研究，如果像 Google、Facebook、Netflix、Hulu 这样的公司，其人才水平和密度足以支撑起一些貌似不在主航道上的技术研发，例如数据中心、基础服务和专用硬件，最终达成远超业界平均水平的效率，帮助公司构建护城河，在这样的方向上投资演进，考验的是决策者对业界趋势和自身团队水平的判断，执行者的认知与坚持。

另外，对于规模不足、人才水平不足的公司，如果过早地投资于通用技术的研发，罔顾自身规模和需求尚没有足够独特性的事实，而拒绝使用业界已有的方案，也非常有可能失去聚焦且虚耗资源。

第二个例子是团队的组织架构与 KPI 如何设置，业界存在这样一种说法，有什么样的组织才有什么样的架构，虽然略嫌夸张，但组织形式和团队文化对技术体系影响巨大可算不争的事实。大部分研发设计的关键冲突都来源于不同团队定位、分工的不同。

例如一项新的服务设计中可能需要使用支持某些特殊功能的消息中间件，但公司的消息中间件暂时没有此功能，则服务团队是否被迫放弃使用这两项功能，抑或自行开发适合的消息中间件，又或要求中间件团队集中兵力，快速支持开发。最终做出何种选择往往最主要的因素是组织方式、团队信任度或工期而非技术原因。

当组织方式及人才战略较为固定，通常都具备与之相适的“最佳”服务架构，反之亦然，或者可以说，组织方式、人才战略和服务架构是研发体系的一体三面。任何一个研发体系都是通过从无到有演化得到，在每个阶段均保持三者的自洽可以帮助企业最大化其效率。

当讨论研发体系时，还有一些维度应予以自顶向下的关注，例如技术规范、服务质量体系和安全体系等。

10.5.2 技术规范

狭义的技术规范在互联网公司中通常指代码规范，像 Google 即对使用 C++开发时规定了如在文件头放置标准的版权、许可证、作者和文件内容说明（见图 10-31），头文件按照类声明在前，系统文件和库文件在中，本项目头文件在后的顺序引入，在 if 和 else 的前后各使用几个空格等一系列要求。统一公司内部的代码规范将可以帮助阅读代码和相互交流的效率大幅提升，如果团队规模发展到一个人写的代码可能被其他人查看三次或更多，则引入并严格遵守代码规范应是研发体系建设层面最具优先级的行动。

广义的技术规范，可以是标准化的行动要求，也可以是一些设计原则的提炼总结，例如数据库使用的××条军规、大数据系统使用手册等，其要义仍是在较大的范围内取得共识，节约设计和交流成本。

为将技术应用规范化，一些常用的方式是组织公司层级的讨论，譬如决定公司使用的主要开发语言有哪些，也可以先在少量团队中进行实验，获得较好效果后再行推广，由其他团队在其基础上补充完善，譬如给出推荐的缓存使用模式。

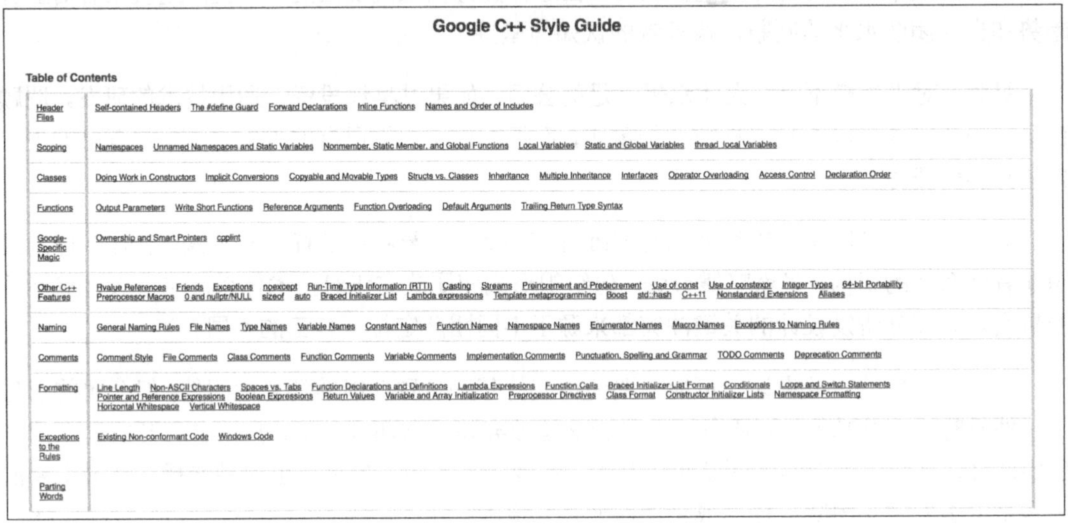

Google C++ Style Guide

Table of Contents

Header Files	Self-contained Headers　The #define Guard　Forward Declarations　Inline Functions　Names and Order of Includes
Scoping	Namespaces　Unnamed Namespaces and Static Variables　Nonmember, Static Member, and Global Functions　Local Variables　Static and Global Variables　thread_local Variables
Classes	Doing Work in Constructors　Implicit Conversions　Copyable and Movable Types　Structs vs. Classes　Inheritance　Multiple Inheritance　Interfaces　Operator Overloading　Access Control　Declaration Order
Functions	Output Parameters　Write Short Functions　Reference Arguments　Function Overloading　Default Arguments　Trailing Return Type Syntax
Google-Specific Magic	Ownership and Smart Pointers　cpplint
Other C++ Features	Rvalue References　Friends　Exceptions　noexcept　Run-Time Type Information (RTTI)　Casting　Streams　Preincrement and Predecrement　Use of const　Use of constexpr　Integer Types　64-bit Portability　Preprocessor Macros　0 and nullptr/NULL　sizeof　auto　Braced Initializer List　Lambda expressions　Template metaprogramming　Boost　std::hash　C++11　Nonstandard Extensions　Aliases
Naming	General Naming Rules　File Names　Type Names　Variable Names　Constant Names　Function Names　Namespace Names　Enumerator Names　Macro Names　Exceptions to Naming Rules
Comments	Comment Style　File Comments　Class Comments　Function Comments　Variable Comments　Implementation Comments　Punctuation, Spelling and Grammar　TODO Comments　Deprecation Comments
Formatting	Line Length　Non-ASCII Characters　Spaces vs. Tabs　Function Declarations and Definitions　Lambda Expressions　Function Calls　Braced Initializer List Format　Conditionals　Loops and Switch Statements　Pointer and Reference Expressions　Boolean Expressions　Return Values　Variable and Array Initialization　Preprocessor Directives　Class Format　Constructor Initializer Lists　Namespace Formatting　Horizontal Whitespace　Vertical Whitespace
Exceptions to the Rules	Existing Non-conformant Code　Windows Code
Parting Words	

图10-31　Google C++ Style Guide界面（图片来自Google网站）

10.5.3　服务质量体系

服务的质量体系关系到用户的体验，进而影响营收，传统的软件质量由部署前的测试来保证，包括单元测试、接口测试、压力测试、集成测试等环节，在互联网环境下，由于上下文的复杂性以及服务的不可中断性，离线的质量控制不足以给开发者提供足够的信心。

首先应为质量负责的是架构设计，充分考虑生命周期和一致性数据结构设计，简捷的调用流程设计，高聚合、低耦合的接口设计，可靠的容量规划，熔断和降级保护，易懂的代码风格都会成为高质量服务的基础。

单元测试、接口测试、压力测试和端到端的模拟测试仍然不可或缺，对视频公司而言，肯定会有一定数量的手工播放测试或语音控制测试，但将可以测试的一切通过代码自动化，降低手工测试的比率无疑将增加迭代开发的速度。

鉴于现代软件开发对迭代和部署速度的追求，CI/CD 即持续集成与持续发布/部署理念已得到包括互联网公司在内的大量公司支持，其中 CI（即持续集成）是 Continuous Integration 的缩写，持续发布的英文是 Continuous Delivery，而持续部署则是 Continuous Deployment（见图 10-32）。

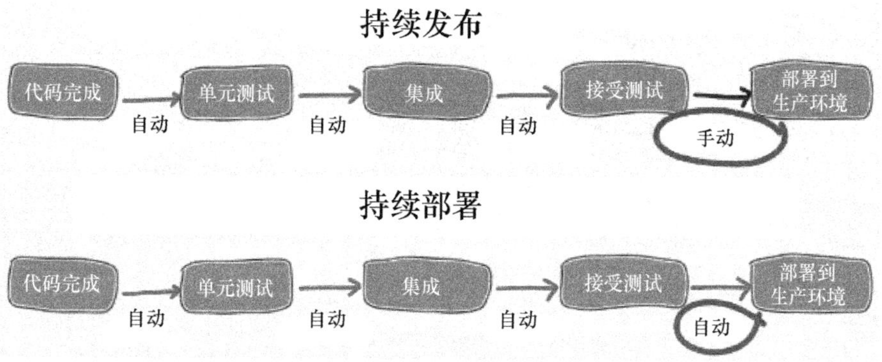

图10-32　持续发布和持续部署的区别（图片来自参考文章）

持续集成要求研发团队在多人协同工作的软件或服务的开发时，以敏捷的原则频繁地将代码集成到主线，而集成的质量由自动化的编译和构建与测试保证，其主要原则包括以统一的版本控制软件管理代码，研发工程师及时向版本库中提交改动，每次提交的新代码不允许导致集成失败，由专门的持续集成系统编译、构建并驱动测试等。当前普遍使用的持续集成平台有 Jenkins、TeamCity、Bamboo、GitLab 等，由用户集成行为触发编译和不同层次的自动化测试。

持续部署意图为软件发布创建一个自动化的过程，允许一键发布和一键回滚，将所有东西纳入版本控制，允许快速定位问题，其好处首先是避免一次性发布太多新的功能，在出现问题时可以立即定位并做出反应，其次允许开发的功能不需等待，更早上线并拿到用户反馈。持续部署还可能面对更高的要求，如预发布验证、灰度发布等，一些持续部署平台还可以支持更高要求的分区或全局回滚等操作甚至与服务监控平台集成。

图 10-33 描述了商业 CI/CD 系统 Habitat 的架构。

在允许持续集成和持续部署的世界里，传统运维团队的职责已经发生了变化，重新厘定开发人员与运维人员职责即是所谓 DevOps 思想的核心。在最小规模的软件或服务开发过程中，从设计、开发、测试到部署上线均由一两个人完成，当规模稍大时，自然的想法也是过去许多年的实践中常见的方式是将工作环节拆分由开发、测试和运维人员分别完成，而 DevOps 借助虚拟化、敏捷开发、微服务和 CI/CD 的东风更改了这样的关系。

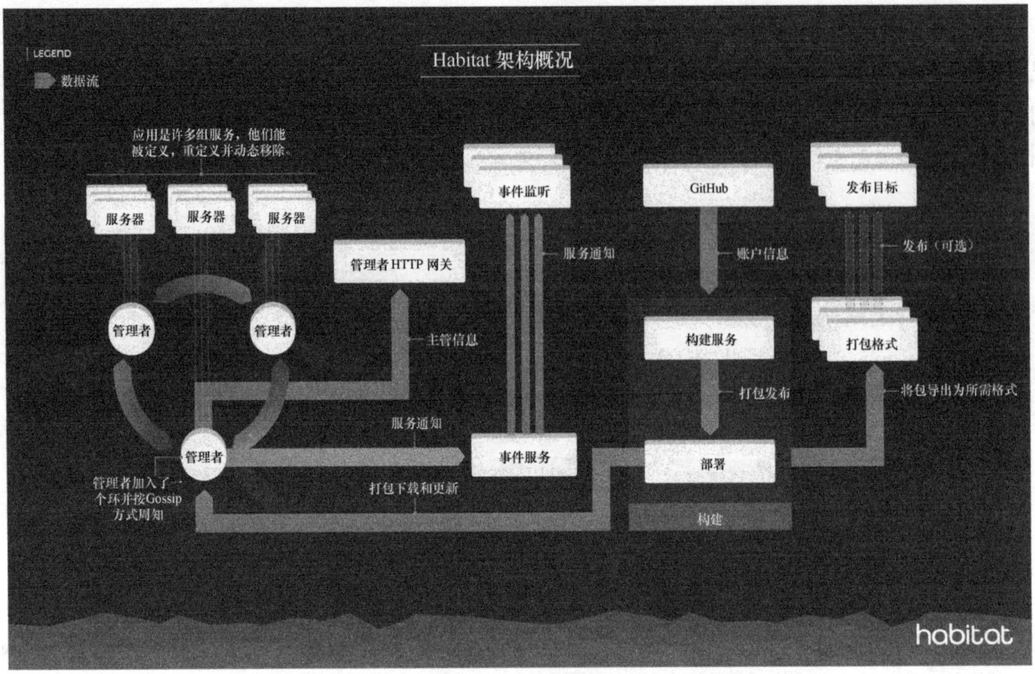

图10-33　商业CI/CD系统Habitat的架构（图片来自Habitat官网）

在 DevOps 开发模式下，现代的互联网公司如亚马逊可以做到一年 5000 万次以上的部署，这要求开发团队可以自助地完成从版本管理、持续集成、持续发布/部署、自动化监控和自动化运维的完整循环。原有的运维团队职责则被期望由转型的 DevOps 团队代替，提供由所有开发团队使用的工具。

在这种自治的理念下，开发团队需要自行发送日志，配置 Grafana 或 Kibana 等视图工具，使用 PageDuty 管理 OnCall，并且为其他团队提供数据与服务的 Contract 和 SLA。

当一项服务建立起来，两个主要的演进方向是添加功能和提升表现，灰度发布机制，根据不同的用户规模逐步放大新版本的适用范围，如果在过程中发现问题还可以及时回退，保证系统稳定。而 A/B 测试机制意在建立对照组，允许将不确定优劣的改动发布给两个或多个不同的用户群体，以比较其表现优劣，在算法日益重要的今天，平台化的 A/B 测试能力支持扩大了团队边界，在离线测试中表现良好的方法，再通过该方式测试，即可投放到生产环境中应用。

在较大型的系统中，A/B 测试很容易互相干扰，由于同时进行测试的功能和服务众多，如果不予隔离，很难区分用户的不同反应是由算法更改导致还是页面变化导致。由于可用的流量并不多，很可能每一测试都无从获取“纯净”的流量，此只需保持不同测试间的流量正交即可。一个候选的算法上线需要通过离线和在线的 A/B 测试，再经由灰度发布验证，才能安全地上线。

10.5.4 安全体系

在整个研发体系中，安全体系的设计如同水和空气一样较少被人感知，但又不可或缺。研发安全包括两个大的分类：一是针对外部攻击的防护；二是面向内部的控制。

当前互联网环境并不安全，利用网站漏洞、研发管理漏洞进行攻击，使用大流量进行的 DDOS 类型攻击，使用客户端监听或反编译方式进行攻击等方式层出不穷，其目的以牟利和破坏为主，对于视频公司来说，其最重要的资产是其海量的视频内容，防止视频及其元数据信息被恶意盗取不仅是运营需要，也是法务上的基本需求。

一般外部安全的防护依赖于以下环节的努力，首先在初始架构设计上就应考虑安全需要，划定较主要的原则（示例见图 10-34），例如仅允许少量服务可以由外部进行访问，使用基于可信证书的 HTTPS 协议作为网站协议，对视频内容进行 DRM 加密等。

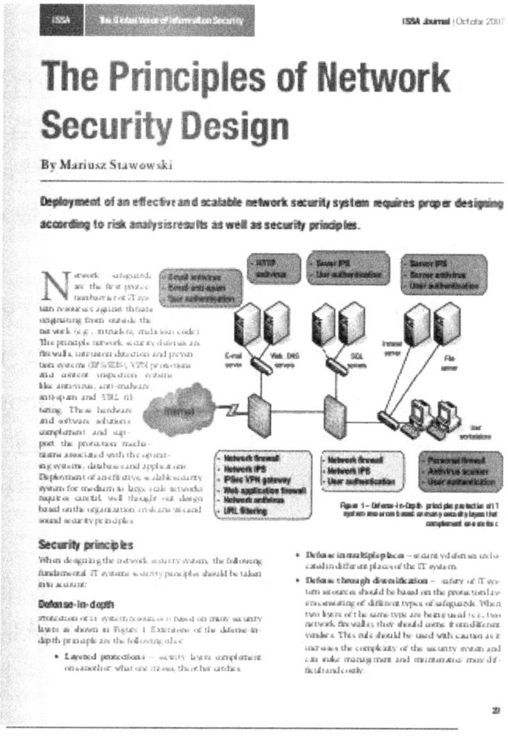

ISSA Journal | October 2007

The Principles of Network Security Design

By Mariusz Stawowski

Deployment of an effective and scalable network security system requires proper designing according to risk analysisresults as well as security principles.

Security principles

Defense-in-depth

图10-34 网络安全设计原则（图片来自Yumpu网站）

其次是对于与外界接触的服务或客户端程序进行梳理，对关键代码的混淆，以开发团队自查和安全团队协查的方式进行发布前的过滤等。

在生产环境中部署对异常访问的监控、交叉分析和智能分析能力。同时还需构建机制，对重要系统、开源库的安全漏洞更新快速响应，对用户或白帽黑客提交的漏洞快速响应。

内部安全体系重在防护，首先是对关键信息的界定和备份，保证不因外界侵入或员工失误造成无法弥补的损失。其次是权限设计，针对关键信息只允许最小集合的员工拥有对应的权限。安全体系应该能够在不侵犯员工隐私的前提下，进行安全教育，内部攻防演练，对访问流量进行智能筛查等。

10.5.5　创新

对于一个好的研发体系而言，除了可靠、高效外，还需要具备创新能力，在很多场景下，研发不应只是评估和响应需求的部门。相反，由于互联网行业的高技术特质，发现新技术的潜力，找到合适的使用场景和开发方式往往要仰赖技术人员和产品员工的互动才能做到。

仍以视频公司举例，较小的创新可以是基于团队工作范畴的自然延展，譬如当 Amazon 发布语音助手 Alexa 时将其集成，成为应用新的交互方式，譬如当 PWA 技术（一种在手机上开发具备离线能力 Web 应用的技术）在多家浏览器上得到支持，与离线播放技术结合，即可提供离线版本的视频应用，又如算法研究人员在阅读文章或他人报告时得到灵感，找到新的算法应用场景或性能提升思路等。

较大的创新可能源自卓具远见的实验方向，可能源自将用户某一方面的体验推衍到极致，又或通过系统性的工程将大量创新点结合在一起，例如由 AOM 组织集合多家巨头开发，含有大量创新点的 AV1 编码器就构建了极高的门槛，而 Google 曾宣称的端到端人工智能编码器，倘若达到预设的目标，必然可以大获成功。这类创新需要准确的预判，使用最优秀的人才，给予充分的投资和时间，通常只在研发体系具备足够的支持能力时才能成就。

虽然创新实践往往与出色的研发人员相挂钩，很难强制得到，但成体系的创新并非无迹可循，健康的价值观念，成建制的研究团队，与工程、产品团队的紧密结合，保证信息收集、分析的全面，打造适合的短、中、长期规划，将于最大程度上提供创新的持续性和爆发的土壤。

一个好的研发体系与关键人物、股权结构、公司文化等诸多因素密不可分，建立一个适应市场变革的体系，仰赖长时间的心血投入。体系有其自身的生命力，在线视频公司研发体系的发展，往往与其整体成绩紧密相关，Netflix 与 YouTube 可谓珠玉在前，若想赶超，后来者唯有倾力打造出更好的体系，支持更完善的开发与运营，提供创新甚至颠覆式的用户体验，才可能成为现实。

第11章

在线视频的未来

经过多年发展，在线视频服务已经被看作互联网最基础的服务类型之一，然而单就技术领域来说，即使具备很大规模的视频公司，大多也还没有达到自身能力所能达到的高度，《论语》上说“温故而知新”，如果可以把握到技术发展的历程，能否让人预测将来的趋势呢？

在线视频公司最常挂在嘴边的一句话是“内容为王”，据称 Netflix 计划在 2018 年为自制内容投入 130 亿美元，这已经超过了 Google 母公司 Alphabet 在 2017 年的年度总利润，而迪士尼和 Comcast 在 Fox 争夺战中（见图 11-1）先后抛出的 700 亿美元以上的报价也充分证明优质内容的价值。

图11-1　迪士尼和Comcast争夺的Fox资产包（图片来自Thestreet网站）

内容为王的概念建立在分发渠道竞争充分的环境下，最大的利润份额会流向原创内容的作者，作者们总会天然地流向出价较高的买主。但另一方面，新的互联网分发渠道实际打破了这一藩篱，由于互联网增强了马太效应，通常一个市场方向上很难有超过三家渠道占据显著市场份额，内容供应方也有可能居于不利位置。不论 Netflix 还是 Hulu，爱奇艺还是优酷，都在试图利用自制内容构建独特的竞争优势，例如迪士尼宣称进军流媒体服务平台，央视主办 CNTV，无疑被看作内容拥有方试图掌控渠道的努力。

如果仔细阅读较早时比尔盖茨那篇名为“内容为王”的文章，可以发现，他仅仅是认可了内容的价值，却期待发展直接对用户小额收费的技术来变现，这与我们今天的认知并不吻合，互联网作为分发成本最低的平台，同时也是侵入效应最明显的平台，很可能同时实现夺占传统渠道和内容口味的重新洗牌的两大变革。

以 Comcast 为代表的传统有线电视提供商，按照 100 或 200 个频道打包的方式售卖内容，每月的订阅费用达到 80 美元、120 美元或更多，而 Hulu 或 Sling TV 之上整合的电视节目毫不逊色，价格却只有不到一半，其对用户的意义更在于提供现代方式的操作体验、节目发现和推荐。

当今的观众在客厅或手机上观看了更多的点播内容，观看了更多经过互联网服务提供商推荐的直播片段，总而言之，不再是被动地接收有限的内容，也较少像早期互联网一样，依赖用户主动寻找和发现，人们的需求被预测出来，只需付出最小的代价即可满足。一方面，各种长尾的需求都不再被无视；而另一方面，爱好被标签化，大部分观众仍然处于日益被动的状态，聚合成群。

有人曾抱怨像海菲兹、克莱斯勒、奥伊斯特拉赫那个时代的小提琴大师，每个人都拥有独一无二的琴音，但现代的小提琴演奏家们却都像一个模子里铸造出来，很难分辨，很多人以为这是由于唱片时代的来临，琴童们每日都聆听大师们的声音，个性化也就被规范化所替代。

短视频和个人直播近年来大行其道，占据了大量的用户时间，这或许意味着新的渠道正在划定地盘，从另一个维度看，任何内容的创作者，都有一个梦想，即可以将 IP 通过所有渠道如小说、漫画、动画、电影、电视剧、游戏、衍生短片还有周边产品中获得利益（参考爱奇艺的苹果树战略模型，见图 11-2）。于更颠覆性的技术和商业模式出现之前，在线视频行业的发展，或许将围绕独占和整合这两个主题进行。

技术可以为在线视频带来什么？

提供基础的应用功能和良好的用户体验，可靠地支撑巨大的流量，允许敏捷和灵活地开发是对技术架构的基本期望，但技术的价值不止于此。首先在内容的生产领域，技术和数据将更深地侵入拍摄、采购和整合过程，例如根据观众的口味统计，用户画像规划内容的布局，根据剧本、导演、演员等信息预测视频的热度，根据数据模型预测引流规模并进行成本分析，根据拍摄时间和竞品进度规划上线排期。

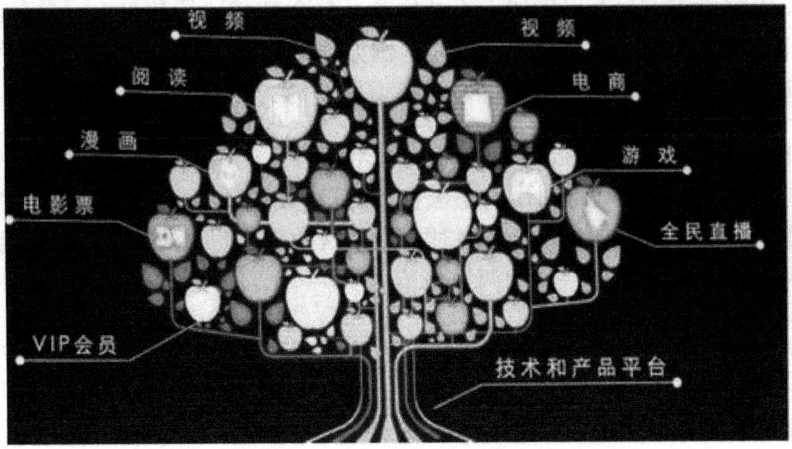

图11-2　爱奇艺苹果树战略模型

电影拍摄一直都处于新技术实验的重要战场，从詹姆斯卡梅隆在《阿凡达》中石破天惊的 3D 摄影机应用，到李安导演的《比利林恩的中场战事》中使用 Immersive Digital 技术将 4K、120 帧技术结合。快捷有效的视频剪辑、音视频对齐、视频搜索都能够大幅度提升制作效率，基于人工智能技术的自动剧本生成、自动场景生成、自动演员代入可能带来拍摄的革命。

视频内容，尤其是长视频其价值可能是全方位的，前文描述的从小说到衍生品的产业链，视频公司如果不能通吃，也亟需达成联盟，保证从上游对内容的把控。更进一步来说，简单地针对热门节目进行多模式拓展并非终点，如果能够利用不同渠道和媒体形式的特点，利用作者和用户信息发掘有价值的作品，甚至有意识、成体系地制造互动，将有助于打造内容生产的理想王国。

在不同渠道整合的过程中，重估生态价值，重塑行业认知，重建技术方案将是持续的过程，可能挑战以往许多行业规则。早先的媒体公司发行视频节目时可能只允许在电视机上播放，媒体集团和有线电视公司经过长期博弈才令智能机顶盒拥有录制的功能，当互联网兴起时，网络播放权限或者价值被忽略，或者压根不被允许，而现在需要谈判的权利甚至包括数据利用、再编辑、再发布、目标观众条件等以往从未考量的维度。

将业界新技术以合理的成本呈现给用户，打造优质用户体验是包括视频公司在内大部分互联网服务不变的追求，4K 以上的高分辨率、离线播放、全景声、HDR、VR 头显支持等功能将逐渐普及，自动翻译、语音控制和热度展示可能成为未来播放器的标准配置，一些有趣的玩法可能会是明星识别、非关键场景跳过等。

在编码技术的发展上，无疑对视频内容的更深理解可以帮助编码效率的进一步提高。主观感受的测量而非传统的 PSNR/SSIM 等指标将主导视频质量评估，以往一些假设例如针对同一视频采用一致的编码参数可能不再成立，根据视频内容选取最佳的编码参数、最佳的编码组合等知识将进一步扩散和深入，更多辨识视频源上不同的噪声类型并给予针对性的前处理或后处理，以及建立主观感受模型，并据此优化视频质量。

较新的编码技术发展可能会向全开放的编码标准演进，以规避类似 HEVC 的专利风险，开源编码器如 AV1 及其后续更新无疑将得到大量关注和支持，长期而言，基于部分甚至全机器学习/深度学习的编码方案在技术上或将成熟，但更大的挑战可能在于标准化和实用化。

流媒体分发的趋势在于利用全局数据的个性化，码率自适应算法、错误处理算法、CDN 节点选择算法等都将被统合到同一旗帜之下，并根据用户喜好数据、设备环境数据、流媒体分发数据、全局负载数据等进行规划决策，每一个用户的分发路径、算法版本等都将被独立决定（想象一下航空领域在全局上针对每一架飞机进行的控制，见图 11-3）。另一方面，边缘节点能够向不同用户提供不同的优先级、推送、广告嵌入、再编码、智能检查。概而言之，更多的全局决策，更多的边缘计算。

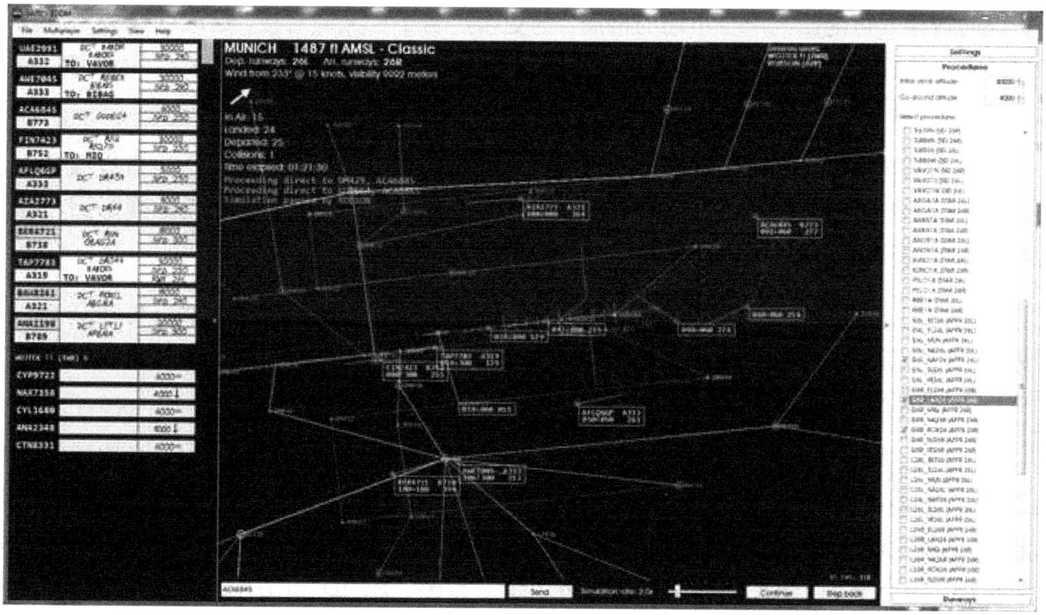

图11-3　航空领域的全局流量控制（图片来自JustFlight网站）

通过数据技术可以更好地理解市场、理解公司所处的位置，更快、更早地发现异常，提供管理决策，也能够支持各类离线计算，将事实转化为知识。基于其上的推荐系统、广告系统、用户消息系统等与用户交互的部分将被整合进完整的用户生命周期进行管理，而非分割开来各自为政。

在今天除了一些管控领域或极高门槛的技术领域，供给都是远远大于需求的，推荐系统正在成为许多公司的生命线，如何在相关性预测中加入更多的信息维度，如何打造更利于算法迭代的应用和如何更好地解决稀疏性、实时性、计算复杂度等问题或许是最主要的发展方向。

再者，许多公司正在同时开辟多个战场，例如社区、短视频或直播，如何快速地迁移已有的知识应用于新的推荐需求将构成很大的挑战。

视频广告的领域非常广阔，发展方向也非常多样，从技术相关的角度而言，视频信息流广告、上下文广告、实时替换广告等很可能将为用户带来不同的广告体验，也为广告主提供新的机会。交互式视频无论出现在正片还是广告中都不再稀奇，制作和发布视频的流程也将大幅度简化并自动化。

从改变用户习惯而言，给予更多的短片广告，如 Google 提出的 Bumper ads，或以中插代替贴片广告，利用算法和 A/B 测试方式探索用户接受的边界可能势成必行，率先发掘出得到验证的新模式可能影响广告市场的格局。与更多广告平台无缝对接，达成联盟关系可以帮助保证收入的稳定性，由于自制剧集的控制力度加大，从内容生产方向切入广告投放，提供嵌入剧本、台词、街景和表演的广告亦成为可能。

线上的服务将更多地与线下融合，例如联合发行方和电影院线，提供电影宣发服务，又如链接 IP 持有者和周边制作商，帮助个性商品授权流通，明星见面会、粉丝观影团、音乐赏鉴、角色扮演、兴趣交友等诸多活动。

视频公司不会真正变成一个社交公司，但在未来视频公司的形态中显然将与社交产品更多地融合，沉淀社交关系，构造更多的分发与交互，观众参与、众包等模式甚至会侵入长视频制作的领域，吸引一定的眼球。

人工智能解决了许多以往认为还要 30 年、50 年才能解决的问题，但更大的影响是，它改变了人们固有的认知，以前被视作难以逾越的障碍，巨大的资源缺乏，现在都会有人重新拾起，试图寻找解决的方案，而其中相当一部分也就此被克服。这一方向极其难以预测，如点云压缩、三维重建、AR 设备、视频生成、全息投影、Re-ID 识别、自然语言理解等技术都可能在某个时间跨越临界点，从而对行业做出重大的革新。

版权问题始终是难以跨越的障碍，但新的技术能够催生新的需求，如同流媒体音乐改造传统的音乐工业一样，在线视频服务和自制内容将逐步推动版权体系的发展，使得授权更为灵活，权限更为多样。

当前视频公司的技术链越来越长，为增加一项新的体验可能涉及前端、后端、算法、硬件等多个环节，迭代的要求却越来越快，模仿竞品功能可能要求在一个月、一周甚至数天内上线。公司内部的组织动态化、扁平化成为趋势。

如果一个团队可以在内部搞定各种事务，没有发布依赖，理论上将具备最大的效率，但随着技术日益复杂，很难有工程师既充分理解大数据，又能够搭建高并发服务，既能开发好用的客户端，又能同时玩转运维，九天揽月与五洋捉鳖不可兼得，即使一个很小的需求，也涉及更多的团队，解决之道或许只能是通过微服务架构解耦，并促进软件的组件化、共享化，服务的平台化、可配置化，令开发新应用只需涉及最小的团队和人员集合即可完成。

以往程序英雄的传说逐渐消散，而技术人员的数量和总体水平都在提升，自底而上与自上而下反映出两种不同的组织哲学，但二者并无优劣划分，在团队建设和组织上比重多少完全取决于具体情况，例如在人员素质高的情况下更多地允许自组织，相反则更多地采用头羊策略，更多地凭借集中制管理，规范和提高技术水平等。

随着各个领域和维度上的最佳工程实践在不断积累和扩散，在线视频公司中的巨头将更多地引入前沿的开发方法，技术架构和人才乃至引领业界，达到前所未有的规模和服务水平。

将来的视频是以用户为中心的视频，如果用几个关键词来概括的话，可能会是“理解”“连接”和“生成”，不妨想象一下，当点云、光场等技术完全成熟，人们或许可以自由探索电影中的场景，可以打造个人演出的超级英雄电影，甚至自由操纵剧情，好莱坞的影视制作水平扩散到更多的个人或小型工作室，人们能够轻而易举地获得新奇、有趣、符合口味的内容，并享有超越人类视觉、听觉感知能力的体验，这样的未来离我们并不遥远。

研发人员的理念始终是：技术创享未来。

参考文献

[1] Lopes A S B, Silva I S, Agostini L V. A memory hierarchy model based on data reuse for full-search motion estimation on high-definition digital videos[M]. Hindawi Publishing Corp. 2012.

[2] Nightingale J, Wang Q, Grecos C. Priority-based methods for reducing the impact of packet loss on HEVC encoded video streams[J]. Proceedings of SPIE-The International Society for Optical Engineering, 2013, 8656(1):759-767.

[3] Zhou W, Bovik A C. Mean squared error: Love it or leave it? A new look at Signal Fidelity Measures[J]. IEEE Signal Processing Magazine, 2009, 26(1):98-117.

[4] Sodagar, Iraj. The MPEG-DASH Standard for Multimedia Streaming Over the Internet[J]. IEEE Multimedia, 2011, 18(4):62-67.

[5] Wang Z, Bovik A C, Sheikh H R, et al. Image Quality Assessment: From Error Visibility to Structural Similarity[J]. IEEE Transactions on Image Processing, 2004, 13(4).

[6] Alain Horé, Ziou D. Image quality metrics: PSNR vs. SSIM[C]// 20th International Conference on Pattern Recognition, ICPR 2010, Istanbul, Turkey, 23-26 August 2010. IEEE Computer Society, 2010.

[7] Sheikh H R, Sabir M F, Bovik A C. A Statistical Evaluation of Recent Full Reference Image Quality Assessment Algorithms[J]. IEEE Transactions on Image Processing, 2006, 15(11):3440-3451.

[8] Chandler, Damon M. Most apparent distortion: full-reference image quality assessment and the role of strategy[J]. Journal of Electronic Imaging, 2010, 19(1):011006.

[9] Zhang L, Zhang L, Mou X, et al. FSIM: A Feature Similarity Index for Image Quality Assessment[J]. IEEE TRANSACTIONS ON IMAGE PROCESSING, 2011, 20(8):2378.

[10] Xue W, Zhang L, Mou X, et al. Gradient Magnitude Similarity Deviation: A Highly Efficient Perceptual Image Quality Index[J]. IEEE TRANSACTIONS ON IMAGE PROCESSING, 2014, 23(2):684-695.

[11] Marpe D, Wiegand T, Sullivan G J. The H.264/MPEG4 advanced video coding standard and its applications[J]. IEEE Communications Magazine, 2006, 44(8):134-143.

[12] Merritt L, Vanam R. Improved Rate Control and Motion Estimation for H.264 Encoder[C]// IEEE International Conference on Image Processing. IEEE, 2007.

[13] Toderici G , Vincent D, Johnston N, et al. Full Resolution Image Compression with Recurrent Neural Networks[J]. 2016.

[14] Adhikari V K, Guo Y, Hao F, et al. Unreeling netflix: Understanding and improving multi-CDN movie delivery[J]. Proceedings - IEEE INFOCOM, 2012:1620-1628.

[15] Huang T Y, Johari R, Mckeown N, et al. A Buffer-Based Approach to Rate Adaptation: Evidence from a Large Video Streaming Service[J]. ACM SIGCOMM Computer Communication Review, 2014.

[16] Sun Y, Yin X, Jiang J, et al. CS2P: Improving Video Bitrate Selection and Adaptation with Data-Driven Throughput Prediction[C]// the 2016 conference. ACM, 2016.

[17] Yin X, Jindal A, Sekar V, et al. A Control-Theoretic Approach for Dynamic Adaptive Video Streaming over HTTP[J]. ACM

SIGCOMM Computer Communication Review, 2015, 45(5):325-338.

[18] Spiteri K, Urgaonkar R, Sitaraman R K. BOLA: Near-Optimal Bitrate Adaptation for Online Videos[J]. 2016.

[19] Dobrian F, Sekar V, Awan A, et al. Understanding the Impact of Video Quality on User Engagement[C]// Proceedings of the ACM SIGCOMM 2011 Conference on Applications, Technologies, Architectures, and Protocols for Computer Communications, Toronto, ON, Canada, August 15-19, 2011. ACM, 2011.

[20] Nam H, Kim K H, Schulzrinne H. QoE matters more than QoS: Why people stop watching cat videos[C]// IEEE INFOCOM 2016 - IEEE Conference on Computer Communications. IEEE, 2016.

[21] Levin A, Lischinski D, Weiss Y. Colorization using optimization[J]. ACM Transactions on Graphics,2004,23(3):689.

[22] Zhang R, Isola P, Efros A A. Colorful Image Colorization[J].2016.

[23] Kreuzer F, Kopf J, Wimmer M. Depixelizing pixel art in real-time[C]// the 19th Symposium. ACM, 2015.

[24] Wang L, Wu H, Pan C. Fast Image Upsampling via the Displacement Field[J]. IEEE Transactions on Image Processing A Publication of the IEEE Signal Processing Society, 2014, 23(12):5123-35.

[25] Romano Y, Isidoro J, Milanfar P. RAISR: Rapid and Accurate Image Super Resolution[J]. IEEE Transactions on Computational Imaging, 2016, 3(1):110-125.

[26] Dai J, Au O C, Pang C, et al. Film grain noise removal and synthesis in video coding[C]// Proceedings of the IEEE International Conference on Acoustics, Speech, and Signal Processing, ICASSP 2010, 14-19 March 2010, Sheraton Dallas Hotel, Dallas, Texas, USA. IEEE, 2010.

[27] Wang J, Liu Q, Duan L, et al. Automatic TV Logo Detection, Tracking and Removal in Broadcast Video[C]// Advances in Multimedia Modeling, 13th International Multimedia Modeling Conference, MMM 2007, Singapore, January 9-12, 2007. Proceedings, Part II. Springer-Verlag, 2007.

[28] Cockcroft A. Globally Distributed Cloud Applications at Netflix[J]. 2011.

[29] Codd E F. A Relational Model of Data for Large Shared Data Banks[J]. Communications of the ACM, 1970, 13(1):377-387.

[30] Astrahan M M, Blasgen M W, Chamberlin D D, et al. System R: Relational Approach to Database Management[J]. ACM Transactions on Database Systems, 1976, 1(2):97-137.

[31] Knuth, Donald E. The Art of Computer Programming Volume 3 Sorting and Searching[J]. 1998, 17(4):324-324.

[32] SbrahamSilberschatz, Korth H, Sudarshan S, et al. Database system concepts[M]. McGraw-Hill, 2002.

[33] 张俊林. 这就是搜索引擎：核心技术详解[M]. 电子工业出版社, 2012.

[34] Gormley C, Tong Z. Elasticsearch the definitive guide[M]// Elasticsearch: The Definitive Guide. O'Reilly Media, Inc. 2015.

[35] Chang F, Dean J, Ghemawat S, et al. Bigtable: A Distributed Storage System for Structured Data[J]. ACM Transactions on Computer Systems, 2008, 26(2):1-26.

[36] Decandia G, Hastorun D, Jampani M, et al. Dynamo: amazon's highly available key-value store[J]. ACM SIGOPS Operating Systems Review, 2007, 41(6):205-220.

[37] Corbett J C, Dean J, Epstein M, et al. Spanner: Google's Globally-Distributed Database[J]. ACM Transactions on Computer Systems, 2013, 31(3):8.

[38] Grover M. ZooKeeper fundamentals, deployment, and applications[J]. 2013.

[39] Peng D, Dabek F. Large-scale Incremental Processing Using Distributed Transactions and Notifications[C]// 9th USENIX Symposium on Operating Systems Design and Implementation, OSDI 2010, October 4-6, 2010, Vancouver, BC, Canada, Proceedings. USENIX Association, 2010.

[40] Melnik S, Gubarev A, Long J,et al. Dremel[J]. Communications of the ACM, 2011,54(6):114.

[41] 周志华. 机器学习[M]. 北京：清华大学出版社，2016.

[42] Baylor D, Koc L, Koo C Y, et al. TFX: A TensorFlow-Based Production-Scale Machine Learning Platform[C]// the 23rd ACM SIGKDD International Conference. ACM, 2017.

[43] Krizhevsky A, Sutskever I, Hinton G. ImageNet Classification with Deep Convolutional Neural Networks[C]// NIPS. Curran Associates Inc. 2012.

[44] Simonyan K, Zisserman A. Very Deep Convolutional Networks for Large-Scale Image Recognition[J]. Computer Science, 2014.

[45] Szegedy C, Liu W, Jia Y, et al. Going Deeper with Convolutions[J]. 2014.

[46] He K, Zhang X, Ren S, et al. Deep Residual Learning for Image Recognition[C]// 2016 IEEE Conference on Computer Vision and Pattern Recognition (CVPR). IEEE Computer Society, 2016.

[47] Girshick R. Fast R-CNN[J]. Computer Science, 2015.

[48] Ren S, He K, Girshick R, et al. Faster R-CNN: Towards Real-Time Object Detection with Region Proposal Networks[J]. IEEE Transactions on Pattern Analysis & Machine Intelligence, 2015, 39(6):1137-1149.

[49] Liu W, Anguelov D, Erhan D, et al. SSD: Single Shot MultiBox Detector[J]. 2015.

[50] Hu R, Dollár, Piotr, He K, et al. Learning to Segment Every Thing[J]. 2017.

[51] Redmon J, Divvala S, Girshick R, et al. You Only Look Once: Unified, Real-Time Object Detection[J]. 2015.

[52] Hochreiter S, Schmidhuber, Jürgen. Long Short-Term Memory[J]. Neural Computation, 1997, 9(8):1735-1780.

[53] Silver D, Schrittwieser J, Simonyan K, et al. Mastering the game of Go without human knowledge[J]. Nature, 2017, 550(7676):354-359.

[54] Kandola E J, Hofmann T, Poggio T, et al. A Neural Probabilistic Language Model[J]. Studies in Fuzziness and Soft Computing, 2006, 194:137-186.

[55] Mikolov T, Le Q V, Sutskever I. Exploiting Similarities among Languages for Machine Translation[J]. Computer Science, 2013.

[56] Mikolov T, Sutskever I, Chen K, et al. Distributed Representations of Words and Phrases and their Compositionality[J]. Advances in Neural Information Processing Systems, 2013, 26:3111-3119.

[57] 牛温佳，刘吉强，石川，等. 用户网络行为画像：大数据中的用户网络行为画像分析与内容推荐应用[M]. 北京：电子工业出版社, 2016.

[58] Smith B, Linden G. Two Decades of Recommender Systems at Amazon.com[M]. IEEE Educational Activities Department, 2017.

[59] 项亮. 推荐系统实践[M]. 北京：人民邮电出版社，2012.

[60] Said A, Alejandro Bellogín. Replicable Evaluation of Recommender Systems[C]// ACM Conference on Recommender Systems. ACM, 2015.

[61] Lu W, Chen S, Li K, et al. Show Me the Money: Dynamic Recommendations for Revenue Maximization[J]. Proceedings of the VLDB Endowment, 2014, 7(14).

[62] Pathak A, Gupta K, Mcauley J. Generating and Personalizing Bundle Recommendations on Steam[C]// International Acm Sigir Conference. ACM, 2017.

[63] Guo H, Tang R, Ye Y, et al. DeepFM: A Factorization-Machine based Neural Network for CTR Prediction[J]. 2017.

[64] Karatzoglou A, Balázs Hidasi. Deep Learning for Recommender Systems[C]// the Eleventh ACM Conference. ACM, 2017.

[65] Basilico J, Raimond Y. Recommending for the World[C]// the 10th ACM Conference. ACM, 2016.

[66] 刘鹏，王超.计算广告：互联网商业变现的市场与技术 [M]. 2 版. 北京：人民邮电出版社，2019.

[67] Chen P, Ma W, Mandalapu S, et al. Ad Serving Using a Compact Allocation Plan[J]. 2012.

[68] Bharadwaj V, Chen P, Ma W, et al. SHALE: An Efficient Algorithm for Allocation of Guaranteed Display Advertising[J]. 2012.

[69] 韩家炜, 坎伯, 裴建, 等. 数据挖掘: 概念与技术 [M]. 3 版. 范明，孟小峰,译. 机械工业出版社, 2012.

[70] Sculley D, Holt G, Golovin D, et al. Hidden Technical Debt in Machine Learning Systems[C]// International Conference on Neural Information Processing Systems. MIT Press, 2015.

[71] Dean J, Corrado G S, Monga R, et al. Large Scale Distributed Deep Networks[J]. Advances in neural information processing systems, 2012.

[72] Abadi M, Agarwal A, Barham P,et al.TensorFlow: Large-Scale Machine Learning on Heterogeneous Distributed Systems[J]. 2016.

[73] Li M, Andersen D G, Park J W, et al. Scaling distributed machine learning with the parameter server[J]. 2014.

[74] Ho Q, Cipar J, Cui H, et al. More Effective Distributed ML via a Stale Synchronous Parallel Parameter Server[J]. Advances in neural information processing systems, 2013, 2013(2013):1223-1231.

[75] Zheng L, Yang Y, Hauptmann A G. Person Re-identification: Past, Present and Future[J]. 2016.